アドビ認定プロフェッショナル対応

# Illustrator
## 試験対策

築城 厚三

Odyssey communications

# はじめに

アドビ社のソフトウェアは、デザインツールとして世界中で利用されています。その中でも代表的な、IllustratorやPhotoshopは、これまでデザイナーやクリエイターのみが使用する専用ソフトとされてきましたが、昨今は、画像や写真を活用した効果的なビジュアル表現ができるツールとして、一般のオフィスワーカーや学生、個人のユーザーなど幅広い層に浸透してきています。

「アドビ認定プロフェッショナル（Adobe Certified Professional）」は、アドビ社が認定するエントリーレベルの国際資格です。

本書は、アドビ認定プロフェッショナルの試験科目「Graphic Design & Illustration using Adobe Illustrator」の出題範囲に対応したテキストとして、試験対策のための利用はもちろんのこと、Illustratorの基本的な機能とその操作方法、デザインプロジェクトの基本的な知識を体系的に学べる内容になっています。Illustratorを初めて使う方にもご利用いただけるコースウェアです。

本書をご活用いただき、Illustratorの習得や資格取得にお役立てください。

株式会社オデッセイ コミュニケーションズ

# 目次

# 本書について

## 本書の目的

本書は、アドビ社が認定する国際資格『アドビ認定プロフェッショナル（Adobe Certified Professional）』の『Graphic Design & Illustration using Adobe Illustrator（Adobe Illustratorを使用したグラフィックデザインおよびイラストレーション）』の出題範囲に対応した試験対策テキストです。
また、Illustratorの基本的な機能とその操作方法、デザインプロジェクトの基本的な知識を体系的に学べる内容になっています。試験対策だけでなくIllustratorを初めて学ぶ方にもご利用いただけます。

## 対象読者

本書は、Illustratorの使い方やデザインの基本的な知識を習得したい学生、ビジネスパーソン、アドビ認定プロフェッショナルの合格を目指す方を対象としています。

## 本書の表記

本書では、右記の略称を使用しています。

※右記以外のその他の製品についても略称を使用しています。

| 名称 | 略称 |
|---|---|
| Adobe Illustrator | Illustrator |
| Adobe Photoshop | Photoshop |
| Adobe InDesign | InDesign |

## 学習環境

本書の学習には以下のPC環境が必要です。

- WindowsまたはMac
- Adobe Illustrator

本書は以下の環境での画面および操作方法で記載しています。

- Windows 11（64ビット版）
- Adobe Illustrator 2023（v27.5）

※学習環境がIllustrator 2022以前では、本書で解説している一部の機能が利用できない場合があります。

基本的にIllustratorのワークスペースは、[初期設定（クラシック）] を使用しています。
Adobe Creative Cloudのバージョン・エディションにより、本書で解説する各種機能や名称が異なる場合があります。
またMacで利用する場合は「Ctrlキー」を「Commandキー」に、環境設定の解説では [編集] メニューを [Illustrator] メニューに読み替えてください。

## 学習の進め方

第1章では、Illustratorがどういう機能を持ち、どういうものを作成できるかを概観します。操作手順を記述しているので、実際にIllustratorを操作しながら読み進むこともできます。
第2章から第10章では、Illustratorの個別の機能について操作方法を含めて学習します。実際に操作するためのサンプルファイルはWebサイトで提供しています。
第11章では、デザインプロジェクト全体の基本的な知識を学習します。

## 練習問題

第2章から第11章には、学習した内容の理解度を確認するために、章末に「練習問題」を掲載しています。練習問題（操作問題）を解答するためのファイル、解答と解説は「学習用データ」のダウンロードファイル内に含まれています。

## 学習用データのダウンロード

学習用データは以下の手順でダウンロードしてご利用ください。AIファイルはIllustrator 2023で保存しています。それ以前のバージョンのIllustratorではファイルを開くことはできますが、一部本書通りの操作ができないことがある点、ご了承ください。

1.ユーザー情報登録ページを開き、認証画面にユーザー名とパスワードを入力します。

**Illustrator　学習用データダウンロードページ**

ユーザー情報登録ページ　：https://adobe.odyssey-com.co.jp/book/ai-acp/
ユーザー名　：AcpAi（Aは大文字）
パスワード　：9Rh5FtpY（9・アール・エイチ・5・エフ・ティー・ピー・ワイ）
※パスワードは大文字小文字を区別します。

2.ユーザー情報登録フォームが表示されたら、メールアドレスなどのお客様情報を入力して登録します。
3.入力した内容を確認したら、[入力内容の送信] ボタンをクリックします。
4.ページに表示された [Illustrator学習用データダウンロード] リンクをクリックして、ダウンロードページに移動します。
5.ダウンロードするデータはZIP形式で圧縮されています。ダウンロード後任意のフォルダーにサンプルファイルを展開してください。

# アドビ認定プロフェッショナル　試験概要

## アドビ認定プロフェッショナルとは

「アドビ認定プロフェッショナル」は、アドビ社が認定するエントリーレベルの国際認定資格です。試験科目はアドビ社のソフトウェア製品ごとに構成されおり、日本では、Photoshop と Illustrator、Premiere Pro に対応した試験を実施しています。

## 試験科目（2023年12月現在）

アドビ認定プロフェッショナルには、下記の科目があり、バージョンごとに試験が用意されています。

| 試験科目 |
| --- |
| Graphic Design & Illustration using Adobe Illustrator<br>（Adobe Illustrator を使用した グラフィックデザインおよびイラストレーション） |
| Visual Design using Adobe Photoshop<br>（Adobe Photoshop を使用したビジュアルデザイン） |
| Digital Video using Adobe Premiere Pro<br>（Adobe Premiere Pro を使用したデジタルビデオ作成） |

※本書は、Graphic Design & Illustration using Adobe Illustrator に対応しています。

## 試験の形態と受験料

試験は、試験会場のコンピューターで実施するCBT（Computer Based Testing）方式で行われます。

| | |
| --- | --- |
| 出題形式 | 選択問題：選択形式、ドロップダウンリスト形式、クリック形式、ドラッグ＆ドロップ形式<br>操作問題：実際にアプリケーションを操作する実技形式 |
| 問題数 | 30 問前後 |
| 試験時間 | 50分 |
| 受験料 | （一般価格）10,780円（税込）<br>（学割価格）　8.580円（税込） |

その他、詳しい内容については、試験の公式サイトを参照してください。
https://adobe.odyssey-com.co.jp/

# 1

# やってみよう!

本格的にIllustratorの学習を始める前に、まずIllustratorというソフトウェアがどういうものか、どういうことができるのかを実感してみましょう。

Illustratorは、長方形や楕円形といった図形、写真などのビットマップ画像、文字などを組み合わせて、イラストやデザインを作成できるグラフィックソフトウェアです。

次ページからの4つの例では、描画ツールで図形を作成する、複数の図形を組み合わせる、線（「パス」といいます）の形状を変える、線で囲まれた領域に色を塗る、文字を配置する、写真などの画像を取り込む、などの操作を行って、デザインを仕上げていきます。見栄えのいいデザインを作るためには、さまざまな操作を積み重ねていく必要があることがおわかりいただけるでしょう。

この段階ではまだ具体的な操作をせず、読んで大まかな流れをつかむだけでもかまいません。学習が一通り済んだあと、ここに戻って実習してみてください。実際に数多くの操作をこなすことにより、Illustratorの知識と操作スキルが着実に身に付いていきます。

なおこのあとの説明では、すでに学習用データのダウンロードを行い、ファイルを利用できる状態にあるという前提で話を進めます。まだ用意ができていない場合は、p.viiiの「学習用データのダウンロード」を参照してください。

では始めましょう！

# 1.1 図形を組み合わせてイラストを描く

Illustratorにおける最も基本的な操作は描画ツールを使った図形の作成です。作成した図形を組み合わせて、色を塗って魚のイラストを描きます。

最初に新規ドキュメントを作成して、長方形１つ、三角形４つ、楕円形１つを組み合わせてシンプルな魚の形を作ります。次に目の周りを白、そのほかを青で塗り、全体をまとめて扱えるようにグループ化します。魚を海中のイラストに配置してイラストを完成させます。

使用ファイル 新規ドキュメント、図形を組み合わせてイラストを描く.ai

新規ドキュメントに魚のイラストを作成

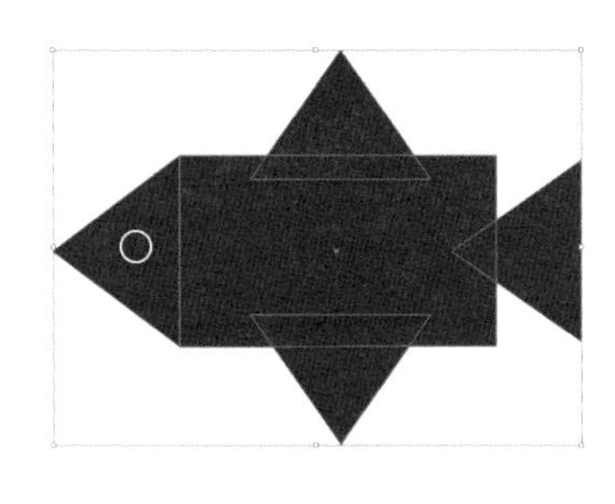

＋

海中のイラスト

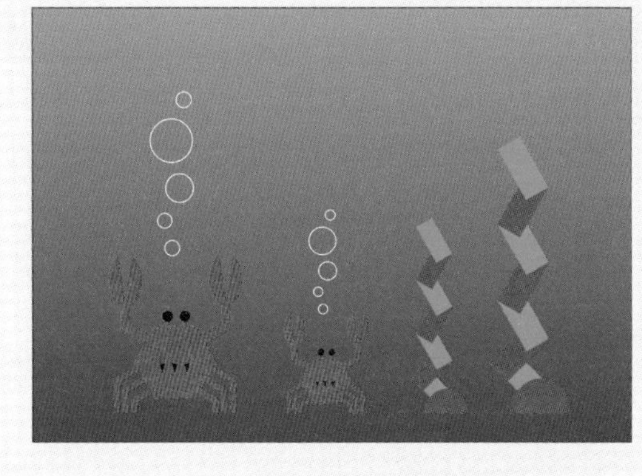

→

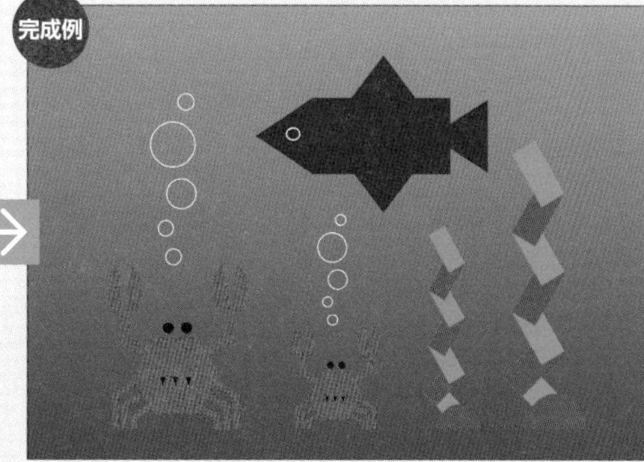

## 新規ドキュメントを作成する

魚を描くための新規ドキュメントを作成します。

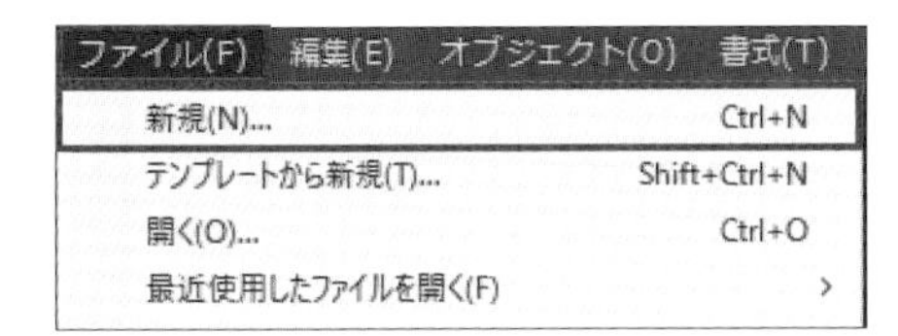


Illustratorを起動して最初の画面で、［ファイル］メニュー→［新規］をクリックします。
［Creative Cloudから開く］の画面が開いた場合は［コンピューター］をクリックします。

［新規ドキュメント］ダイアログボックスが開きます。ダイアログボックスの上部のタブで［印刷］をクリックし、プリセットの一覧から［A4］を選択します。そのほかはすべて既定のまま［作成］をクリックすると、新規ドキュメントが開きます。

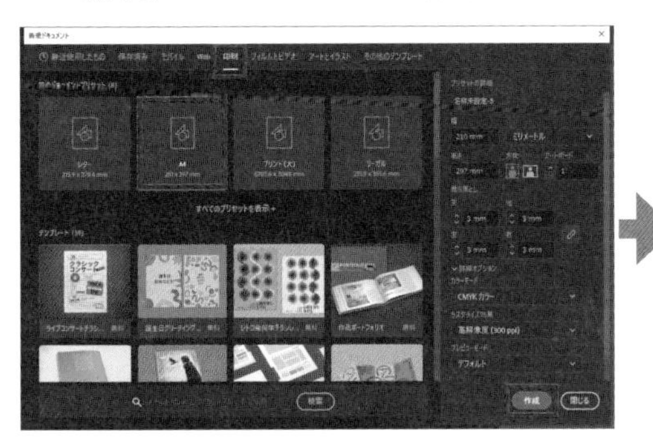

## 魚の胴体を描く

魚の胴体となる長方形を描きます。

ウィンドウの左側にあるツールパネルの［長方形ツール］アイコンを長押しして、［長方形ツール］をクリックします。ウィンドウ中央の白い領域が、図形などを配置するための「アートボード」です。アートボードの上で斜めにドラッグして、長方形を描画します。

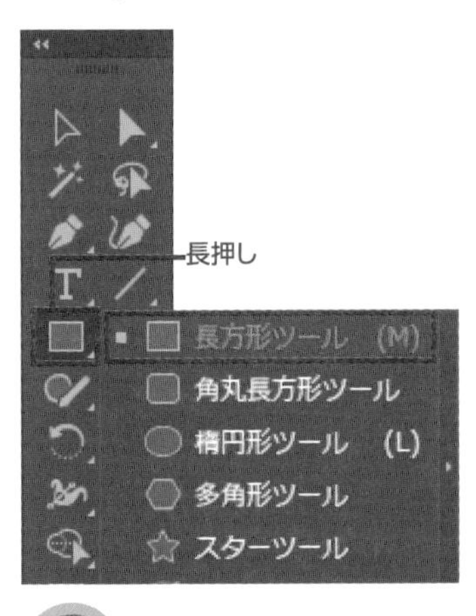


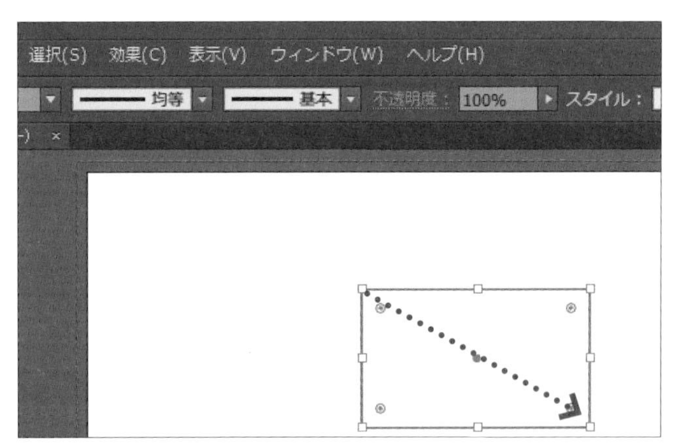


**メモ**

画面表示（ワークスペース）やツールパネルにあるツールの選択方法は、「第2章　Illustratorの基礎」で説明します。

### 頭、尾びれ、背びれ、腹びれを描く

頭、尾びれ、背びれ、腹びれとなる4つの三角形を描きます。

頭を描きます。ツールパネルの［多角形ツール］をクリックします。アートボード上でドラッグすると六角形が描画されますが、ドラッグしている間にキーボードの矢印キーの［↓］を3回押すと三角形に変わるのでマウスの左ボタンから指を離します。

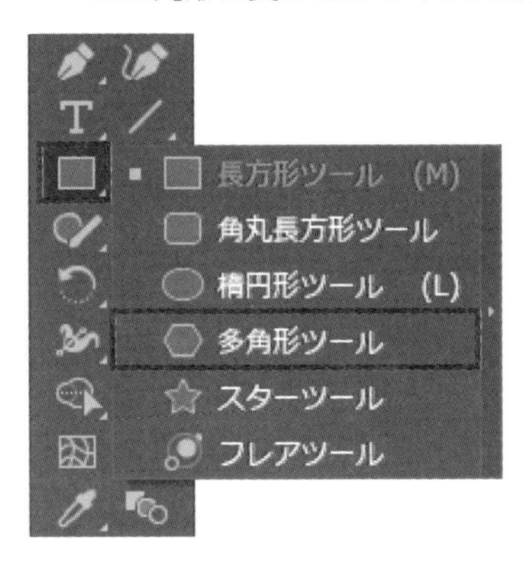


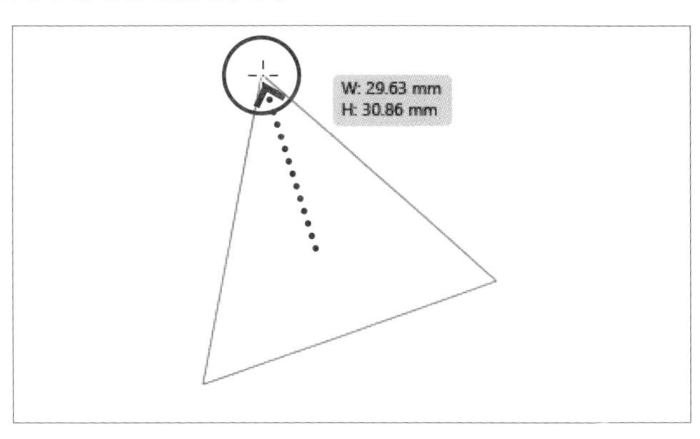


三角形の頂点の近くでマウスポインターが の形になったら、三角形を左回りに回転させるようにドラッグします。一つの頂点が左にあり、反対側の辺が垂直になるようにします。三角形を囲む長方形を「バウンディングボックス」といいます。バウンディングボックスの上辺中央でマウスポインターが の形になったら上または下にドラッグして、三角形の垂直の辺と、長方形の縦の辺が同じぐらいの長さになるようにします。さらにバウンディングボックスの右辺中央で右または左にドラッグして、バウンディングボックスの幅が高さより少し小さくなるようにします。

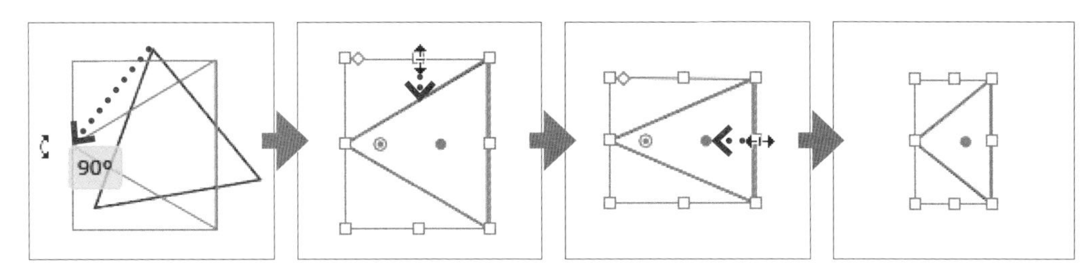


ツールパネルの［選択ツール］をクリックして三角形の内部をポイントし、ドラッグします。三角形の中心が長方形の中心と同じ高さになるとスマートガイドと呼ばれる線（既定ではピンク色）が表示されるので、三角形の垂直の辺と長方形の左の辺を吸着（スナップ）させます。

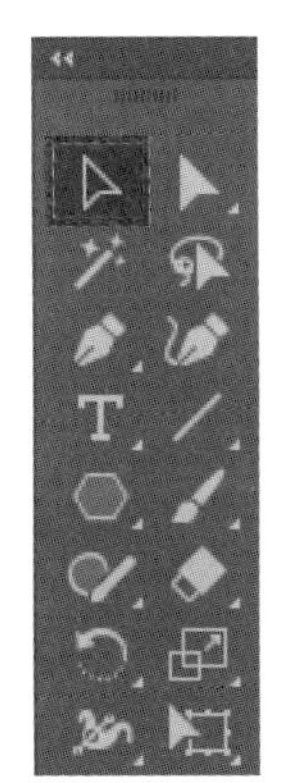

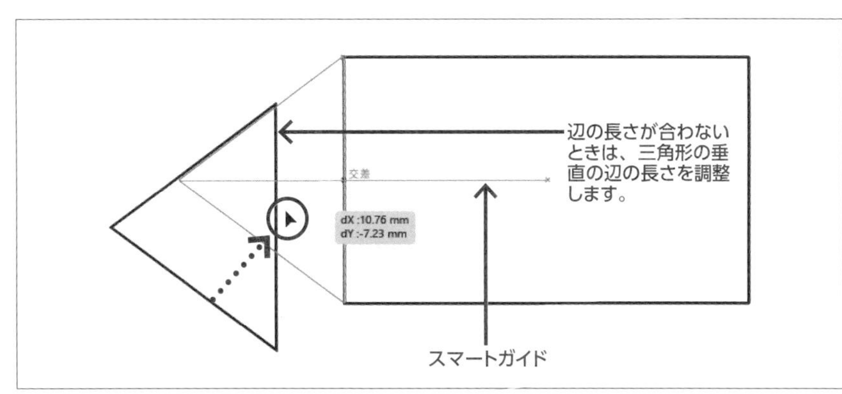

頭の三角形を複製して尾びれを作ります。

頭の三角形を選択して、［編集］メニュー→［コピー］をクリックします。続けて［編集］メニュー→［ペースト］をクリックすると三角形が貼り付けられます。その三角形を選択ツールでドラッグして、尾びれが胴体の右に少し重なるように移動します。ペーストは**Ctrl**＋**V**キーでも同様に操作できます。

| 編集(E) | オブジェクト(O)　書式(T)　選択(S)　効果(C |
|---|---|
| 拡大・縮小の取り消し(U) | Ctrl+Z |
| ペーストのやり直し(R) | Shift+Ctrl+Z |
| カット(T) | Ctrl+X |
| コピー(C) | Ctrl+C |
| ペースト(P) | Ctrl+V |
| 前面へペースト(F) | Ctrl+F |
| 背面へペースト(B) | Ctrl+B |

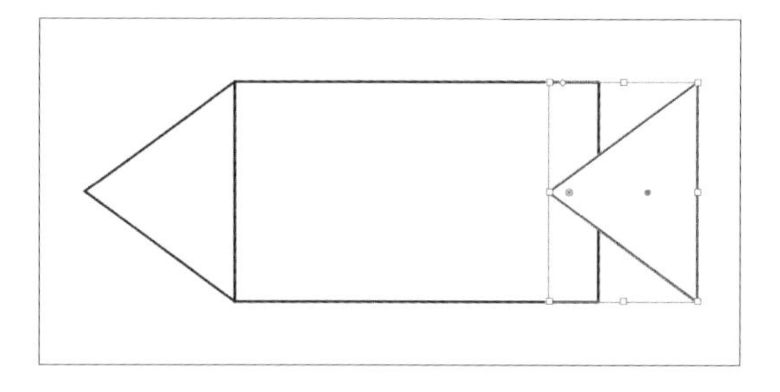

**Ctrl**＋**V**キーを２回押して、背びれと腹びれを複製します。回転させて胴体の上と下に配置します。

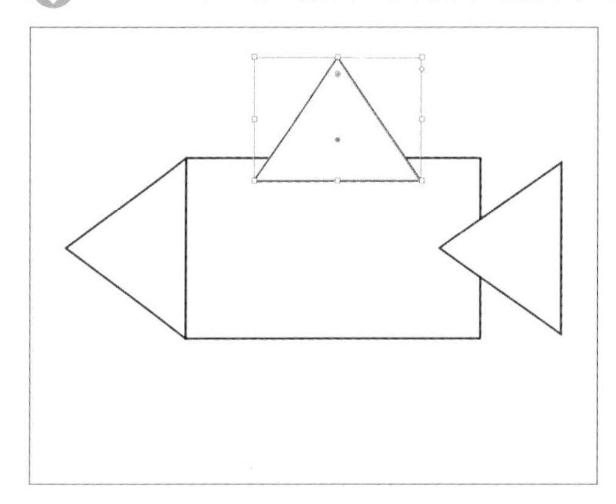

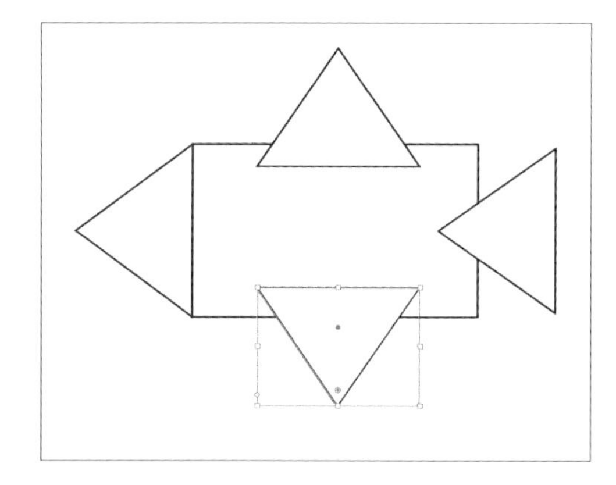

## 目を描く

ツールパネルの［楕円形ツール］をクリックして、魚の頭の内部で**Shift**キーを押しながらドラッグして、正円を描きます。

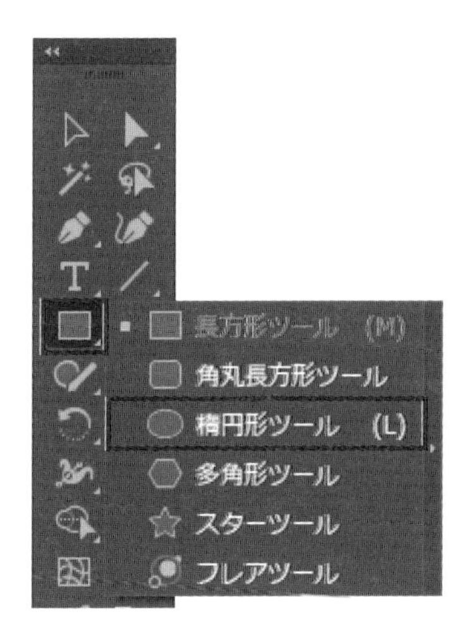


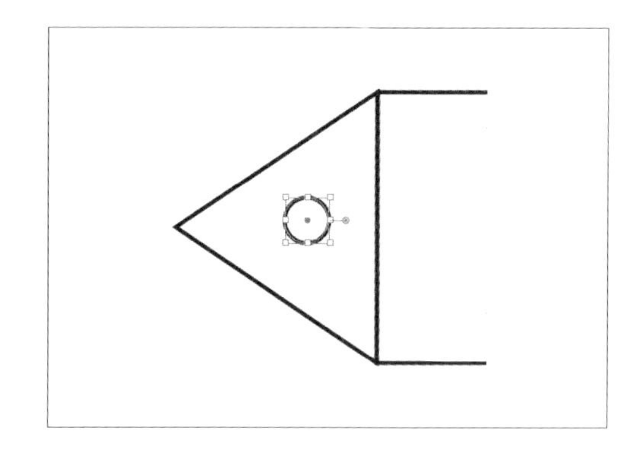

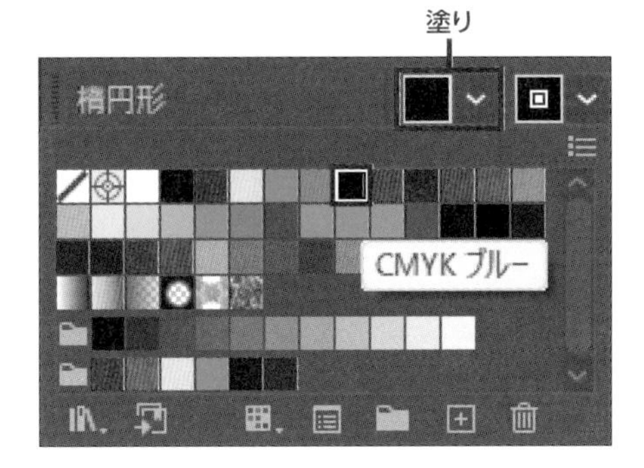


## 目と全身に色を塗る

目に青色を塗ります。目を選択して、コントロールパネルの［塗り］の［V］をクリックします。表示された［スウォッチ］パネルで、［CMYKブルー］をクリックします。コントロールパネルが表示されていない場合は、［ウィンドウ］メニュー→［コントロール］をクリックします。



次に、目の枠（線）を白にします。コントロールパネルの［線］の［V］をクリックして、［ホワイト］をクリックします。

目以外の全身に青を塗り、枠の色をなくします。選択ツールで目を除く胴体の長方形、頭、尾びれ、背びれ、腹びれの三角形を**Shift**キーを押しながらクリックして選択します。

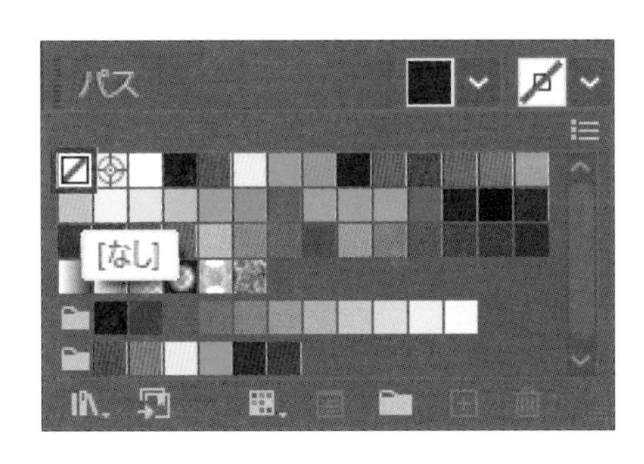


コントロールパネルの［塗り］の［V］をクリックして、［CMYKブルー］をクリックします。続けて［線］の［V］をクリックして、［なし］をクリックします。

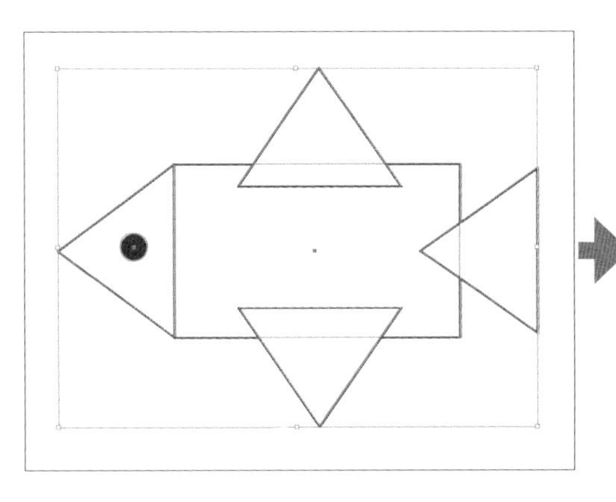

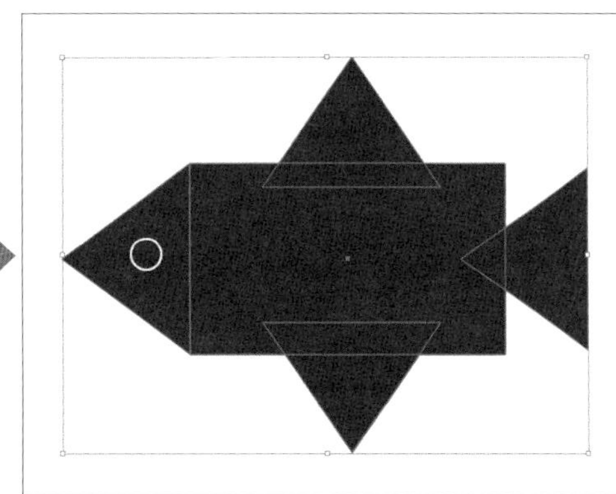

オブジェクト(O)　書式(T)　選択(S)　効果(C)　表示(
変形(T)
重ね順(A)
整列(A)
分布(U)
グループ(G)　Ctrl+G
グループ解除(U)　Shift+Ctrl+G
ロック(L)

## 海中のイラストに配置する

描いた魚をまとめて操作できるように「グループ化」します。選択ツールで魚全体を囲むようにドラッグします。[オブジェクト] メニュー→ [グループ] をクリックすると魚が一つのグループになります。

魚が選択された状態のまま、[編集] メニュー→ [コピー] をクリックしてコピーします。
魚を海中のイラストに配置します。[ファイル] メニュー→ [開く] をクリックして、[実習用データ] フォルダーの「図形を組み合わせてイラストを描く.ai」を開きます。

[編集] メニュー→ [ペースト] で、魚を貼り付けます。魚を囲むバウンディングボックスの四隅でマウスポインターが ↗ の形になったら、**Shift**キーを押しながら斜め方向にドラッグして拡大または縮小します。カニや海藻と重ならない位置に移動させたら完成です。

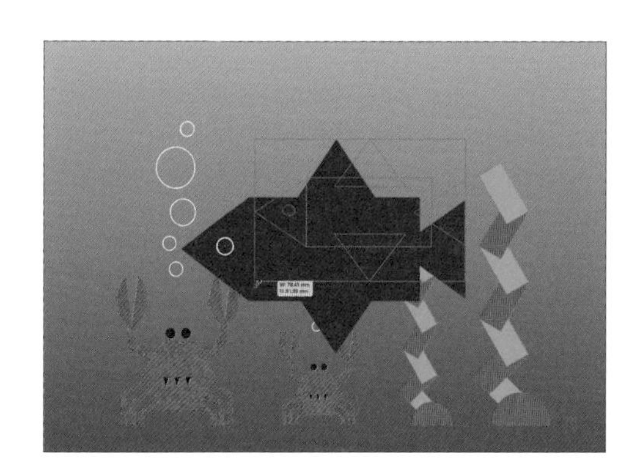

## ファイルを保存する

[ファイル] メニュー→ [別名で保存] をクリックします。クラウドドキュメントとして保存するかを確認する画面が表示された場合は、[コンピューターに保存] をクリックします。
[別名で保存] ダイアログボックスで、任意の名前を付けて保存します。[Illustrator オプション] ダイアログボックスが表示されたら、[OK] をクリックします。魚を描画した新規ドキュメントは、保存せずに閉じます。

# 1.2 道案内の地図を作る

図形とともにIllustratorで重要なのが直線と曲線の描画です。直線と曲線を道路に見立てた地図を作成します。

駅前ロータリーを角丸長方形で、駅を長方形で描画します。次に道路や鉄道を表す直線や曲線を引き、幅などの形状を変更します。描画した駅やロータリー、道路や線路の重ね順を変更して地図の体裁を整えます。最後に色を塗った建物と目的地を描画します。

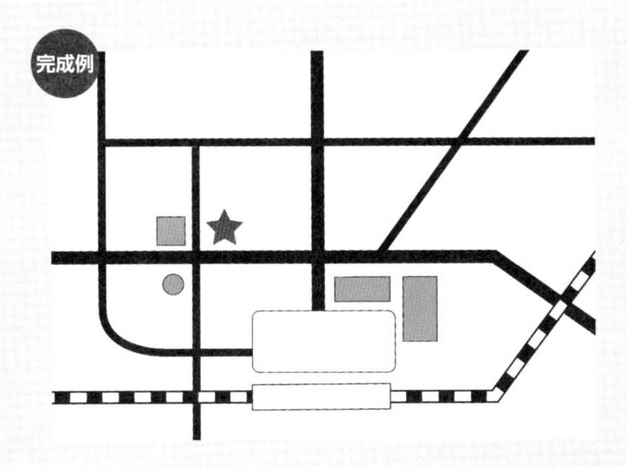


## 新規ドキュメントを作成する

新規ドキュメントを作成します。

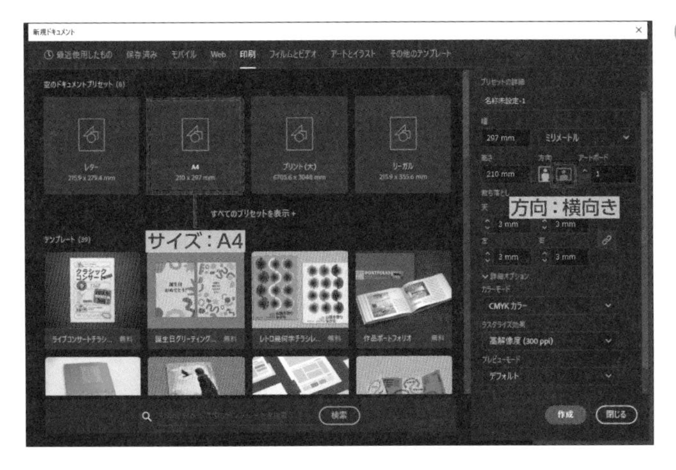


[ファイル] メニュー→ [新規] をクリックして [新規ドキュメント] ダイアログボックスを開きます。ダイアログボックスの上部のタブで [印刷] をクリックし、プリセットの一覧から [A4] を選択します。[プリセットの詳細] の [方向] で横向きをクリックし、[作成] をクリックします。

## 駅と駅前ロータリーを描く

駅を描きます。ツールパネルの［長方形ツール］を選択し、アートボードの下側中央あたりでドラッグして長方形を描きます。

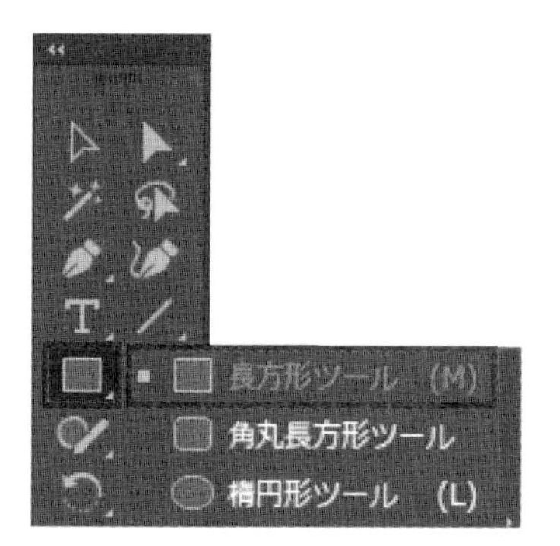


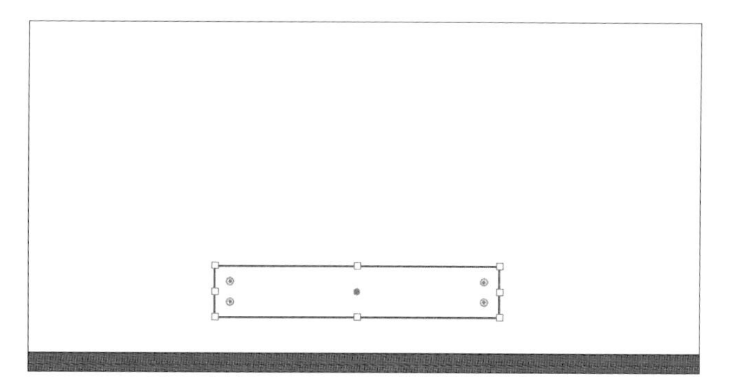

次に駅前ロータリーを描きます。［角丸長方形ツール］を選択し、駅の上側あたりでドラッグして角丸長方形を描きます。［角丸長方形］ツールが表示されていない場合は、［ウィンドウ］メニュー→［ツールバー］→［詳細］をクリックします。

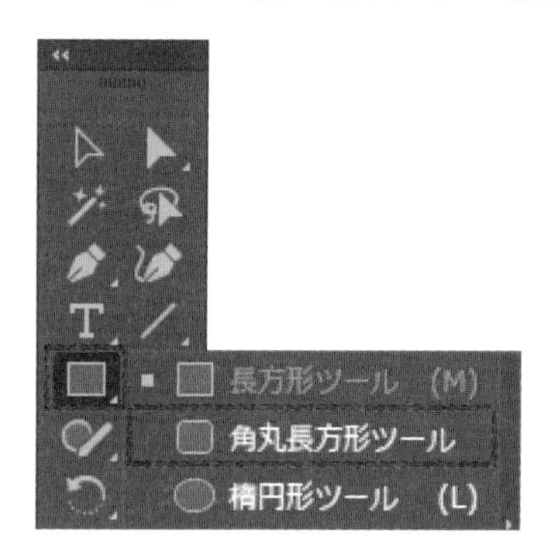


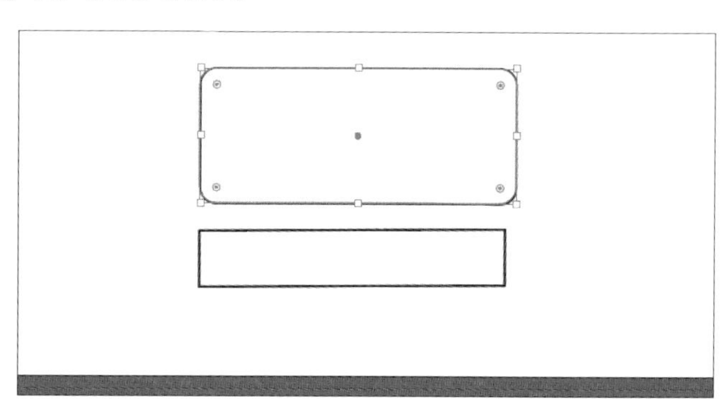

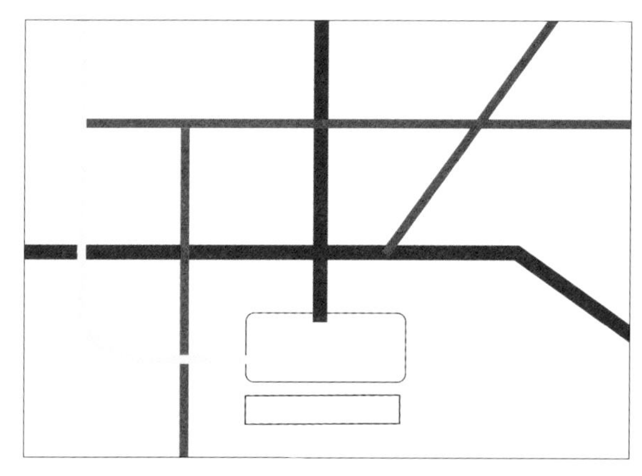

## 直線の道路を描く

道路を描きます。青の直線が幅の広い大通り、赤の直線と黄色の曲線が幅の狭い道路です。

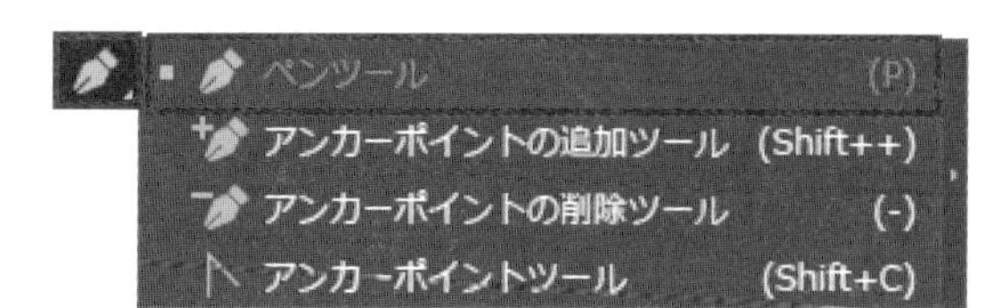


最初に、駅前ロータリーから上に垂直に伸びる大通り（直線）を描きます。ツールパネルの［ペンツール］を選択します。

駅前ロータリー（角丸長方形）の中心から少し上の位置をクリックして、**Shift**キーを押しながらアートボード上端の少し外側でクリックすると垂直の直線が引かれます。**Enter**キーを押して描画を終了します。始点と終点の場所は角丸長方形やアートボードの境界ピッタリである必要はなく、始点は角丸長方形の内部、終点はアートボードの外側にはみ出すように描いてかまいません。

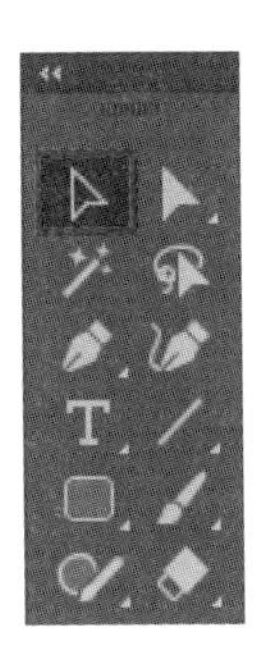

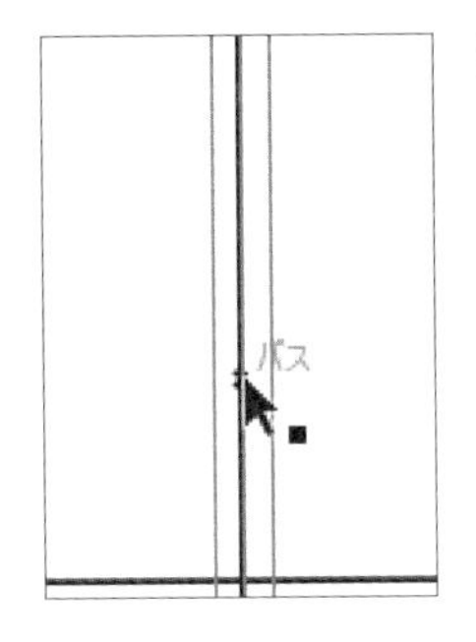


ツールパネルの［選択ツール］をクリックして、直線にマウスポインターを合わせます。「パス」の文字と青い線が表示されたらクリックして選択します。

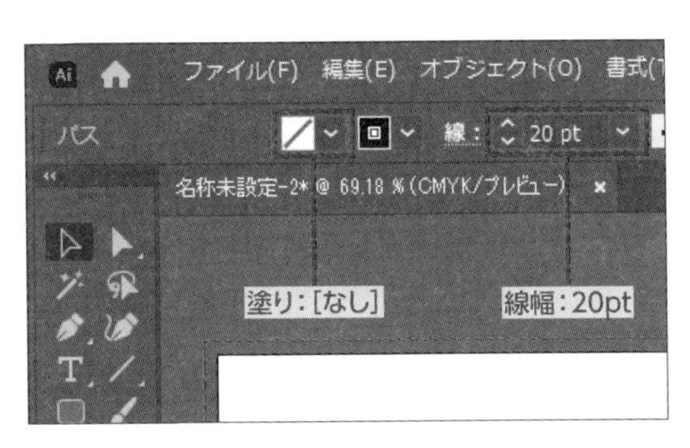


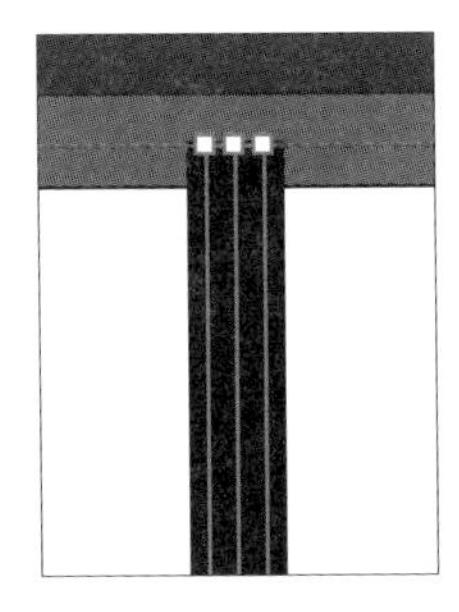

コントロールパネルの［線幅］の［V］をクリックして、［20pt］を選択します。［塗り］の［V］をクリックして［なし］をクリックします。

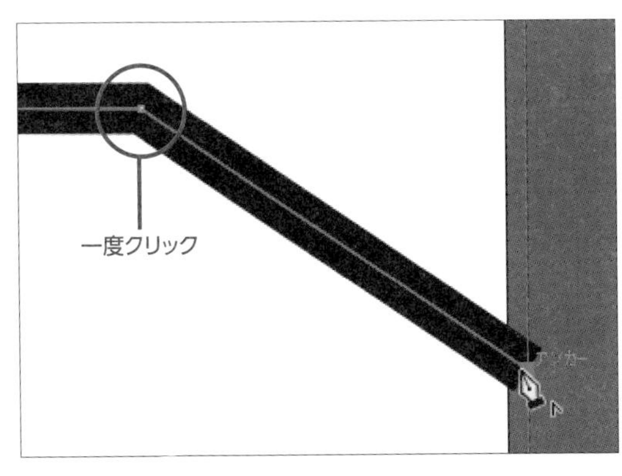


次に、縦の大通りと交差する水平の大通りを描きます。ペンツールでアートボード左端の上下中央から少し外側をクリックして、**Shift**キーを押しながら右側の折れ曲がる地点で一度クリックします。続いて右斜め下、アートボードの少し外側を再度クリックして、**Enter**キーを押して描画を終了します。線幅と塗りの設定は一つ前の設定が残っているので、変更する必要はありません。

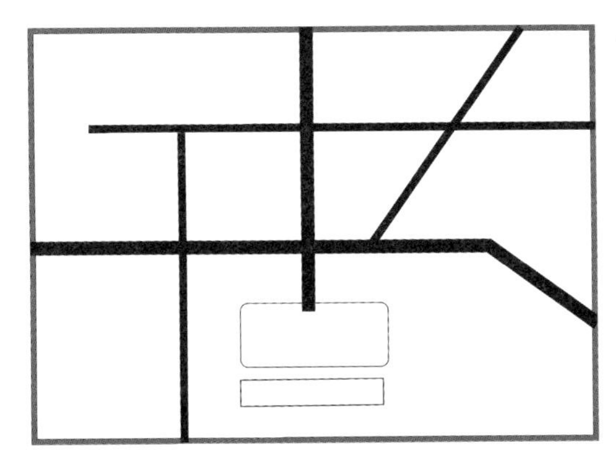

完成例を見ながら、幅の狭い道路（P.10の赤色で示した3本の直線）を描きます。線幅は12ptに変更します。

### 曲線の道路を描く

駅前ロータリーから左に進む道は一部が曲線です。曲線を描くには直線と同様にペンツールを使用しますが、カーブする始点と終点で曲線を描くために方向線を引き出す操作が必要です。

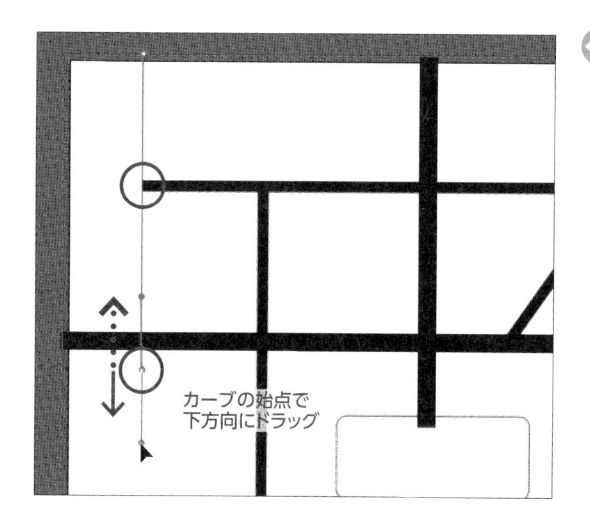


ツールパネルの［ペンツール］を選択します。横方向に伸びる幅の狭い道路の左端を通るように、アートボード上端の少し外側をクリックして、**Shift**キーを押しながらカーブの始点をクリックします。マウスの左ボタンから指を離さずに、**Shift**キーを押しながら下方向にドラッグします。このとき上下に垂直に伸びる線を「方向線」といいます。方向線をある程度引き出したら、マウスの左ボタンと**Shift**キーからいったん指を離します。

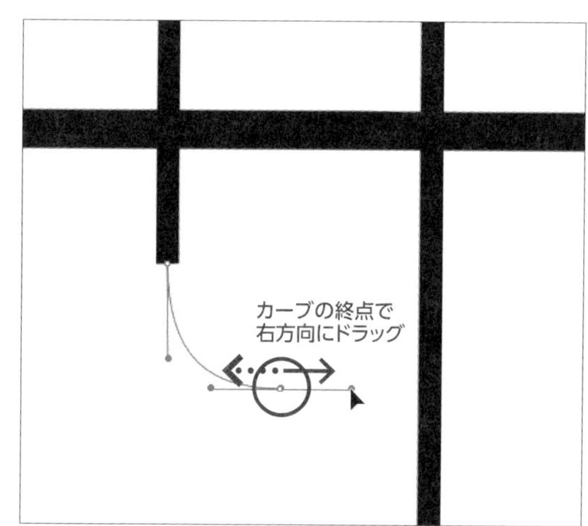


カーブの終点をクリックして、マウスの左ボタンから指を離さずに、**Shift**キーを押しながら右方向にドラッグします。方向線をある程度引き出したら、マウスの左ボタンからいったん指を離します。これでカーブの部分ができました。

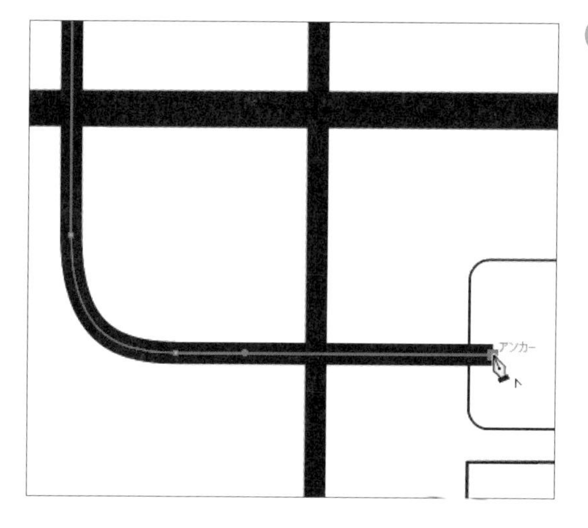


続けて、**Shift**キーを押しながら角丸長方形の内部をクリックし、**Enter**キーを押して描画を終了します。12ptの幅で曲線を含む線が引かれます。

### 線路を描く

線路を描きます。ツールパネルの［ペンツール］を選択します。

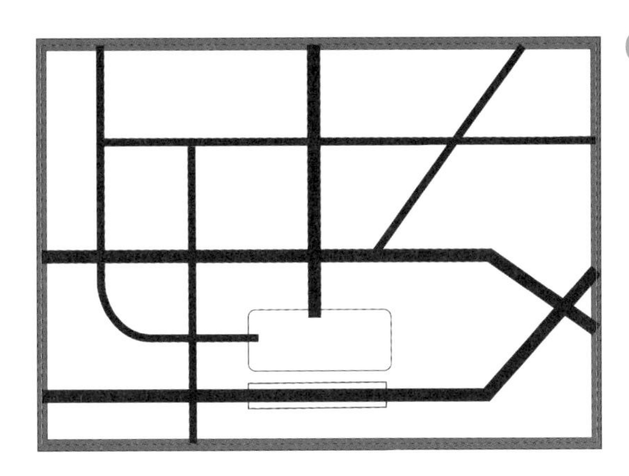

最初に描いた駅（長方形）を通るようにアートボード左端の少し外側から線を引きます。道路と同じように、右側の折れ曲がる地点で一度クリックして、右斜め上、アートボード右端の少し外側を再度クリックします。**Enter**キーを押して描画を終了します。線幅は20ptに変更します。

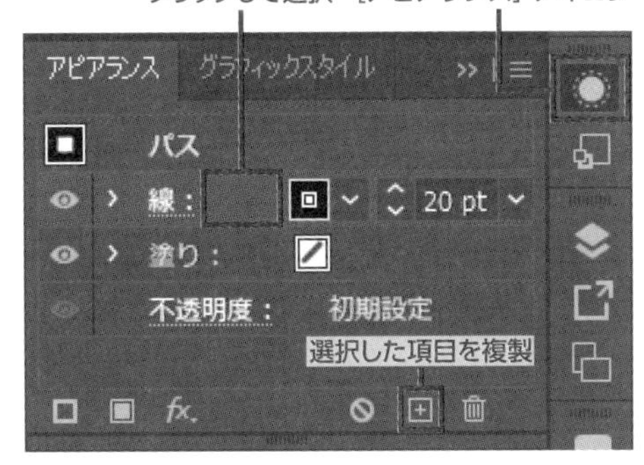


選択ツールで描いた線路を選択します。ウィンドウの右側にあるパネルの領域で［アピアランス］アイコンをクリックして、［アピアランス］パネルを表示します。パネルの領域にアイコンが表示されていない場合は、［ウィンドウ］メニュー→［ワークスペース］→［初期設定（クラシック）］をクリックします。
［線］の項目の何もない部分をクリックして選択し、パネルの下にある［選択した項目を複製］アイコン（ごみ箱のアイコンの左側）をクリックします。

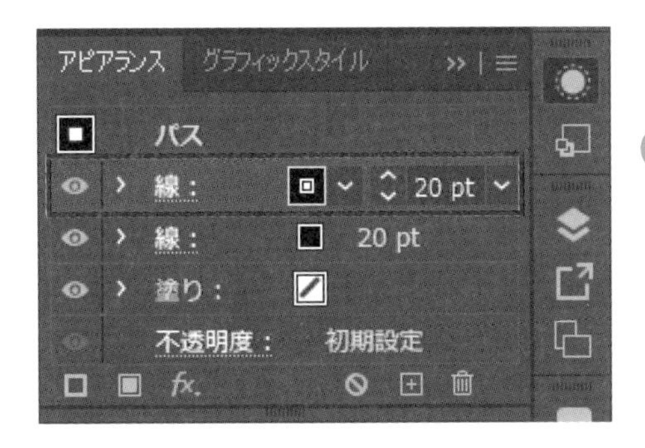


［線］の項目の上に同じ設定の線が複製されます。

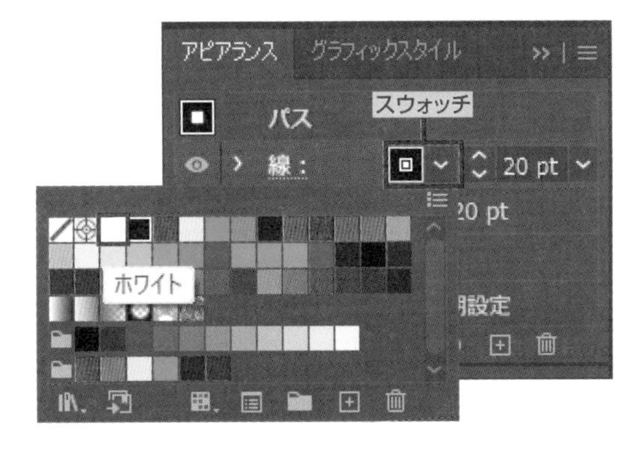


複製された線の［スウォッチ］をクリックして［ホワイト］を選び、線の色を白にします。

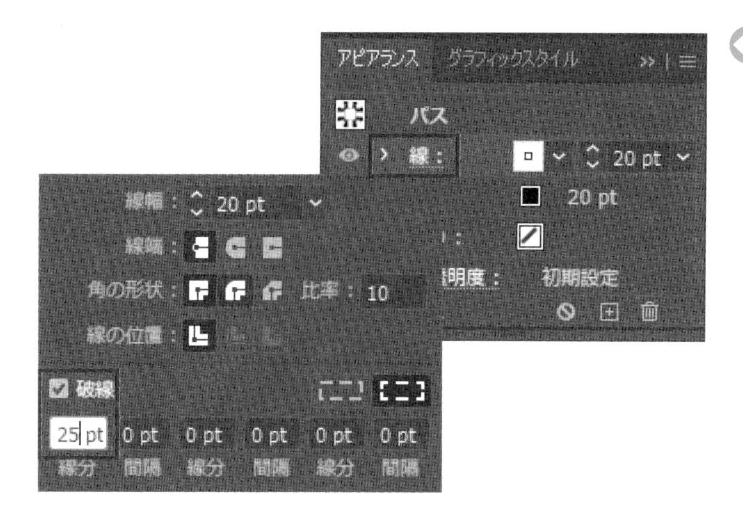


続けて［線］の項目名をクリックすると［線］パネルが表示されます。［破線］のチェックをオンにして、左端の［線分］のボックスに「25」を入力します。

［アピアランス］パネルに戻り、［線幅］を14ptに変更します。線路が完成しました。

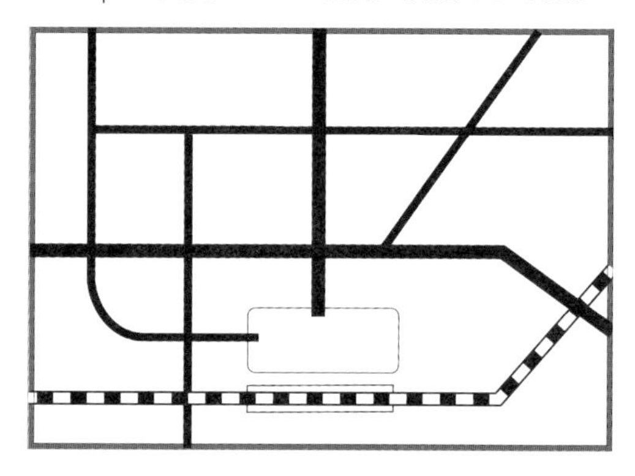

## 重ね順を変更する

駅や駅前ロータリーを前面にするために重ね順を変更します。

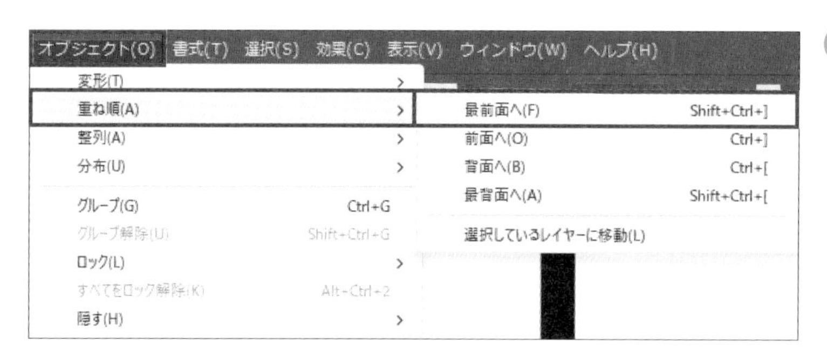


駅（長方形）を選択して、［オブジェクト］メニュー→［重ね順］→［最前面へ］をクリックします。同様に駅前ロータリーの重ね順も最前面に変更します。

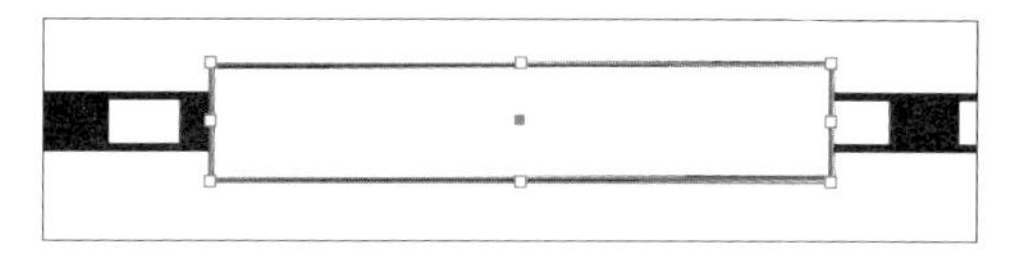

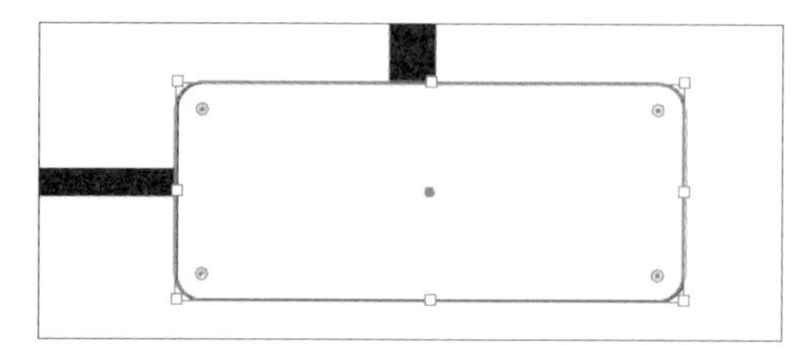

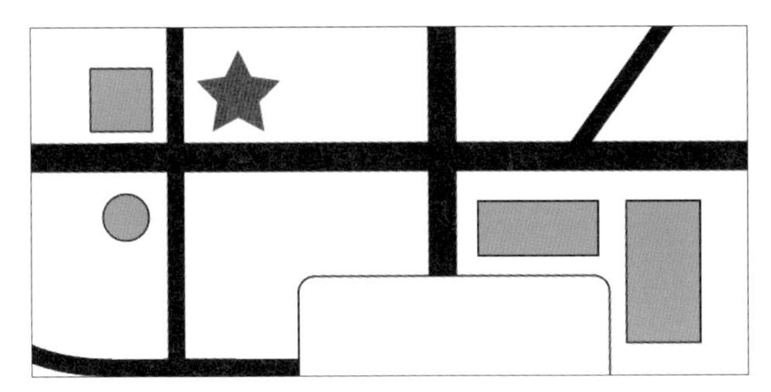

### 建物と目的地を描き、色を塗る

図形（長方形、楕円形、星形）を使って建物と目的地を描きます。

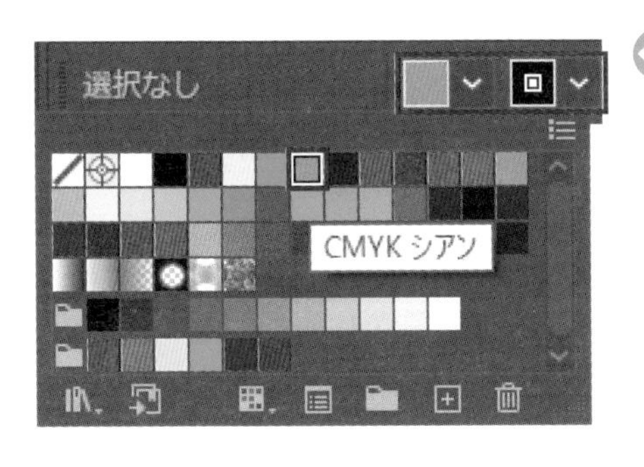


建物を描く前に、塗りの色を変更します。選択ツールで何もない場所をクリックして、何も選択していない状態にします。コントロールパネルの［塗り］の［∨］をクリックして［CMYK シアン］にします。［線］は［黒］のままにします。

長方形ツールで3つの建物を、楕円形ツールで1つの建物を描きます。

目的地は星形にします。ツールパネルの［スターツール］を選択し、星形を描きます。必要に応じて選択ツールで回転させ、サイズを調整します。コントロールパネルで［塗り］を［CMYK レッド］、［線］を［なし］にします。

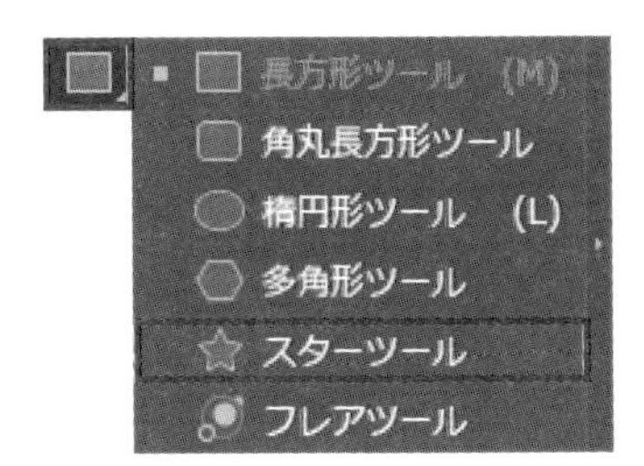


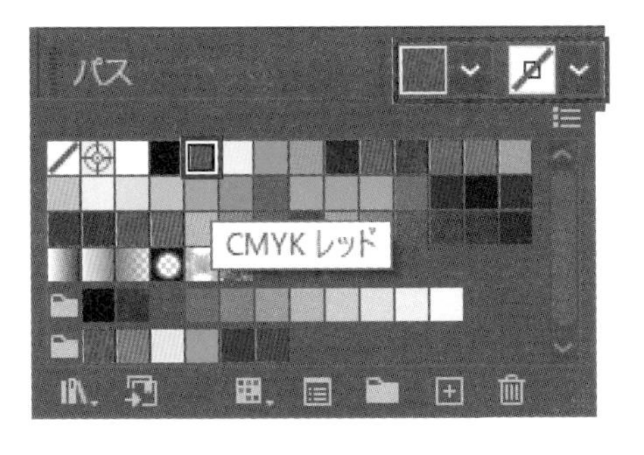


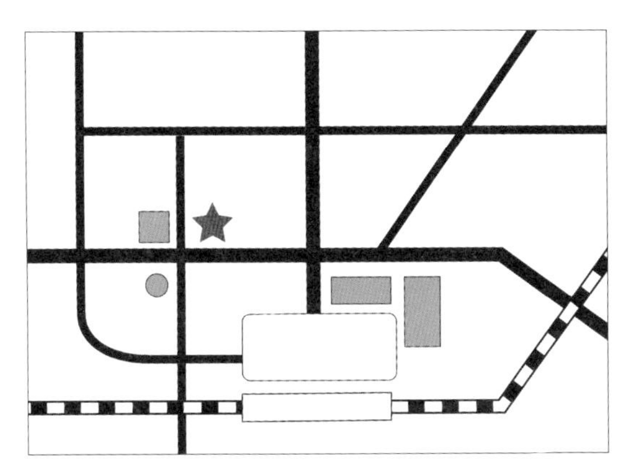

このように配置できたら完成です。

### ファイルを保存する

［ファイル］メニュー→［別名で保存］をクリックして、［別名で保存］ダイアログボックスを開き、任意の名前を付けて保存します。

# 1.3 カフェのチラシを作る

すでに作られたデザインに、レイアウトや大きさを工夫しながら文字を追加して、カフェのチラシをデザインします。

背景画像のファイルを開いて、カフェのメインコピーを追加します。メニューや営業案内の文字列はフォントを変更してから、チラシ上にきれいにレイアウトします。

使用ファイル カフェのチラシを作る.ai

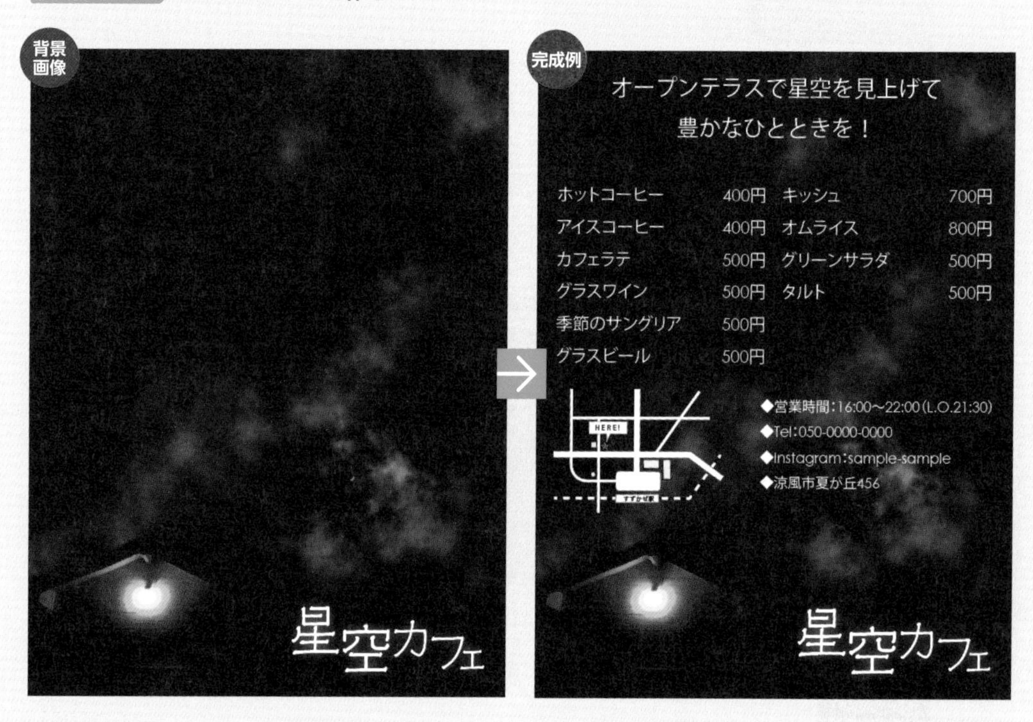


ファイル(F) 編集(E) オブジェクト(O) 書式(T)

| | |
|---|---|
| 新規(N)... | Ctrl+N |
| テンプレートから新規(T)... | Shift+Ctrl+N |
| 開く(O)... | Ctrl+O |
| 最近使用したファイルを開く(F) | > |
| Bridge で参照... | Alt+Ctrl+O |
| 閉じる(C) | Ctrl+W |
| すべてを閉じる | Alt+Ctrl+W |
| 保存(S) | Ctrl+S |

### ファイルを開く

［ファイル］メニュー→［開く］をクリックして、［実習用データ］フォルダーの「カフェのチラシを作る.ai」を開きます。

**メモ**

ファイルを開いた際に［環境に無いフォント］ダイアログボックスが表示され、「ドキュメントには、ご使用のコンピューターにないフォントが使用されています。」という警告メッセージが表示される場合があります。そのときは別のフォントに置き換えられていますが、実習に支障はありません。

アートボードの外側（背景画像の周囲）に入力済みの文字列や地図のイラストが並んでいます。

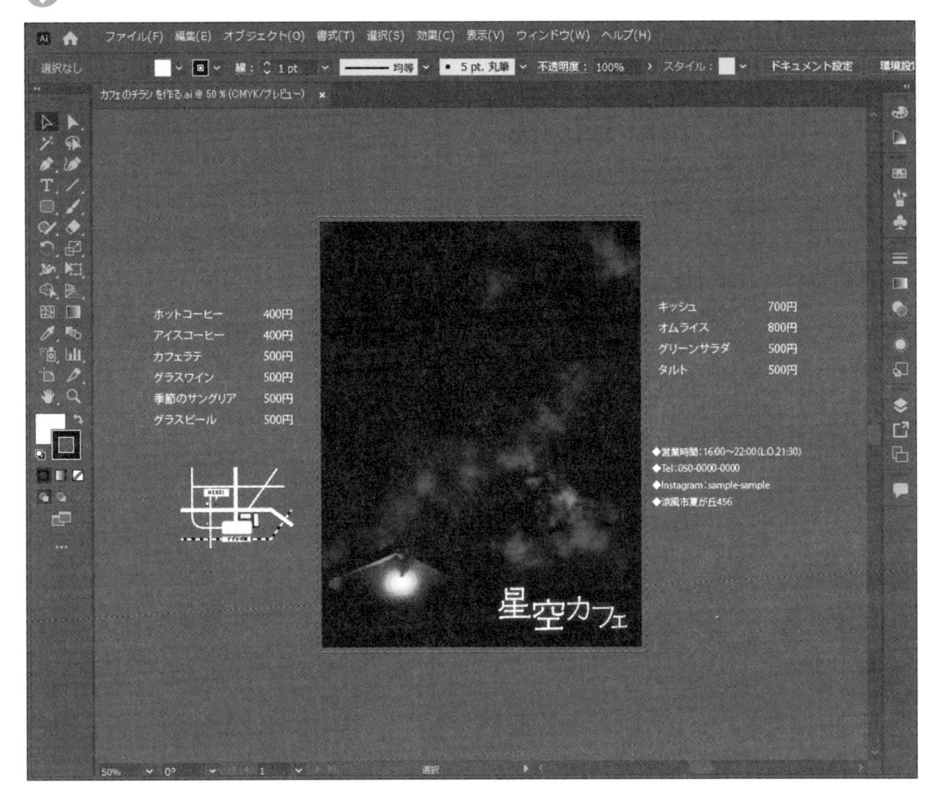


## メインコピーを入力する

チラシのメインコピー「オープンテラスで星空を見上げて豊かなひとときを！」を入力します。

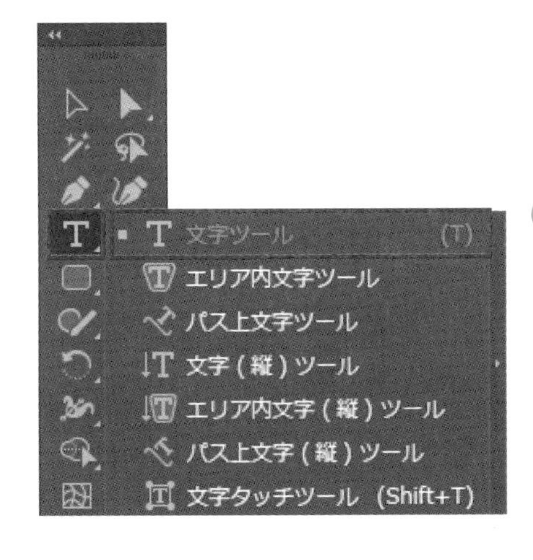


ツールパネルの［文字ツール］を選択します。

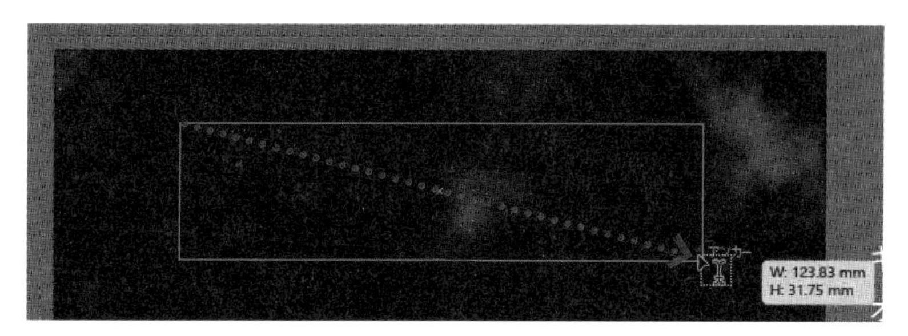


背景画像の上部で左から斜め右下にドラッグすると、文字を入力する長方形のエリアが表示されます。

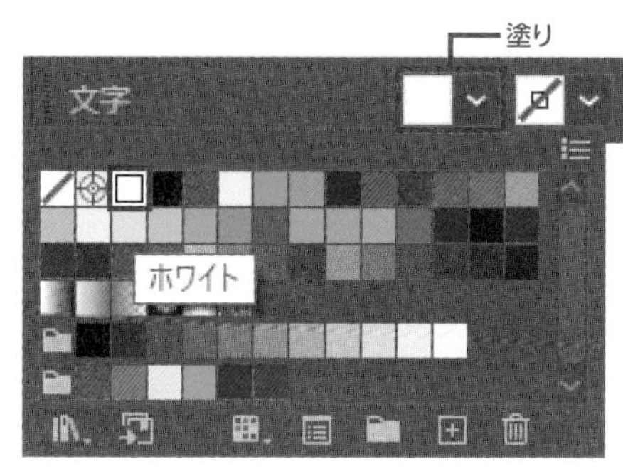


コントロールパネルの左側の表示が［文字］になるので、［塗り］の［V］をクリックして［スウォッチ］パネルを表示し、［ホワイト］をクリックします。これで文字の色が黒から白に変わります。

「オープンテラスで星空を見上げて」まで入力したら、**Enter**キーを押して改行します。2行目に「豊かなひとときを！」と入力します。

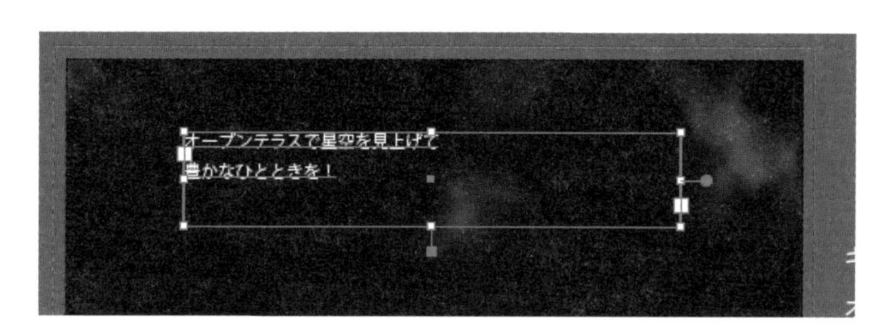


ツールパネルの［選択ツール］をクリックすると、文字のエリア全体が選択されます。

コントロールパネルで、［フォントファミリを設定］が［小塚ゴシックPr6N］、［フォントスタイル］が［R］であることを確認します。［フォントサイズ］の［V］をクリックして［24pt］を選択します。PCのモニターが小さくこれらのボックスが表示されていない場合は、［文字］をクリックして［文字］パネルを表示して操作を行います。

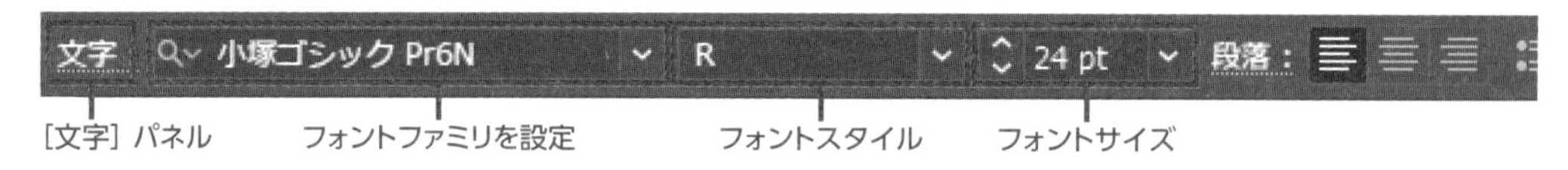


文字のエリアが小さくて文字列全体が表示されていない場合、逆にエリアが大きすぎる場合などは、文字のエリアの右下隅にある白い四角にマウスポインターを合わせ、↖↘の形になったらドラッグして適切な大きさに変更します。文字のエリアがチラシの左右中央でなくなったときは、文字列の上をポイントしてからドラッグして移動します。

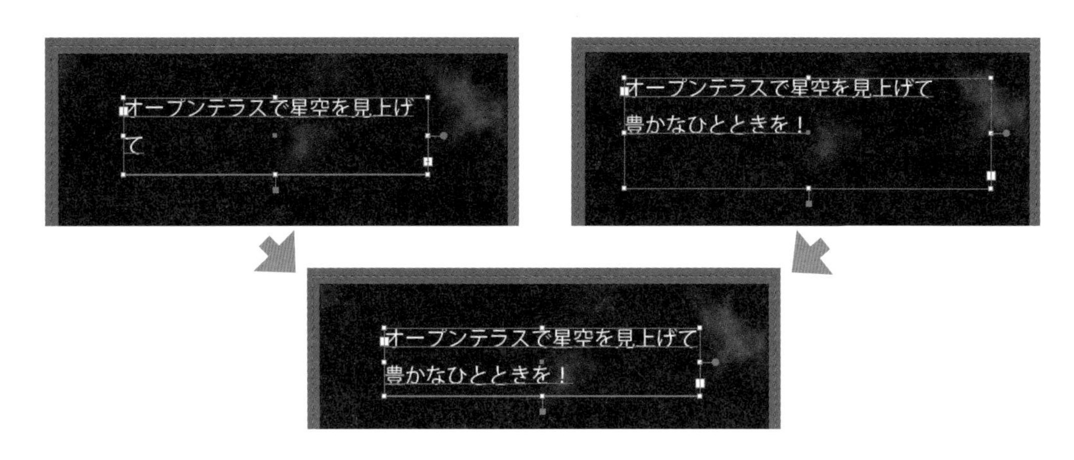


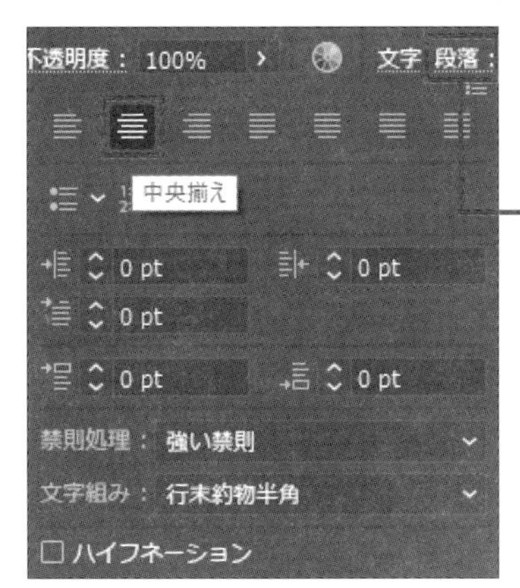


2行の文字列を左右中央揃えにします。コントロールパネルの［段落］をクリックして表示された［段落］パネルの［中央揃え］アイコンをクリックします。

［段落］パネル

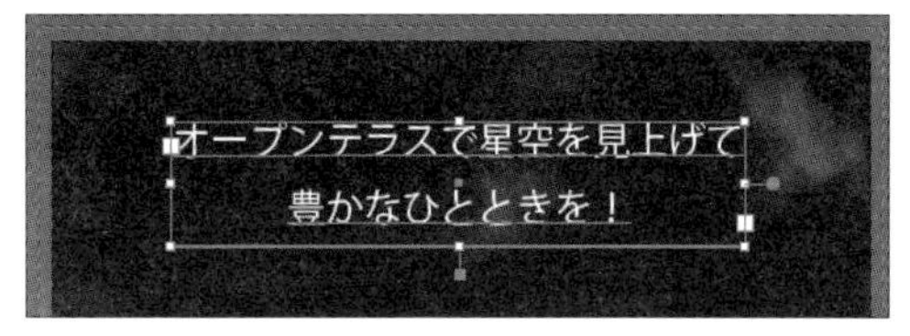


## フォントを変更する

メニューと営業案内の数字と英字のフォントを変更します。

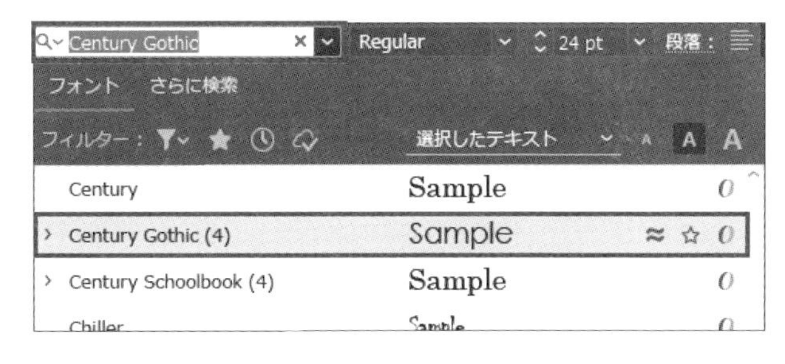


文字ツールを使用して、アートボードの右外側にある営業案内のすべての文字を選択します。コントロールパネルの［フォントファミリを設定］の［V］をクリックして、一覧から［Century Gothic］を選択します。

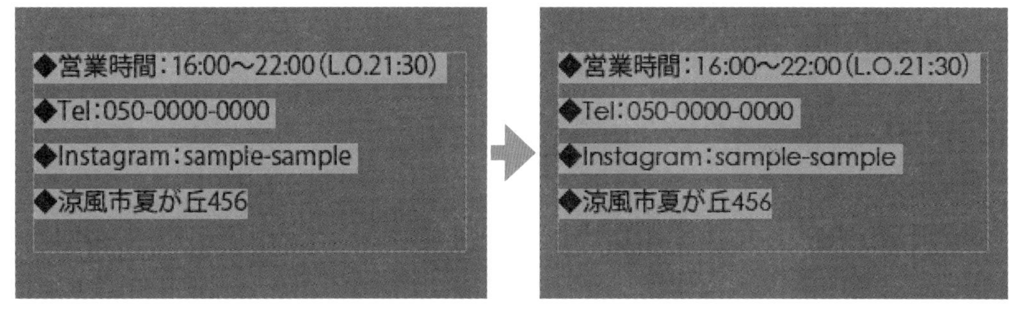

フォントファミリの一覧にCentury Gothicが見当たらないときは、適切と思えるほかのフォントを選んで実習してください。

フォントの変更は、選択した文字が対象になります。ただし、Century Gothicは英数字用のフォントのため、日本語文字（「◆」「〜」「：」などの全角記号を含む）には適用されません。このため、結果的に数字と英字だけがCentury Gothicになります。

同様に、アートボードの左右にあるメニューの文字のエリアにある数字のフォントをCentury Gothicに変更します。

**文字を配置する**

選択ツールを使用して、3つの文字のエリアと地図のイラストをアートボードに配置します。

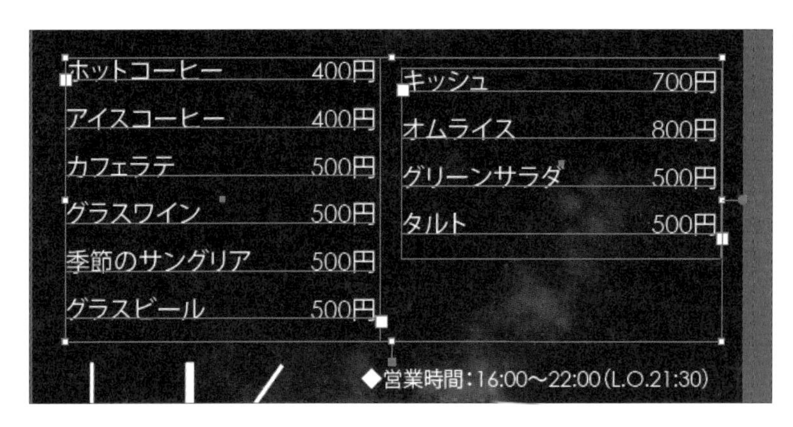


左右のメニューの上端を正確に揃えます。選択ツールを使用して、**Shift**キーを押しながら、左側の文字のエリアと右側の文字のエリアを選択します。

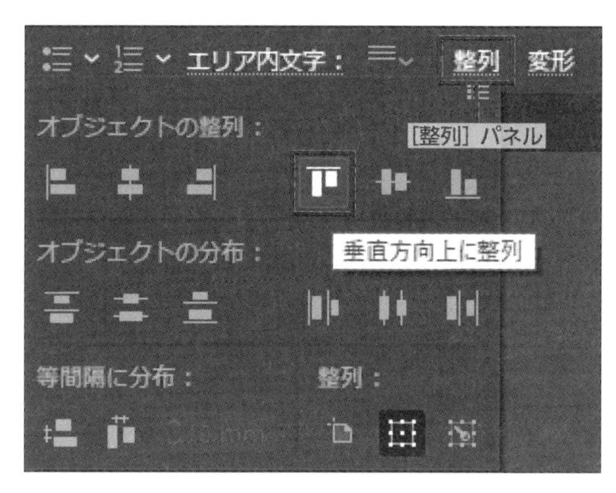


コントロールパネルの［整列］をクリックして、表示された［整列］パネルの［垂直方向上に整列］アイコンをクリックします。PCのモニターが大きい場合は、コントロールパネル上に［垂直方向上に整列］アイコンが表示されていることもあります。

全体のレイアウトを見ながら文字のエリアと地図の位置を調整して、チラシを完成させます。

### ファイルを保存する

［ファイル］メニュー→［別名で保存］をクリックして、［別名で保存］ダイアログボックスを開き、任意の名前を付けて保存します。

# 1.4 包装紙をデザインする

Illustratorは写真を扱うこともできます。写真を基にした図形を規則的に並べて模様にした包装紙を作りましょう。

貝殻の写真をトレース（輪郭を抽出）して図形を作ります。大きな貝殻の図形に文字を重ねたものを右側に配置します。貝殻の図形を縮小して「パターン」として登録し、包装紙の模様にします。

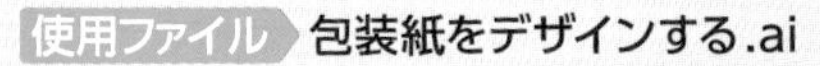


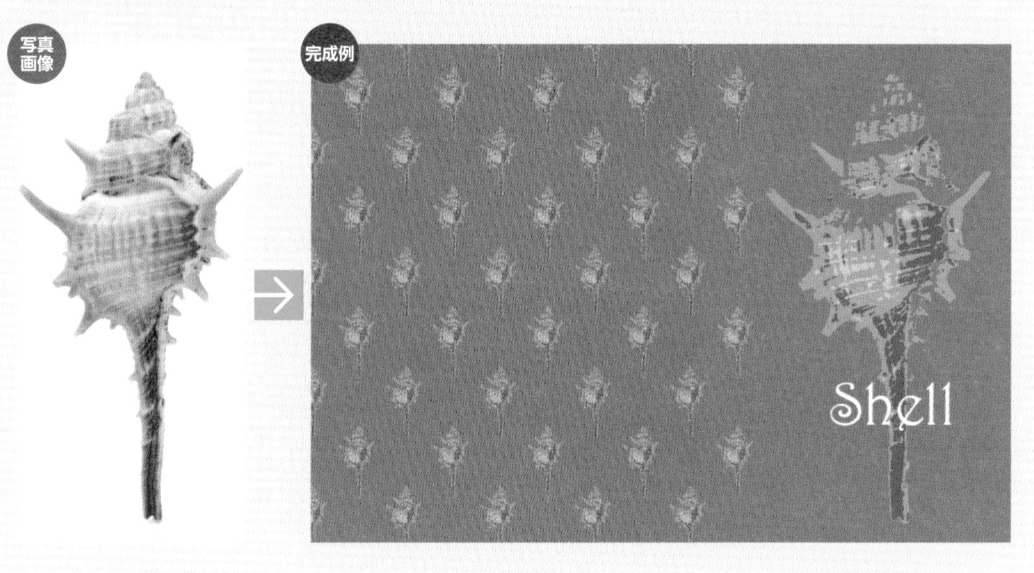


## ファイルを開く

[ファイル] メニュー→ [開く] をクリックして、[実習用データ] フォルダーの「包装紙をデザインする.ai」を開きます。アートボードの外側に貝殻の写真と文字列「Shell」があります。

| ファイル(F) | 編集(E) オブジェクト(O) 書式(T) |
|---|---|
| 新規(N)... | Ctrl+N |
| テンプレートから新規(T)... | Shift+Ctrl+N |
| 開く(O)... | Ctrl+O |
| 最近使用したファイルを開く(F) | › |

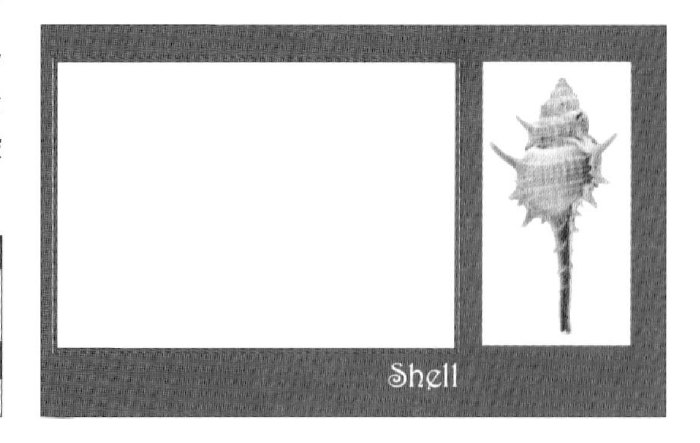

## 地の色を作成する

包装紙の地の色を茶色にするために、アートボード全体を覆う長方形を描画します。

ツールパネルの［長方形ツール］を選択します。

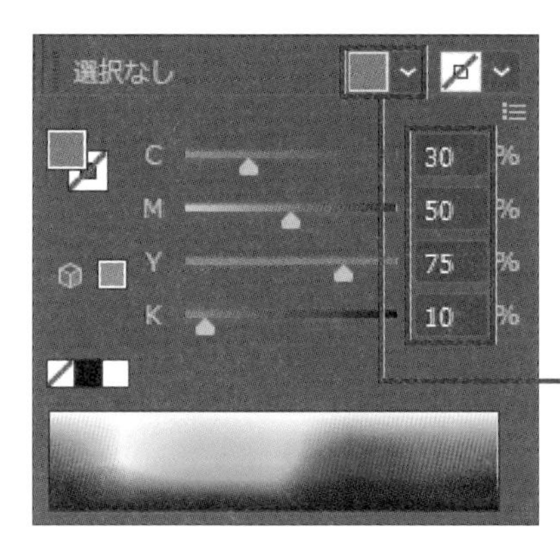


**Shift**キーを押しながらコントロールパネルの［塗り］をクリックすると、［カラー］パネルが表示されるので、Cに30%、Mに50%、Yに75%、Kに10%を入力します。線の色は［なし］にします。

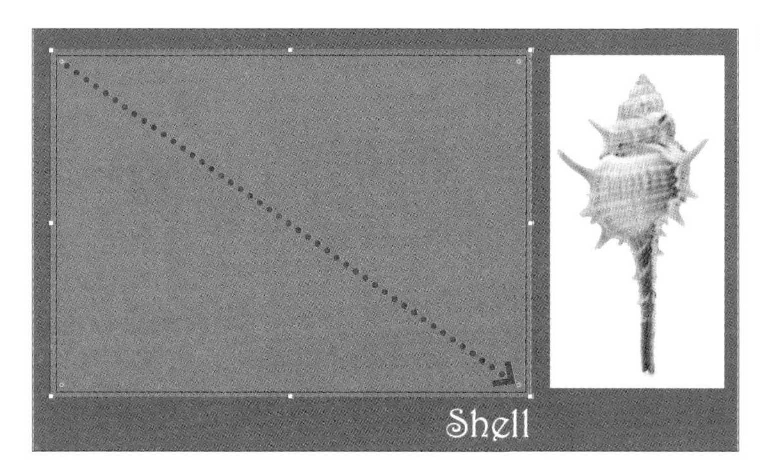


アートボードの少し外側の赤い線(塗り足し)に重なるように左上から右下にドラッグして、アートボードを覆う茶色の長方形を描画します。

長方形を選択した状態で、［オブジェクト］メニュー→［重ね順］→［最背面へ］をクリックして、長方形の重ね順を最背面にします。この上（前面）に貝殻の図形や文字を配置していきます。

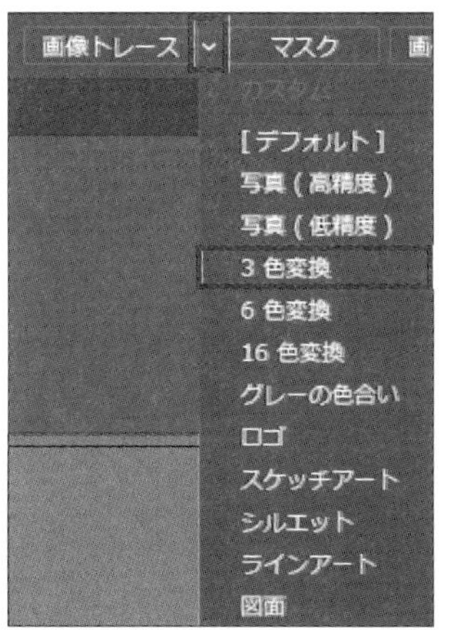


## 写真をトレースする

選択ツールで写真を選択して、コントロールパネルの［画像トレース］の［V］をクリックします。一覧から［3色変換］を選択し、メッセージが表示された場合は［OK］をクリックします。写真がトレースされて3色のイラストに変換されます。

コントロールパネルの［拡張］をクリックします。

トレース画像　プリセット：3色変換　表示：トレース結果　拡張

画像の要素がすべて青い線（パス）で囲まれ、Illustratorで編集しやすいデータになります。

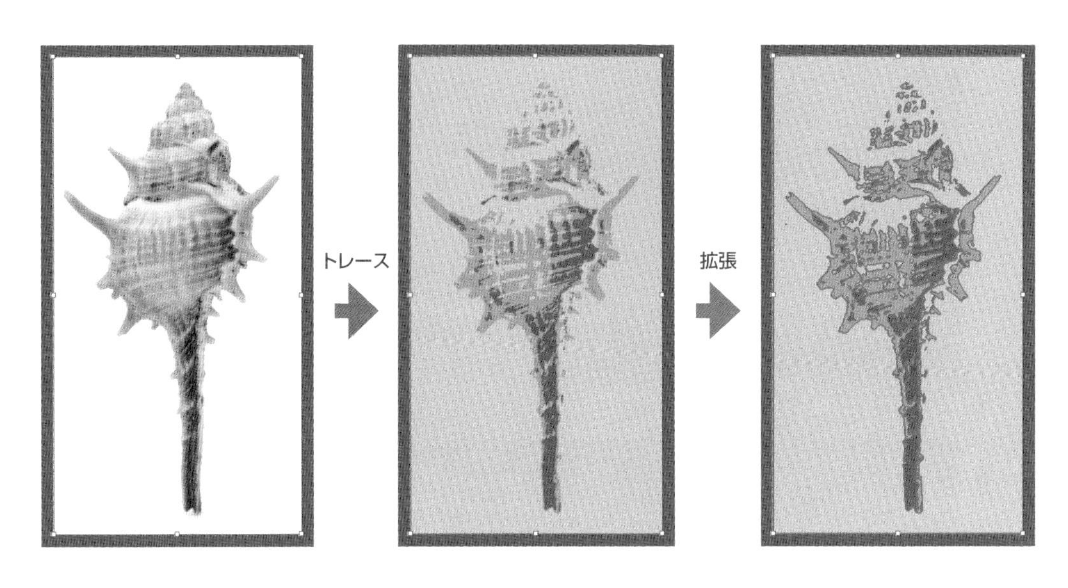

背景を削除して、貝殻のイラストのみにします。ツールパネルの［ダイレクト選択ツール］をクリックします。

貝殻の背景の左下隅を囲むようにドラッグします。背景のパスやアンカーポイントが選択されたら、**Delete**キーを２回押して背景部分を削除します。

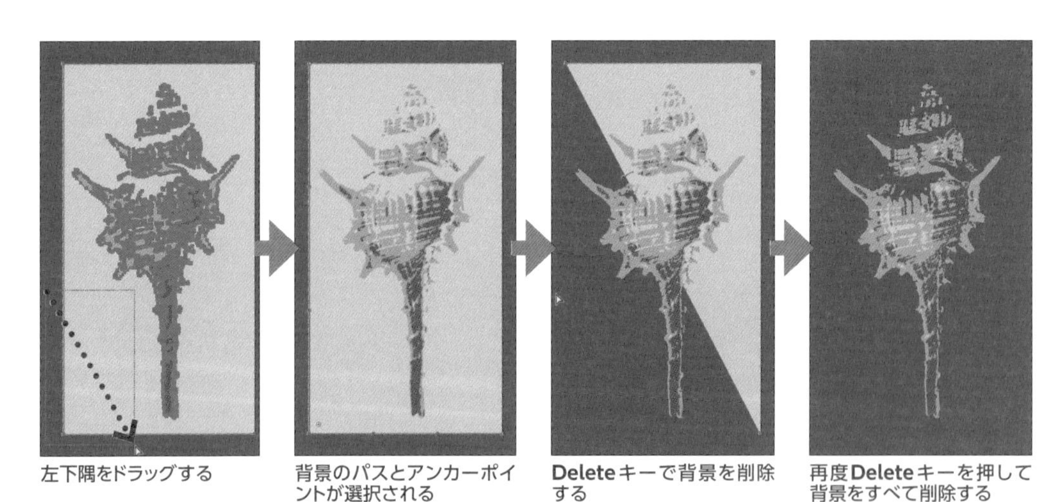

左下隅をドラッグする　背景のパスとアンカーポイントが選択される　**Delete**キーで背景を削除する　再度**Delete**キーを押して背景をすべて削除する

### 大きな貝殻と文字を配置する

貝殻は大きなまま使うものと、模様として並べる小さなものの２種類が必要なので、複製を作ります。

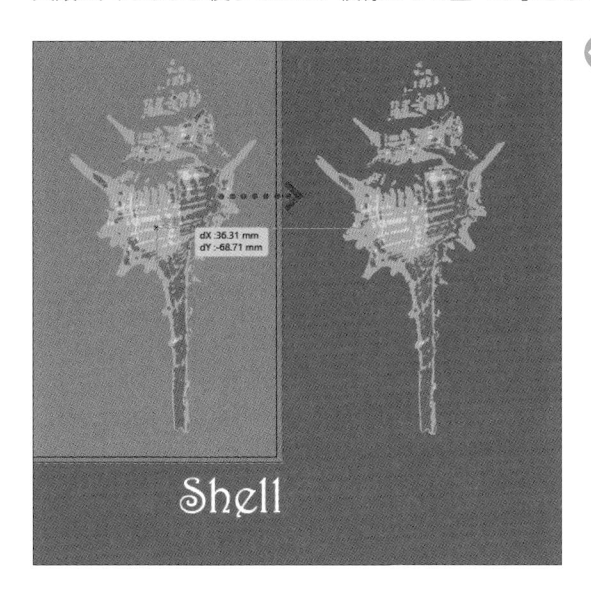


選択ツールで貝殻を選択して、［編集］メニュー→［コピー］、［編集］メニュー→［ペースト］を順にクリックします。画面に貝殻の複製が貼り付けられます。それを選択ツールで、アートボードの右側に移動して配置します。

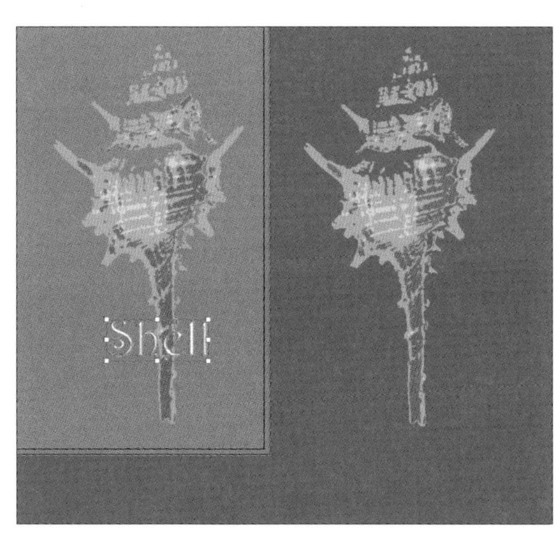

次にアートボードの下にある「Shell」という文字列を選択します。文字列が貝殻の背面にあるので、［オブジェクト］メニュー→［重ね順］→［最前面へ］をクリックして文字列を最前面にしてから貝殻に重なるようにドラッグして配置します。

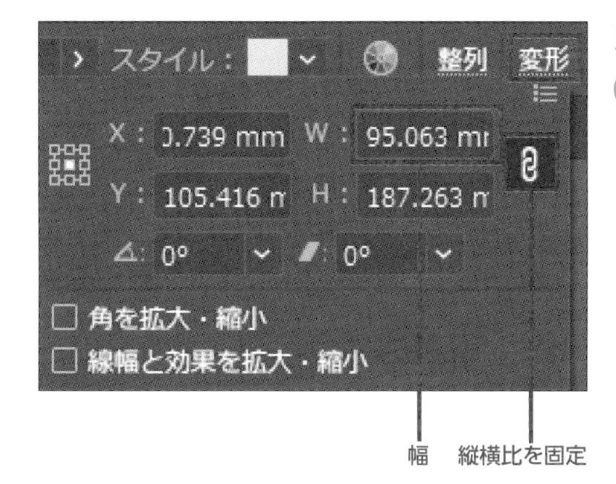


### 貝殻の図形を縮小する

模様として並べる小さな貝殻の図形を作ります。アートボードの右外側にある貝殻の図形を選択ツールで選択します。縦横比を変えずに図形を縮小するために、コントロールパネルの［変形］をクリックして［変形］パネルを表示します。PCのモニターが大きい場合は、コントロールパネルの［W］［H］などをクリックしてパネルを表示します。［縦横比を固定］が の場合はクリックして にします。

[幅]（W）のボックスに「15」と入力すると［高さ］（H）の数値も変わり、貝殻の図形が縮小されます。

### 貝殻をパターンとして登録する

縮小した貝殻を規則的に並べた模様を作るために、貝殻を「パターン」として登録します。

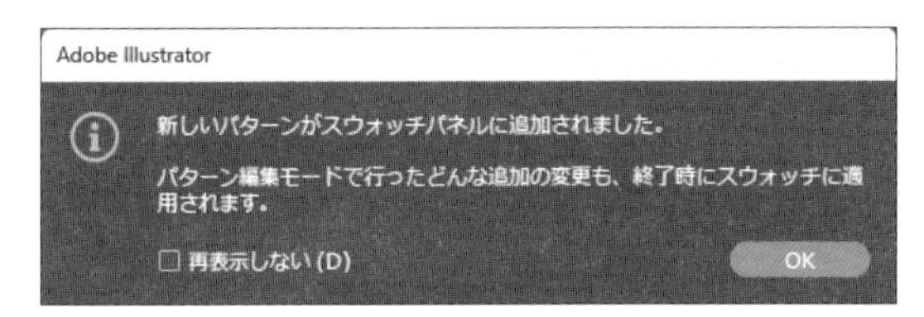


縮小した貝殻を選択した状態で、［オブジェクト］メニュー→［パターン］→［作成］をクリックします。「新しいパターンがスウォッチパネルに追加されました。」というメッセージが表示されるので[OK]をクリックします。

［パターンオプション］パネルが表示され、貝殻の図形が並んで表示されます。

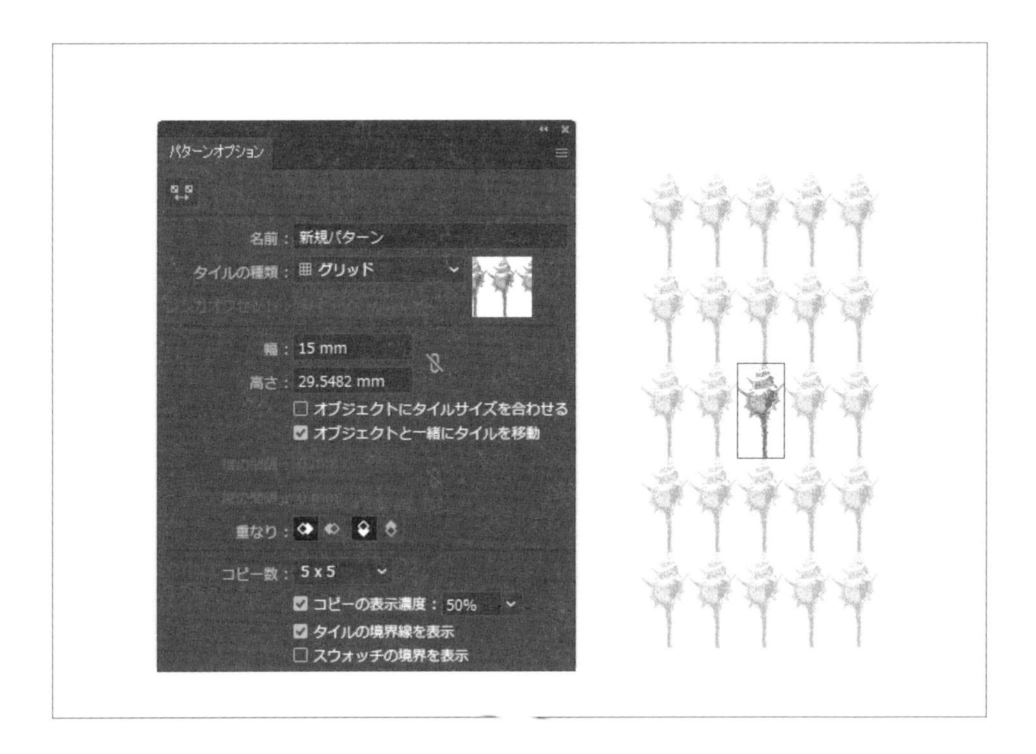

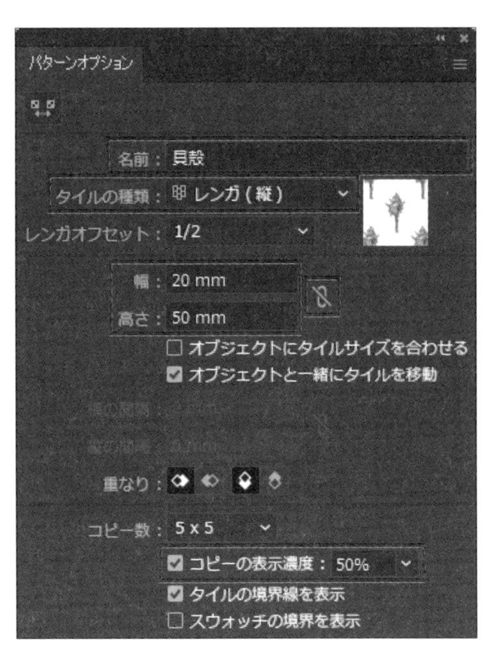


［パターンオプション］パネルの各項目を設定します。

［名前］には「貝殻」と入力します。
［タイルの種類］の［V］をクリックして［レンガ（縦）］を選択します。
［幅］と［高さ］は別々に設定するので、右にある［縦横比を維持］が の場合はクリックして にします。［幅］は20mm、［高さ］は50mmに設定します。
［コピーの表示濃度］は「50%」にします。

アートボードの上に表示されているグレーのバーで、［○完了］をクリックして設定を確定します。作成したパターン「貝殻」は［スウォッチ］パネルに登録されます。

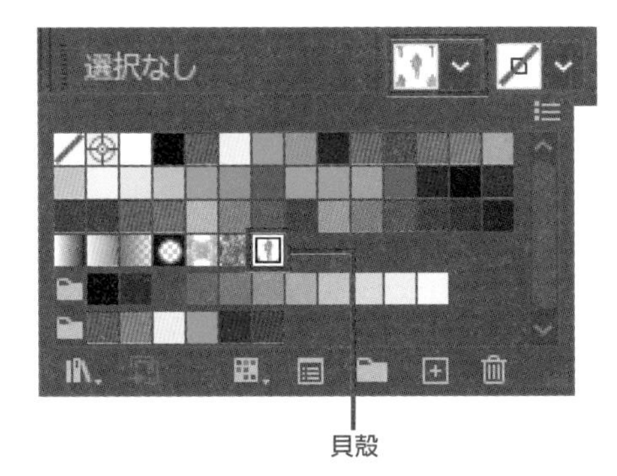


### パターンを適用する

登録したパターンを適用した長方形を描画します。長方形ツールを選択します。コントロールパネルの［塗り］から［スウォッチ］パネルを開き、［貝殻］をクリックします。［線］の色は［なし］にします。

アートボード上で、大きな貝殻の左側の領域にパターンを配置します。
アートボード左上の少し外側から右下にドラッグすると貝殻の模様が並んだ長方形が描画されます。

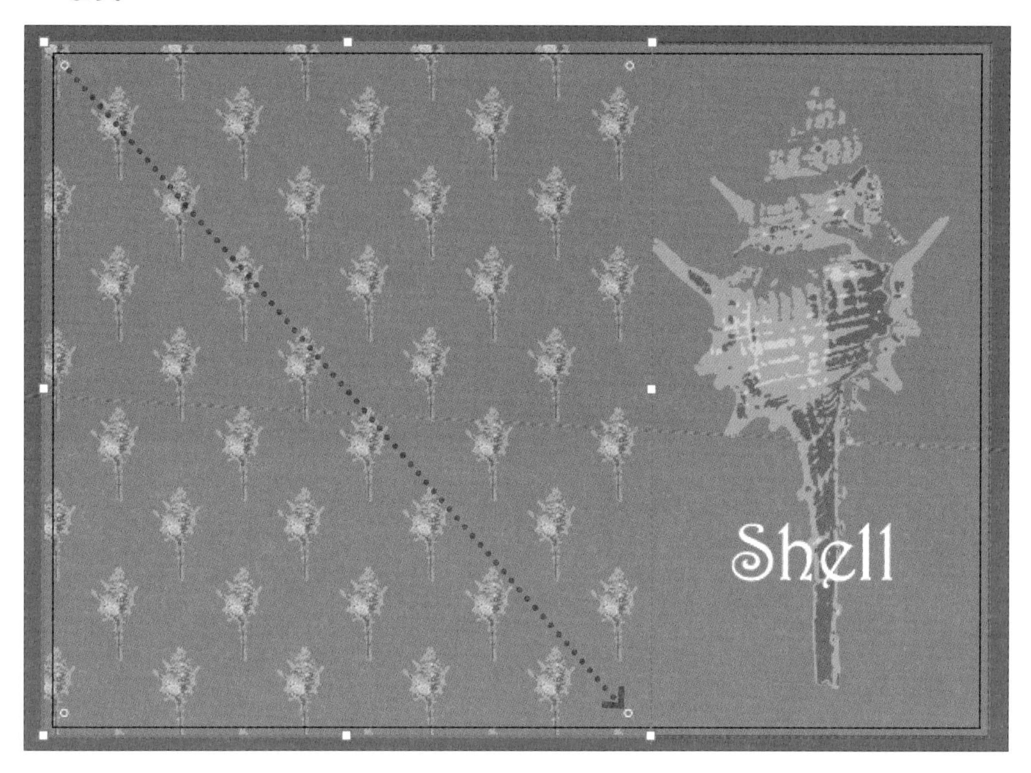


これで貝殻模様の包装紙ができました。アートボードからはみ出した領域（塗り足し）は削除され、内側だけが印刷されます。

### ファイルを保存する

［ファイル］メニュー→［別名で保存］をクリックして、［別名で保存］ダイアログボックスを開き、任意の名前を付けて保存します。

# 2

# Illustratorの基礎

# 2.1 画面構成

Illustratorのウィンドウはいくつかのパーツで構成されます。それぞれの名称やおおまかな役割を覚えましょう。

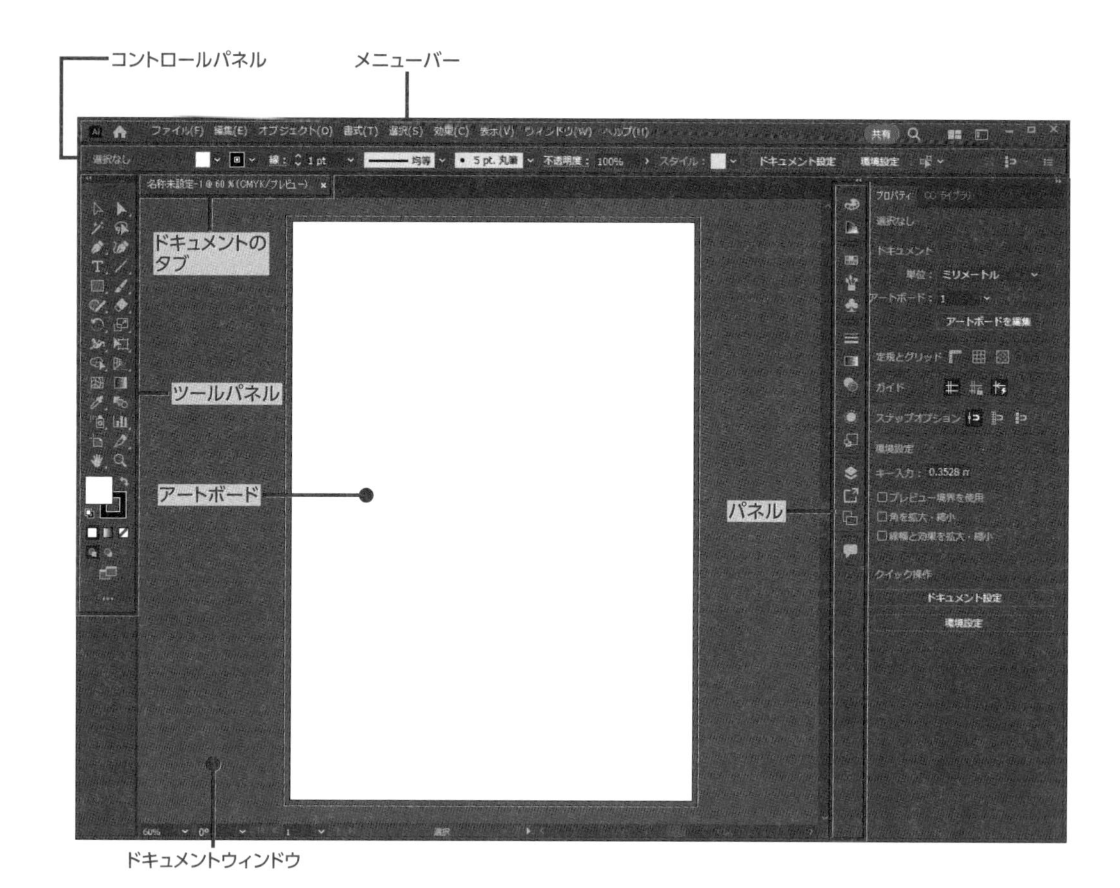


この画面構成を「ワークスペース」といいます。本書の解説では［初期設定（クラシック）］のワークスペースを使用しています。既定のワークスペース（初期設定）では、コントロールパネルが非表示になり、ツールパネルや画面右側のパネルアイコンの数が変わります。

### メニューバー

関連する機能（コマンド）が分類されています。プルダウンメニューの各項目の右側に>が付いている項目をクリックすると、サブ項目が表示されます。

### コントロールパネル

選択されているオブジェクトやツールにより、設定項目が切り替わって表示されます。コントロールパネルが非表示の場合は、[ウィンドウ] メニュー→ [コントロール] を選択して表示します。

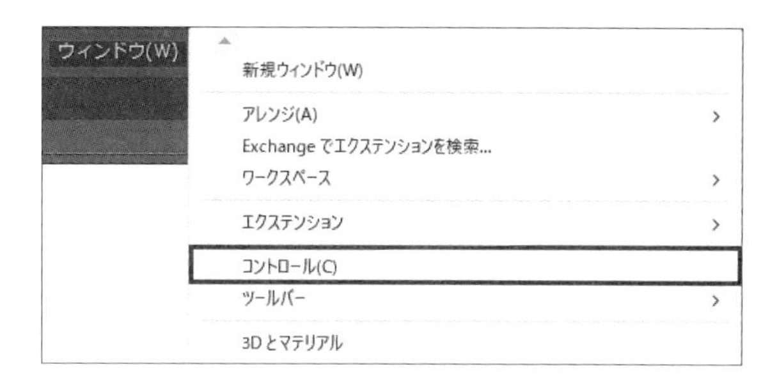


### ツールパネル

アートボード上にある図形などのオブジェクトを操作するためのツールの一覧です。すべてのツールを表示するには [ウィンドウ] メニュー→ [ツールバー] → [詳細] を選択します。

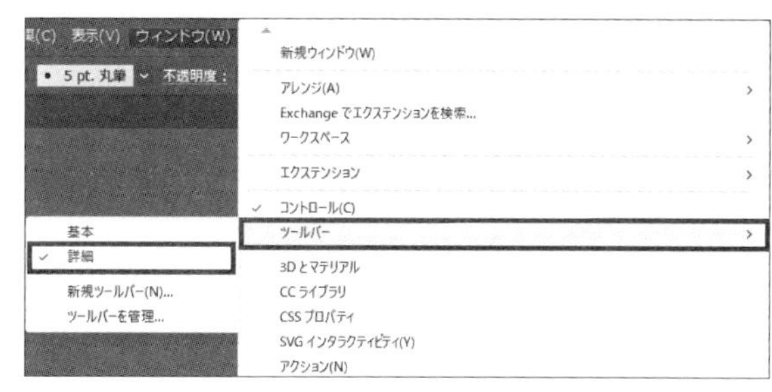


### アートボード

絵を描くボードのようなもので、オブジェクトを作成し配置や変形を行うための作業領域です。一つのドキュメントにサイズの異なる複数のアートボードを作成することもできます。

### ドキュメントウィンドウ

アートボードやパネルなどを表示する領域です。複数のドキュメントを開いている場合は、ドキュメントのタブで切り替えることができます。

### パネル

カラー、スウォッチ、シンボル、ブラシ、線、グラデーション、レイヤーなどの詳細な情報を表示したり設定したりするための領域です。アイコンをクリックするとそのパネルが表示されます。

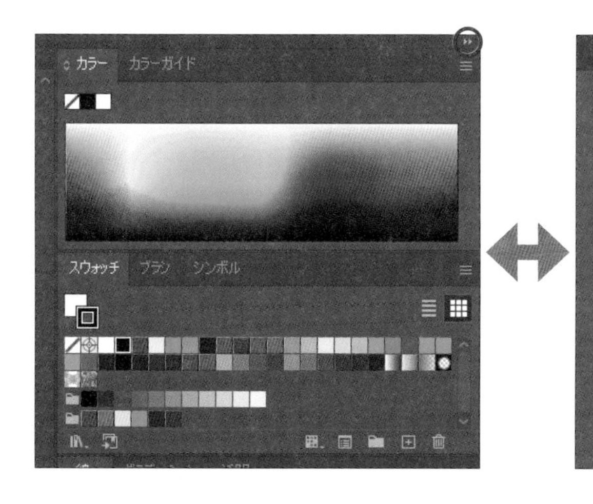


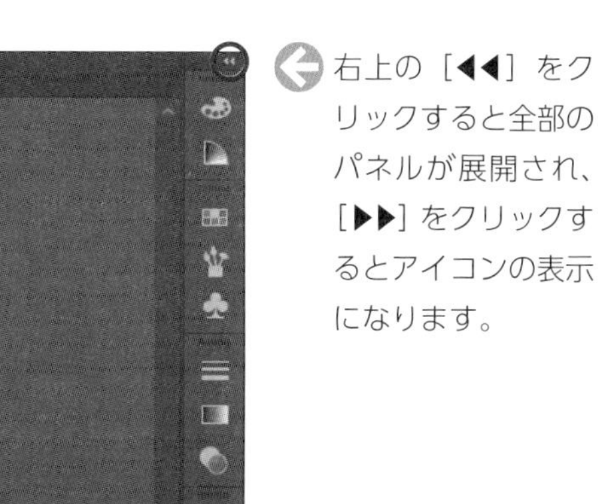

右上の [◀◀] をクリックすると全部のパネルが展開され、[▶▶] をクリックするとアイコンの表示になります。

## ワークスペースの管理

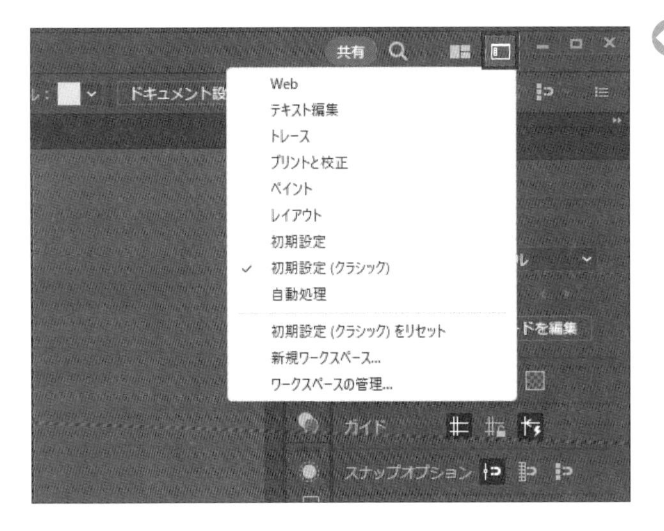


ワークスペースにあるそれぞれのパーツは、位置や表示形式を変更することができます。また、ワークスペースは［初期設定（クラシック)］以外に［Web］［テキスト編集］［トレース］などの用途に合わせたものがあらかじめ用意されています。メニューバー右端の［ワークスペースの切り替え］アイコン をクリックして表示されるメニューで切り替えられます。

ワークスペースのメニューは［ウィンドウ］メニュー→［ワークスペース］をクリックしても表示できます。

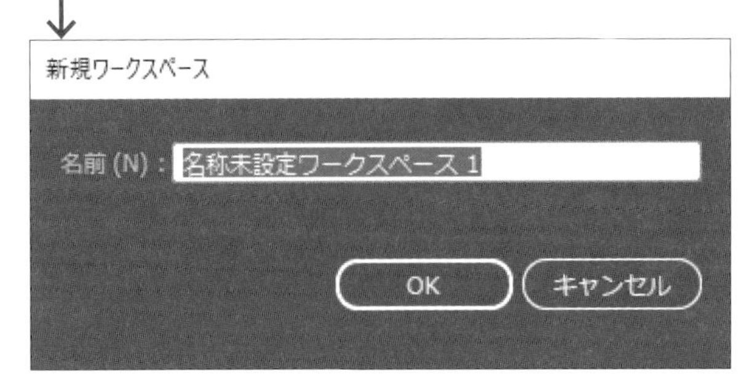


パネルの位置などを変更してカスタマイズしたワークスペースは保存することができます。上記のメニューで［新規ワークスペース］をクリックし、名前を付けて保存します。

保存したワークスペース（ここでは「オリジナル」という名前で保存）はサブ項目に追加されます。

変更を保存せずに元の状態に戻すときはメニューの［○○○○をリセット］をクリックします（“○○○○”の部分はそのとき選択しているワークスペース名に変わります）。

保存したワークスペースを削除するには、［ウィンドウ］メニュー→［ワークスペース］→［ワークスペースの管理］をクリックします。

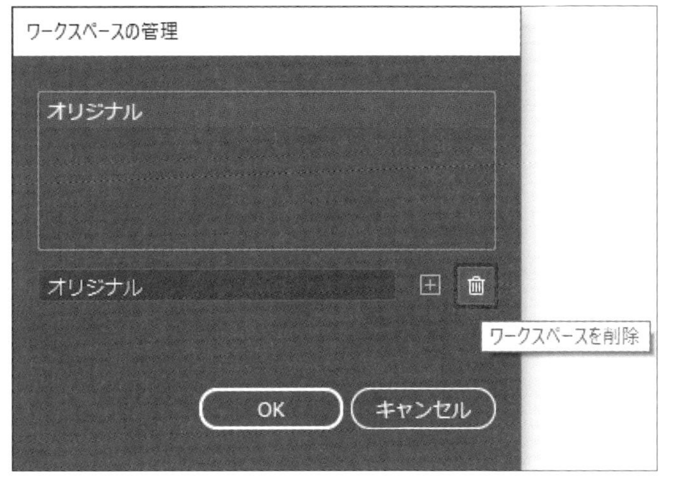


［ワークスペースの管理］ダイアログボックスが表示されたら、作成したワークスペース名を選択して、［ワークスペースを削除］ボタンをクリックします。
確認のメッセージが表示されたら［はい］をクリックします。

# ツールパネル

ツールパネルには、オブジェクトの選択や移動、図形の描画、表示の拡大縮小など、さまざまな操作を行うツールが収納されています。

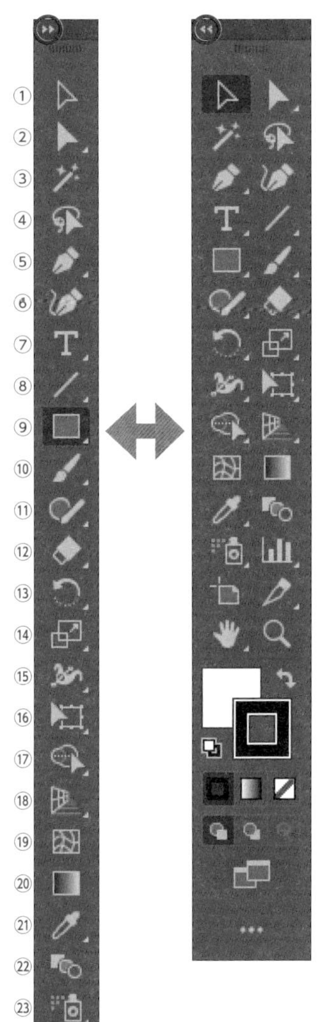


1列になっている場合に上部の［▶▶］をクリックすると2列になります。2列から1列にするには［◀◀］をクリックします。

アイコンをクリックするとそのツールが選択されます。一つのアイコンには、それに類似するいくつかのツールが分類されていて、アイコンを長押しするとサブツールが表示されます。いったんサブツールを選択すると、そのツールのアイコンがツールパネルに表示されます。

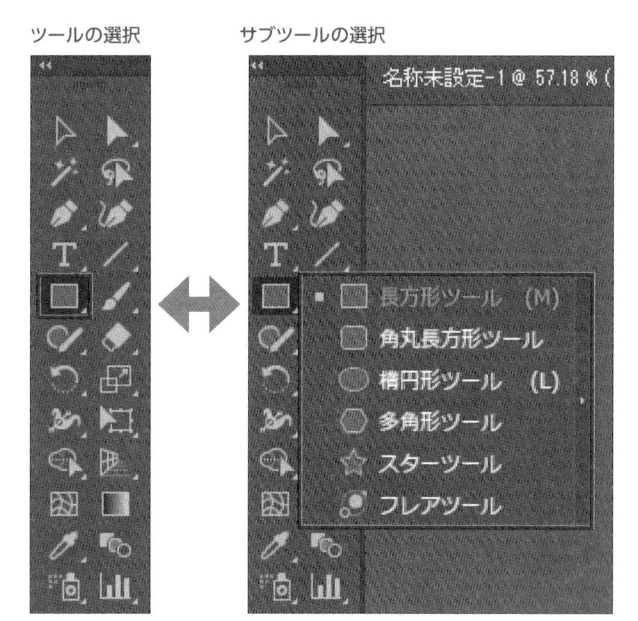

ツールとサブツール一覧

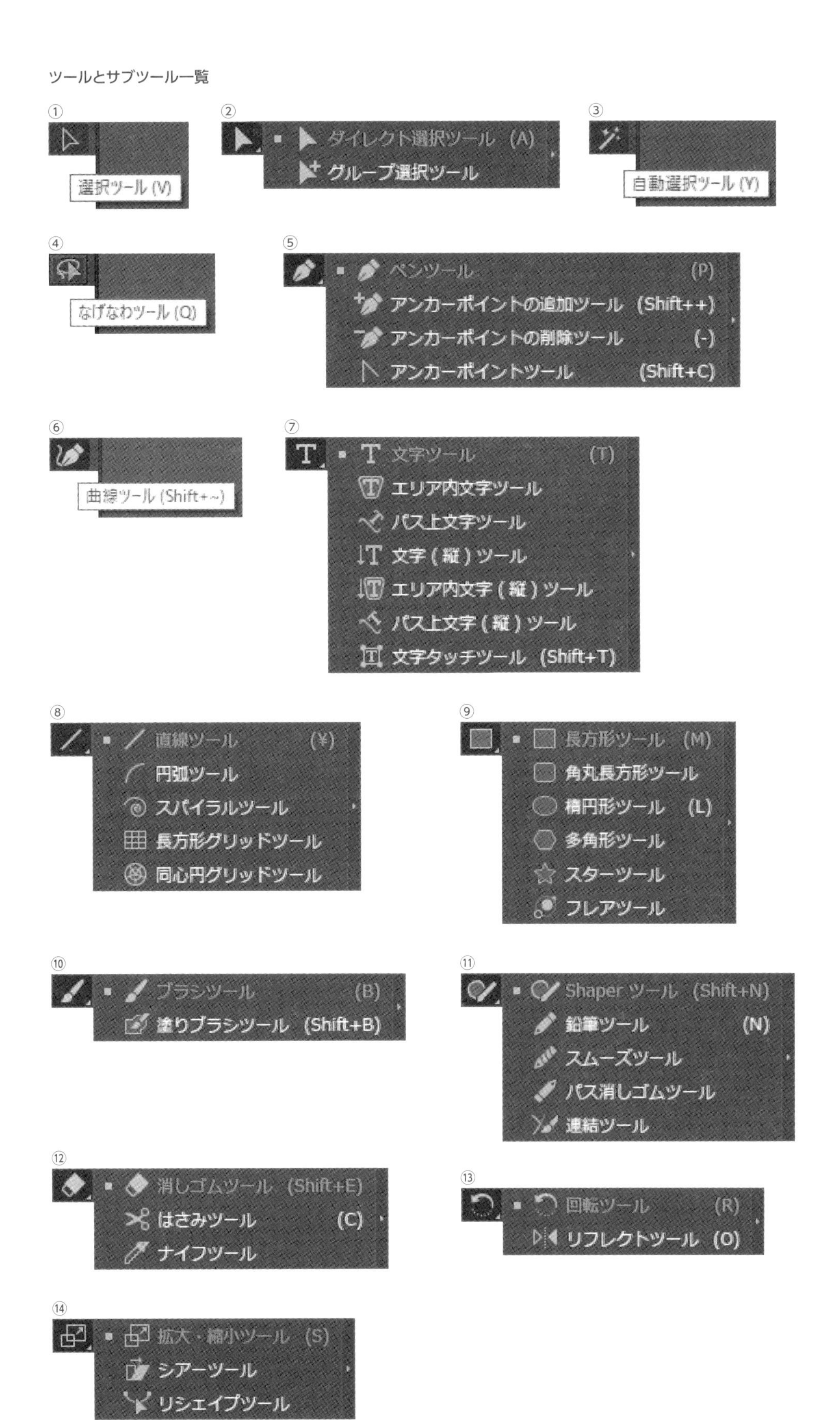

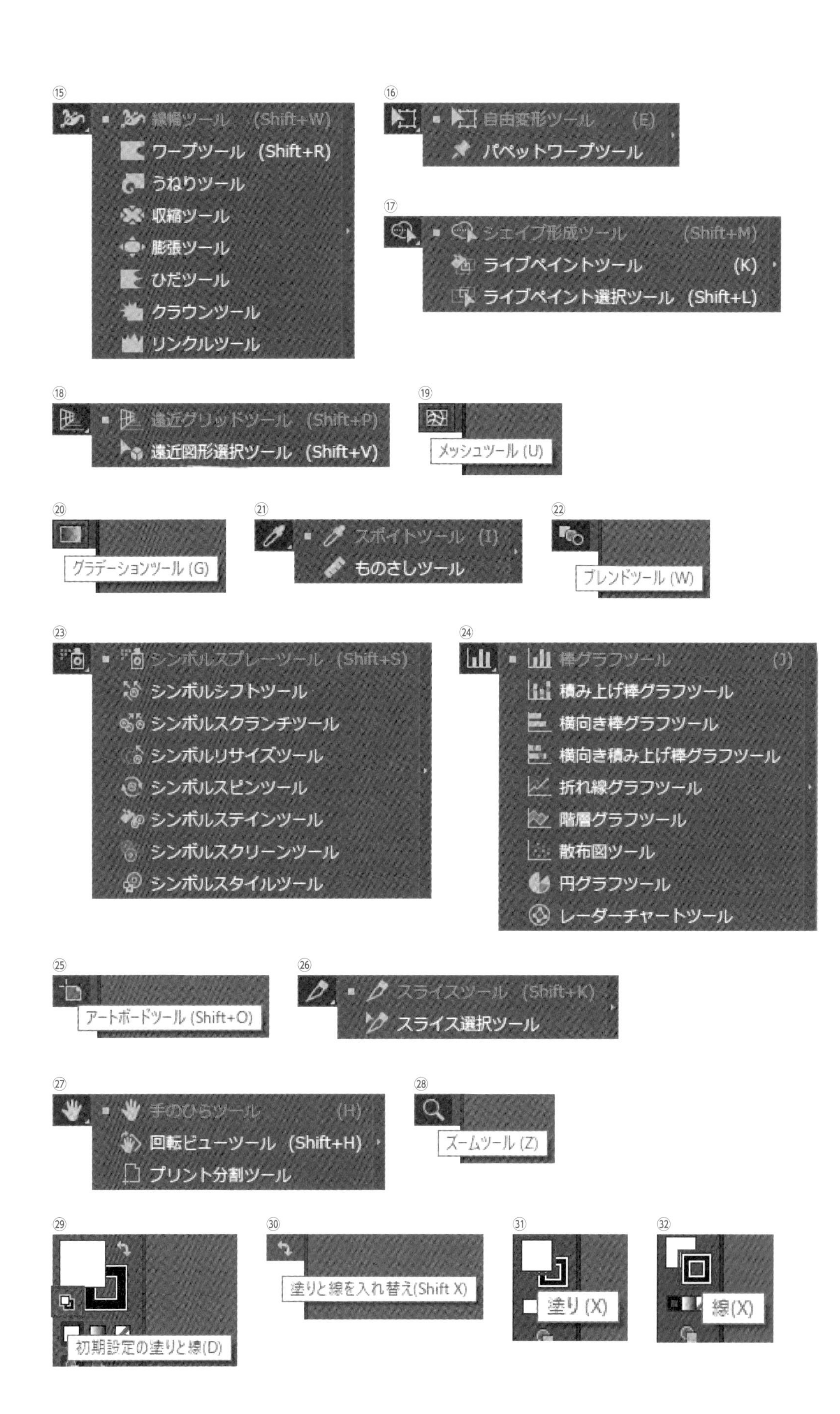

⑮
線幅ツール (Shift+W)
ワープツール (Shift+R)
うねりツール
収縮ツール
膨張ツール
ひだツール
クラウンツール
リンクルツール
⑯
自由変形ツール (E)
パペットワープツール
⑰
シェイプ形成ツール (Shift+M)
ライブペイントツール (K)
ライブペイント選択ツール (Shift+L)
⑱
遠近グリッドツール (Shift+P)
遠近図形選択ツール (Shift+V)
⑲
メッシュツール (U)
⑳
グラデーションツール (G)
㉑
スポイトツール (I)
ものさしツール
㉒
ブレンドツール (W)
㉓
シンボルスプレーツール (Shift+S)
シンボルシフトツール
シンボルスクランチツール
シンボルリサイズツール
シンボルスピンツール
シンボルステインツール
シンボルスクリーンツール
シンボルスタイルツール
㉔
棒グラフツール (J)
積み上げ棒グラフツール
横向き棒グラフツール
横向き積み上げ棒グラフツール
折れ線グラフツール
階層グラフツール
散布図ツール
円グラフツール
レーダーチャートツール
㉕
アートボードツール (Shift+O)
㉖
スライスツール (Shift+K)
スライス選択ツール
㉗
手のひらツール (H)
回転ビューツール (Shift+H)
プリント分割ツール
㉘
ズームツール (Z)
㉙
初期設定の塗りと線(D)
㉚
塗りと線を入れ替え(Shift X)
㉛
塗り (X)
㉜
線(X)

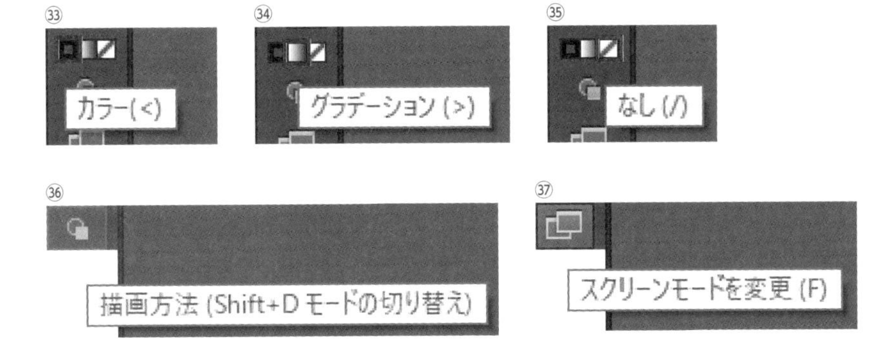


## コントロールパネル

画面上部に表示されているコントロールパネルでは選択しているオブジェクトやツールに関する詳細な設定を行います。

左端に現在選択しているオブジェクトが表示されます。その右に表示される項目は、オブジェクトやツールの種類によって異なります。[ウィンドウ] メニュー→ [コントロール] でコントロールパネルの表示と非表示を切り替えることができます。

## パネル

パネルはカラー、スウォッチ、ブラシ、線、グラデーション、レイヤーなどの詳細な情報を表示したり設定したりするための領域です。

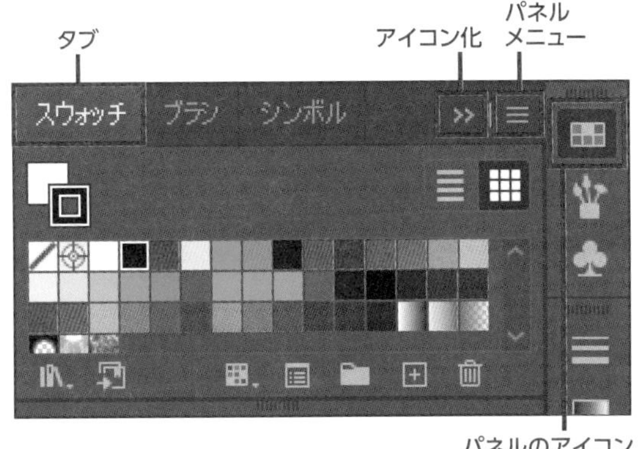


アイコン状態になっているときは、アイコンをクリックするとそのパネルが展開されます。操作の内容によって必要なパネルを表示しておけば、情報の参照や詳細な設定がすぐに行えます。同じ領域に複数のパネルがある場合はタブで切り替えます。パネル名のタブをドラッグすると、配置を自由に変更できます。右上の [>>] をクリックするとアイコン表示に戻ります。各パネルの右上にある [パネルメニュー] をクリックするとそのパネルに関連するメニューが表示されます。

## 主なパネル

［初期設定（クラシック）］のワークスペースで表示されているアイコンとそのパネルです。このほかのパネルは［ウィンドウ］メニューの項目をクリックすると表示されます。

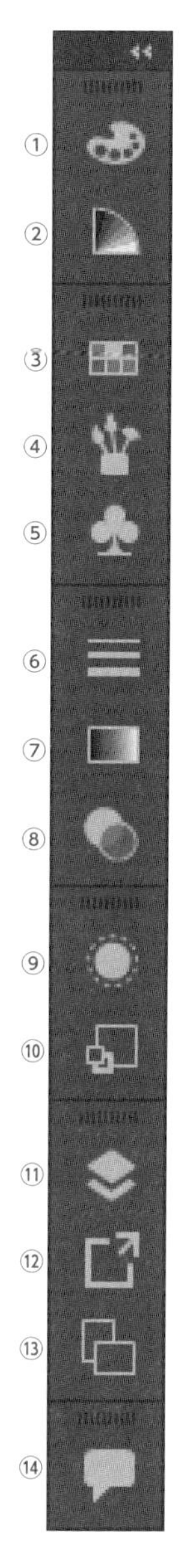


① カラー

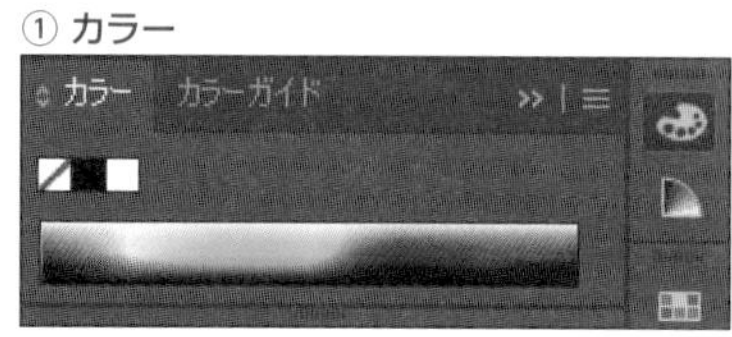


② カラーガイド

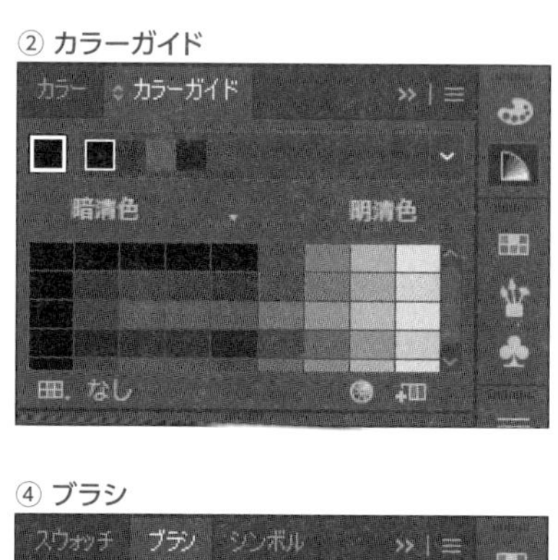


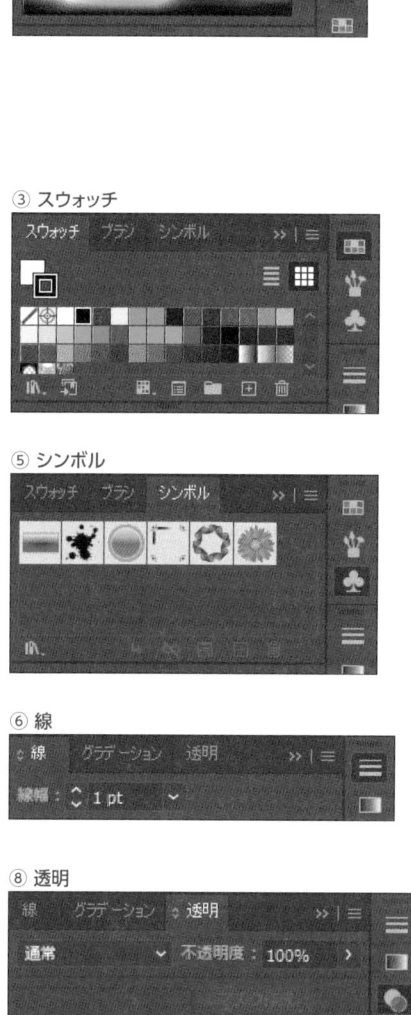

③ スウォッチ

④ ブラシ

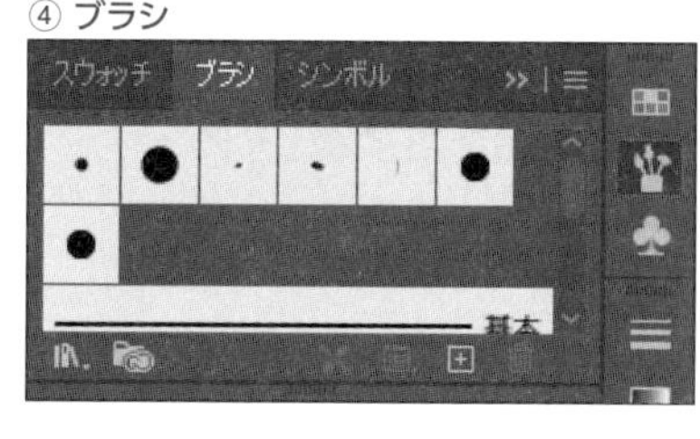


⑤ シンボル

⑥ 線

⑧ 透明

⑦ グラデーション

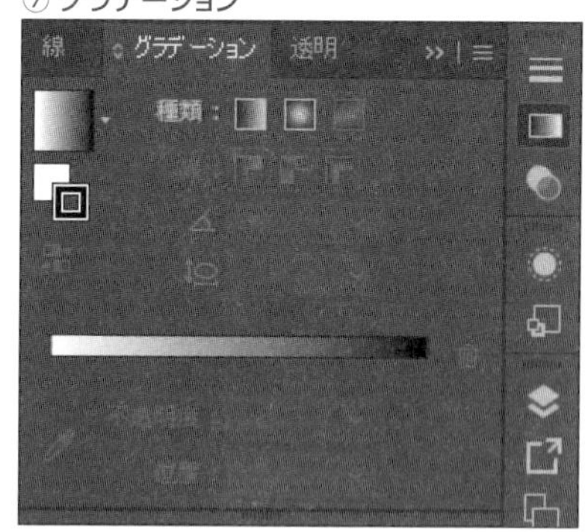

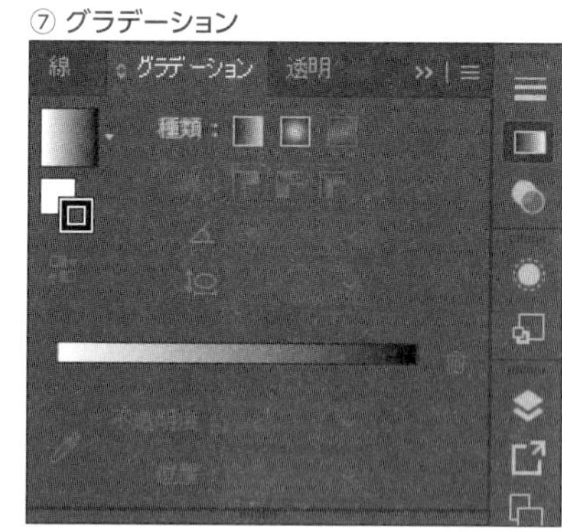

⑨ アピアランス

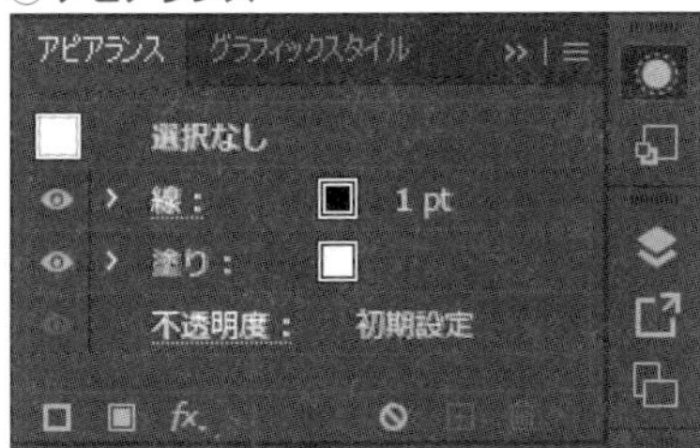


⑪ レイヤー

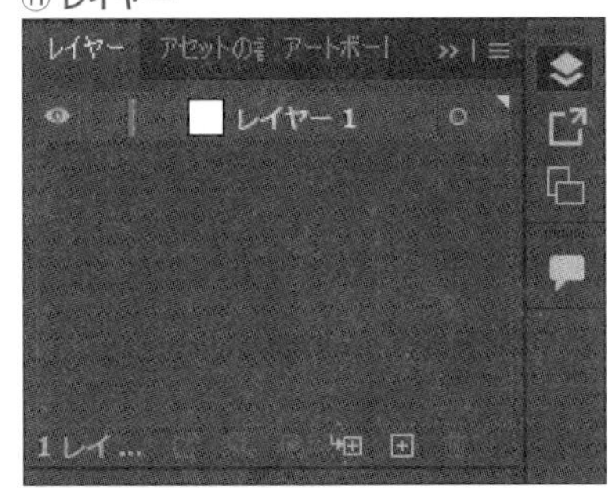


⑬ アートボード

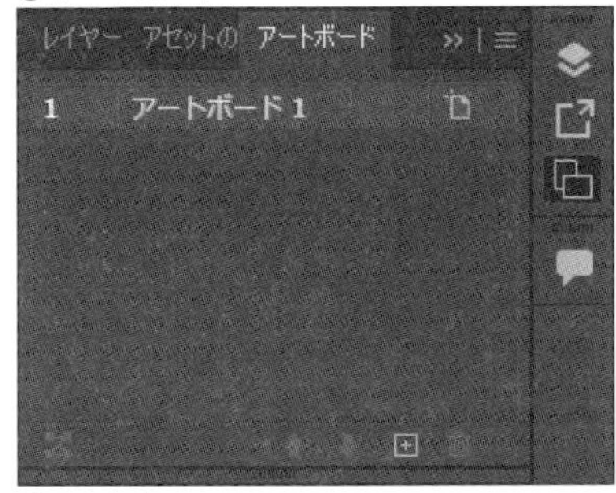


⑭ コメント

⑩ グラフィックスタイル

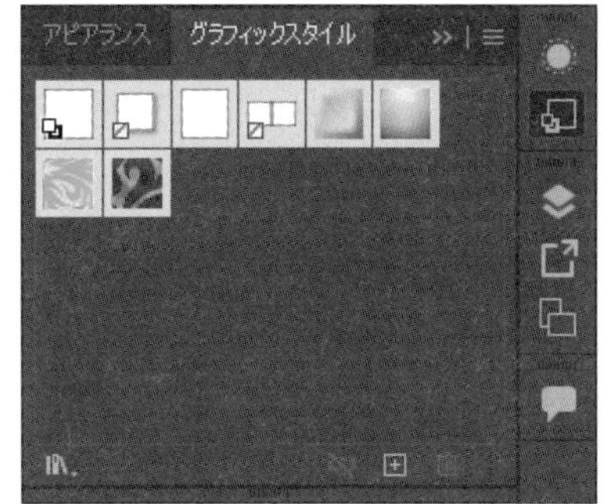


⑫ アセットの書き出し

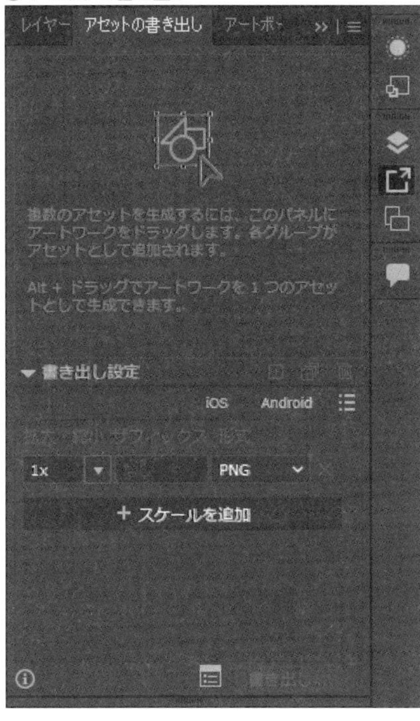

# 2.2 環境設定

Illustratorの環境設定では、既定の動作、単位、ガイドやグリッドの設定などが行えます。

[編集] メニュー→ [環境設定] → [一般] で [環境設定] ダイアログボックスを表示します。**Ctrl**＋**K**キーでも同様の操作が可能です。左側の一覧からカテゴリを選択して、右側で詳細を設定します。

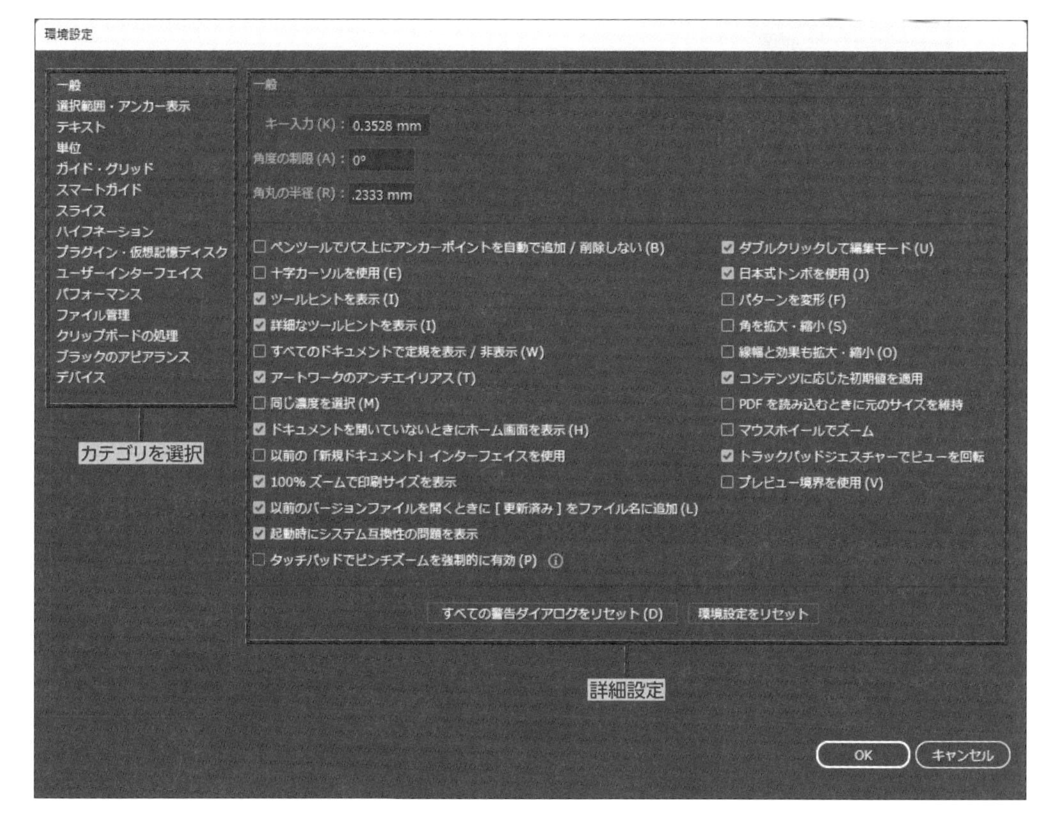

例えば、[一般] の [ドキュメントを開いていないときにホーム画面を表示] のチェックを外すと、ホーム画面を非表示にできます。[キー入力] は、矢印キーを押したときにオブジェクトが移動する距離です。[環境設定をリセット] をクリックすると、Illustratorを再起動したときに環境設定をリセットすることができます。ただし、環境設定をリセットすると、カスタマイズした環境設定に加え、ワークスペースなどの環境設定ファイルがすべて削除されるので注意が必要です。

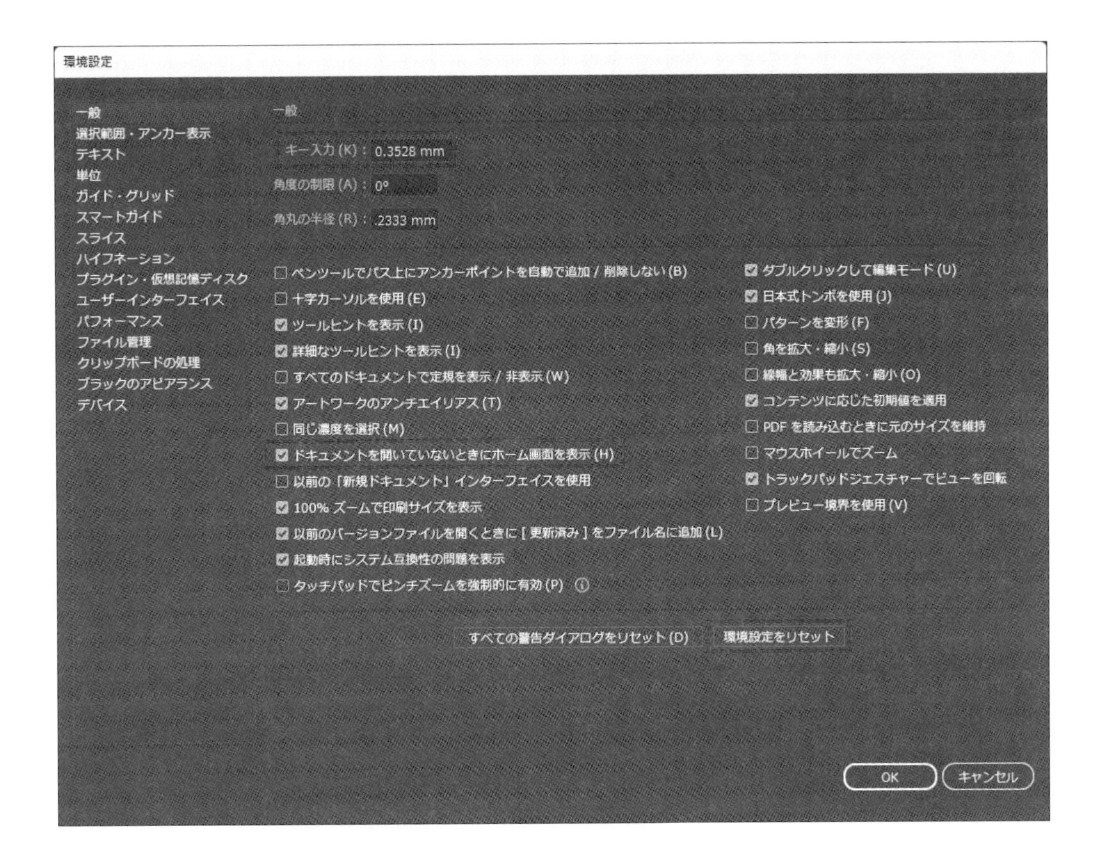


ほかにも [ファイル管理] ではファイルの自動保存のタイミングを設定したり、[ガイド・グリッド] では、ガイドやグリッドの線種やカラー、マス目の分割数を設定したりするなど、Illustratorで作業をしやすくするための設定が可能です。

# 2.3 ドキュメントの作成

Illustratorの作業は、新規にドキュメントを作成するところから始まります。この最初の作業での基本的な方法を学びます。

## 新規ドキュメントの作成

新しくドキュメントを作成するときは、名前、アートボードの数、ノートボードのリイズ、カラーモードなどの設定を行います。

[ファイル] メニュー→ [新規] で、[新規ドキュメント] ダイアログボックスを表示します。ダイアログボックスの上部のタブで、[印刷] [Web] などのドキュメントの種類を選びます。例えば [印刷] を選んで、[すべてのプリセットを表示] をクリックすると一覧が表示されるので、[A4] などのプリセットを選びます。

**メモ**

プリセットとは、用途に合わせてあらかじめ保存されている設定のことです。[印刷] には [A4] や [B4] など、印刷に適したカラーモードや解像度が設定されたプリセットがあります。

右側の［プリセットの詳細］では、ドキュメントの名前や、サイズ（幅と高さ）、アートボードの数などを指定できます。
選択したファイルの種類により、単位も変わります。［印刷］と［アートとイラスト］ではミリメートル、そのほかではピクセルに設定されますが、既定の単位は変更することもできます。
「アートボード」は、アートワークを作成するエリアです。ひとつのドキュメントに複数のアートボードを配置して、同じロゴを使ったいくつかのデザインを作成する場合などに使用します。

Illustratorで図形などを組み合わせて作った絵のことを「アートワーク」といいます。

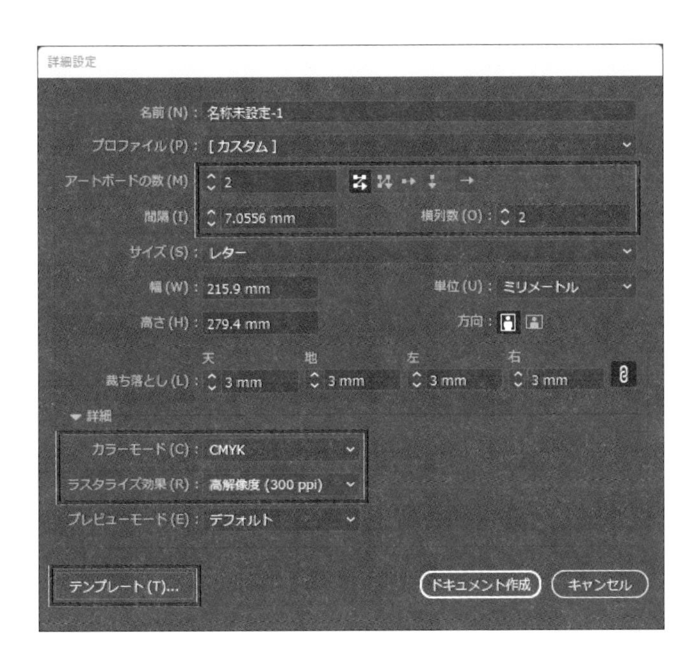


［新規ドキュメント］ダイアログボックスの右側の［詳細オプション］を展開すると、カラーモード、ラスタライズ効果などを設定できます。さらに［詳細設定］ボタンをクリックすると、［詳細設定］ダイアログボックスが表示され、アートボードを複数設定している場合は、配列方法を指定するボタンが有効になり、アートボードの間隔や横に並べる数を設定できます。

［カラーモード］には［CMYK］と［RGB］の2種類、［ラスタライズ効果］には［高解像度（300ppi）］［標準（150ppi）］［スクリーン（72ppi）］［36ppi］の4種類があります。プロファイルを［プリント］にした場合はカラーモードがCMYK、ラスタライズ効果が高解像度（300ppi）、それ以外の場合はRGBとスクリーン（72ppi）に設定されますが、変更することもできます。これらの設定は、あとから変更も可能です。カラーモードは、［ファイル］メニュー→［ドキュメントのカラーモード］、ラスタライズ効果は、［効果］メニュー→［ドキュメントのラスタライズ効果設定］から変更します。

［詳細設定］ダイアログボックス左下の［テンプレート］をクリックすると、［テンプレートから新規］ダイアログボックスが開き、テンプレートを選択できます。Illustratorにはたくさんの種類のテンプレートが用意されていて、新規で一から作成するよりも簡単にアートワークを作成できます。

# アートボードの作成と変更

アートボードはデザインを作成するための土台となる作業領域です。アートボードは個々に移動やサイズの変更ができます。

ツールパネルの［アートボードツール］を選択します。複数のアートボードがある場合は、任意のアートボードをクリックして選択、移動したり、ドキュメントウィンドウ内をドラッグして任意のサイズのアートボードを作成したりすることができます。コントロールパネルでは、アートボードの新規作成、削除、サイズや方向の変更などを行えます。ワークスペース右側にあるパネルの領域で［アートボード］アイコンをクリックして表示される［アートボード］パネルからも新規作成や削除の操作が可能です。

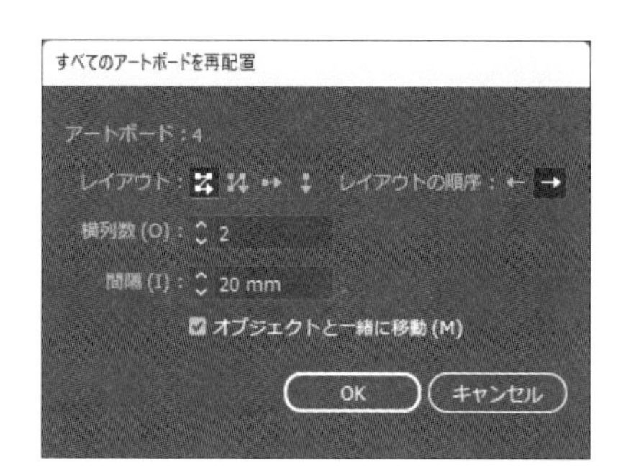


アートボードが複数ある場合は、コントロールパネル、または［プロパティ］パネルにある［すべて再配置］をクリックすると、［すべてのアートボードを再配置］ダイアログボックスが表示され、レイアウトや順序を変更できます。

選択中のオブジェクトやすべてのオブジェクトを囲むように新規のアートボードを作成するには［オブジェクト］メニュー→［アートボード］→［選択オブジェクトに合わせる］または［オブジェクト全体に合わせる］をクリックします。このほか、［長方形ツール］で描いた長方形は［オブジェクト］メニュー→［アートボード］→［アートボードに変換］をクリックするとアートボードに変換できます。

# 2.4 ドキュメントを開く、保存する



Illustratorで作成したドキュメントを保存する方法、既存のファイルを開く方法を学びます。

## 保存する

作成したドキュメントを保存する方法は、主に「保存」「別名で保存」「書き出し」などがあります。

### 保存、別名で保存

Illustratorの標準のファイル形式はAI（エーアイ）です。

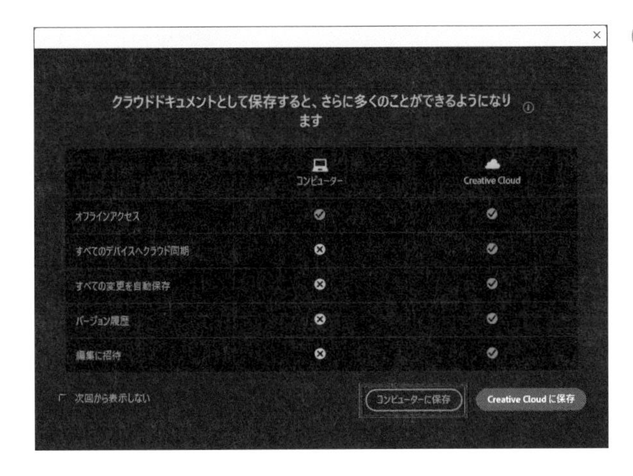


［ファイル］メニュー→［保存］をクリックします。初めて保存する場合は、保存先を選択する画面が表示されるので、［コンピューターに保存］か［Creative Cloudに保存］のいずれかをクリックします。［ファイル］メニュー→［別名で保存］をクリックしたときも同様です。
［コンピューターに保存］をクリックすると、［別名で保存］ダイアログボックスが開きます。

ファイル名、保存場所、ファイルの種類などを指定して保存します。[クラウドドキュメントを保存] をクリックすると、Creative Cloudに保存できます。

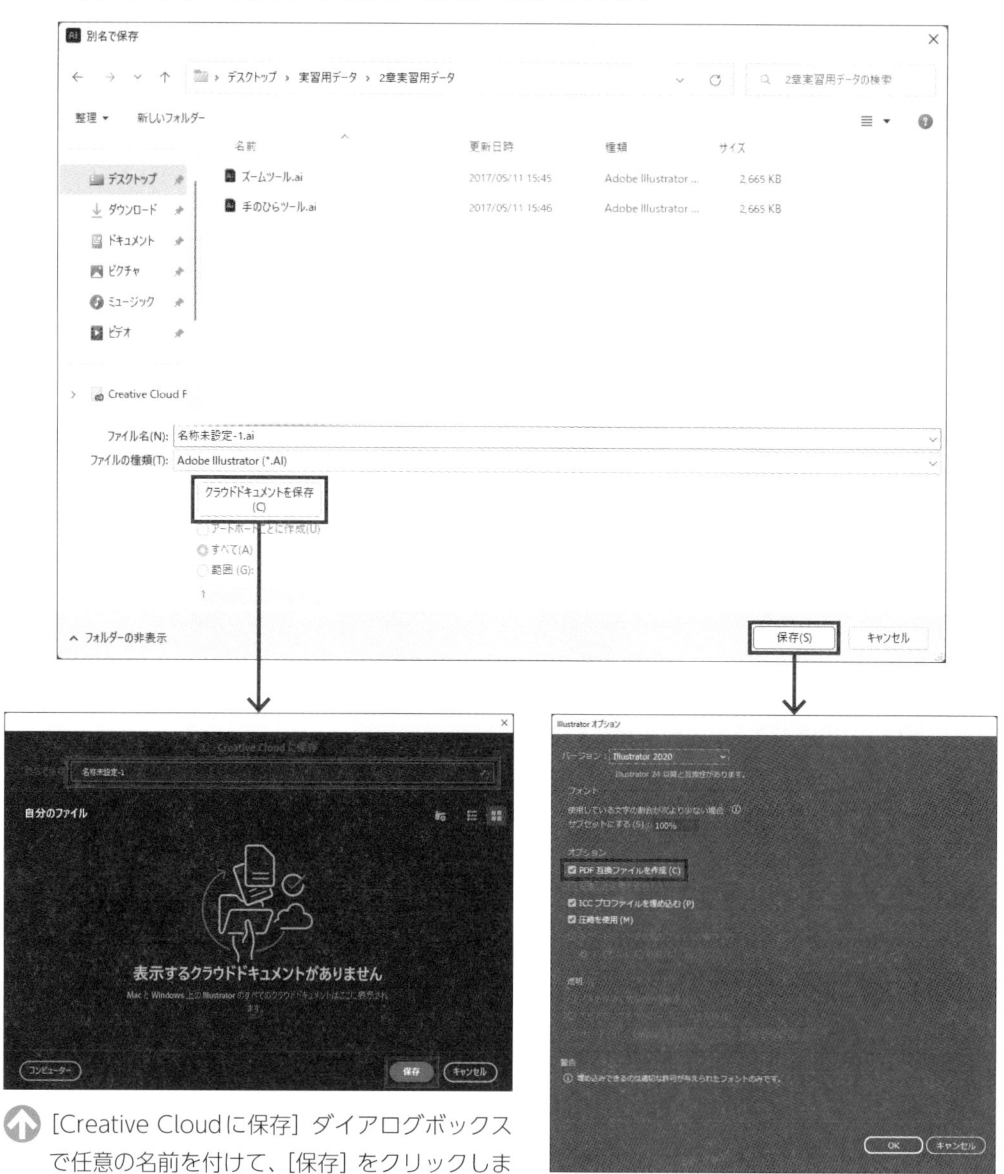


[Creative Cloudに保存] ダイアログボックスで任意の名前を付けて、[保存] をクリックします。

[Illustrator オプション] ダイアログボックスが表示されます。[PDF互換ファイルを作成] にチェックを入れると、Photoshop やAdobe Acrobat Readerなどの PDF形式に対応したアプリケーションでも、Aiファイルを開くことができます。

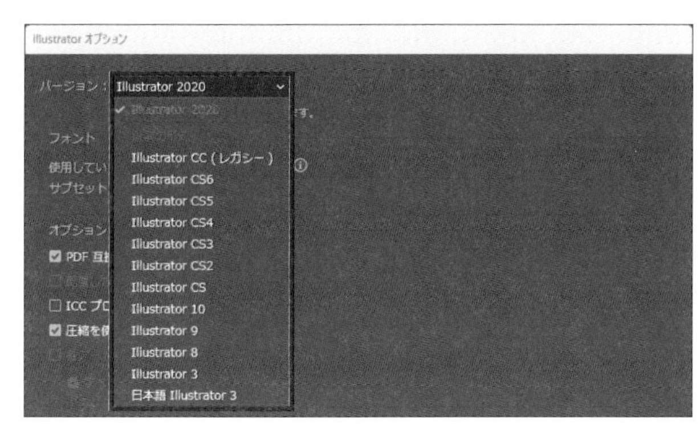


［バージョン］の［V］をクリックすると、以前のバージョンのIllustratorでも開ける形式で保存することもできます。［OK］をクリックするとAI形式でファイルが保存されます。

「書き出し」とは、Web用に保存するためにAI形式のファイルをPNGやJPGなどのビットマップ画像のファイル形式に変換して保存する作業です。書き出しについては、「第10章　準備と保存」で詳しく説明します。

## 開く

すでに保存されているファイルを開きます。Illustrator標準のAI形式のファイルならダブルクリックで開くこともできますが、ここではIllustratorの機能を使った開き方を紹介します。

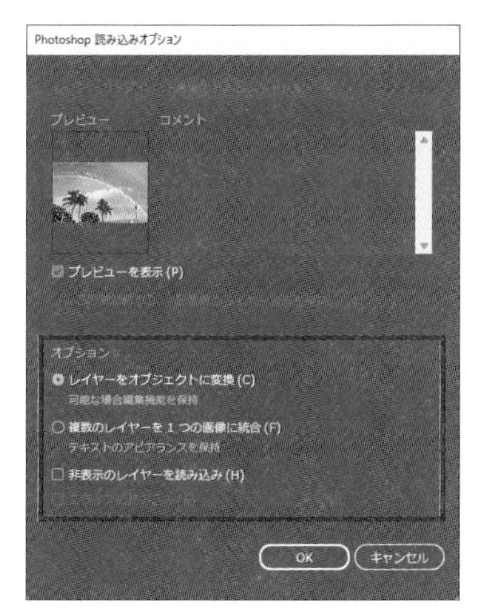

［ファイル］メニュー→［開く］で、［開く］ダイアログボックスを表示します。目的のファイルを選択し、［開く］をクリックするとファイルが開きます。

複数のレイヤーを含むPSD形式のファイルを選択した場合は、［Photoshop 読み込みオプション］ダイアログボックスが開きます。
オプションでは、Photoshopのレイヤーをオブジェクトに変換するか、画像として読み込むかを選択できます。レイヤーを編集可能な状態で開きたい場合は、［レイヤーをオブジェクトに変換］をクリックします。非表示のレイヤーを読み込む場合は、［非表示のレイヤーを読み込み］にチェックを入れます。

**メモ**

Adobe Bridgeを利用してファイルを開くこともできます。Adobe Bridgeは、Photoshop、Illustratorなどと一緒にインストールされるファイル管理アプリケーションで、WindowsのエクスプローラーやMacのFinderの代わりに使えます。条件指定によるファイルの絞り込みや、メタデータ（ファイル情報）の表示などが可能です。
Adobe Bridgeを起動するには［ファイル］メニュー→［Bridgeで参照］をクリックします。

## 配置する

**現在開いているドキュメントに、別のファイルとして保存されているデータを読み込むことを「配置」といいます。配置には「リンク」と「埋め込み」の2種類があります。**

Photoshopで作成した画像、カメラで撮影した写真などを、アートワークの一部として利用する場合は「配置」の機能を使います。

- [ファイル] メニュー→ [配置] をクリックして、[配置] ダイアログボックスでファイルを選択し、[配置] をクリックします。マウスポインターに画像ファイルのサムネールが表示され、クリックした位置を起点に画像が配置されます。
ダイアログボックス下部にある [リンク] チェックボックスをオンにすると「リンク画像」、オフにすると「埋め込み画像」として配置されます。PDFファイルを配置する場合、[読み込みオプションを表示] をオンにすると [PDFを配置] ダイアログボックスが表示され、配置の詳細や読み込むページを選択できます。

- 「リンク」は元のファイルとのリンクが維持されていて、元のデータが更新されるとIllustrator上のデータも自動的に更新されます。埋め込みに比べてファイルの容量を抑えることができます。コントロールパネルの [オリジナルを編集] や [Photoshopで編集] をクリックすると、元データを作成したアプリケーションが起動してデータを編集できます。
一方「埋め込み」は元のデータとのリンクが切れ、ドキュメントの一部として配置されるため、Illustrator上で加工ができます。リンク配置を埋め込み配置に変更する場合は、コントロールパネルの [埋め込み] をクリックします。

ファイル(F) 編集(E) オブジェクト(O) 書式(T) 選択(S) 効果(C) 表示(V) ウィンドウ(W) ヘルプ
リンクファイル 02.ai 埋め込み オリジナルを編集 画像トレース マスク 画像の切り

# 2.5 画面操作



画面表示の拡大縮小や表示エリアの移動、表示モードの切り替えなど、ウィンドウ表示に関する操作方法を学習します。

## ズームツール

「ズームツール」は表示を拡大縮小するツールです。細かい部分の作業をする場合には拡大して作業し、全体を確認するときには縮小する、というように作業の途中で何度も行う操作ですから、素早く行えるように練習しましょう。

ツールパネルの［ズームツール］をクリックすると、マウスポインターの形が🔍（表示を拡大する［ズームイン］）になります。

使用ファイル ズームツール.ai

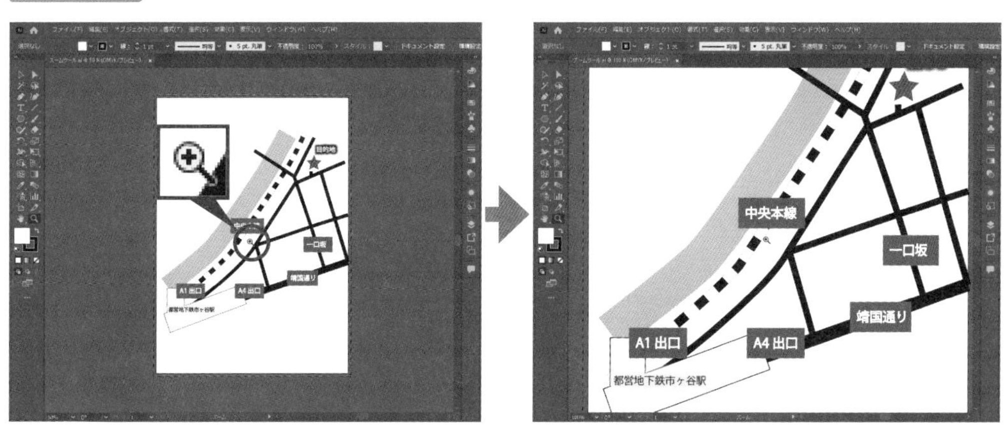


ウィンドウ内でクリックすると、マウスポインターがある位置を基点に拡大表示されます。
**Alt**キーを押している間はマウスポインターの形が🔍（表示を縮小する［ズームアウト］）になり、クリックすると縮小表示されます。
また、ズームツールの状態で右方向にドラッグすると、その部分を基点に拡大表示され、左方向にドラッグすると縮小表示になります。

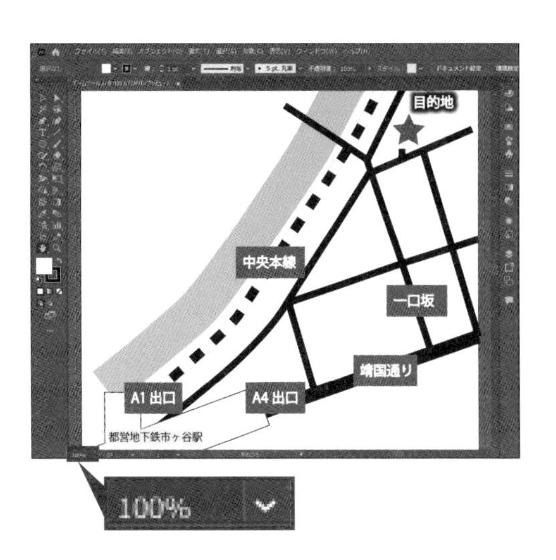


表示倍率はウィンドウ左下で確認できます。

［ズームツール］以外に以下の操作でも表示を拡大縮小できます。

- **Alt**キーを押しながらマウスのホイールを回転させて拡大縮小
- **Ctrl**キーを押しながら**＋**で拡大、**－**で縮小
- ウィンドウ左下の倍率を直接入力する、またはボックスの右側の［V］をクリックして倍率の一覧から選択する

## ［表示］メニュー

表示の拡大縮小は［表示］メニューからも操作できます。

### ズームイン、ズームアウト

ズームツールと同様の操作です。

### アートボードを全体表示

選択しているアートボードがウィンドウいっぱいになるように表示します。**Ctrl**＋**0**キーでも操作できます。

### すべてのアートボードを全体表示

ドキュメントにあるすべてのアートボードをウィンドウに表示します。

### 100％表示

倍率100％で表示します。**Ctrl**＋**1**キーでも操作できます。

## 手のひらツール

「手のひらツール」は、アートワークの表示エリアを移動するときに使用します。ズームツールとセットで覚えておきましょう。

ツールパネルの［手のひらツール］をクリックして、ウィンドウ上でドラッグします。ズームツールなどほかのツールを選択しているときでも、スペースキーを押している間は手のひらツールになります。この操作を覚えておくとたいへん便利です。

使用ファイル 手のひらツール.ai

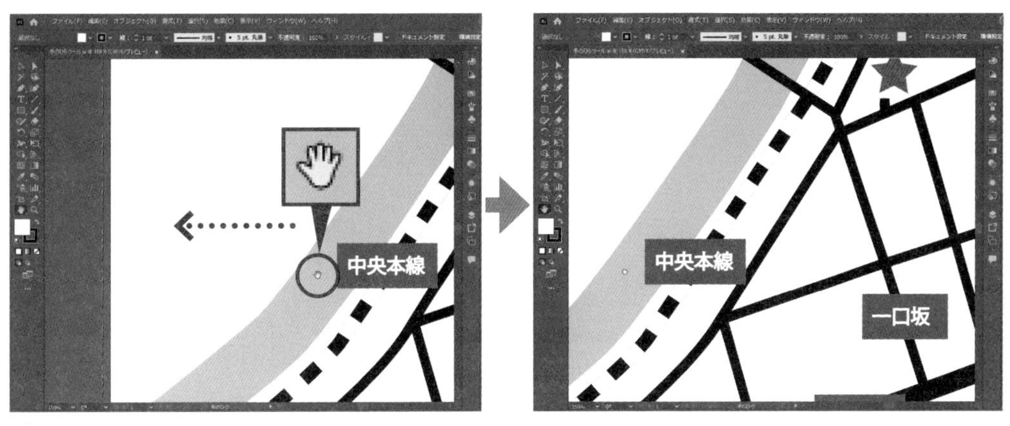


ウィンドウ上で左にドラッグするとアートワーク全体が左に動きます。



## [ナビゲーター] パネル

ウィンドウに表示されている部分が、アートワーク全体のどの部分かを表示するパネルです。

[ウィンドウ] メニュー→ [ナビゲーター] をクリックすると、[ナビゲーター] パネルが開きます。

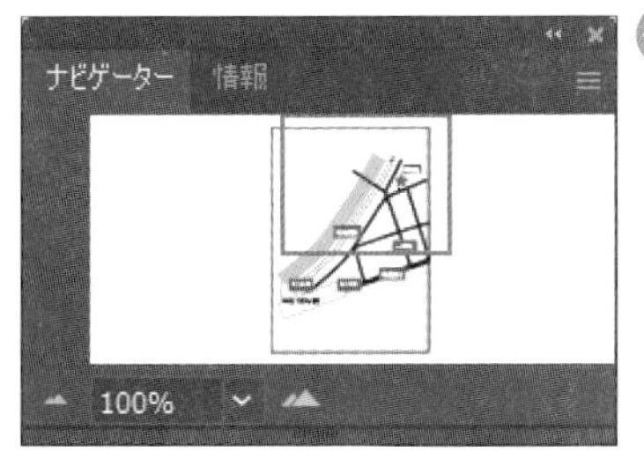


パネルの内側に表示されている赤い四角の部分が、現在ウィンドウに表示されている範囲です。赤い枠をドラッグすると手のひらツールと同じように表示部分を移動できます。パネル下部の [ズームイン] [ズームアウト] ボタンや倍率のボックスで表示倍率を変更することもできます。

## アレンジ

複数のドキュメントのウィンドウ配置を変更できます。

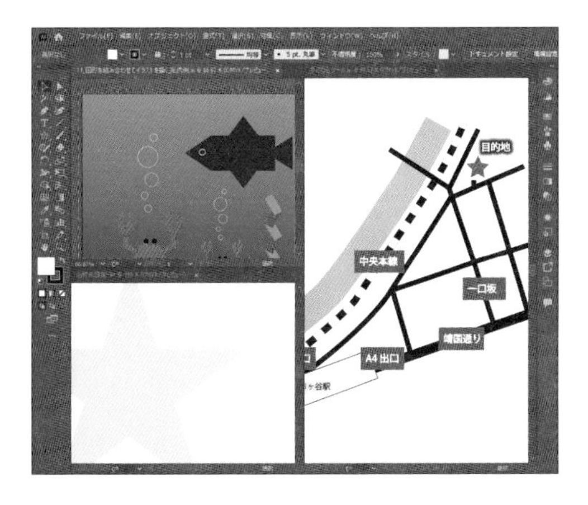


複数のドキュメントを開いている場合、初期状態では一つのドキュメントがウィンドウ全体に表示され、ほかのドキュメントを表示するときはドキュメントのタブを使って切り替えます。

[ウィンドウ] メニュー→ [アレンジ] で、配置方法を選択します。[重ねて表示] [並べて表示] の配置方法があります。この例は [並べて表示] を選択した場合です。

［ウィンドウを分離］は現在選択しているウィンドウをフローティング表示します。［すべてのウィンドウを分離］は、すべてのドキュメントウィンドウがフローティング表示されます。［すべてのウィンドウを統合］を選択すると初期状態のタブ表示に戻ります。

## 画面表示モード

Illustratorの画面表示モードには、「プレビュー」と「アウトライン」の2種類があります。

「プレビュー」はアートワークに色などが付いた最終的な仕上がりと同じ状態で表示するモードです。Illustratorの既定の表示モードはプレビューモードです。
一方「アウトライン」は色などの情報を含めずパスのみを表示するモードです。［表示］メニュー→［アウトライン］を選択すると線画の状態になるので、プレビュー表示で背面に隠れていた部分など、細かい情報を確認しやすくなります。

プレビュー表示

アウトライン表示

## 操作の取り消し

Illustratorで行った操作は履歴が保存されていて、必要に応じて以前の状態に戻すことができます。

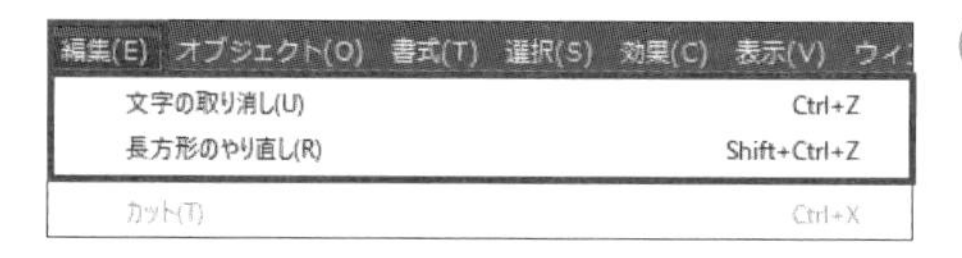


直前の操作を取り消すときは、［編集］メニュー→［○○の取り消し］をクリックします。**Ctrl**+**Z**キーでも同様に一つずつさかのぼって取り消すことができます。
［編集］メニュー→［○○のやり直し］をクリックすると取り消した操作が再度実行されます。**Shift**+**Ctrl**+**Z**キーでも同様に操作できます。

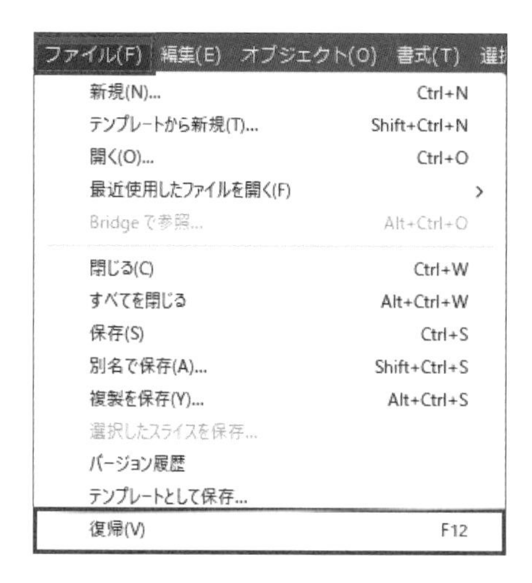


最後に保存した状態に戻すには、［ファイル］メニュー→［復帰］をクリックします。ただし復帰後には操作の履歴がクリアされ、復帰前の状態に戻せないので注意が必要です。

# 2.6 配置の補助

図形などのオブジェクトをアートボードに配置するための補助となるのが、定規、ガイド、グリッド、スマートガイド、スナップです。大きさの確認、正確な拡大や縮小、配置などができるようになります。

## 定規

「定規」はウィンドウまたはアートボードの上端と左端に目盛を表示するものです。オブジェクトを作成する際にサイズや位置を確認できます。

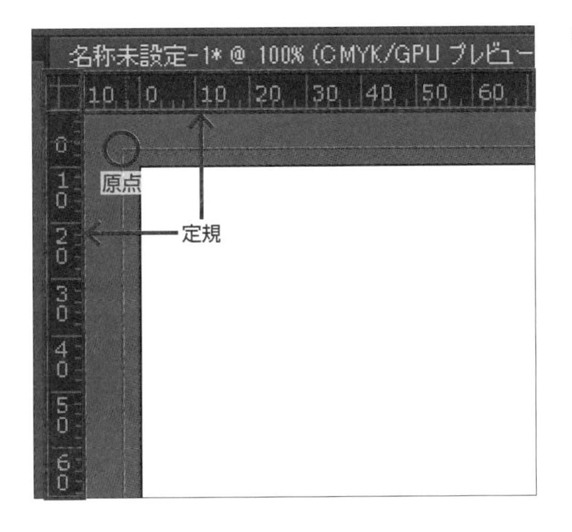


| 定規を表示(R) | Ctrl+R |
|---|---|
| アートボード定規に変更(C) | Alt+Ctrl+R |
| ビデオ定規を表示(V) | |

[表示] メニュー→ [定規] → [定規を表示] で表示します。定規の上端と左端の「0」が交差する点を原点と呼び、ドキュメントウィンドウの左上が原点となる「ウィンドウ定規」と、選択したアートボードの左上を原点とする「アートボード定規」などがあります。アートボード定規は、アートボードに対してオブジェクトの位置などを確認する場合に使用します。既定ではウィンドウ定規が表示されますが、[表示] メニュー→ [定規] → [アートボード定規に変更] で切り替えることができます。

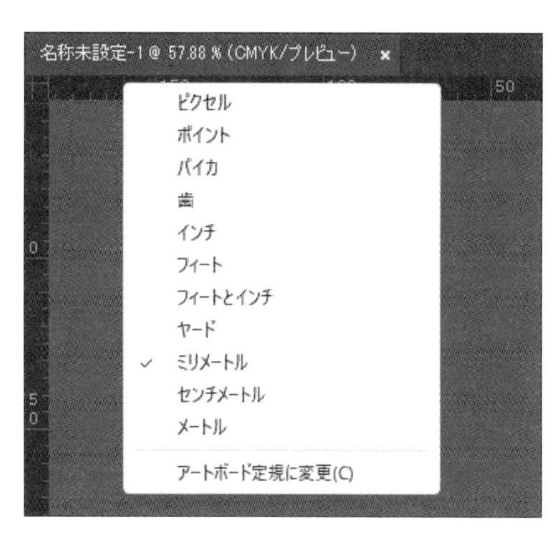


ドキュメントの種類が［印刷］または［アートとイラスト］の場合に定規の単位はミリメートル、そのほかの場合にはピクセルです。定規の上で右クリックすると、ポイント、パイカ、インチなどの単位に変更できます。

## ガイド

「ガイド」は、自由な位置に引ける垂直線と水平線で、オブジェクトの縦位置や横位置を正確に揃えて配置するときに使用します。配置を補助する機能のため、印刷されません。

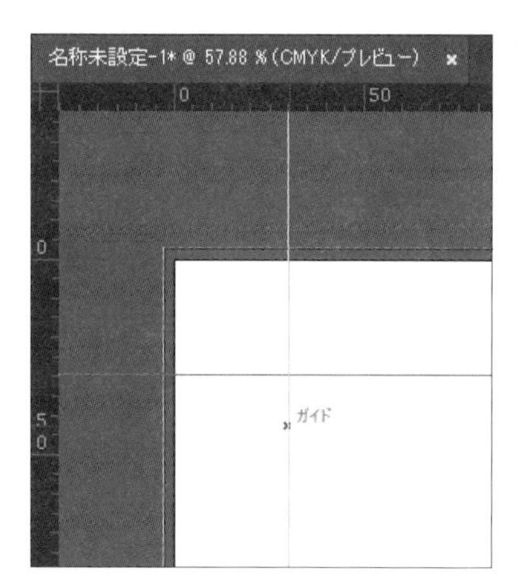


左端の定規から右にドラッグすると垂直のガイド、上端の定規から下にドラッグすると水平のガイドを作成できます。また、定規の上でダブルクリックするとその位置にガイドが設定されます。
個別にガイドを削除するときは、ガイドを選択して定規までドラッグするか、**Delete** キーを押します。

描いた図形をガイドとすることもできます。例えば長方形を描いたあと、［表示］メニュー→［ガイド］→［ガイドを作成］をクリックすると、長方形のガイドに変わります。ガイドを選択した状態で［ガイドを解除］をクリックすると元の図形に戻ります。

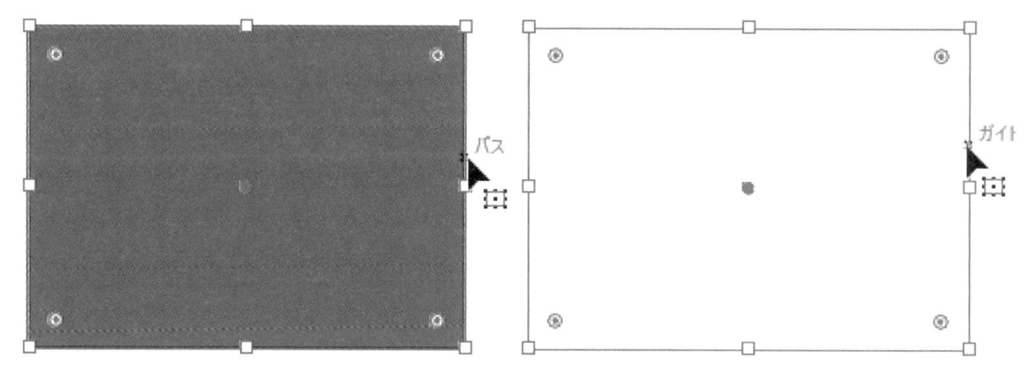

ガイドを隠す(U) Ctrl+:
ガイドをロック(K) Alt+Ctrl+:
ガイドを作成(M) Ctrl+5
ガイドを解除(L) Alt+Ctrl+5
ガイドを消去(C)

[表示] メニュー→ [ガイド] → [ガイドをロック] をクリックすると、すべてのガイドが固定され、誤ってガイドを動かしてしまうことを防げます。[ガイドをロック解除] をクリックするとロックが解除されます。
[表示] メニュー→ [ガイド] → [ガイドを消去] は、すべてのガイドを一括して削除します。



ガイドを隠す(U) Ctrl+:
ガイドをロック(K) Alt+Ctrl+:
ガイドを作成(M) Ctrl+5
ガイドを解除(L) Alt+Ctrl+5
ガイドを消去(C)

[表示] メニュー→ [ガイド] → [ガイドを隠す] をクリックすると、すべてのガイドが非表示になります。非表示の状態で [ガイドを表示] をクリックすると非表示だったガイドが表示されます。

[ガイドを解除] をクリックすると、ガイドがパスに変わります。

## スマートガイド

「スマートガイド」は必要なときに自動的に表示されるガイドです。配置を補助する機能のため、印刷されません。

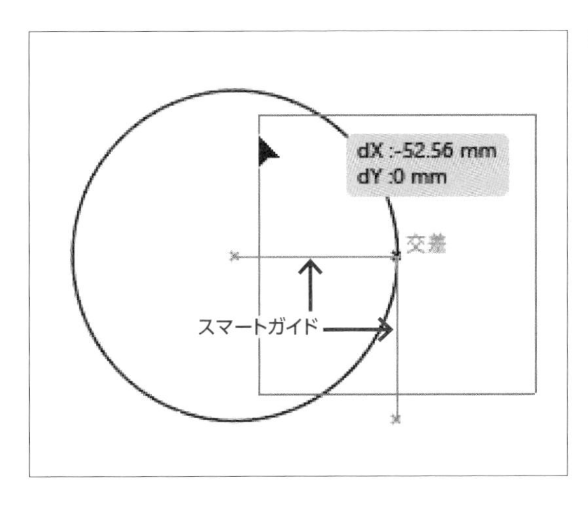


図形などのオブジェクトをマウスでドラッグして移動させる際、ほかのオブジェクトの端や中央の水平/垂直位置が一致したときに、自動的にスマートガイドが表示されます。この段階でマウスの左ボタンを離せば、オブジェクトを整列して配置できます。
[表示] メニュー→ [スマートガイド] のチェックをオン/オフにすると、表示と非表示が切り替わります。

## グリッド

「グリッド」はワークスペース上に等間隔に引かれる格子（水平線と垂直線）です。

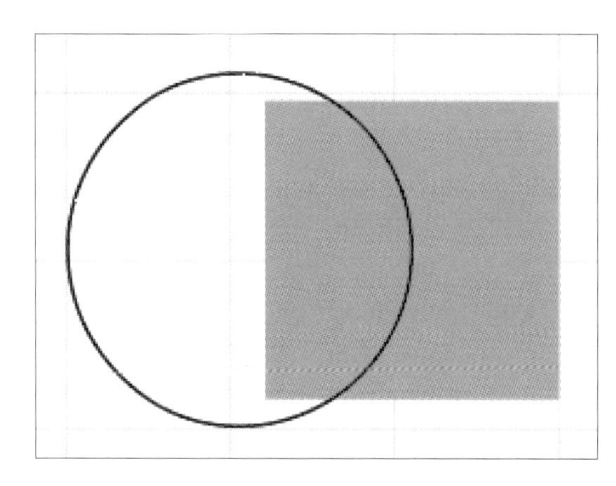

［表示］メニュー→［グリッドを表示］でグリッドが表示されます。表示された状態で［グリッドを隠す］をクリックするとグリッドが非表示になります。

線の色や格子（マス目）のサイズ・分割数などは［編集］メニュー→［環境設定］→［ガイド・グリッド］で指定します。

## スナップ

「スナップ」は図形などのオブジェクトをほかのオブジェクト、ガイド、グリッドの近くに移動させると、それらにぴったり合わさる（吸着する）ように配置する機能です。

「ポイントにスナップ」は、オブジェクトの移動中にマウスポインターがほかのオブジェクト（正確にはオブジェクトのアンカーポイント）やガイドに近づくと吸着（スナップ）する機能です。スナップする状態になるとマウスポインターが黒から白に変化し、ウィンドウ下のバーに［スナップ］と表示されます。［表示］メニュー→［ポイントにスナップ］のチェックで機能のオン/オフを切り替えます。初期設定ではオンになっています。

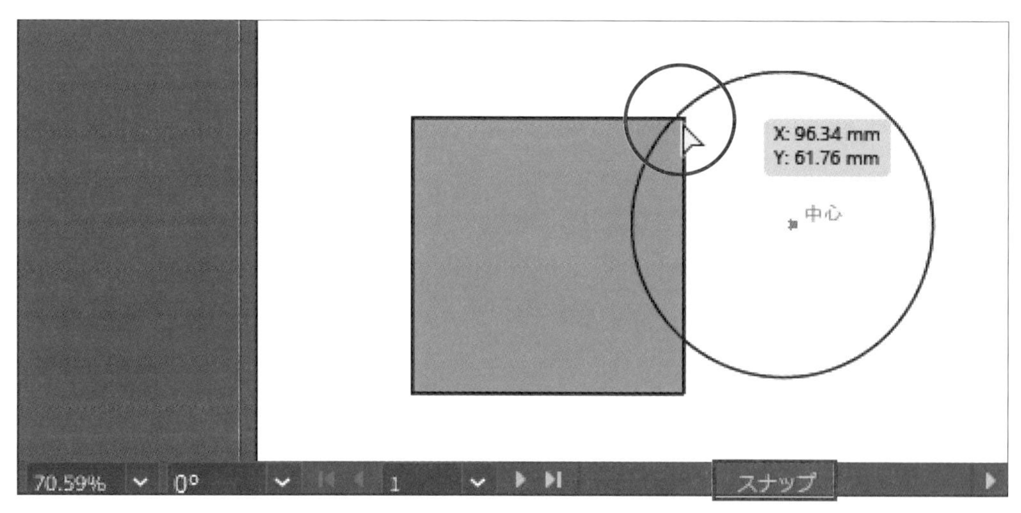


「グリッドにスナップ」はグリッドに近づいたときにスナップする機能です。［表示］メニュー→［グリッドにスナップ］のチェックで機能のオン/オフを切り替えます。初期設定ではオフになっています。［グリッドにスナップ］を有効にしていると、スマートガイドは表示されません。

# 2.7 画像の知識

Illustratorは基本的に直線や曲線で構成される図形（ベクトル画像）を作成するソフトウェアですが、Photoshopなどで作成した画像（ビットマップ画像）も取り扱うことができます。それぞれの特性を知り、適切に使い分けましょう。

## ベクトル画像とビットマップ画像

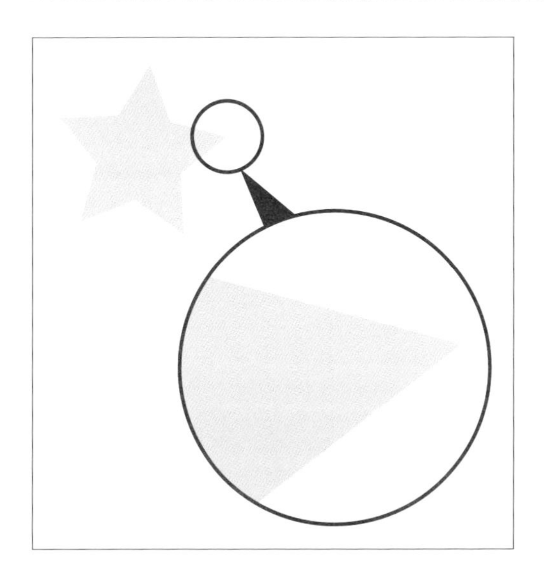

### ベクトル画像（ベクター画像）

図形を直線と曲線（ベジェ曲線）で表し、X軸、Y軸の座標に基づく計算によって描画します。拡大、縮小、変形などの加工を行ってもそのつど計算し直して描画するので、画質が劣化せず常に輪郭がくっきりしています。また、ビットマップ画像に比べて一般的にデータサイズが小さいという利点があります。
ベクトル画像は、イラストやロゴなど輪郭のはっきりした図に向いています。しかし、複雑な線や配色を持つものを描こうとすると膨大な計算量になり、処理に時間がかかることがあります。ベクトル画像の作成は主にIllustratorで行います。

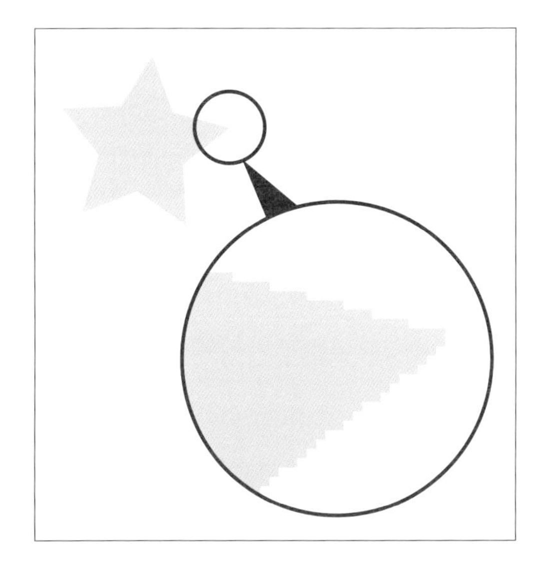

### ビットマップ画像（ラスター画像）

小さなドットの集合で描かれた画像です。画像を大きく拡大するとドットの集合体で画像が構成されていることがわかります。このドットごとに色などの情報が付加されています。このドットを「ピクセル（pixel、画素）」といいます。
ビットマップ画像は写真など、細かい色の違いや濃淡などの情報がある画像に向いています。ただし、画像を拡大縮小したり変形したりすると、輪郭のギザギザが目立ったり色がぼやけたりするなど劣化が起こりやすいのが特徴です。ビットマップ画像の作成は、主にPhotoshopで行います。

| | ベクトル画像 | ビットマップ画像 |
|---|---|---|
| **拡大、縮小、変形** | 画質が落ちない | 画質が落ちる |
| **ファイルサイズ** | 比較的小さい | 比較的大きい |
| **強みを発揮する画像** | イラストやロゴなど、<br>輪郭がはっきりしたもの | 写真など微妙な配色や階調を含むもの、<br>形に多様性のあるもの |
| **代表的なファイル形式** | SVG、EPSなど | JPEG、GIF、PNG、TIFF、BMPなど |
| **作成するための代表的なアプリケーション** | Illustrator | Photoshop |

## 画像解像度

画像解像度は画像の密度を表すもので、単に「解像度」ともいいます。画像をコンピューターのモニターに表示したり、印刷したりする場合の、1辺1インチあたりのピクセル数で示します。単位は画面上での操作の場合ppi（pixel/inch）ですが、印刷物の場合はdpi（dot/inch）も使います。この数値が大きいほど高精細の画像であることを表します。
Illustratorで作成したベクトル画像は、印刷したりWeb用画像を作ったりする際に、ビットマップ画像に変換する必要があります。この処理を「ラスタライズ」といいます。ラスタライズを行う際には適切な画像解像度を設定する必要があります。ラスタライズについては「第10章　準備と保存」で詳しく説明します。

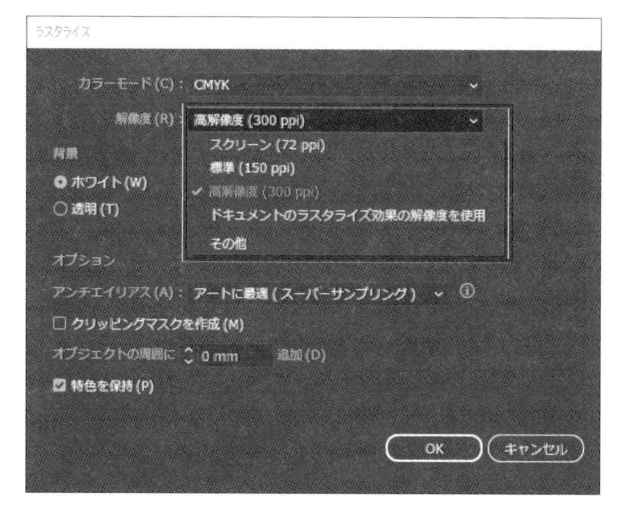


ラスタライズするオブジェクトを選択して［オブジェクト］メニュー→［ラスタライズ］をクリックし、［ラスタライズ］ダイアログボックスを開きます。
［解像度］の［V］をクリックして［スクリーン（72ppi）］［標準（150ppi）］［高解像度（300ppi）］を選ぶとそれぞれの数値（ppi）の画像解像度に設定されます。［ドキュメントのラスタライズ効果の解像度を使用］を選ぶと、［新規ドキュメント］ダイアログボックスの［ラスタライズ効果］で設定した解像度が適用されます。［その他］では、解像度の値を自由に入力できます。

# 練習問題



**問題1** 左側のアイコンと右側のパネル名を一致させなさい。

| アイコン | パネル名 |
|---|---|
| **A.** | **1.** ［アピアランス］パネル |
| **B.** | **2.** ［ブラシ］パネル |
| **C.** | **3.** ［レイヤー］パネル |
| **D.** | **4.** ［シンボル］パネル |

**問題2** ガイドについて正しい説明を選びなさい。

**A.** ガイドは［表示］メニュー→［ガイドを消去］で非表示にできる。
**B.** ガイドはスマートガイドと同様にそのまま印刷することができる。
**C.** 長方形ツールで長方形を作成したあと［表示］メニュー→［ガイド］→［ガイドを作成］で長方形のガイドを作成することができる。
**D.** ガイドは［表示］メニュー→［ガイド］→［ガイドをロック］で固定することができる。

**問題3** A4サイズのチラシ用にドキュメントを新規に作成する際、設定の組み合わせとして適切なものを選びなさい。

**A.** 種類：フィルムとビデオ、サイズ：A4、カラーモード：RGB
**B.** 種類：アートとイラスト、サイズ：A4、カラーモード：CMYK
**C.** 種類：印刷、サイズ：A4、カラーモード：CMYK
**D.** 種類：モバイル、サイズ：A4、カラーモード：CMYK

**問題4** ［アピアランス］パネルを表示させたワークスペースを「アピアランス表示」という名前で新規保存しなさい。

**問題5** ［練習問題］フォルダーの2.1.aiを開き、定規を表示して単位をピクセルにしなさい。

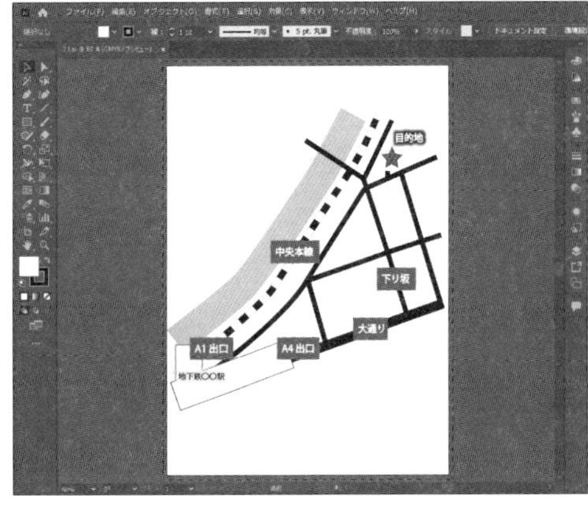


2.1.ai

**問題6** 次の設定でWeb用の新規ドキュメントを作成し、AI形式で［練習問題］フォルダーに保存しなさい。

| 名前：Web用広告<br>プリセット：Web<br>アートボードの数：2<br>サイズ：既定 |
|---|

**問題7** ［練習問題］フォルダーの2.2.aiを開き、同じフォルダーにある「Moon.png」を埋め込み画像として配置しなさい。画像のサイズはアートボードに合わせて調整しなさい。

2.2.ai

# 3

# シェイプ

# 3.1 オブジェクト

Illustratorでは、描画ツールを使って作成した線や図形（ベクトル画像）、写真などのビットマップ画像や文字などを扱います。これらの操作対象を総称して「オブジェクト」と呼びます。

## オブジェクトの種類

Illustratorはオブジェクト単位で選択を行い、選択したオブジェクトに対して配置、変形、加工などの操作を行います。

Illustratorの描画ツールが作成するオブジェクトは基本的に「パス」です。パスは一般的に直線や曲線（ベジェ曲線）で構成されています。塗りつぶしの色や模様、線の太さや形状などの付加的な情報を含んでいるため、多彩な図形があるように見えますが、実体はすべてパスで構成されています。

パスを理解することがIllustratorを学ぶ根本ですが、パスの基本から学習をスタートすると実感が湧きにくく理解しづらい面があります。
本書では、第3章～5章で「パス」の基本を学習します。本章「第3章　シェイプ」では理解しやすいようにシェイプとフリーハンド曲線のオブジェクトから解説します。

### シェイプ

長方形、楕円、多角形、直線、円弧、グリッド（格子）のような幾何学的な図形をまとめて「シェイプ」といいます。

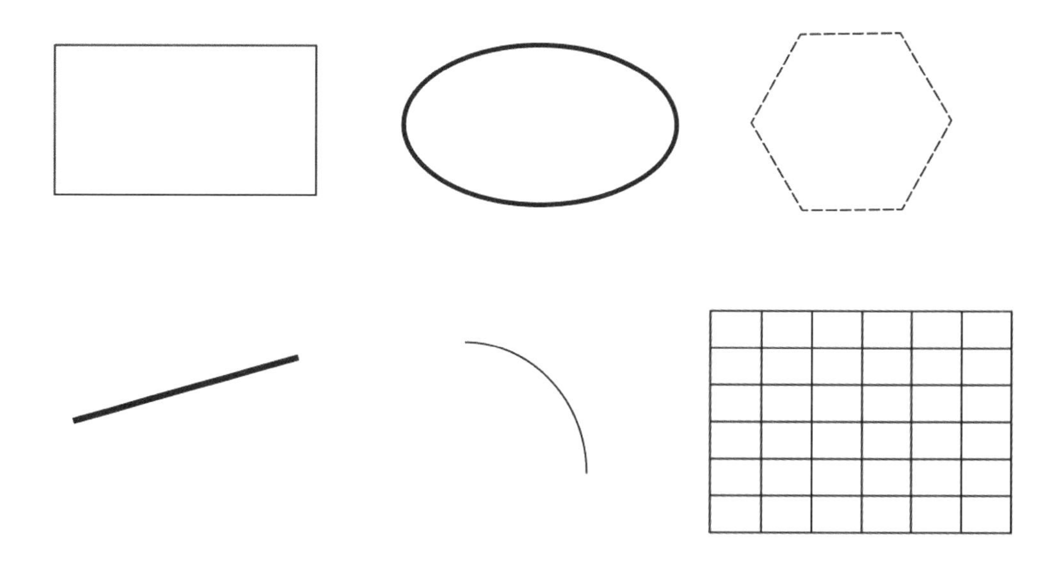

### フリーハンド曲線

マウスポインターの軌跡に沿って作成される曲線です。Illustratorでは、鉛筆ツールやブラシツールを使って描画します。操作したとおりのものが描けるので直感的に理解しやすいでしょう。

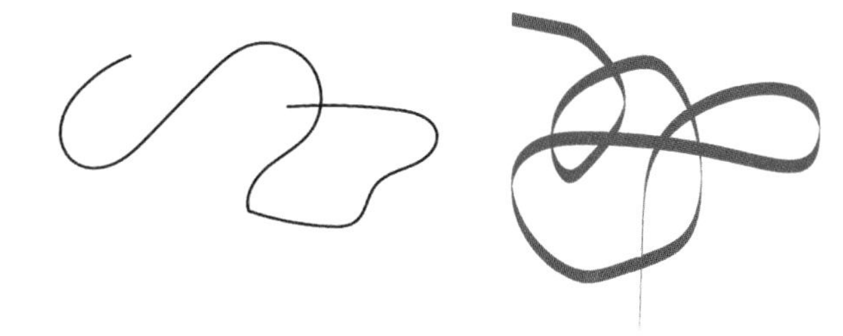



### カラー（線や塗りつぶしの色）

作成した図形の線、および線で囲まれた内部（塗り）にはそれぞれ色を指定できます。設定後にも自由に色を変えられます。また、図形を変形すればそれに合わせて色の領域も変更されます。計算によって描画するベクトル画像の特徴が発揮される部分です。色の情報はオブジェクトにまとめて保存されているので、色の指定はオブジェクトに対して行います。

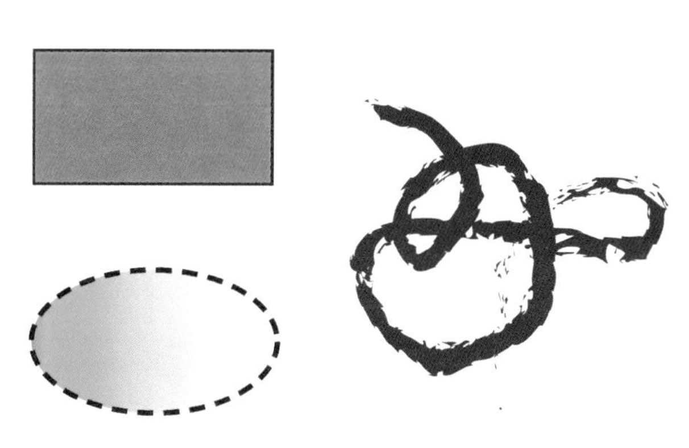

### パス

シェイプやフリーハンド曲線は、実際には直線や曲線をつなげたパスで描かれています。最も基本的なパスである直線と曲線（ベジェ曲線）はペンツールで作成します。

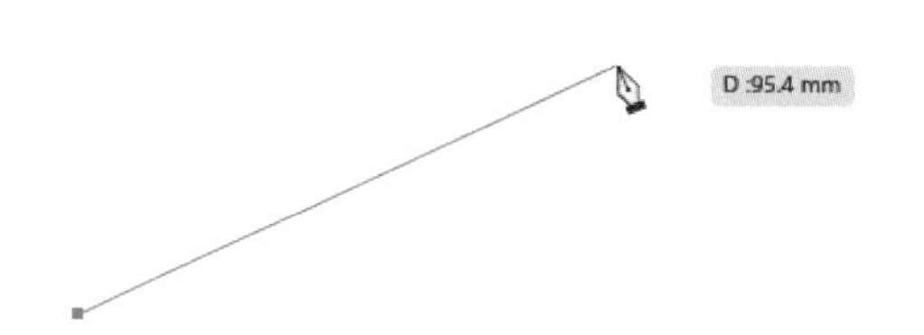


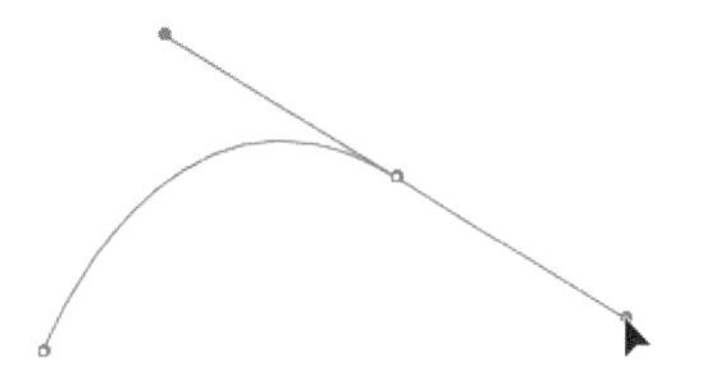

### 文字（テキストオブジェクト）

図形とは扱い方が多少異なりますが、文字列もパスで構成されています。

Illustrator

### ビットマップ画像

IllustratorはPhotoshopなどで作成したビットマップ画像もオブジェクトとして扱えますが、ベクトル画像ではないためIllustratorの多くの機能は適用できません。ビットマップ画像に対してパスに関連した機能や操作を適用するには、「画像トレース」という機能で、ビットマップ画像をパスに変換する必要があります。

# 3.2 シェイプ描画ツール

長方形、楕円、多角形、直線、円弧、グリッド（格子）のような幾何学的な図形を作成するのがシェイプ描画ツールです。

## 長方形ツール

長方形のシェイプを作成します。

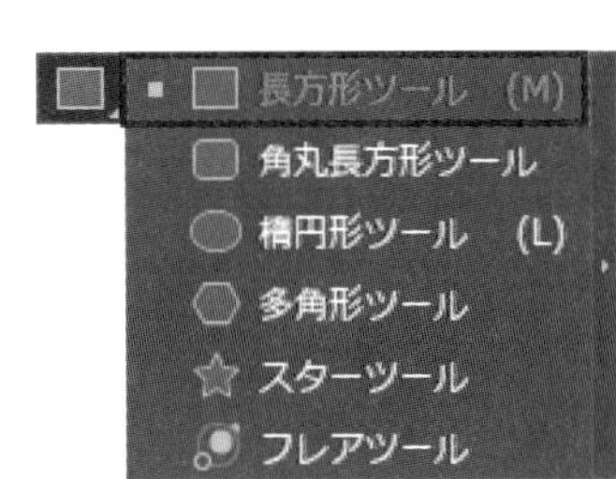


ツールパネルの［長方形ツール］をクリックします。

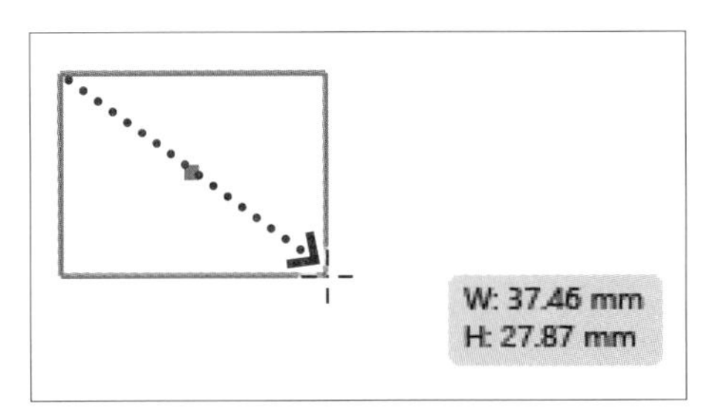


アートボード上でドラッグすると始点と終点を対角線とする長方形が作成されます。**Shift**キーを押しながらドラッグすると常に正方形になります。

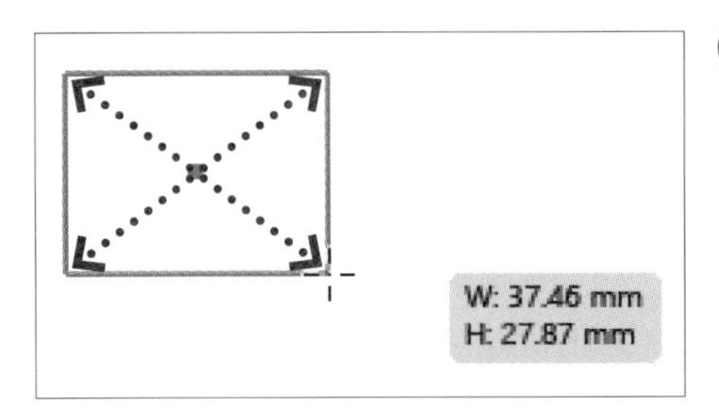


**Alt**キーを押しながらドラッグすると始点を中心とする長方形が作成されます。ドラッグしている間はサイズが表示されます。Wは幅、Hは高さです。

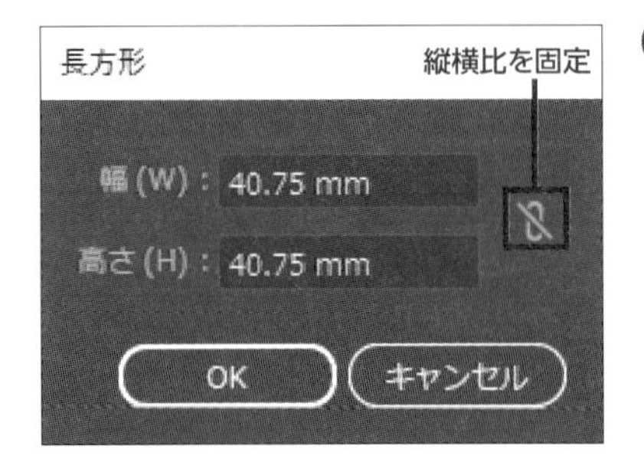


アートボード上をクリックすると［長方形］ダイアログボックスが表示されます。数値を入力して［OK］をクリックすると指定したサイズで長方形を作成できます。［縦横比を固定］をクリックしたあとに幅または高さの一方を変更すると、他方の数値も固定された比率で自動的に変更されます。

# 角丸長方形ツール

四隅の角に丸み（円弧）のある長方形のシェイプを作成します。

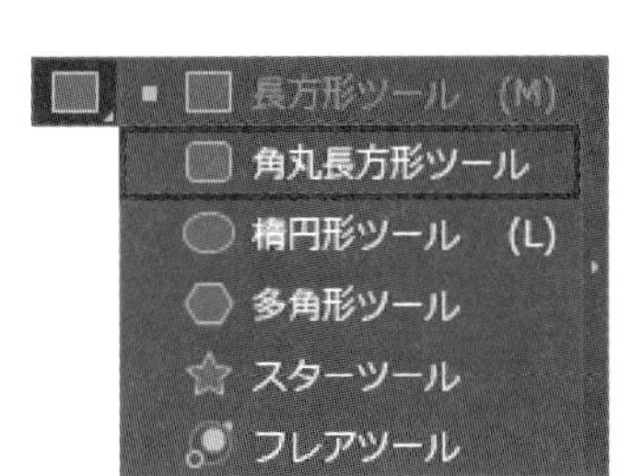


ツールパネルの［角丸長方形ツール］をクリックします。

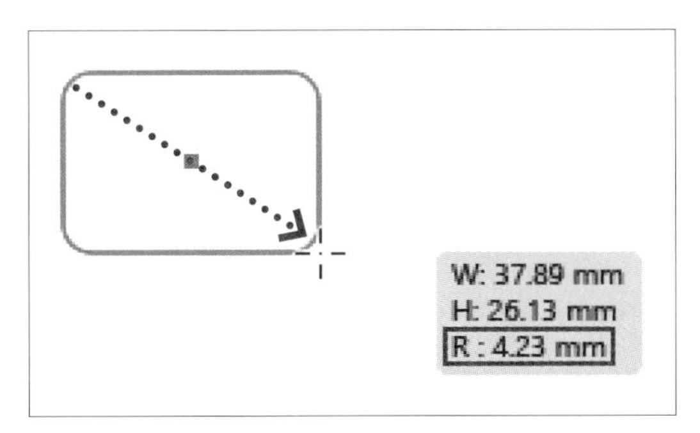


作成方法は長方形ツールと同じです。ドラッグしている間、幅と高さ、角丸の半径Rが表示されます。

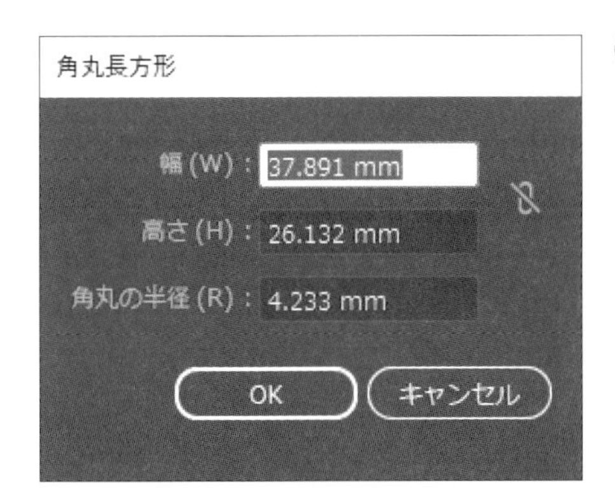


アートボード上をクリックすると［角丸長方形］ダイアログボックスが表示されます。角丸の半径やサイズを指定して角丸長方形を作成できます。

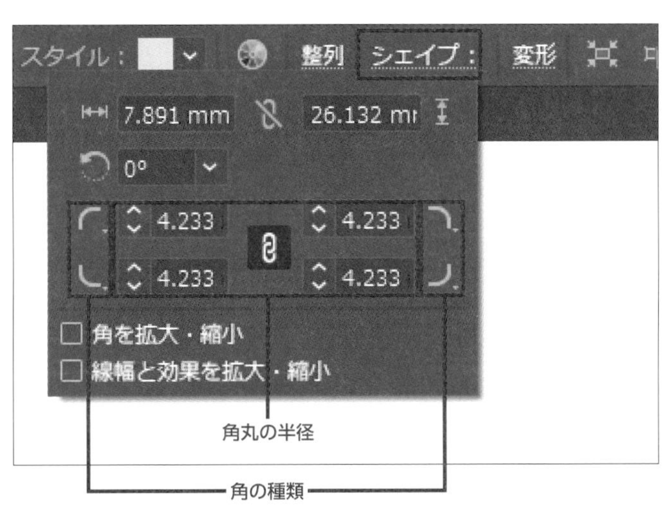


角丸の半径や角の形状を変更するには、作成後にコントロールパネルの［シェイプ］をクリックして表示される［角丸の半径］に数値を指定します。角の形状を変更するには、［角の種類］から形状を選択します。

# 楕円形ツール

楕円形のシェイプを作成します。

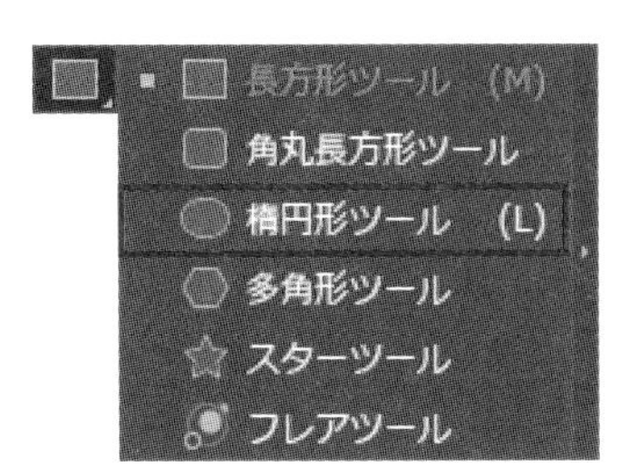


ツールパネルの［楕円形ツール］をクリックします。

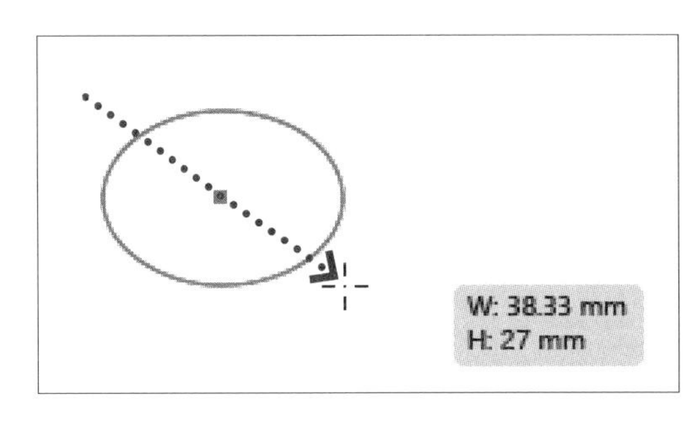


アートボード上でドラッグすると楕円形が作成されます。**Shift**キーを押しながらドラッグすると常に正円になります。
**Alt**キーを押しながらドラッグすると始点を中心とする楕円形が作成されます。ドラッグしている間はサイズが表示されます。

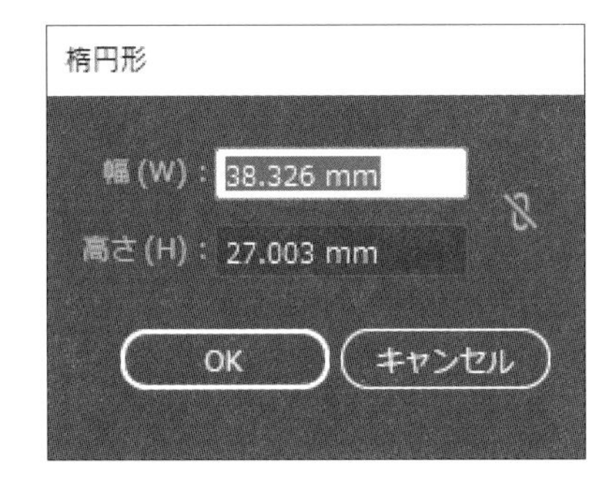


アートボード上をクリックすると［楕円形］ダイアログボックスが表示されます。数値を入力して［OK］をクリックすると指定したサイズで楕円形を作成できます。

ヒント

シェイプを描画するツール（長方形、角丸長方形、楕円形、多角形、スター、直線、円弧など）は、描画の途中でスペースキーを押すと、図形を移動することができます。ただし、描画した図形は選択ツールでオブジェクトを選択してから移動するのが一般的です。

## 多角形ツール

正多角形のシェイプを作成します。

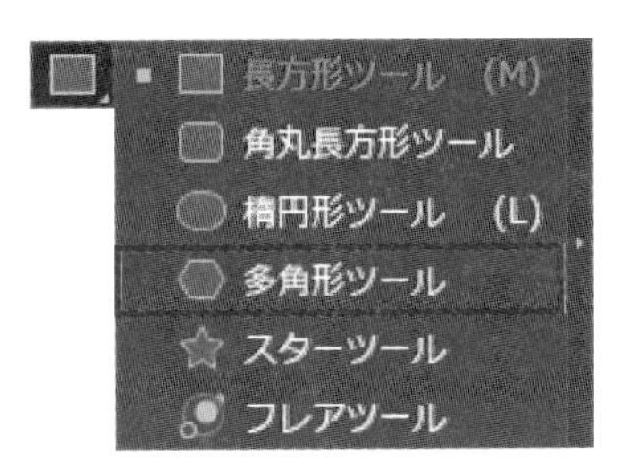


ツールパネルの［多角形ツール］をクリックします。

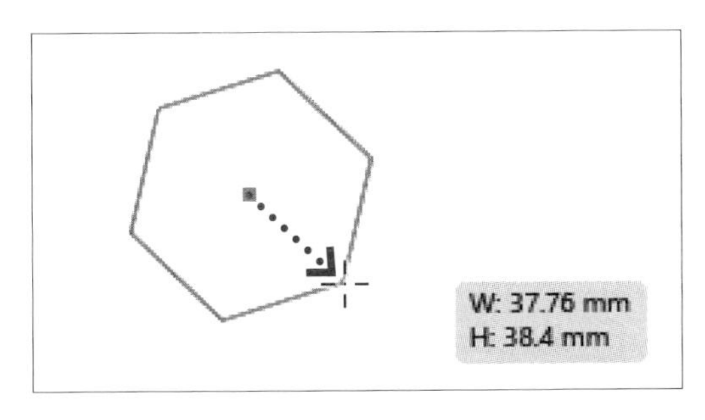


アートボード上でドラッグすると正多角形が作成されます。ドラッグの方向を変えると図形が回転しますが、**Shift**キーを押しながらドラッグすると角度が固定されます。描画される多角形の初期設定は正六角形ですが、ドラッグ中に矢印キーの［↑］を押すと角の数が増え、［↓］を押すと角の数が減ります。

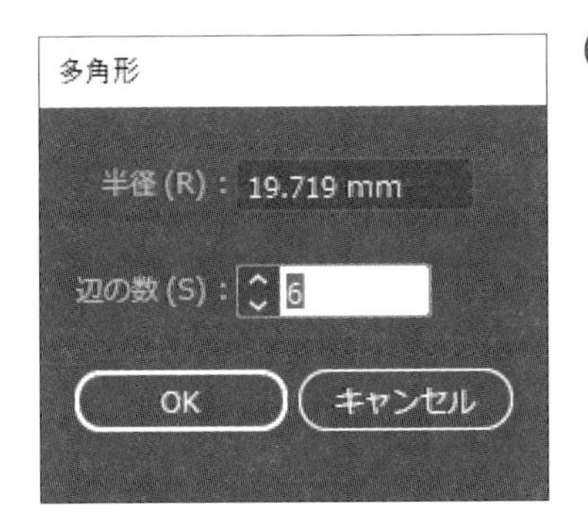


アートボード上をクリックすると［多角形］ダイアログボックスが表示されます。［半径］（中心から角までの距離）と［辺の数］（角の数）を入力して［OK］をクリックすると指定した形の正多角形を作成できます。

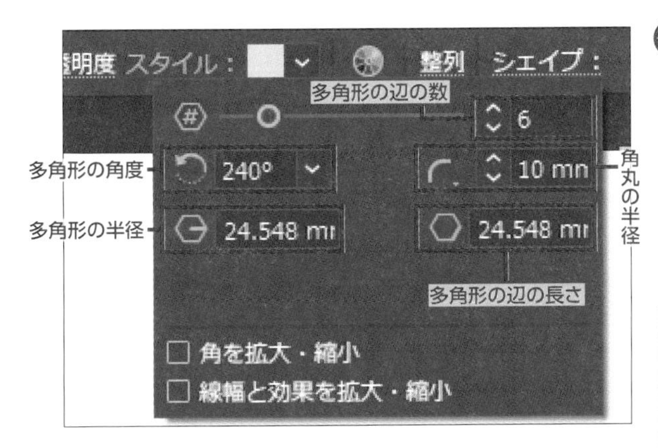


角度を指定する場合は、作成後にコントロールパネルの［シェイプ］をクリックします。多角形の辺の数、多角形の角度、角の種類、角丸の半径、多角形の半径、多角形の辺の長さを指定できます。角丸の半径を指定すると、角に丸みを持たせることができます。

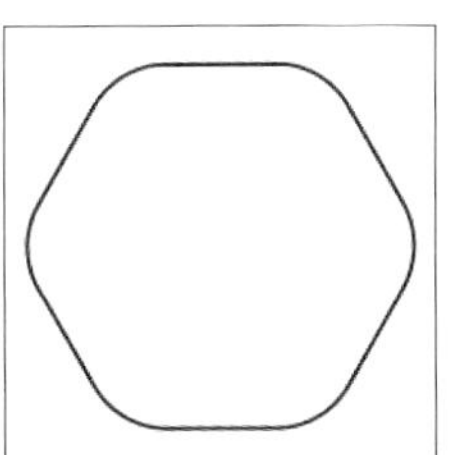

## スターツール

星形のシェイプを作成します。

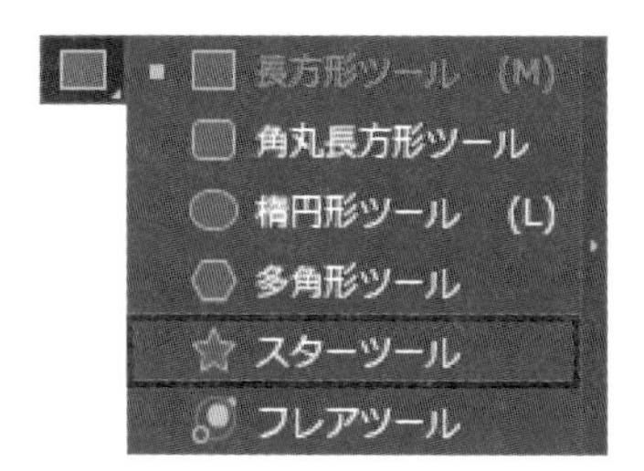


ツールパネルの［スターツール］をクリックします。

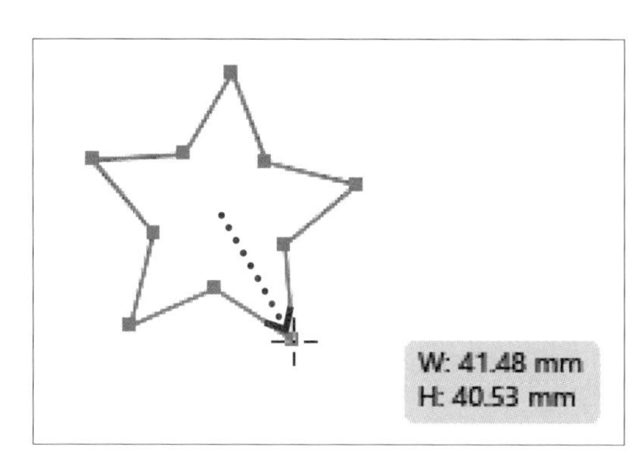


アートボード上でドラッグすると星形のシェイプが作成されます。ドラッグの方向を変えると図形が回転しますが、**Shift**キーを押しながらドラッグすると角度が固定されます。
星形の初期設定は5つの頂点がある図形です。ドラッグ中に矢印キーの［↑］を押すと頂点の数が増え、［↓］を押すと頂点の数が減ります。

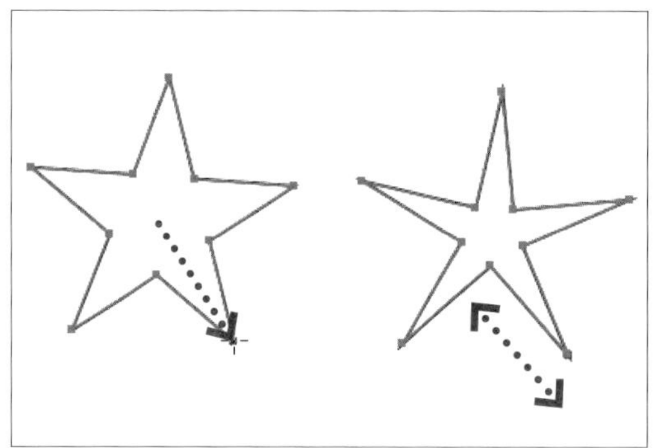

**Alt**キーを押しながらドラッグすると、標準的な星形になり、**Ctrl**キーを押しながらドラッグすると、星の外側の頂点だけを伸び縮みさせて、右側のような細長い星形も描画できます。

アートボード上をクリックすると［スター］ダイアログボックスが表示されます。［第1半径］（中心から外側の点までの距離）、［第2半径］（中心から内側の点までの距離）、点の数を入力して［OK］をクリックすると指定した形の星を作成できます。

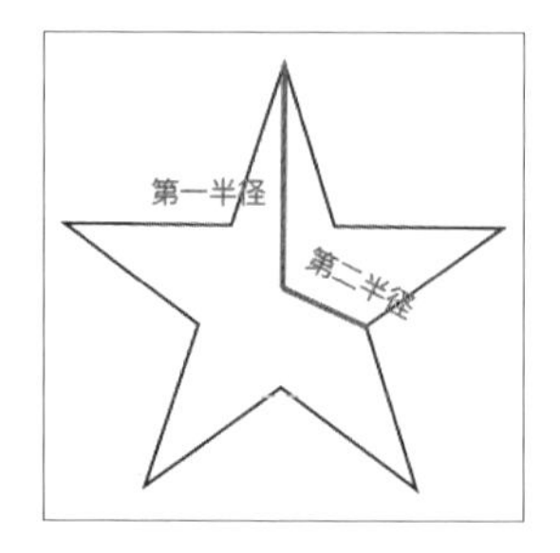

## ライブコーナー

ライブコーナーは、シェイプの作成後に角を丸くしたり角丸の半径を変更したりできる機能です。長方形、角丸長方形、多角形、スターの各ツールで利用できます。



長方形と角丸長方形のシェイプを作成すると、それぞれの角の内側に下図のような円形のマークが表示されます。これらを「コーナーウィジェット」といいます。これをドラッグすることによって［角丸の半径］を変更できる機能が「ライブコーナー」です。長方形を作成したあとライブコーナーで角に丸みを持たせれば、角丸長方形と同じものになります。

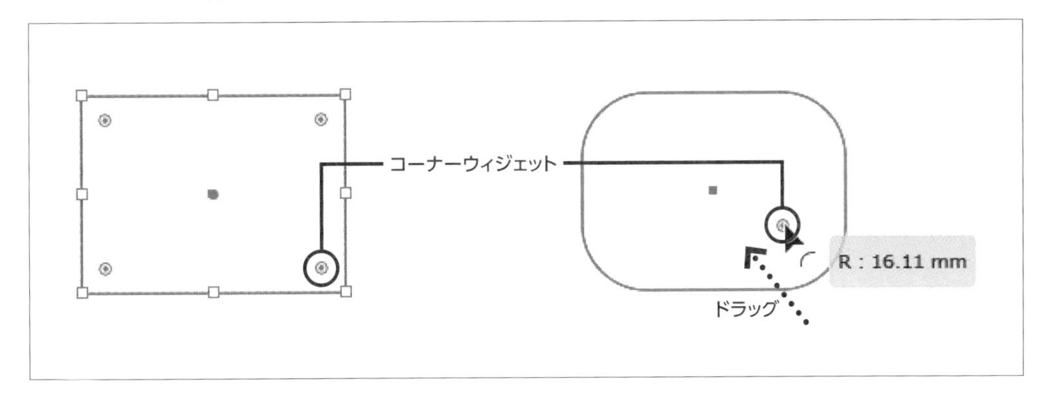


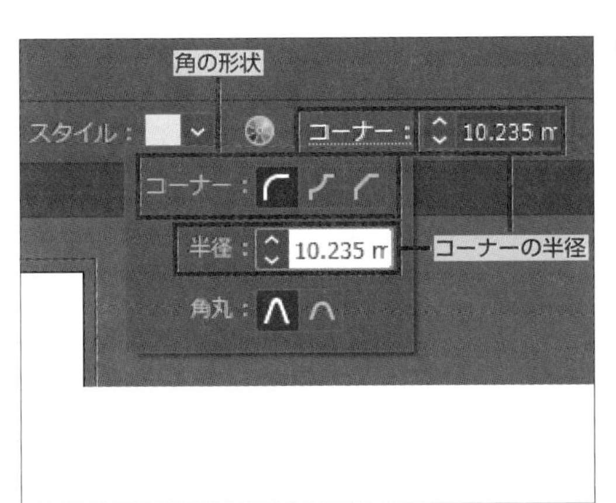


シェイプを作成したあと、ツールパネルの［ダイレクト選択ツール］を選択すると、コントロールパネルに［コーナー］という項目が表示されます。コーナーをクリックすると、角（コーナー）の形状、半径、角丸を指定できます。半径は［コーナー］の右にある［コーナーの半径］のボックスでも指定できます。

ダイレクト選択ツールについては、「第5章　パス」で詳しく解説します。

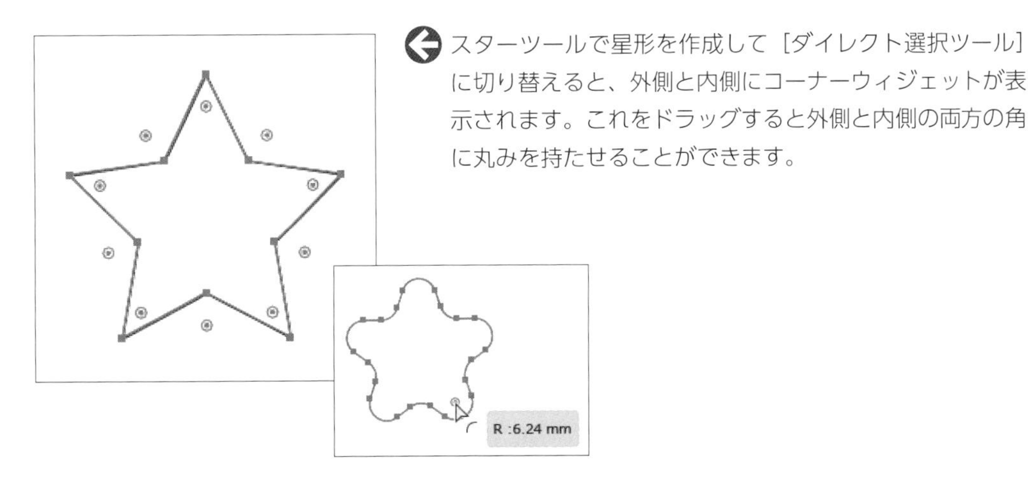


スターツールで星形を作成して［ダイレクト選択ツール］に切り替えると、外側と内側にコーナーウィジェットが表示されます。これをドラッグすると外側と内側の両方の角に丸みを持たせることができます。

## Shaperツール

フリーハンドで大まかに描いた形をもとに、線、長方形、正多角形、楕円形を描くツールです。

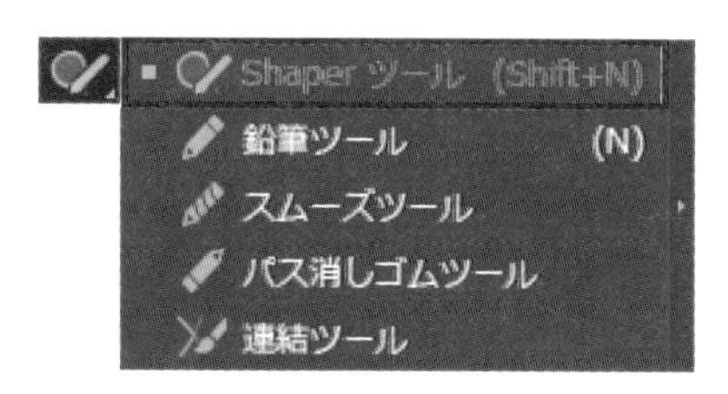


ツールパネルの［Shaperツール］をクリックします。

マウスをドラッグしておおまかに楕円形を描くと楕円形のシェイプに変換されます。

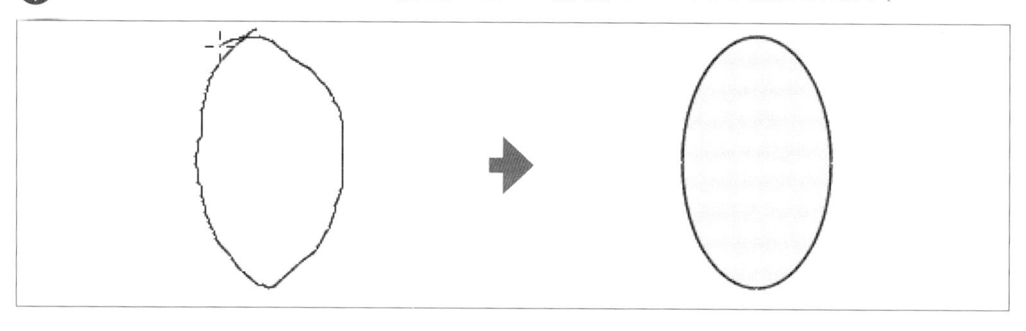

描いた軌跡により直線、正三角形、長方形、正六角形、楕円形に変換されます。いずれにも該当しない形状の場合は何も作成されません。

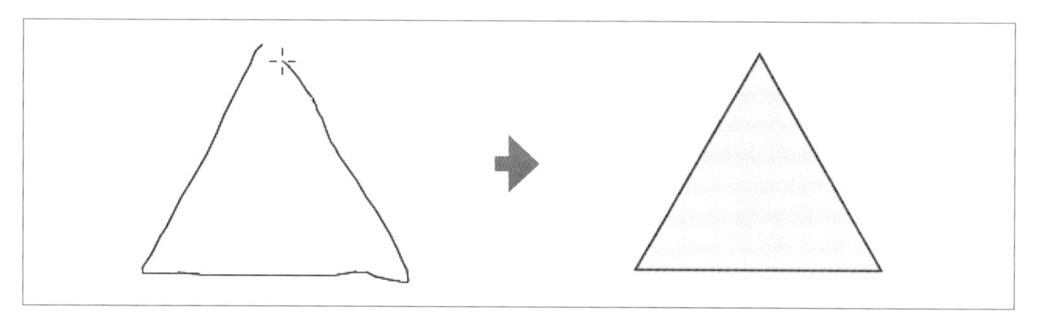

なお、Shaperツールでは図形の編集もできます。例えば、オブジェクトが重なり合った部分をドラッグでなぞると交差部分を切り抜いたり、結合したりすることができます。

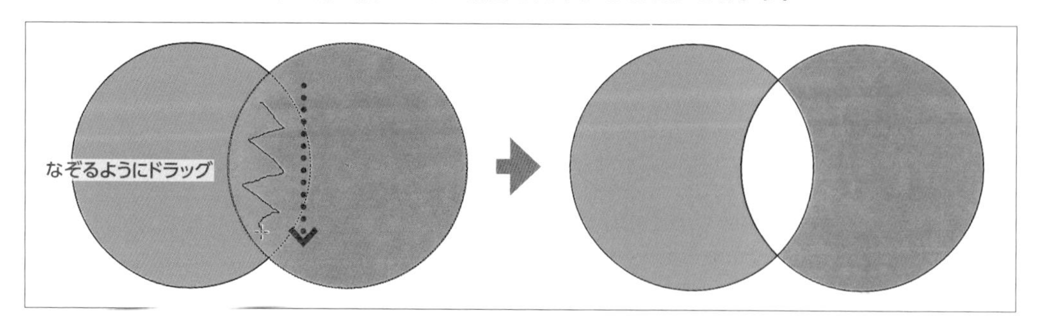

## 直線ツール

直線を描きます。



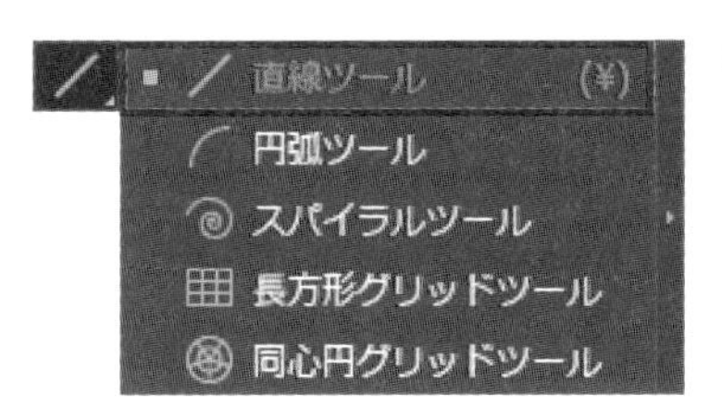


ツールパネルの［直線ツール］をクリックします。

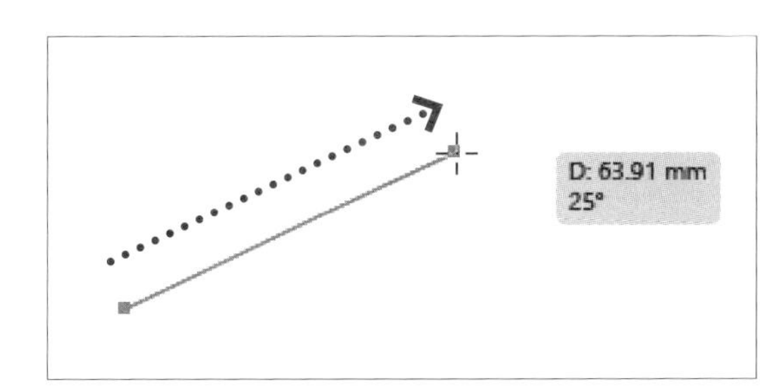


アートボード上でドラッグすると始点と終点を結ぶ直線が作成されます。**Shift**キーを押しながらドラッグすると直線を水平、垂直、斜め45°の角度で固定できます。

**Alt**キーを押しながらドラッグすると始点から両方向に伸びる直線が作成されます。ドラッグしている間は長さと傾きが表示されます。

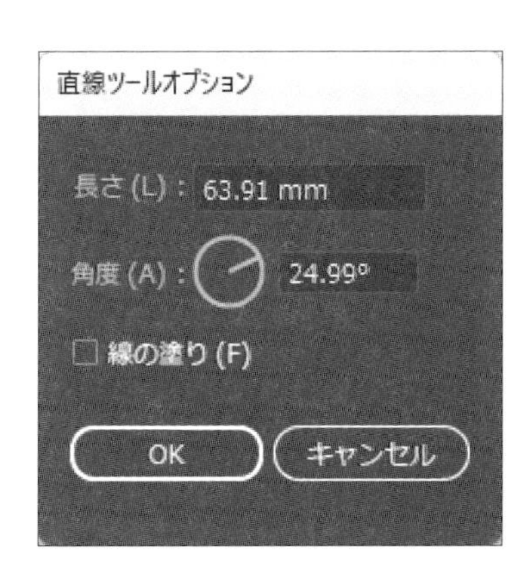


アートボード上をクリックすると［直線ツールオプション］ダイアログボックスが表示されます。［長さ］と［角度］に数値を入力して［OK］をクリックすると指定したサイズで直線を作成できます。

## 円弧ツール

円弧を作成します。

ツールパネルの［円弧ツール］をクリックします。

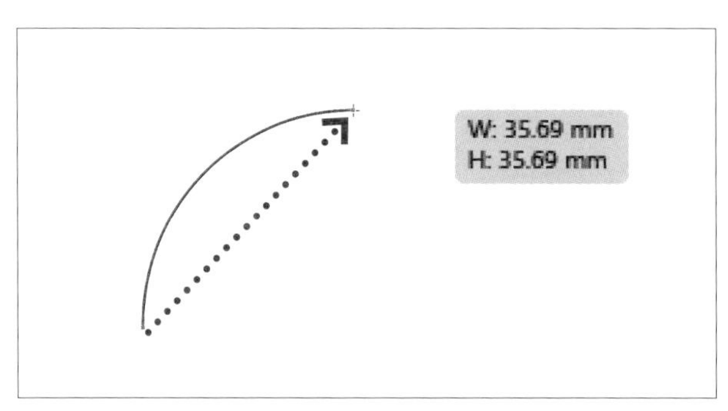


アートボード上でドラッグすると始点と終点を結ぶ円弧が作成されます。**Shift**キーを押しながらドラッグすると正円の円弧になります。
**Alt**キーを押しながらドラッグすると始点を中心とする円弧が作成されます。ドラッグしている間はX軸の長さ（幅：W）とY軸の長さ（高さ：H）が表示されます。

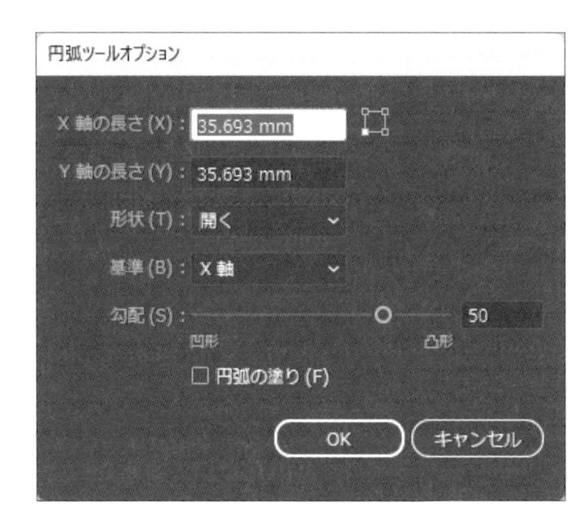


アートボード上でクリックすると［円弧ツールオプション］ダイアログボックスが表示されます。［X軸の長さ］や［Y軸の長さ］などに数値を入力して［OK］をクリックすると、指定したサイズで円弧を作成できます。

## スパイラルツール

渦巻き（スパイラル）状の線を作成します。

ツールパネルの［スパイラルツール］をクリックします。

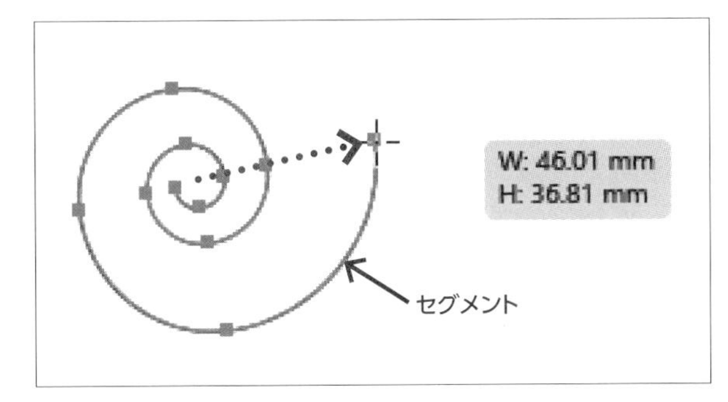


アートボード上でドラッグすると、中心を起点とする渦巻きが作成されます。渦巻きは4分の1の円周で構成されており、これをセグメントといいます。ドラッグ中に矢印キーの［↑］［↓］を押すとセグメントの数が増減します。

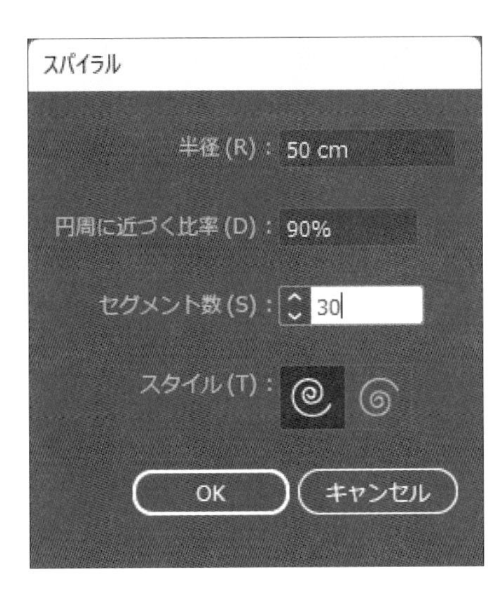


アートボード上をクリックすると［スパイラル］ダイアログボックスが表示されます。［半径］は渦巻きの大きさです。［セグメント数］は多いほど渦が増え、細かい渦巻きを作成できます。

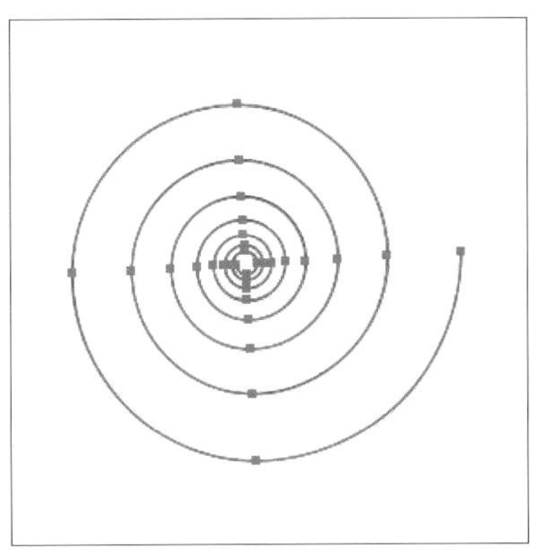

## 長方形グリッドツール

長方形のグリッド（格子）を作成します。

ツールパネルの［長方形グリッドツール］をクリックします。

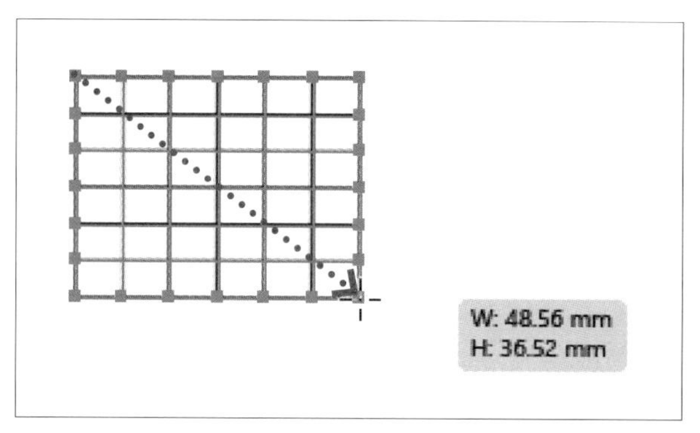


アートボード上でドラッグすると始点と終点を対角線とする長方形のグリッドが作成されます。ドラッグ中に矢印キーの［↑］［↓］［←］［→］を押すと格子の数が増減します。そのほかの操作方法は長方形ツールと同様です。

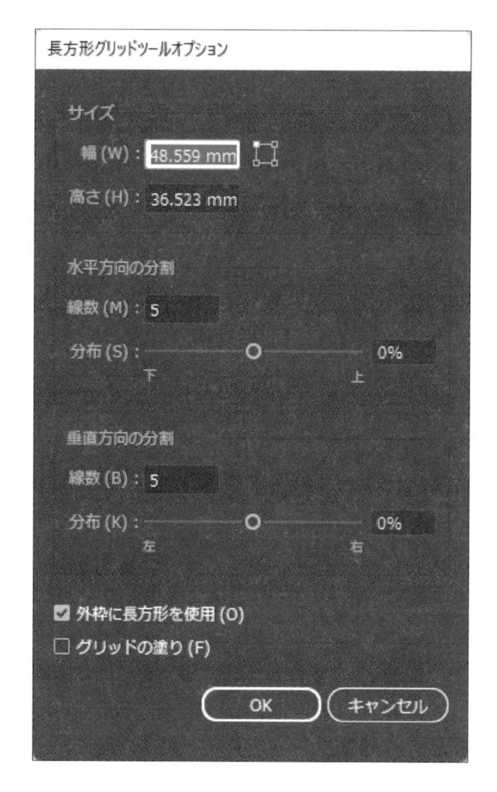


アートボード上をクリックすると［長方形グリッドツールオプション］ダイアログボックスが表示されます。サイズ（幅、高さ）、分割数（水平方向、垂直方向）などを指定して［OK］をクリックすると、指定したサイズで長方形グリッドを作成できます。

# 同心円グリッドツール

同心円のグリッドを作成します。



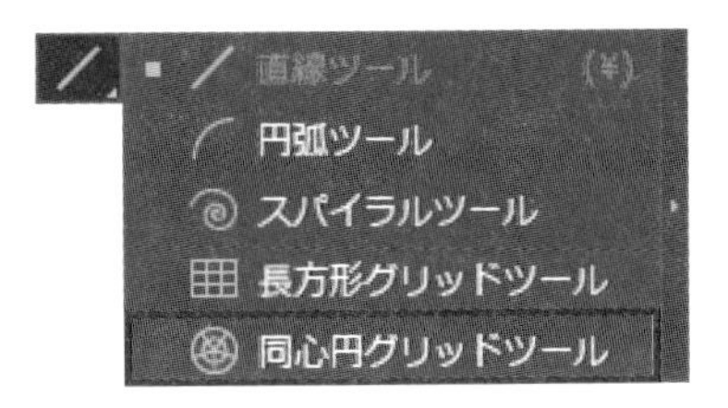


ツールパネルの［同心円グリッドツール］をクリックします。

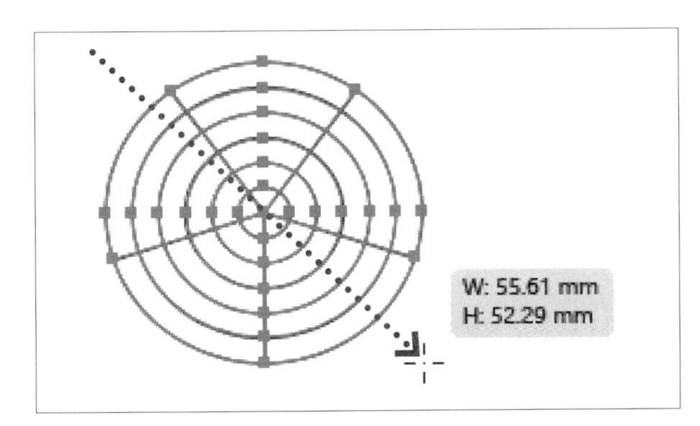


アートボード上でドラッグすると同心円のグリッドが作成されます。ドラッグ中に矢印キーの［↑］［↓］を押すと同心円の数、［←］［→］を押すと円弧の数を増減します。そのほかの操作方法は長方形ツールと同様です。

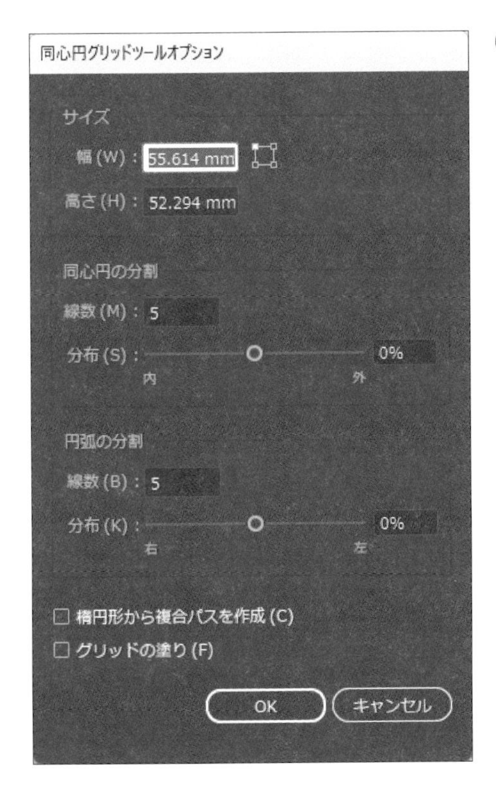


アートボード上をクリックすると［同心円グリッドツールオプション］ダイアログボックスが表示されます。サイズ（幅、高さ）、分割数（同心円、円弧）などを指定して［OK］をクリックすると、指定したサイズで同心円グリッドを作成できます。

# 3.3 フリーハンド描画ツール

**鉛筆ツールやブラシツールは、動かしたマウスの軌跡通りに線を描くツールです。**

長方形ツールなどのシェイプ描画ツールが、定規を使って描くような幾何学的な図形を作成するのに対して、鉛筆ツールやブラシツールはフリーハンド曲線を作成します。ただし、作成したフリーハンド曲線も実際には細かい直線や曲線をつなげたもの（パス）に変換され、ベクトル画像になっています。

## 鉛筆ツール

フリーハンドの線を作成します。

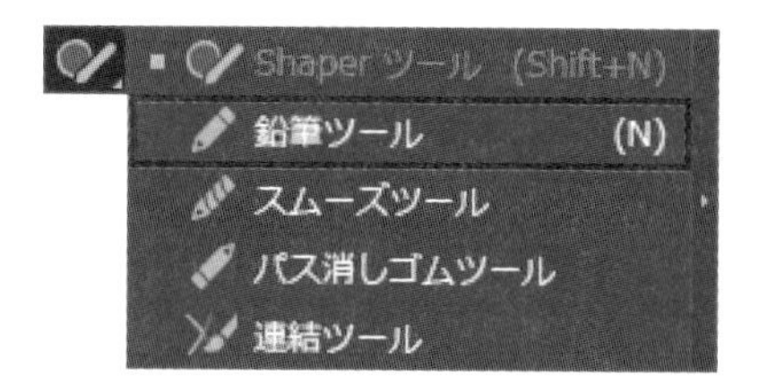


ツールパネルの［鉛筆ツール］をクリックします。

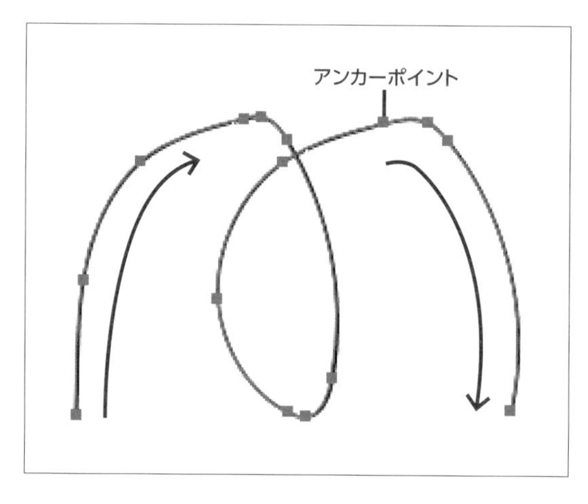


アートボード上でドラッグすると、マウスポインターの軌跡がそのまま線（パス）になります。線の端と途中にあるいくつかの点は「アンカーポイント」といい、両側の2つの曲線（または直線）を連結している場所です。パスとアンカーポイントについて詳しくは「第5章　パス」で説明します。

コントロールパネルの［線幅］ボックスで線幅を変更できます。

線：1 pt　均等　基本　不透明度：100%　スタイル：

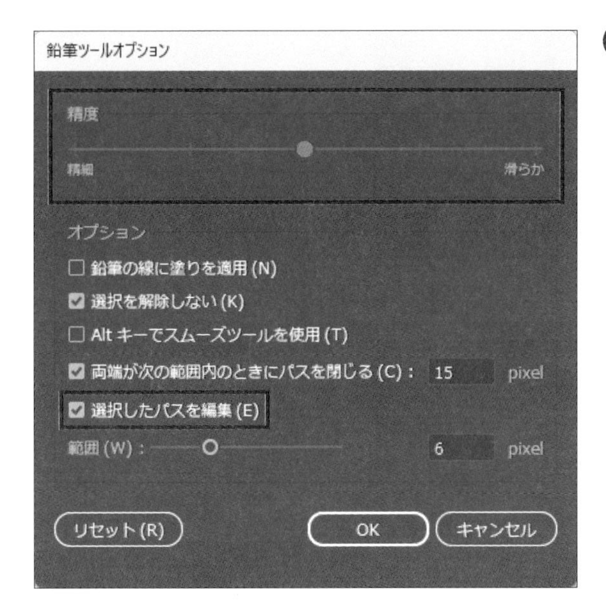


鉛筆ツールの設定を変更するときは、ツールパネルの［鉛筆ツール］アイコンをダブルクリックして［鉛筆ツールオプション］ダイアログボックスを表示します。
［精度］では曲線の滑らかさを指定します。スライダーを左（［精細］）に動かすとなるべく軌跡に近づけるためにアンカーポイントの数を多くするのでギザギザした形状になります。右（［滑らか］）に動かすとアンカーポイントの数をなるべく少なくするので、軌跡からは少しずれた滑らかな線になります。
［選択したパスを編集］のチェックをオンにすると、描いた線をなぞるように引き直して修正することができます。



## ブラシツール

ブラシを使ってフリーハンドの線を作成します。さまざまな形状のブラシを選択できます。

ツールパネルの［ブラシツール］をクリックします。

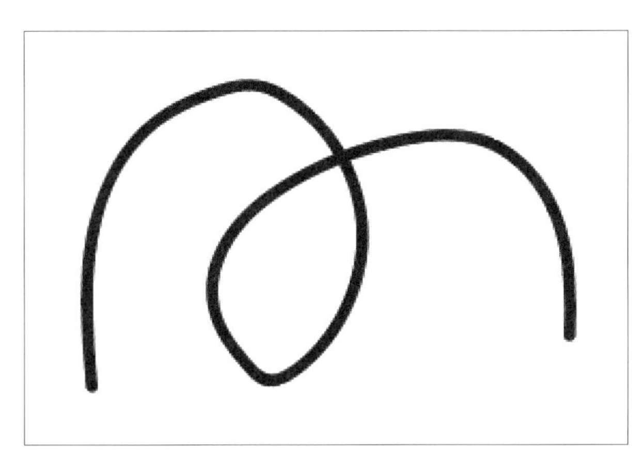

アートボード上でドラッグすると、マウスポインターの軌跡がそのまま線（パス）になります。

コントロールパネルの［ブラシ定義］で指定したブラシの形状で軌跡が描かれます。

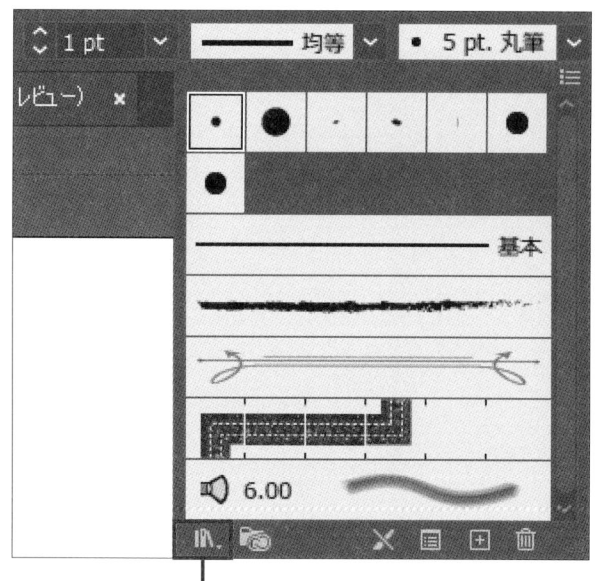


ブラシ定義の［V］をクリックするとプリセットからブラシの種類を変更できます。［ウィンドウ］メニュー→［ブラシ］で［ブラシ］パネルを表示しても同様です。
多様なブラシを使うには左下の［ブラシライブラリメニュー］をクリックしてブラシライブラリを参照します。ブラシライブラリについては「第5章　パス」で詳しく説明します。

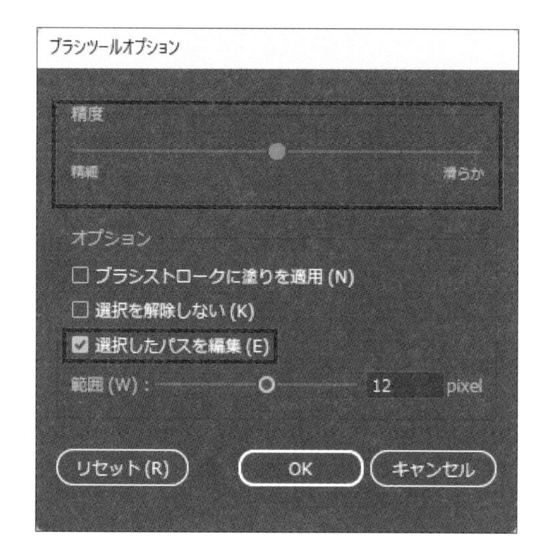


ブラシツールの設定を変更するときは、ツールパネルの［ブラシツール］アイコンをダブルクリックして［ブラシツールオプション］ダイアログボックスを表示します。
［精度］や［選択したパスを編集］の設定項目は鉛筆ツールと同じです。

## 塗りブラシツール

描いた軌跡の輪郭がパスになるような図形を作成します。鉛筆ツールやブラシツールは軌跡そのものがパスになるのでその点が異なります。

ツールパネルの［塗りブラシツール］をクリックします。

• 塗りブラシツール

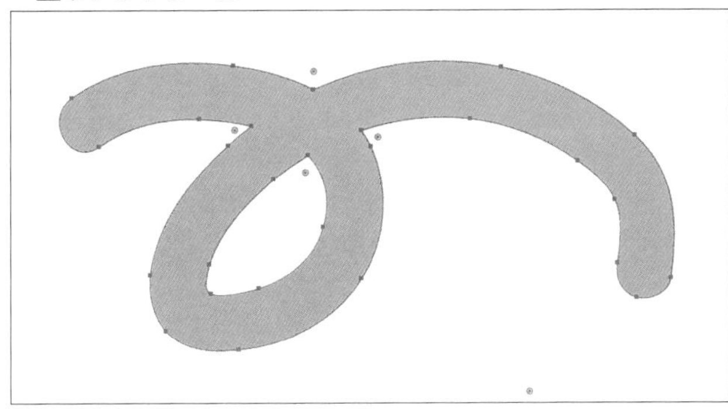

アートボード上をドラッグすると、ブラシツールと同様にフリーハンドの線が作成されます。ダイレクト選択ツールで選択すると描いた軌跡の輪郭が縁どられ、パスになっていることがわかります。



• ブラシツール

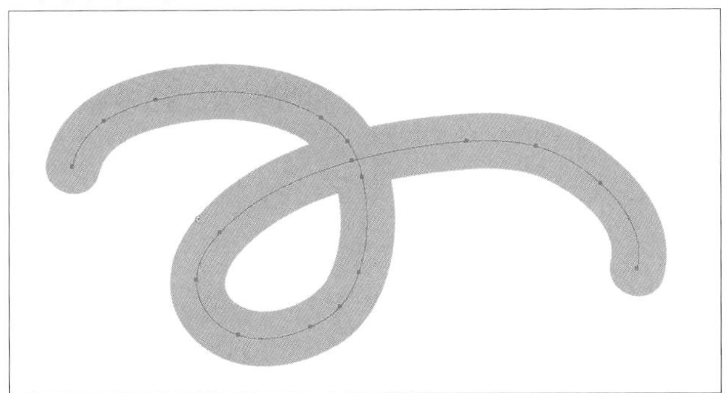

ブラシツールは、軌跡がパスになります。

## 消しゴムツール

オブジェクトからドラッグしたエリアを消去します。

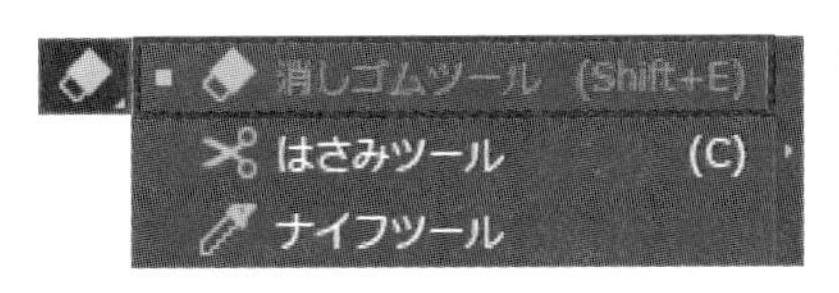


ツールパネルの［消しゴムツール］をクリックします。

使用ファイル 消しゴムツール.ai

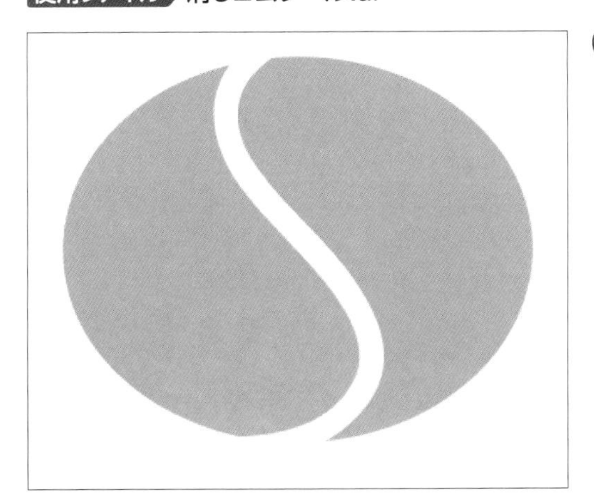

楕円形の端から端までをS字形にドラッグすると、ドラッグした部分が削除され、楕円形は2つのオブジェクトに分割されます。

# 3.4 線の形状

**シェイプ描画ツールやフリーハンド描画ツールで作成した線（パス）は、幅、線端や角の形状、実線と破線、矢印などの形状を指定することができます。**

線の形状は［線］パネルで設定します。［線］パネルは［ウィンドウ］メニュー→［線］をクリックするか、パネルの領域にある［線］アイコンをクリックして表示します。［線］パネルの初期表示では、線幅のみが表示されています。詳細な設定項目を表示するには、［パネルメニュー］から［オプションを表示］をクリックします。

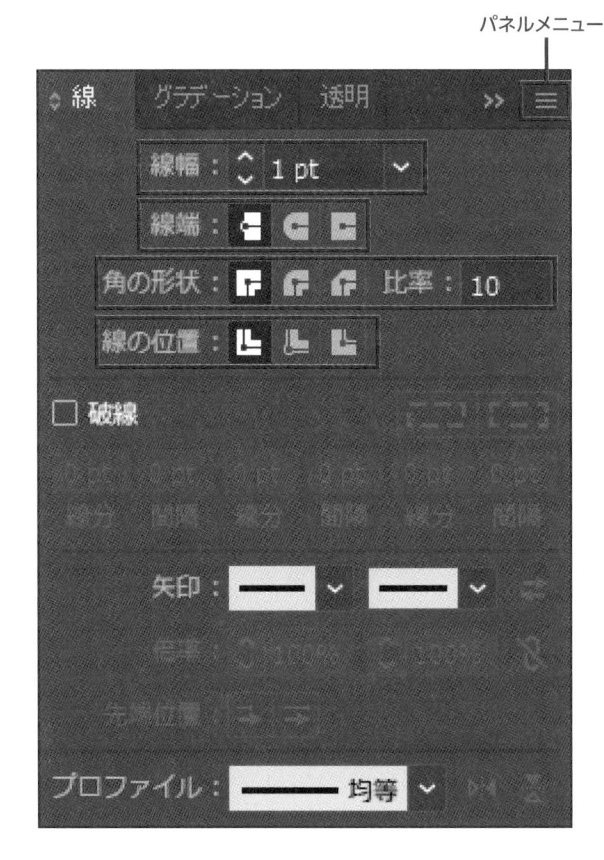


### 線幅

シェイプ描画ツールやフリーハンド描画ツールで作成した線は初期設定で1pt（ポイント）ですが、任意の幅に変更できます。［線幅］ボックスに数値を入力するか、［∨］をクリックしてプルダウンメニューから線の幅を選択します。コントロールパネルの［線］をクリックしても、同じパネルが表示されます。

線幅の既定の単位はポイントです。単位は［編集］メニュー→［環境設定］→［単位］から変更できます。

### 線端

［線端］は線の始点と終点の形状で、左から［線端なし］［丸型線端］［突出線端］です。

## 角の形状

［角の形状］は角の部分の形状で、左から［マイター結合］（尖った形状）、［ラウンド結合］（円弧の形状）、［ベベル結合］（角を切り取った形状）です。［比率］はマイター結合かベベル結合かを自動で判定するときの境界値です。



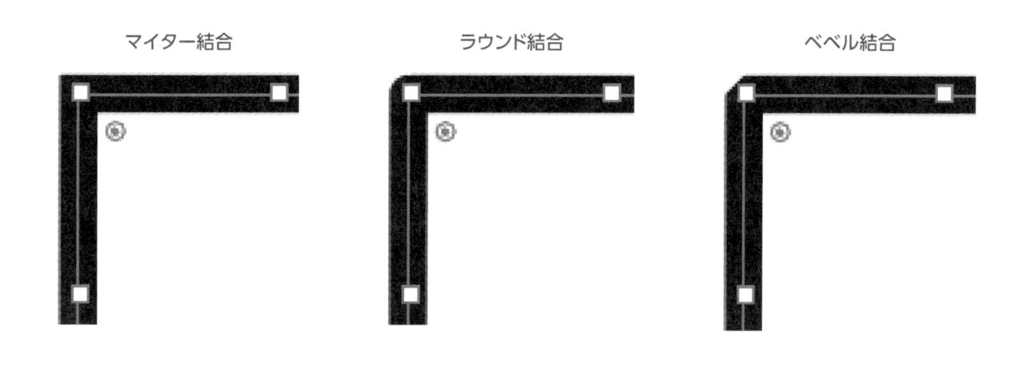


## 線の位置

［線の位置］はパスに対してどちら側に線の幅を広げるかを指定します。左から［線を中央に揃える］（パスの両側に広げる）、［線を内側に揃える］（パスの内側に広げる）、［線を外側に揃える］（パスの外側に広げる）です。

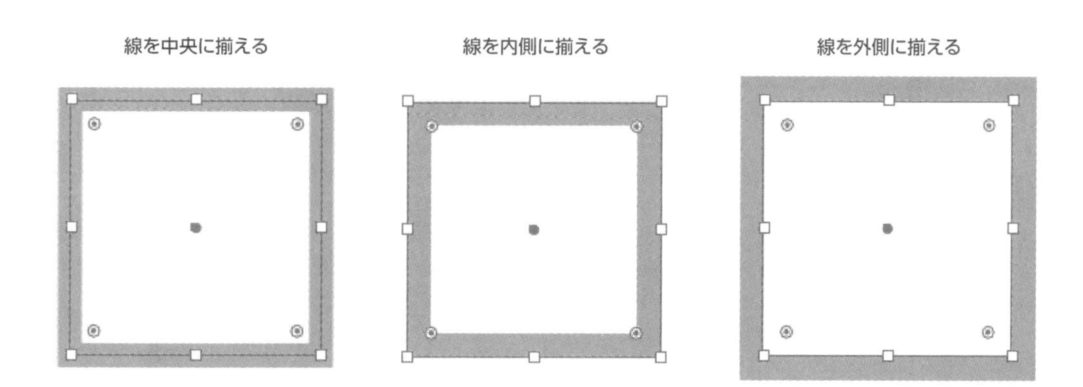

使用ファイル 破線.ai

## 破線

[破線] のチェックをオンにすると、破線、点線、一点鎖線、二点鎖線などを作成できます。[線分] で線分の長さを、[間隔] で線分の間隔を指定します。

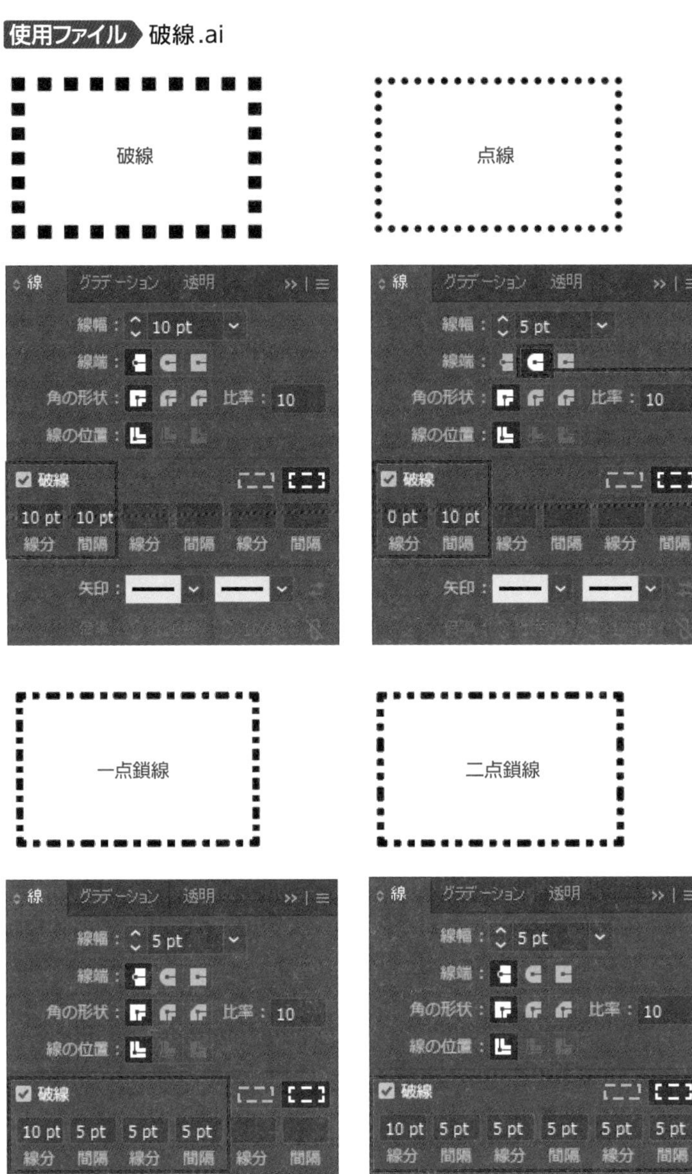


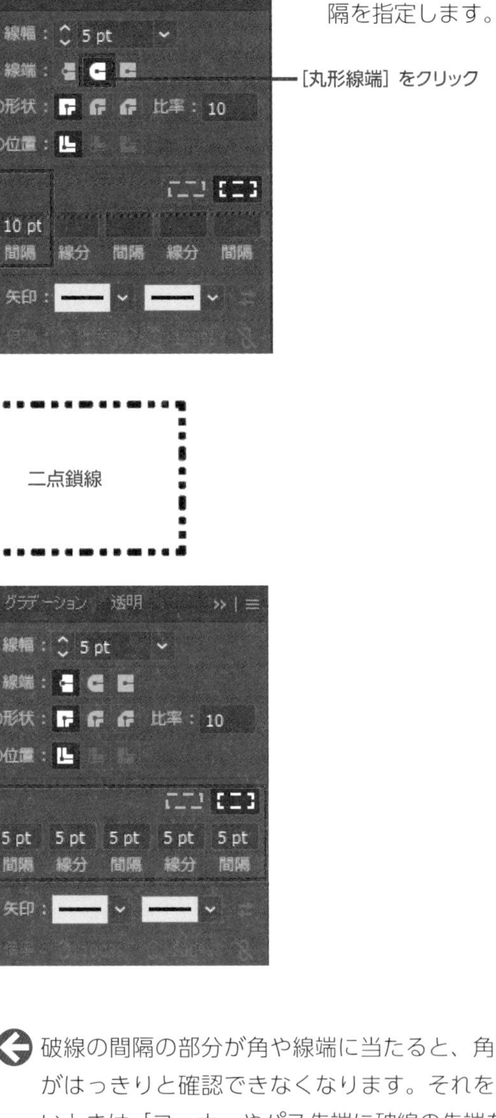


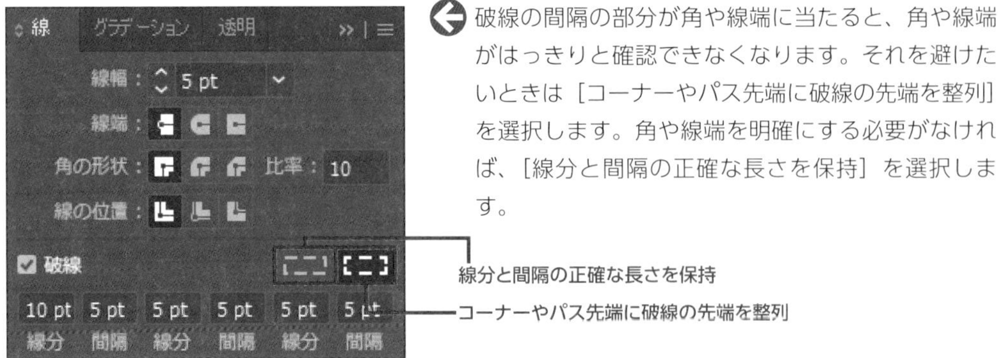


破線の間隔の部分が角や線端に当たると、角や線端がはっきりと確認できなくなります。それを避けたいときは [コーナーやパス先端に破線の先端を整列] を選択します。角や線端を明確にする必要がなければ、[線分と間隔の正確な長さを保持] を選択します。

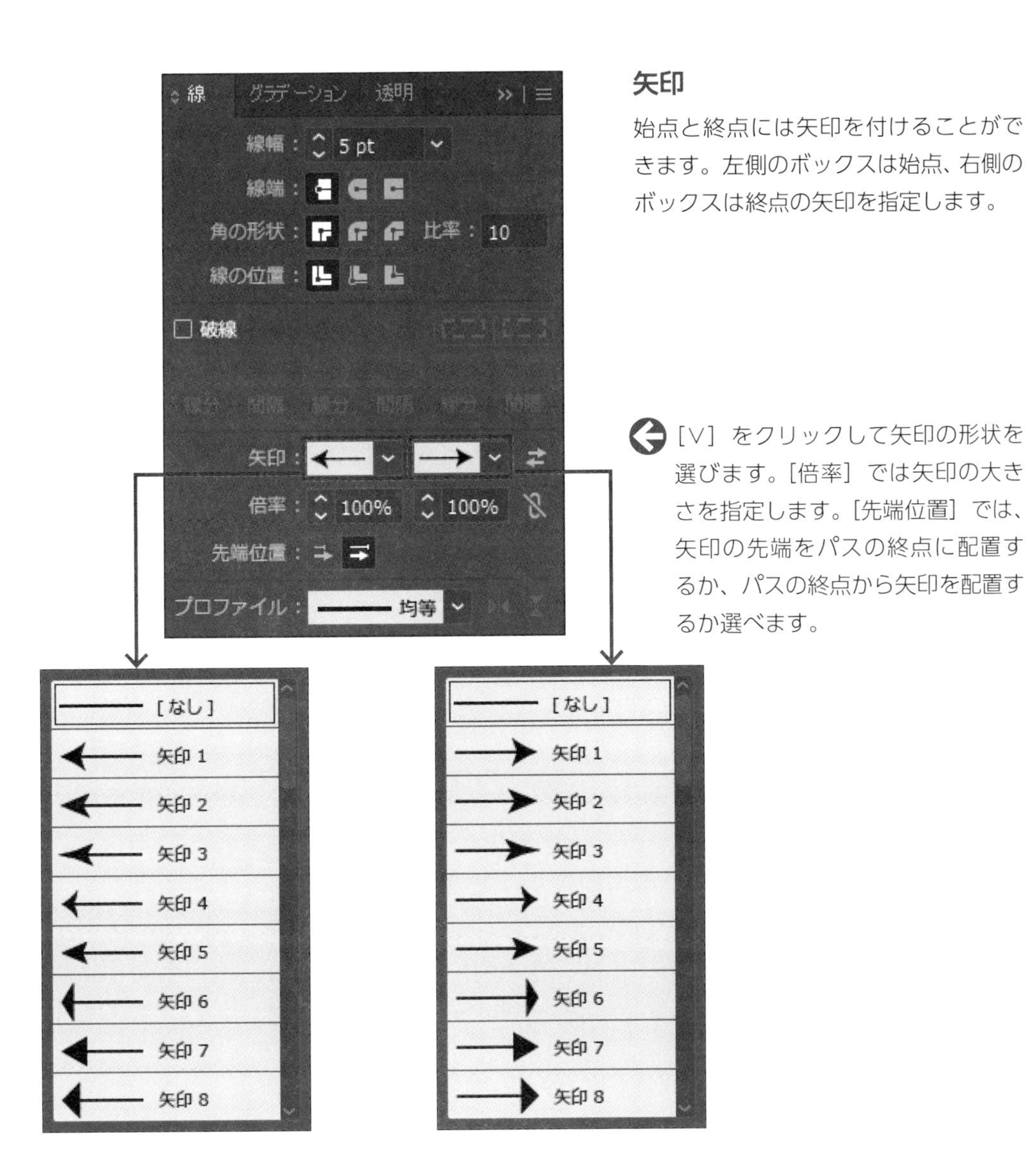


### 矢印

始点と終点には矢印を付けることができます。左側のボックスは始点、右側のボックスは終点の矢印を指定します。

[V] をクリックして矢印の形状を選びます。[倍率] では矢印の大きさを指定します。[先端位置] では、矢印の先端をパスの終点に配置するか、パスの終点から矢印を配置するか選べます。

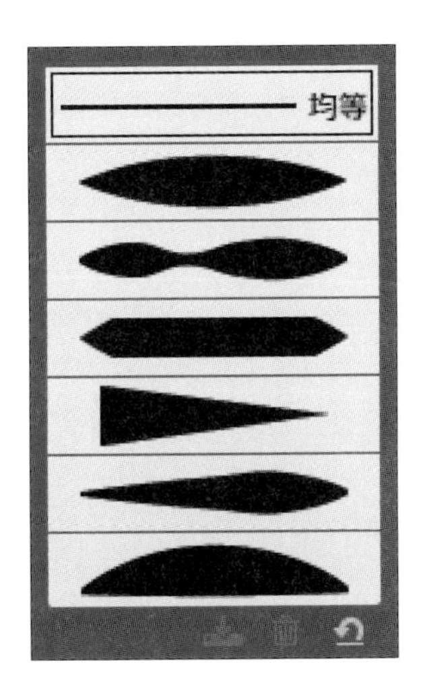


### プロファイル

既定では線の幅は始点から終点まで同じです。変更するには [プロファイル] の [V] をクリックし、6種類の線幅プロファイルから選択します。

# 練習問題

**問題1** 左側のツールパネルのアイコンと右側のツール名を一致させなさい。

| アイコン | ツール名 |
| --- | --- |
| **A.** | **1.** Shaperツール |
| **B.** | **2.** 角丸長方形ツール |
| **C.** | **3.** 塗りブラシツール |
| **D.** | **4.** 円弧ツール |

**問題2** シェイプ描画ツールについて正しい説明を選びなさい。

**A.** 角丸長方形ツールは、ドラッグした際に幅と高さのほかに角丸の半径が表示される。
**B.** 楕円形ツールは**Shift**キーを押しながらドラッグすると正円になり、**Alt**キーを押しながらドラッグすると始点を中心にして円が描ける。
**C.** 円弧ツールは1/2の円弧を描くツールである。
**D.** 直線ツールは［直線ツールオプション］ダイアログボックスを表示することで、［長さ］と［角度］に数値を入力して描くことができる。

**問題3** ［線］パネルについて間違った説明を選びなさい。

**A.** 線端を半円形にするには［丸形線端］をクリックする。
**B.** 長方形シェイプの角の形状を直角に尖った形状にするには［ベベル結合］をクリックする。
**C.** 線の位置は初期設定で［線を中央に揃える］に設定されている。
**D.** ［破線］のチェックをオンにして、線分を10pt、間隔を5ptと入力すると破線になる。

**問題4** ブラシツールで描画した線（パス）が、手書き感が出るようにマウスの軌跡に最も近くなるようにオプションを変更しなさい。

**問題5** 新規ドキュメントに、半径30mmの正八角形を描きなさい。

**問題6** 新規ドキュメントに、線の長さ50mm、線幅5ptで、45°の角度で右上を指している矢印を描きなさい。矢印の形状は問わない。色は初期設定のままとする。

# 

# 4.1 カラーモード

作成したオブジェクトの色の情報をどのようなデータで表すかを決めるのがカラーモードです。印刷を前提とした場合はCMYK、画面表示を前提とした場合はRGBを使うのが一般的です。

## CMYK

「CMYK」は、Cyan（シアン）、Magenta（マゼンタ）、Yellow（イエロー）、という「色の三原色」にBlack（ブラック）を加えた4色で色を表現する方式で、プロセスカラーともいいます。

印刷用データを作成する場合は基本的にCMYKのデータを使用します。[新規ドキュメント] ダイアログボックスで［印刷］を選択した場合は、カラーモードがCMYKになっています。

名称未設定-1* @ 100% (CMYK/GPU プレビュー) ×

ドキュメントのカラーモードはドキュメントタブで確認できます。

CMYのインクを混ぜると暗い色になり、全部を混ぜると黒になります。これを「減法混色」といいます。理論上はCMYの3色で黒を表現できますが、使用頻度の高さや印刷時の見栄えなどを考慮し、通常はCMYの3色と独立した黒色（K）を加えます。

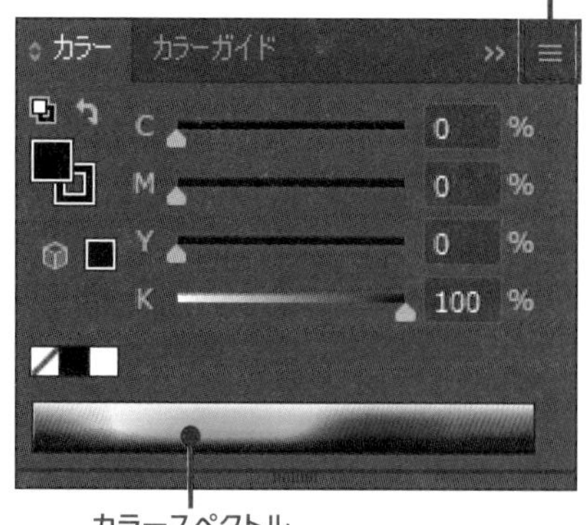


色のCMYK値を確認するには、[ウィンドウ] メニュー→［カラー］で［カラー］パネルを開きます。パネルにカラースペクトルのみが表示されている場合は、［パネルメニュー］から［オプションを表示］をクリックします。表示がCMYKでない場合は、パネルメニューから［CMYK］を選択します。CMYKそれぞれについて0%から100%までの数値を指定できます。
CMYKがすべて0%のときは白になります。CMYがすべて100%でKが0%のときや、CMYがすべて0%でKが100%のときは黒になります。

文字や罫線などは通常C0、M0、Y0、K100で黒を表現します。これを「スミベタ」といいます。C40、M40、Y40、K100のようにCMYの各色も混ぜると、より深みのある黒（リッチブラック）に仕上がります。ただし、CMYKの合計値が250%～300%を超えるとインクの量が多くなり、印刷トラブルになる可能性が高まるので、事前に印刷所に確認するようにしましょう。



## RGB

「RGB」は、Red（赤）、Green（緑）、Blue（青）という「光の三原色」で色を表現する方式です。

Webページに使用する画像やデジタルカメラの画像、コンピューターのモニター（ディスプレイ）で表示する画像などはRGBカラーに基づいています。［新規ドキュメント］ダイアログボックスで［印刷］以外を選択した場合は、カラーモードがRGBになっています。

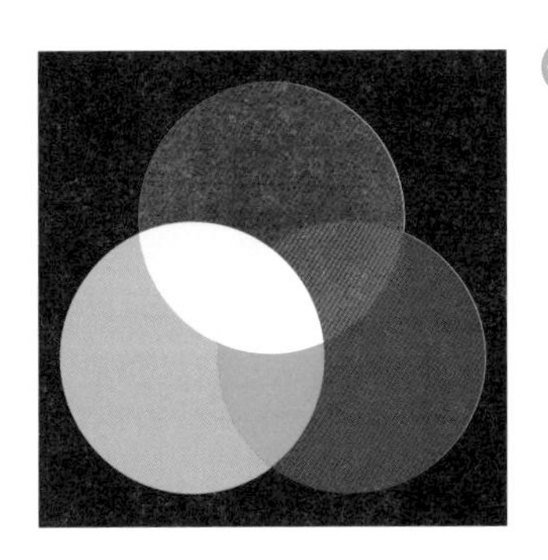

RGBの光を混ぜると明るい色になり、全部を混ぜると白になります。これを「加法混色」といいます。

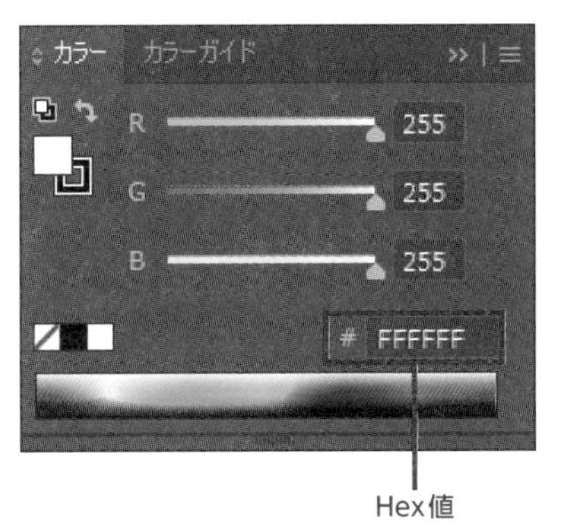


色のRGB値を確認するには、［カラー］パネルを開き、［パネルメニュー］から［RGB］を選択します。RGBそれぞれについて0から255までの数値を指定できます。RGBがすべて0のときに黒、すべて255のときに白になります。
RGBの下にある［#］は「Hex値」というもので、RGBの数値をまとめて16進数（hexadecimal）で表しています。Webページを記述するHTMLなどで利用され、RGBの値の代わりにHex値で色を指定することもできます。

## カラープロファイル

モニター、プリンター、オフセット印刷機などのデジタル機器は種類や機種などによって表現される色の特性（色域）が違います。この違いを補正するために、個々の機器がどのような色域を持っているのかを表す情報が「カラープロファイル（ICCプロファイル）」です。

[編集] メニュー→ [カラー設定] で [カラー設定] ダイアログボックスを開くと詳細な設定ができます。[設定] の [∨] をクリックすると [Web・インターネット用 - 日本] [モニタのカラー設定に合わせる] [日本 – 雑誌広告用] などの設定が選択できます。
カラープロファイルを使い、異なる機器間でなるべく統一した色を保持して管理することを「カラーマネジメント」といいます。

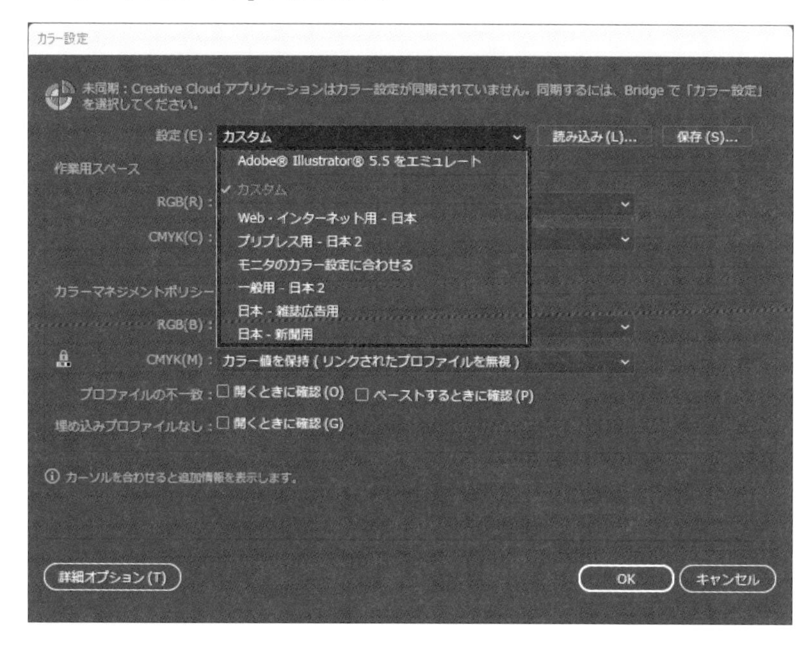

Adobeアプリケーション間では、すべて共通のカラー設定を使用するように同期することができます。カラー設定を同期するには、Adobe Bridgeで [カラー設定] を変更します。

## CMYKとRGBの変換

基本的にRGB機器の方がCMYK機器より表現できる色域が広いので、RGBカラーのモニター上で表現される色の一部はCMYKカラーの印刷物で同じように表現できないことがあります。RGBからCMYKへ変換するときは近い色に置き換えられます。

ドキュメントのカラーモードを変換するには、[ファイル] メニュー→ [ドキュメントのカラーモード] で [CMYKカラー] または [RGBカラー] を選択します。

ドキュメントのカラーモードを変換したあと、再度変換すると以前と同じ色には戻らないことがあります。カラーモードを変換する前にあらかじめファイルを保存しましょう。

# 4.2 色の設定



Illustratorで、オブジェクトに色を設定するにはいくつかの方法があります。最初に「塗り」と「線」について理解してから、詳しい操作方法を学びます。

## 塗りと線

Illustratorのオブジェクトは2つの領域に色を設定できます。オブジェクトの外枠となる「線」と、線で囲まれた領域である「塗り」です。

作成した長方形や楕円形などのシェイプの初期設定は、線の色が黒、塗りの色が白です。

使用ファイル 塗りと線.ai

シェイプ

長方形の線の幅を5pt、線の色を緑色に、塗りをオレンジ色に設定した例です。

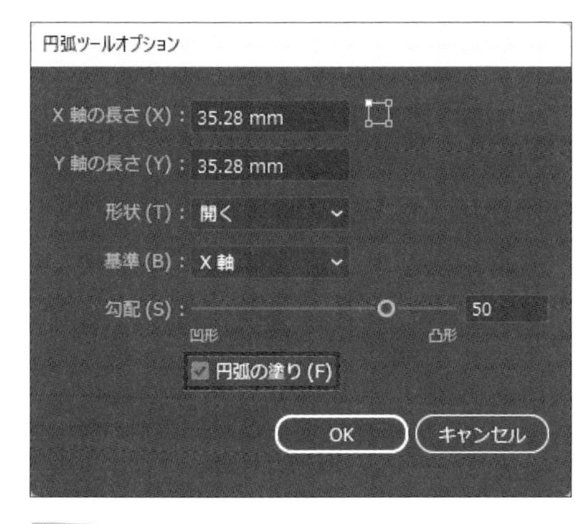


一方、直線、円弧、鉛筆ツールやブラシツールによるフリーハンド曲線など、始点と終点がつながっていないオブジェクト（オープンパス）の初期設定は、線の色が黒、塗りが「なし」です。

オープンパスのオブジェクトに塗りを設定するには、それぞれのツールをダブルクリックして、[○○ツールオプション] ダイアログボックスを表示し、[○○の塗り] [○○に塗りを適用] などのチェックボックスをオンにします。作成時に塗りが設定されます。

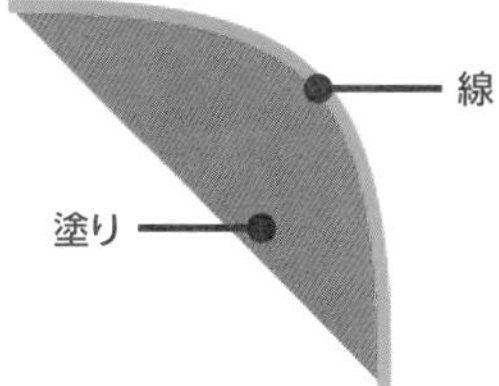

オープンパス

円弧の線の幅を5pt、線の色を緑色に、塗りをオレンジ色に設定した例です。

## ツールパネルでの色の設定

ツールパネルには塗りと線の色を設定するためのアイコンがあります。

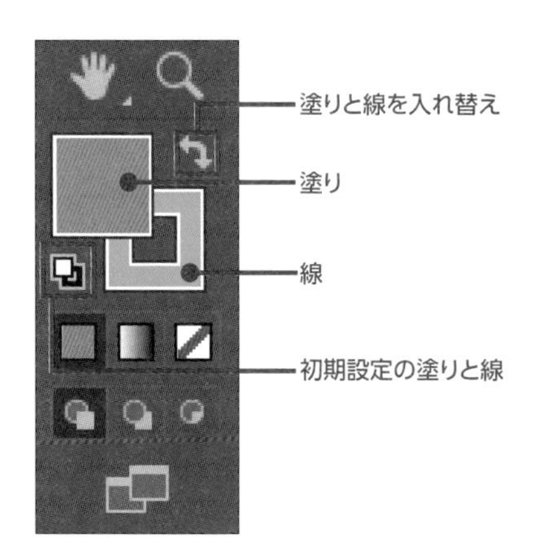


ツールパネルの［塗り］と［線］のアイコンは、選択中のオブジェクトに設定されている色を示しています。2つのアイコンは一部が重なっていて、前面にある方が現在設定できることを示します。背面にある方をクリックすれば前面と背面が切り替わります。
［塗りと線を入れ替え］をクリックすると塗りの色と線の色が入れ替わります。［初期設定の塗りと線］をクリックすると、初期設定（塗りが白、線が黒）の状態になります。

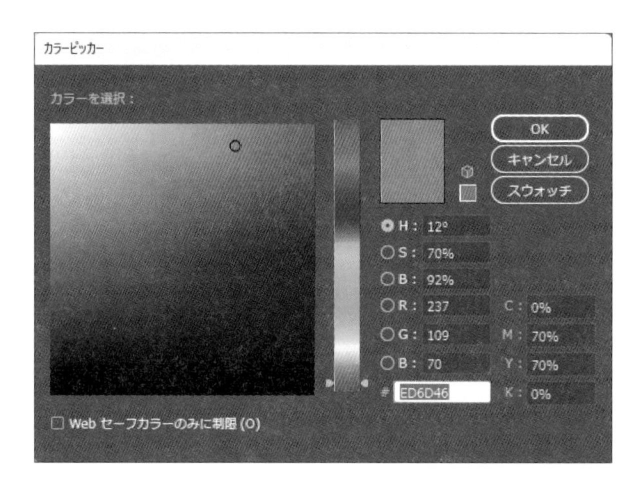


［塗り］または［線］のアイコンをダブルクリックすると［カラーピッカー］ダイアログボックスが開き、色を指定することができます。［カラーピッカー］ダイアログボックスについてはこのあとで詳しく説明します。

## コントロールパネルでの色の設定

コントロールパネルにも塗りと線の色が表示されています。

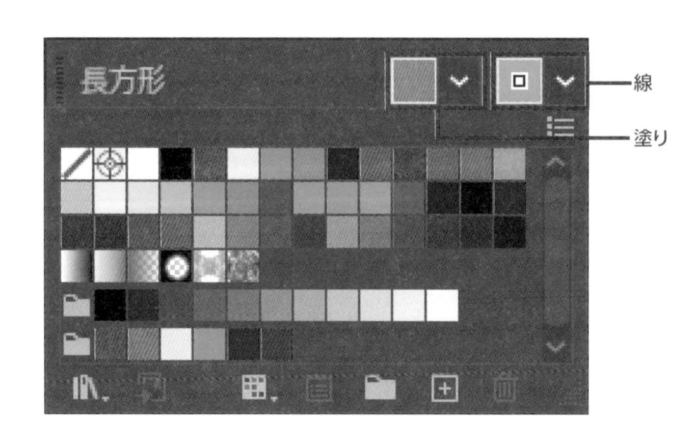


コントロールパネルの［塗り］または［線］の［V］をクリックすると、直下に［スウォッチ］パネルが開き、色を指定できます。

コントロールパネルの［塗り］または［線］の［∨］を**Shift**キーを押しながら、クリックすると、直下に［カラー］パネルが開きます。CMYKやRGBなど数値を指定して色を設定できます。



## [カラー］パネル

[カラー］パネルはRGBやCMYKなどの数値を指定して色を設定します。

［ウィンドウ］メニュー→［カラー］をクリックするか、パネルの領域にある［カラー］アイコンをクリックします。パネルにカラースペクトルのみが表示されている場合は、［パネルメニュー］から［オプションを表示］をクリックします。

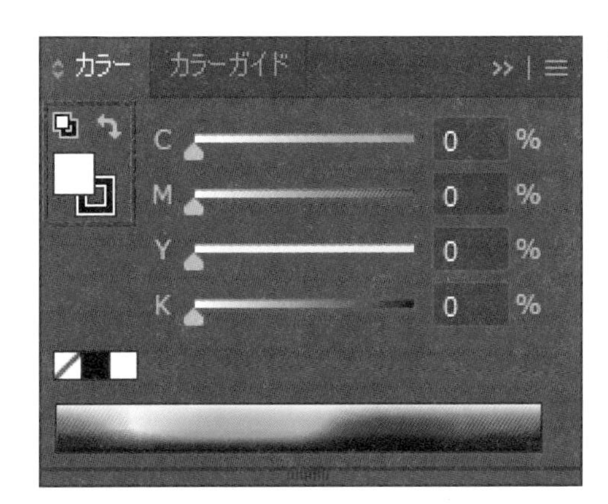


左上にある［塗り］［線］［塗りと線を入れ替え］［初期設定の塗りと線］のアイコンの使い方は、ツールパネルと同じです。

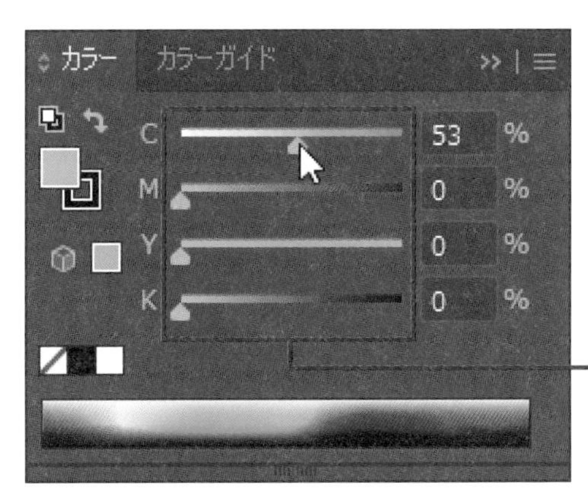


CMYKやRGBの色ごとにスライダーがあり、動かすと右の数値が変化します。右のボックスに数値を直接入力することもできます。

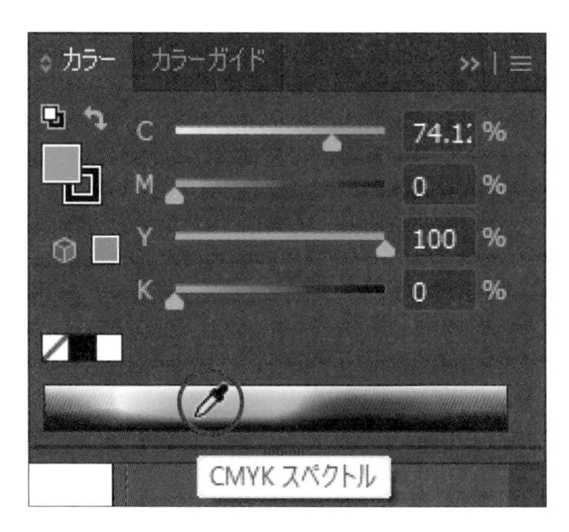


カラースペクトルの上にマウスを合わせるとマウスポインターがスポイトの形に変化します。バーをクリックするとその位置の色が設定されます。

RGB、CMYKなどの色の表現方法を切り替えるには［パネルメニュー］からカラーモードを選択します。

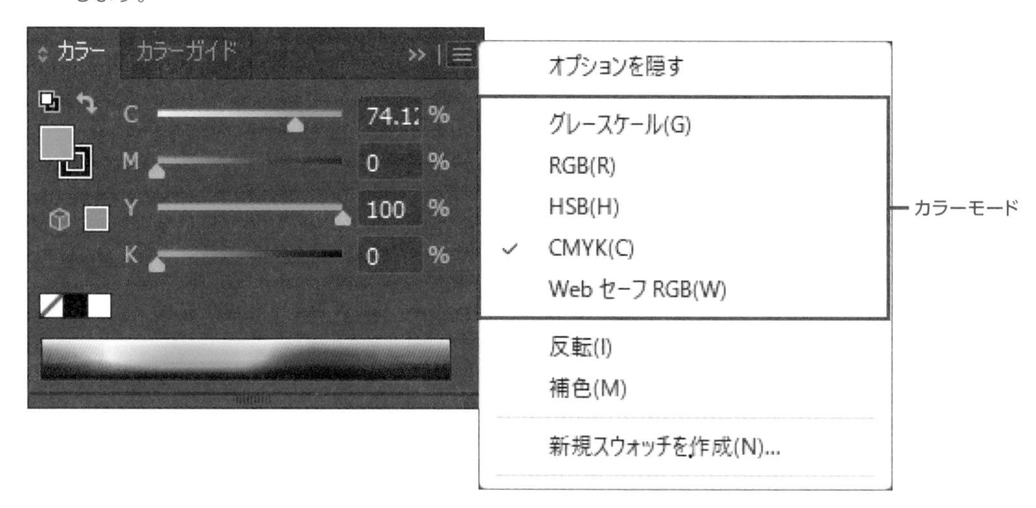


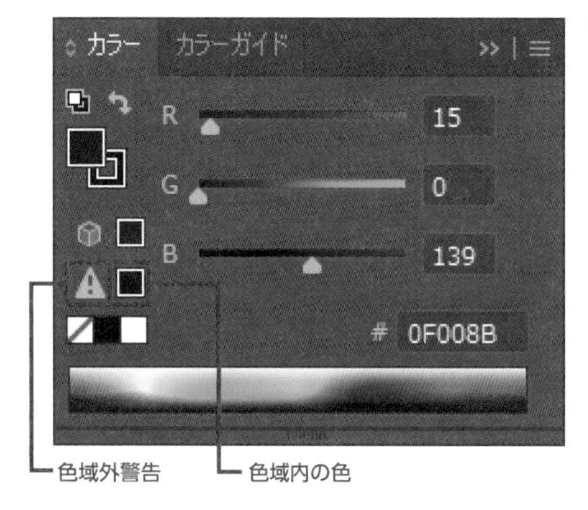


RGBやHSBで表現される色の一部はCMYKで表現できません。選択した色がCMYKで表現できない場合は［色域外警告］というアイコンとCMYKで表現可能な色が表示されます。色域内の色をクリックするとその色に変更されます。

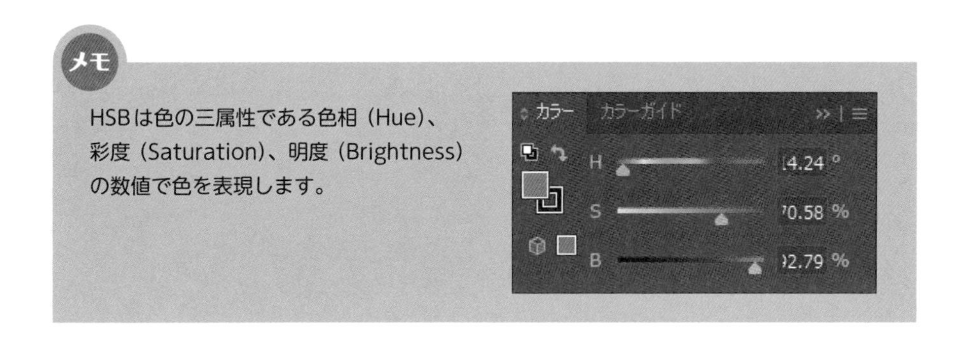




## ［カラーピッカー］ダイアログボックス

［カラー］パネルに似た方法で色を指定できるものとして［カラーピッカー］ダイアログボックスがあります。

グラデーションで示されたカラーフィールドから直感的に色を選ぶツールです。ツールパネルや［カラー］パネルの［塗り］または［線］をダブルクリックすると、［カラーピッカー］ダイアログボックスが開きます。
ダイアログボックス中央にある［カラースペクトル］のスライダーを動かして色の系統を選び［カラーフィールド］上でクリックするとその位置の色が選択されます。ダイアログボックス右側にあるCMYK、RGB、Hex、HSBなどのボックスに値を入力することもできます。

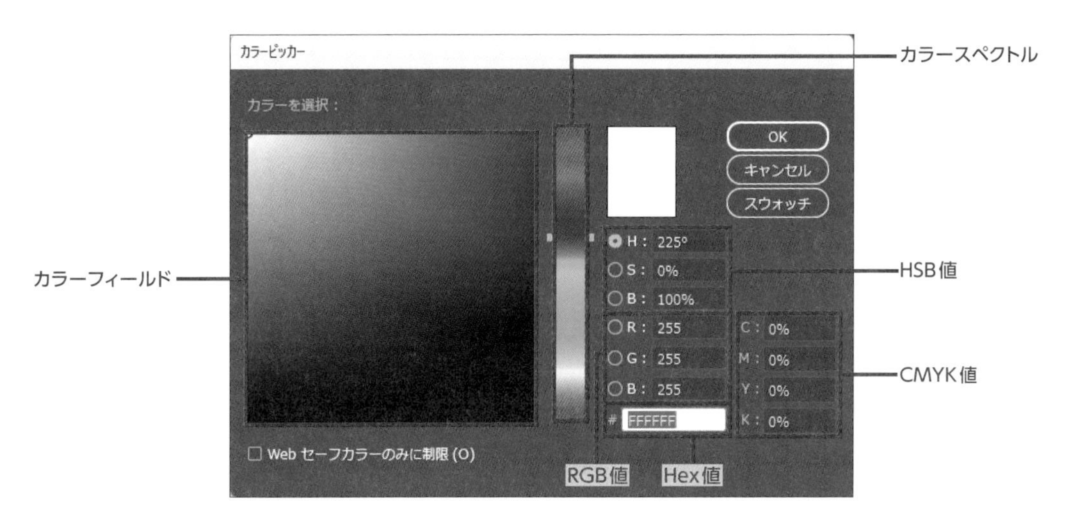


## ［スウォッチ］パネル

［スウォッチ］パネルは、登録された色（スウォッチ）の一覧から色を選択して指定します。［スウォッチ］パネルにはすでに多くの色が登録されていますが、新たな色を登録することもできます。

［スウォッチ］パネルでは色のほかにグラデーションとパターンの選択ができます。

[ウィンドウ] メニュー→ [スウォッチ] をクリックするか、パネルの領域にある [スウォッチ] アイコンをクリックします。

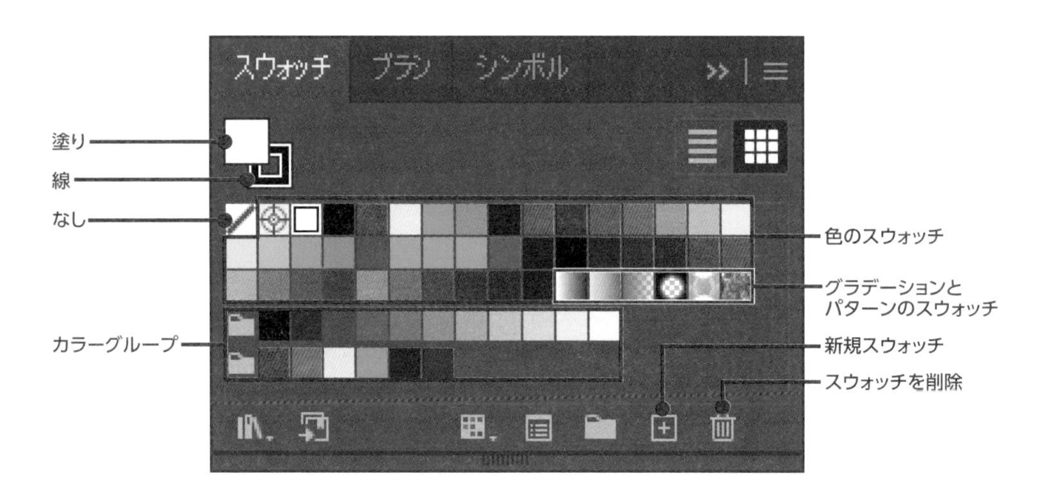


パネルの左上にある [塗り] と [線] の使い方はツールパネルでの色の設定方法と同じです。その下に、登録されている色 (スウォッチ) の一覧があり、いずれかをクリックするとその色が [塗り] または [線] に設定されます。表示されるスウォッチはドキュメントのカラーモードによって異なります。

スウォッチの一覧のうち、左上にある赤い斜線は「なし」(色を付けない) です。初期設定では色の後ろにいくつかのグラデーションとパターンが並んでいます。その下はカラーグループです。

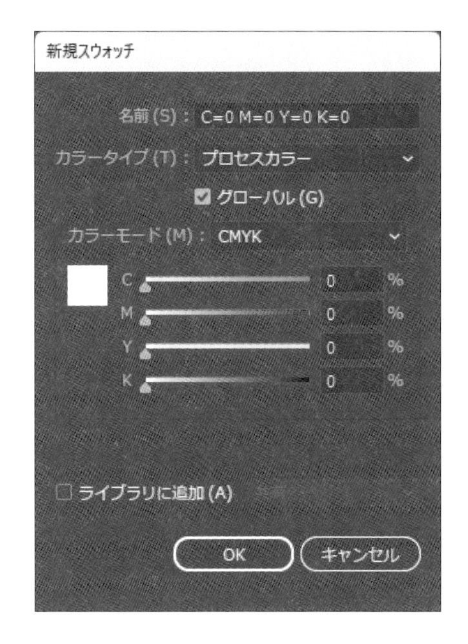


## スウォッチの新規登録と削除

[スウォッチ] パネル右下の [新規スウォッチ] をクリックすると、現在 [塗り] または [線] に設定されている色が、新たにスウォッチとして登録されます。[塗り] または [線] のアイコンを一覧にドラッグしても同様です。

[新規スウォッチ] をクリックすると、[新規スウォッチ] ダイアログボックスが開きます。[名前] はRGBまたはCMYKの値に基づいて自動的に設定されます。名前から色の値がわかるので便利ですが、変更することもできます。スライダーを動かすか数値を入力すれば、色の変更も可能です。[OK] をクリックすると [スウォッチ] パネルに登録されます。

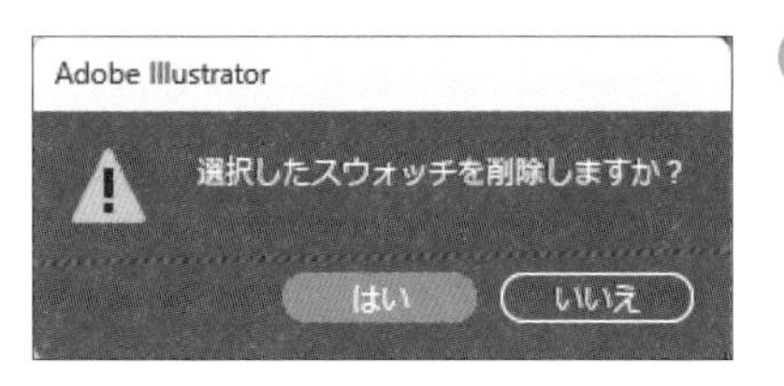


一覧から色を選択して [スウォッチ] パネル右下の [スウォッチを削除] をクリックし、[はい] を選ぶと色を削除できます。

初期設定ではスウォッチの一覧は四角のサムネールで表示されています。[リスト形式で表示]をクリックすると、1行ごとの表示に切り替わります。

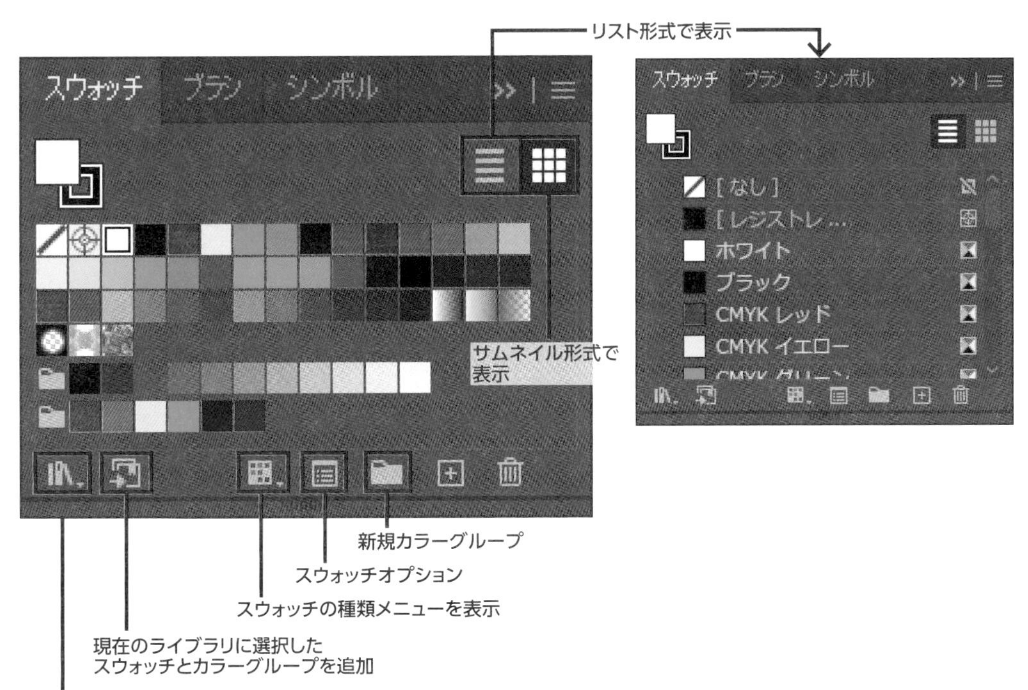


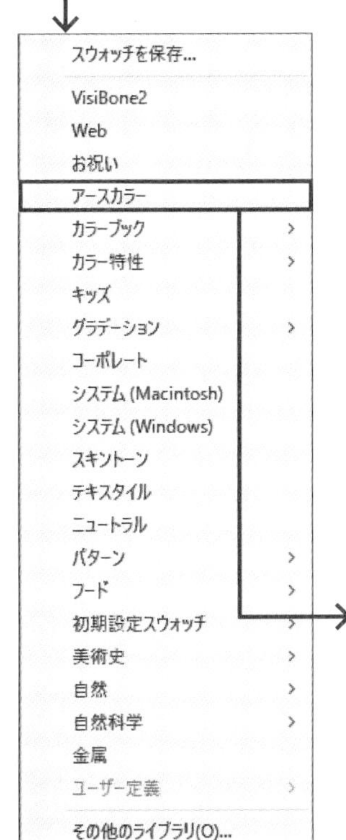
スウォッチを保存...
VisiBone2
Web
お祝い
アースカラー
カラーブック
カラー特性
キッズ
グラデーション
コーポレート
システム (Macintosh)
システム (Windows)
スキントーン
テキスタイル
ニュートラル
パターン
フード
初期設定スウォッチ
美術史
自然
自然科学
金属
ユーザー定義
その他のライブラリ(O)...

## スウォッチライブラリメニュー

スウォッチとして登録されている色、グラデーション、パターンはほかにもたくさんあります。[スウォッチライブラリメニュー] をクリックすると、[お祝い] [アースカラー] などの分類が表示されます。いずれかをクリックすると、プリセットのパネルが開きます。
[カラー特性] [グラデーション] [パターン] [フード] など、さらにサブ項目に分かれているものもあります。[初期設定スウォッチ] は [Web] [プリント] などのドキュメントの種類に対応する初期設定のスウォッチです。

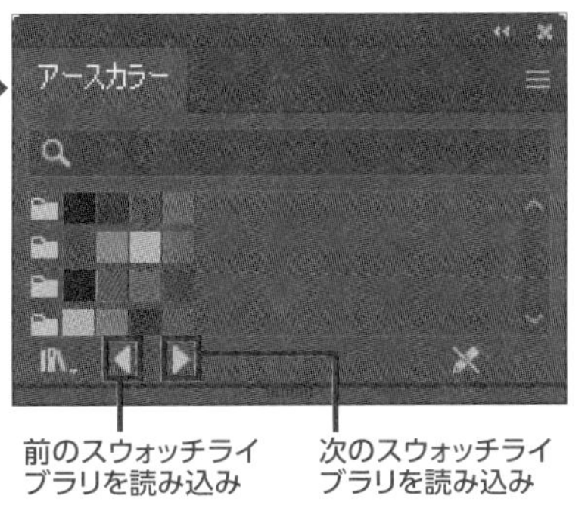


各ライブラリのパネルの下にある [◀] [▶] をクリックすると、スウォッチライブラリメニューに登録されたスウォッチを順に表示することができます。

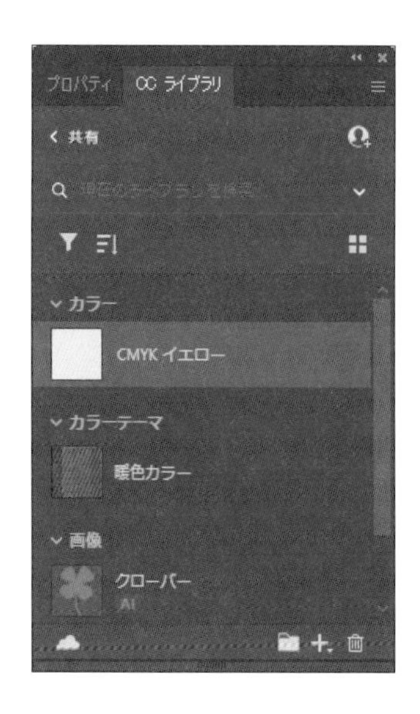


### 現在のライブラリに選択したスウォッチとカラーグループを追加

[現在のライブラリに選択したスウォッチとカラーグループを追加] をクリックすると、[CCライブラリ] パネルが開きます。選択している色などをCCライブラリに追加します。

CCライブラリ（クリエイティブクラウドライブラリ）とは、各種のアセット（シェイプなどのグラフィック、色、パターン、ブラシなどの素材）をほかのアプリケーションやユーザーと共有する機能です。IllustratorやPhotoshopなどのCreative Cloudアプリケーションや、スマートフォンやタブレットで利用できるCCモバイルアプリから利用できます。

✓ すべてのスウォッチを表示
カラースウォッチを表示
グラデーションスウォッチを表示
パターンスウォッチを表示
カラーグループを表示

### スウォッチの種類メニューを表示

[スウォッチ] パネルに表示するスウォッチの種類を切り替えます。初期設定では [すべてのスウォッチを表示] が選択されています。カラー、グラデーション、パターン、カラーグループから選択した種類のスウォッチのみを表示します。

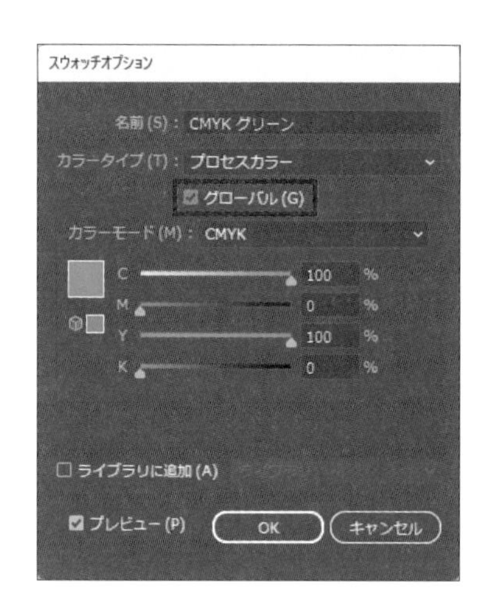


### スウォッチオプション

登録されているスウォッチを編集するには、スウォッチを選択して、[スウォッチオプション] をクリックし、[スウォッチオプション] ダイアログボックスを表示します。色のスウォッチの場合は名前、カラータイプ（[プロセスカラー] または [特色]）、カラーモード（[RGB] や [CMYK] など）を変更できます。選択したカラーモードに対して、値を設定し、[OK] をクリックします。[グローバル] にチェックを入れると、スウォッチがグローバルカラーになります。グローバルカラーに設定したスウォッチを変更すると、そのスウォッチが適用されている同じドキュメント内のオブジェクトすべてに一括で変更が反映されます。

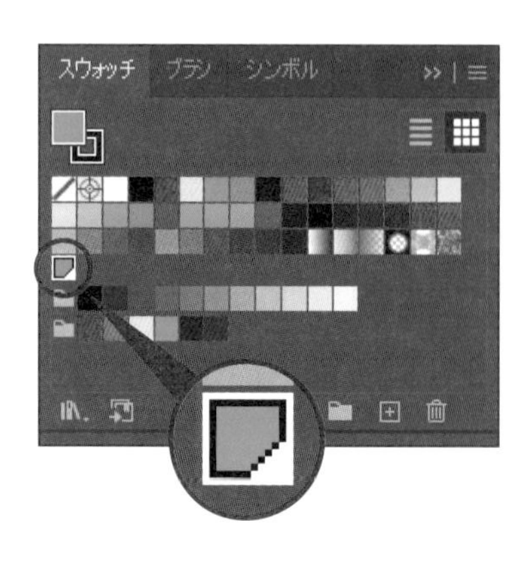


グローバルカラーのスウォッチには、サムネールの右下に白い三角形が表示されます。

### 新規カラーグループ

「カラーグループ」は、複数の色をまとめて管理しやすくしたものです。一つのアートワークやプロジェクトで使用する色を決めている場合にカラーグループを作って使うようにすると便利です。



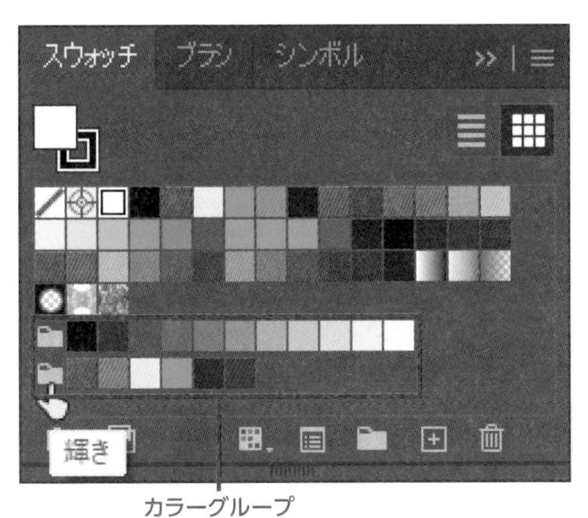


カラーグループには左端にフォルダーの形をしたアイコンがあり、ポイントするとカラーグループ名が表示されます。

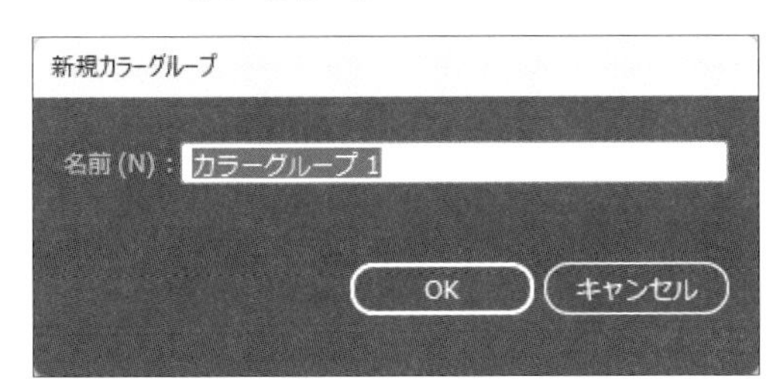


カラーグループを作成するには、複数のスウォッチを**Shift**キーまたは**Ctrl**キーを押しながら選択します。[新規カラーグループ] をクリックすると、[新規カラーグループ] ダイアログボックスが表示されます。名前を付けて [OK] をクリックすると [スウォッチ] パネルに新規カラーグループとして登録されます。なお、カラーグループにパターンやグラデーションのスウォッチは登録できません。色のみを登録できます。

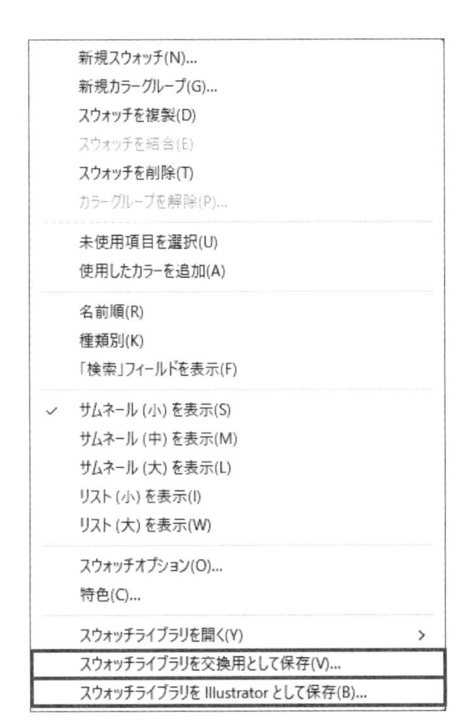


### スウォッチの保存

[スウォッチ] パネルに対して行った変更はドキュメントに保存されます。ほかのIllustratorドキュメントで利用する場合はパネルメニューの [スウォッチライブラリをIllustratorとして保存] をクリックし、AIファイルとして保存します。[スウォッチライブラリメニュー] の [スウォッチを保存] をクリックしても同様です。PhotoshopやInDesignなどほかのアプリケーションで利用する場合は、パネルメニューの [スウォッチライブラリを交換用として保存] をクリックします。この場合グラデーションとパターンのスウォッチは保存できません。

# 特色

「特色（スポットカラー）」は、特別に調合したインクの色のことで、CMYKの組み合わせ（プロセスカラー）で表現するのが難しい色を使う場合やプロセスカラーよりも安定的な色で印刷するときに使用します。

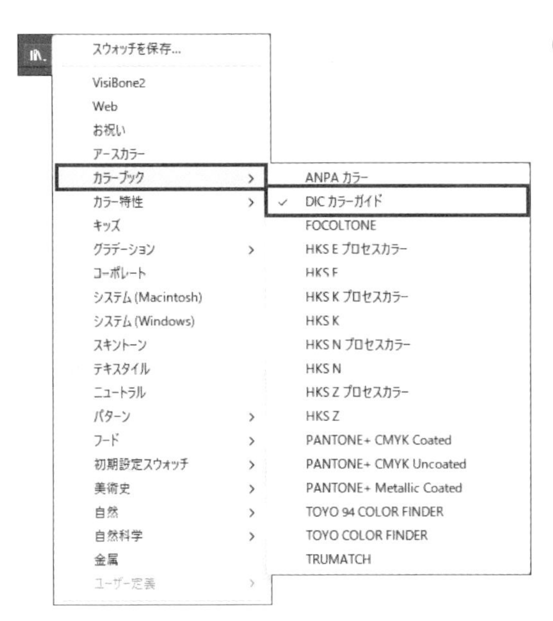


色として特色を指定するには、［スウォッチ］パネルの［スウォッチライブラリメニュー］を表示して、［カラーブック］を選ぶと、インクメーカーが提供する特色の色見本の一覧が表示されます。いずれかをクリックすると、プリセットのパネルが開きます。

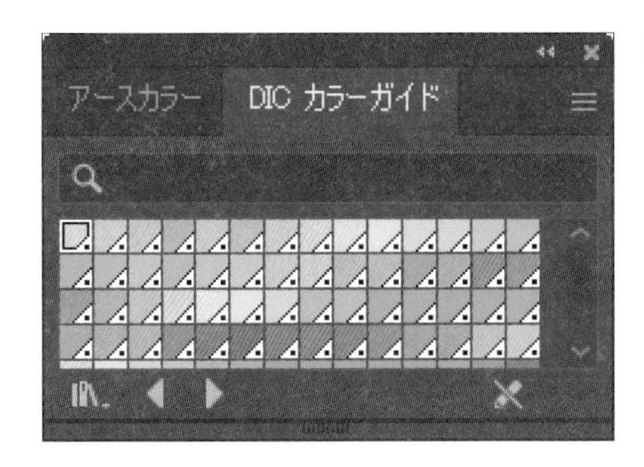


表示された特色の一覧からいずれかのスウォッチをクリックすると、選択しているオブジェクトの［塗り］または［線］に設定され、［スウォッチ］パネルにも登録されます。

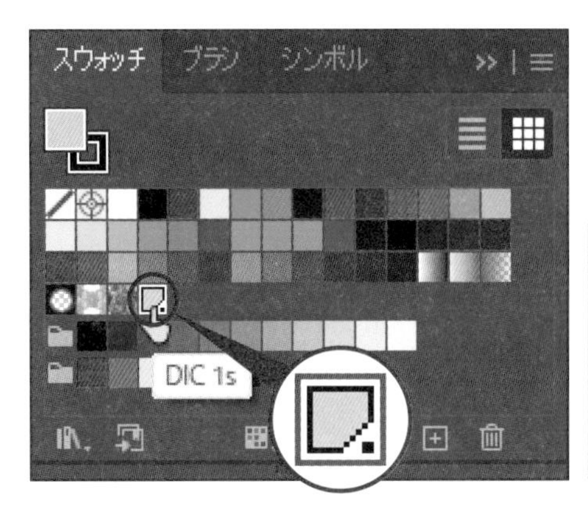


特色のスウォッチには、サムネールの右下に点が表示されます。このため、特色のことを「スポットカラー」ともいいます。

**メモ**

特色は色の濃さを変更できます。特色を選択し、［カラー］パネルを開いて［オプションを表示］を選択します。スライダーを動かすか数値を入力して濃さを調整します。

# [カラーガイド] パネル

アートワーク全体で調和のとれた色使いになるよう、ハーモニールールで適切な色を提示するのが [カラーガイド] パネルです。

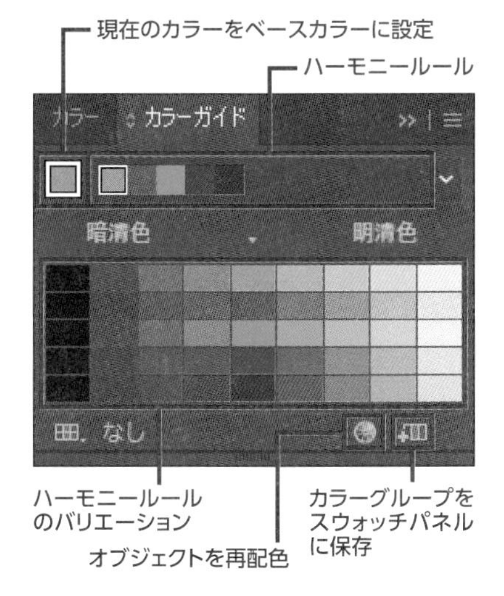


[ウィンドウ] メニュー→ [カラーガイド] をクリックするか、パネルの領域にある [カラーガイド] アイコンをクリックします。
パネルの左上には、現在選択している色が表示されており、[現在のカラーをベースカラーに設定] をクリックすると、その色に調和する色（ハーモニールール）が提示されます。その下にはハーモニールールのバリエーションが表示されます。バリエーションは [明清色・暗清色を表示] [暖色・寒色を表示] [ビビッド・ソフトを表示] の3種類があり、パネルメニューから切り替えられます。

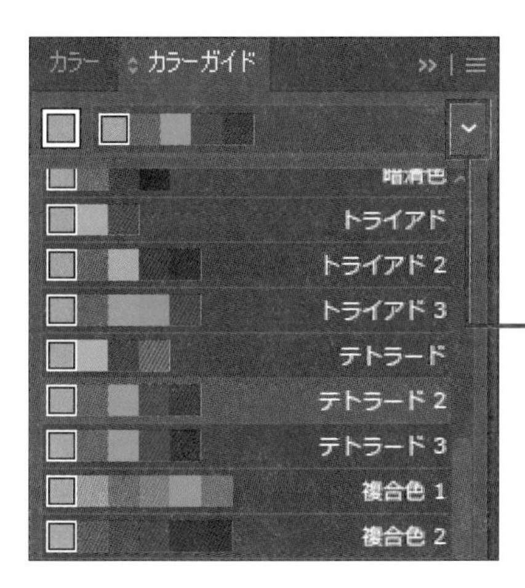


ベースカラーの右側に提示される色の選択基準を「ハーモニールール」といいます。[V] をクリックするとハーモニールールの一覧が表示されて種類を切り替えられます。[補色] [類似色] [モノクロマティック] などのルールが登録されています。

[カラーグループをスウォッチパネルに保存] をクリックすると、選択したハーモニールールをカラーグループとしてスウォッチに登録できます。

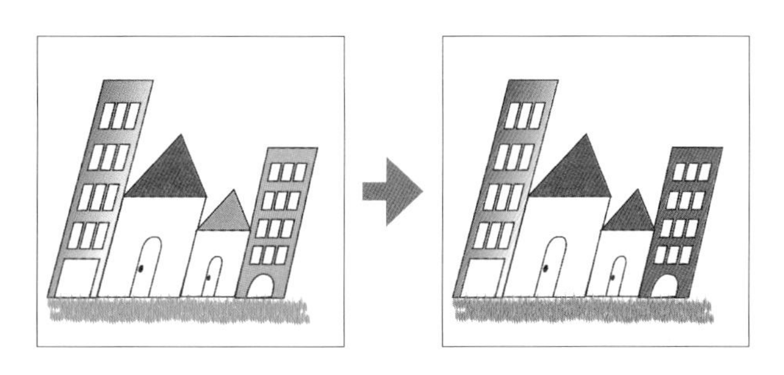

アートワーク全体を選択して、[オブジェクトを再配色] をクリックすると、ハーモニールールの配色がアートワークに適用され、調和のとれた色合いに変更できます。

# スポイトツール

「スポイトツール」はオブジェクトの塗りの色、線の色、線の形状などをサンプリングしてコピーし、別のオブジェクトに適用します。

この例では、コピー元の楕円の色や線の形状をサンプリングして長方形に適用します。

使用ファイル スポイトツール.ai

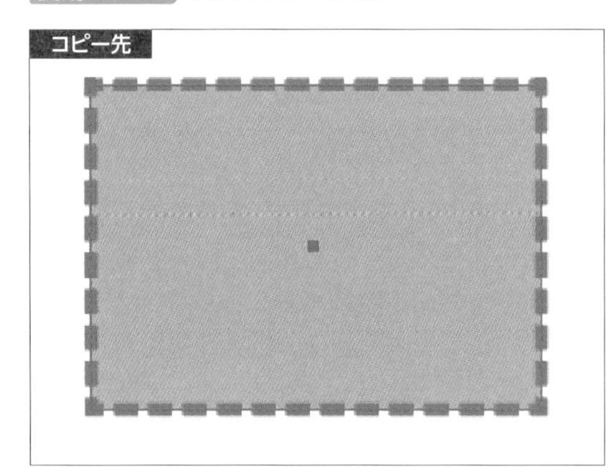


長方形を選択してツールパネルの［スポイトツール］をクリックします。

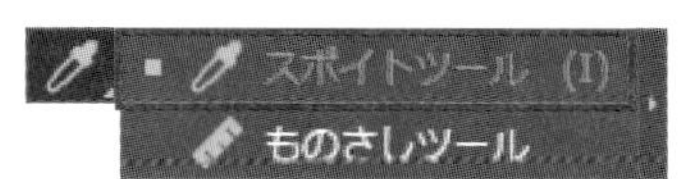


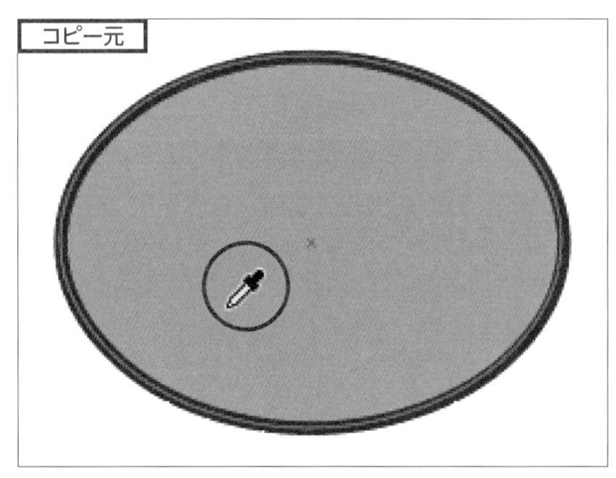


マウスポインターが （スポイト）の形に変化するので、楕円形をクリックします。

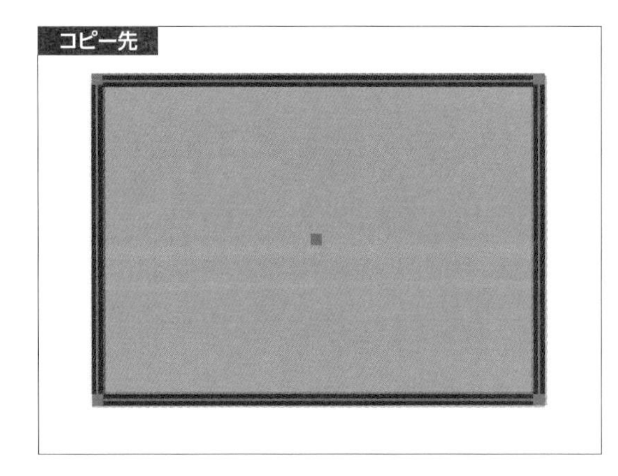


楕円形からサンプリングした塗りや線の色、線の形状が、選択している長方形に適用されます。

メモ

先にコピー元のオブジェクトをサンプリングし、**Alt**キーを押しながら変更したいオブジェクト（コピー先）をクリックして、その設定を適用する方法もあります。

[スポイトツール] アイコンをダブルクリックして、[スポイトツールオプション] ダイアログボックスを表示すると、サンプリングする属性や適用する属性を選択できます。

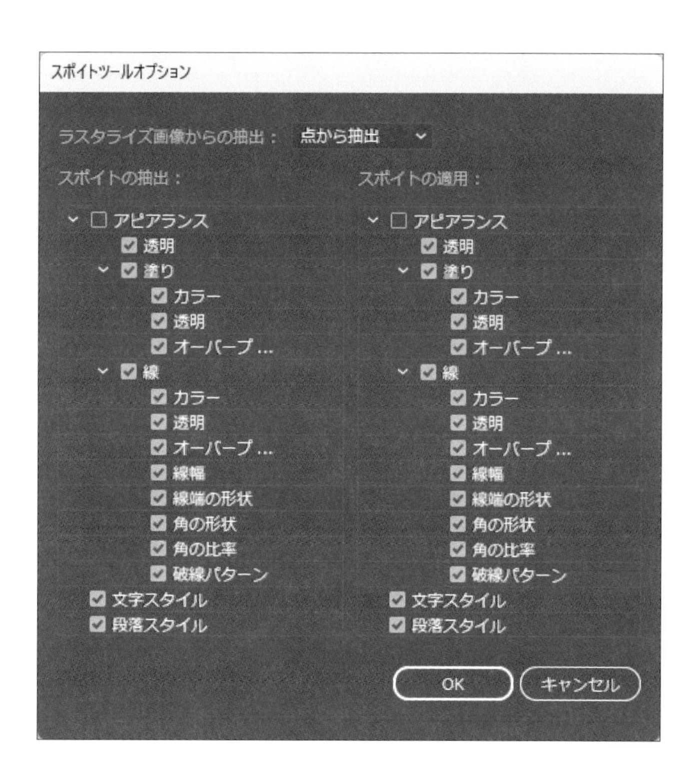


第4章

# 4.3 グラデーション

塗りや線には単色だけでなく、グラデーションを設定できます。グラデーションの作成には［グラデーション］パネルまたはグラデーションツールを使います。

## ［グラデーション］パネル

［グラデーション］パネルは、グラデーションの種類、角度や縦横比、カラー分岐点の色などを指定してグラデーションを作成します。

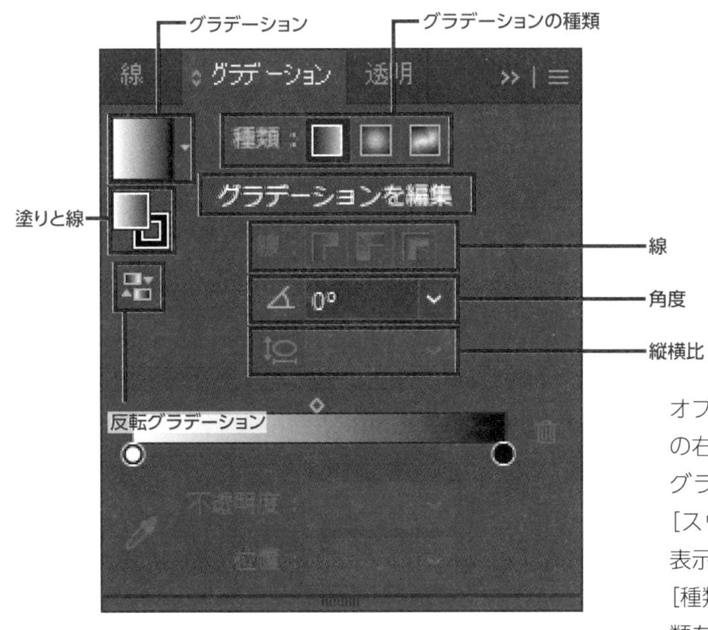


［ウィンドウ］メニュー→［グラデーション］をクリックするか、パネルの領域にある［グラデーション］アイコンをクリックします。

オブジェクトを選択し、［グラデーション］の右側の［▼］をクリックして、適用するグラデーションを選択します。一覧には［スウォッチ］パネルのグラデーションが表示されます。

［種類］のアイコンで、グラデーションの種類を選択できます。［線形グラデーション］、［円形グラデーション］、［フリーグラデーション］の3つがあり、［円形グラデーション］を選択した場合は［角度］や［縦横比］も指定できるようになります。

グラデーションを適用すると［グラデーションを編集］が表示され、クリックすると［グラデーションツール］に切り替わります。オブジェクトの上にはグラデーションガイドが表示されます。

［塗り］と［線］のアイコンで、グラデーションを適用する対象を指定します。例えば、線に対して適用する場合は［線］を選択して前面に表示します。［線］には、［線にグラデーションを適用］［パスに沿ってグラデーションを適用］［パスに交差してグラデーションを適用］の3つがあり、パスに対するグラデーションの方向を選びます。

［反転グラデーション］のアイコンをクリックすると、グラデーションの方向を反転できます。

［角度］では開始点から終了点へのグラデーションの向きを指定します。円形のグラデーションの場合は［縦横比］で横に対する縦の比率を指定して楕円形のグラデーションを作成することもできます。

使用ファイル　線のグラデーション.ai

線にグラデーションを適用

パスに沿ってグラデーションを適用

パスに交差してグラデーションを適用

中間点　グラデーションスライダー

線　グラデーション　透明

種類：

グラデーションを編集

0°

不透明度：100%

位置：100%

カラー分岐点（開始点）　位置　不透明度　カラー分岐点（終了点）

グラデーションの詳細はグラデーションスライダーで設定します。左端の［カラー分岐点］は色が変わり始める位置（開始点）、右端の［カラー分岐点］は色が変わり終わる位置（終了点）、間にある［中間点］が2つの色の中間色の位置をそれぞれ表します。これらを左右にドラッグすると色の分岐位置を調整することができ、［位置］に数値を入力して選択した色の開始位置を指定することもできます。
カラー分岐点には不透明度を設定することもできます。

グラデーションスライダーの下側にマウスポインターを合わせると、「+」のマークの付いたポインターに変わります。この状態でクリックすると、新たな分岐点を追加し、3色以上のグラデーションを作成できます。カラー分岐点を追加すると中間点も自動的に追加されます。追加した分岐点は、下方向にドラッグすると削除できます。

次の例では、長方形のオブジェクトに線形のグラデーションを設定して、終了のカラー分岐点の色をオリジナルのカラーに変更しています。

使用ファイル グラデーションパネル.ai

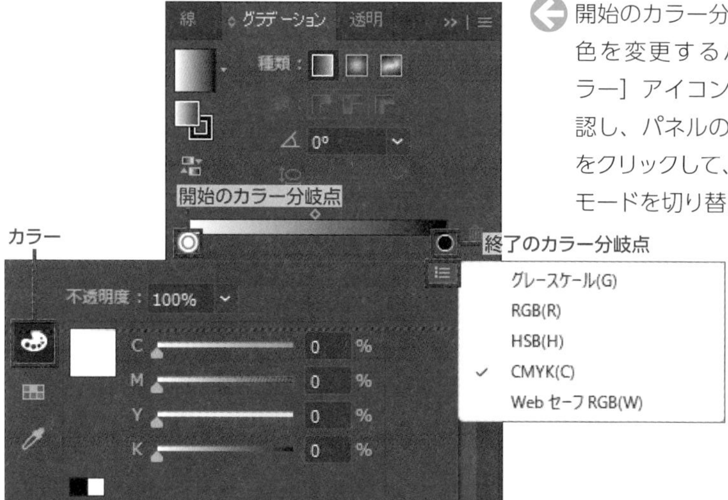


開始のカラー分岐点をダブルクリックして色を変更するパネルを表示します。[カラー] アイコンが選択されていることを確認し、パネルの右上にあるメニューボタンをクリックして、RGB、CMYKなどのカラーモードを切り替えます。ここでは [CMYK] を選びます。

開始のカラー分岐点は初期設定の白のままにします。

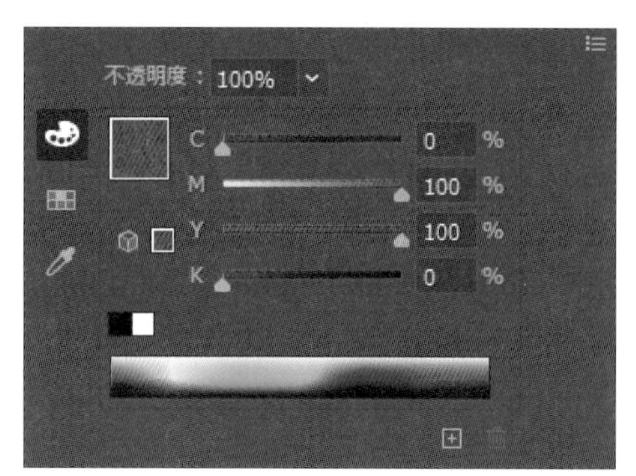


終了のカラー分岐点をダブルクリックします。MとYを100%、CとKを0%に設定します。

白から赤になるグラデーションが作成されます。

## グラデーションツール

「グラデーションツール」は、オブジェクトの塗りのグラデーションをマウスの操作で直感的に編集します。

オブジェクトの塗りが選択されていることを確認して、ツールパネルの［グラデーションツール］をクリックします。

使用ファイル グラデーションツール.ai

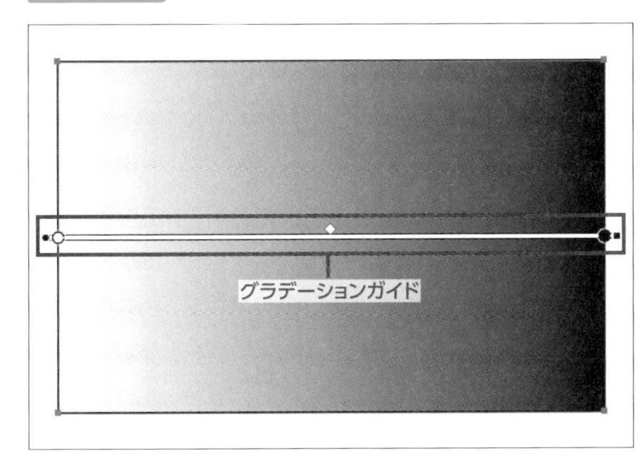


オブジェクト上をクリックすると、［グラデーションガイド］が表示されます。グラデーションガイドでは、開始と終了のカラー分岐点や中間点の位置、開始と終了の色、不透明度、角度、縦横比（円形グラデーションの場合のみ）などを指定できます。

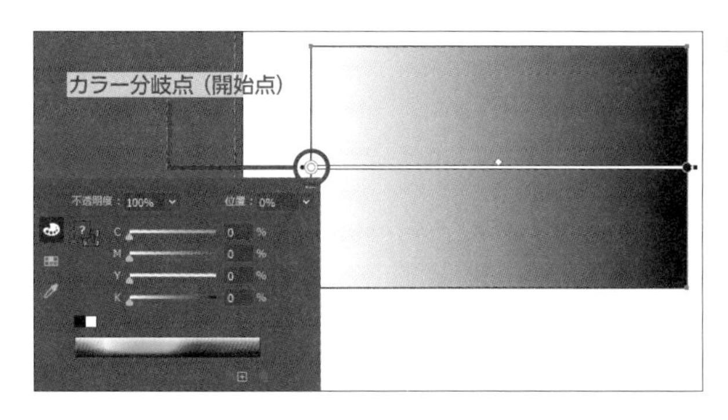


開始または終了のカラー分岐点をダブルクリックすると、［グラデーション］パネルでの操作と同様に、色を変更するパネルが表示されます。このパネルからカラーモードを変更したり、開始または終了点の色を変更したりできます。

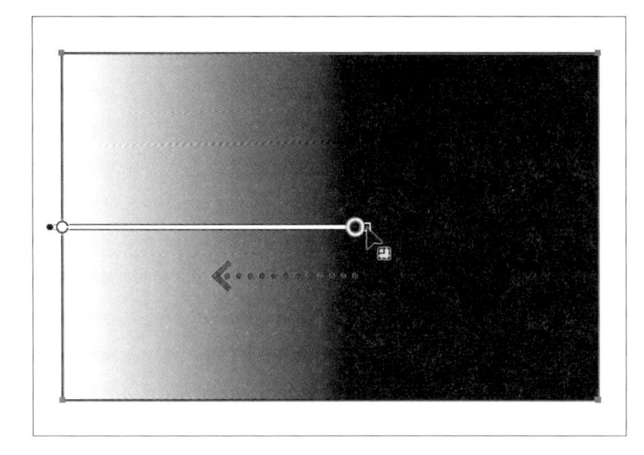

グラデーションガイドの終了点にマウスポインターを合わせると、ポインターの形が黒い矢じりに四角形の記号が付いた形に変わります。このポインターの状態で、グラデーションガイドをドラッグするとグラデーションの範囲を変更できるようになります。

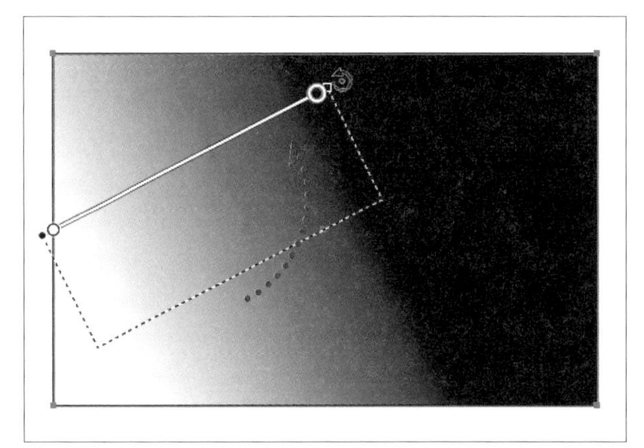

さらに、グラデーションガイドの終了点の外側をポイントすると、ポインターの形が回転の記号に変わります。この状態でグラデーションガイドをドラッグすると、グラデーションの角度を変更できます。

グラデーションを作成し終わったら［選択ツール］でオブジェクトを選択し、［スウォッチ］パネルを開きます。［塗り］のアイコンを［スウォッチ］パネルにドラッグすれば、色と同じ方法で登録することができ、作成したグラデーションをほかのオブジェクトに適用できます。

# 4.4 不透明度と描画モード



複数のオブジェクトを重ねると、既定では下（背面）のオブジェクトが上（前面）のオブジェクトに隠れます。前面のオブジェクトの色を半透明にしたり、重なり合う色を合成したりするには、不透明度と描画モードで設定します。

## 不透明度

「不透明度」は塗りと線に設定した色がどの程度透けるかを表します。色を設定した段階では不透明度は100%ですが、不透明度の値を下げると下に隠れているオブジェクトが透けて表示されます。

不透明度はコントロールパネルの［不透明度］で設定します。「100%」と表示されているボックスに数値を入力するか、ボックスの右にある［>］をクリックして表示されるスライダーを動かします。

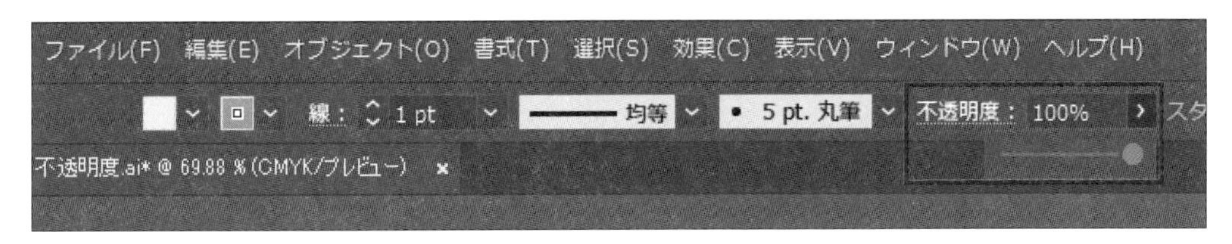


使用ファイル 不透明度.ai

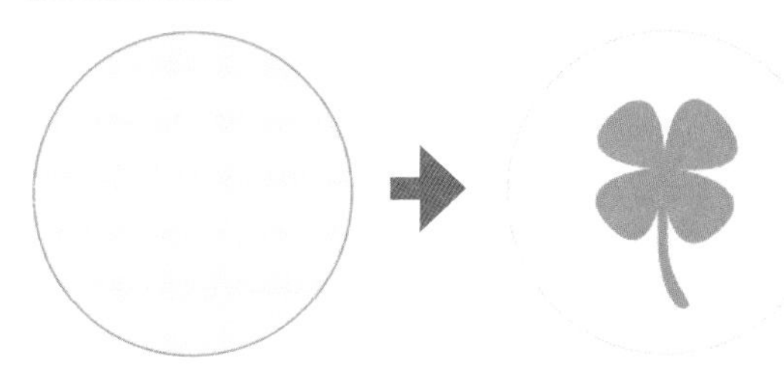

前面の黄色い円の不透明度を30%に変更して、背景のクローバーのオブジェクトを表示した例です。

### 描画モード

描画モードは上（前面）と下（背面）のオブジェクトの色を合成して、重なり合うオブジェクトの色合いを新たに作成します。

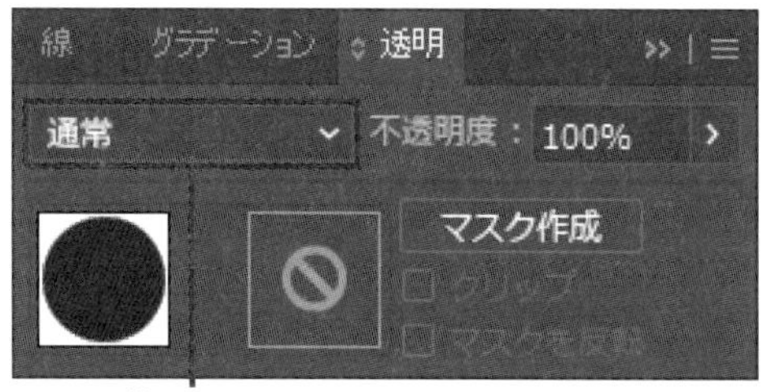


描画モードは［透明］パネルで設定します。前面にあるオブジェクトを選択して、［ウィンドウ］メニュー→［透明］、またはパネルの領域にある［透明］アイコンをクリックして［透明］パネルを表示します。

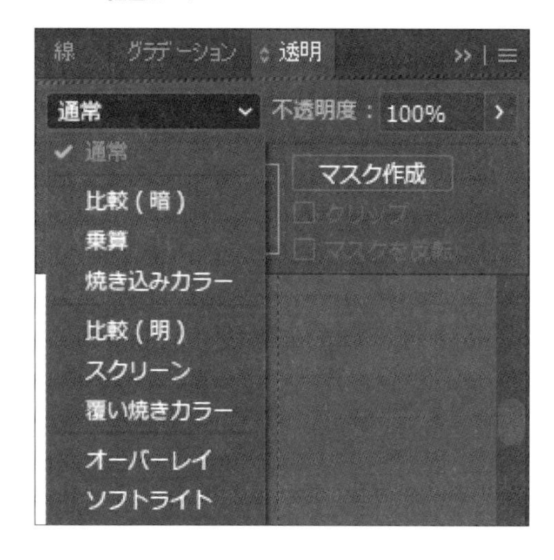


描画モードの右にある［∨］をクリックするとさまざまな描画モードを適用することができます。

使用ファイル 描画モード.ai

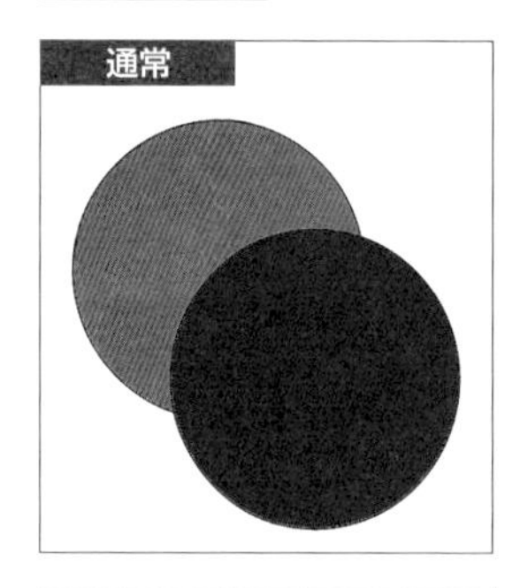


青い円が前面、赤い円が背面です。既定の「通常」では、重なり合う部分には前面のカラーだけが表示されます。

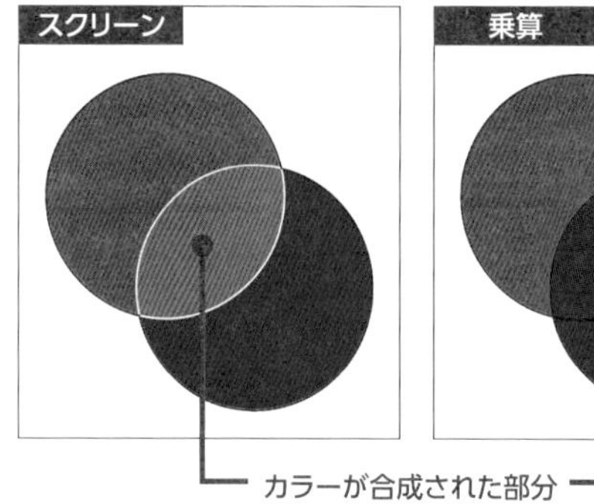


2種類の描画モードを設定した例です。「スクリーン」は、前面のオブジェクトの色と背面のオブジェクトの色を合成し、より明るい色を表示します。「乗算」は前面のオブジェクトの色と背面のオブジェクトの色を合成した結果が表示されます。

# 4.5 アピアランス



Illustratorではオブジェクトの外観を「アピアランス」といいます。オブジェクトは、基本的に塗りと線で構成されていますが、このほかに色、形状、ブラシ定義、パターン、グラデーション、効果などを設定できます。[アピアランス] パネルを使うと一つのオブジェクトに対して複数の設定を適用でき、複雑な見た目のオブジェクトを作成できます。

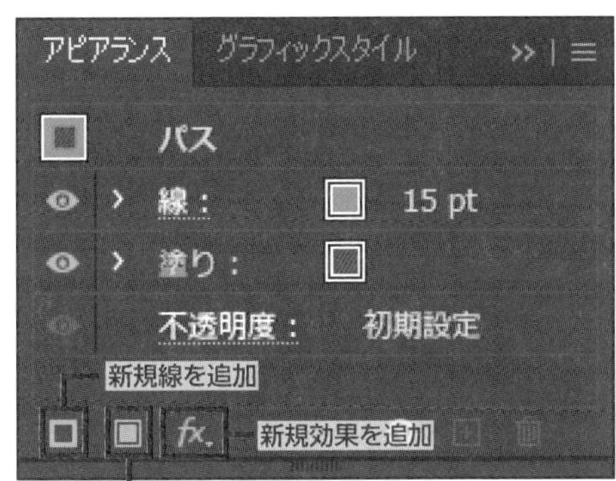


オブジェクトを選択して、[ウィンドウ] メニュー→ [アピアランス] をクリックするか、パネルの領域にある [アピアランス] アイコンをクリックして [アピアランス] パネルを表示します。
描画したオブジェクトには、通常「塗り」と「線」が1種類ずつ設定されています。また、オブジェクト全体に対する不透明度が初期設定で表示されています。

塗りと線の設定は、追加したものが上に表示されます。パネルの一番上にある項目がオブジェクトに対して最前面で、一番下が最背面の設定になり、上の項目は下の項目の設定を隠します。項目をドラッグして設定の重なり順を変更できます。

使用ファイル アピアランス.ai

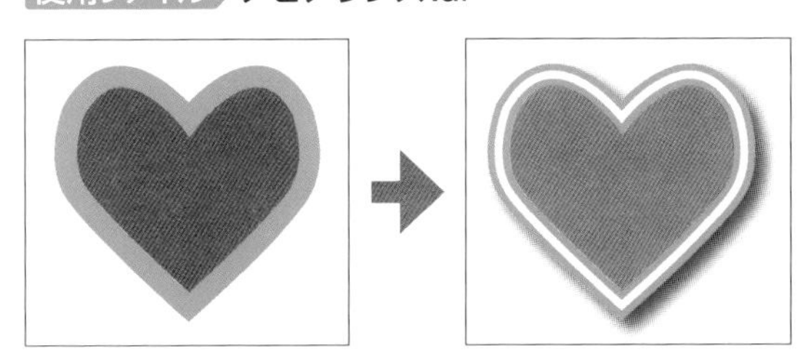

この例では、左のオブジェクトに新たに線、塗り、効果を追加して、右のオブジェクトを作成します。

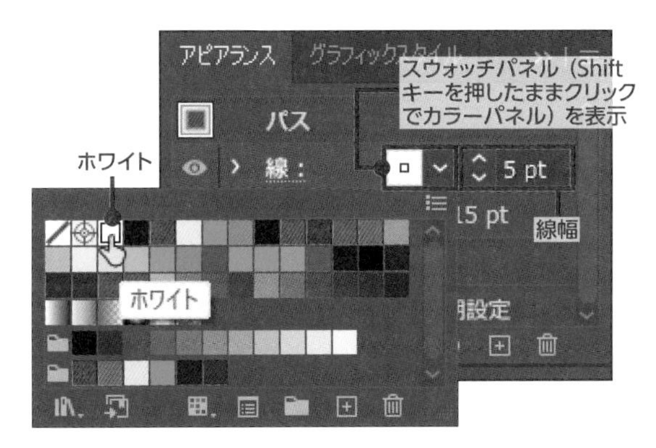


### 新規線を追加

オブジェクトを選択して [アピアランス] パネルの [新規線を追加] をクリックすると、[アピアランス] パネルの一番上に [線] の項目が追加されます。

[線] の [V] をクリックして [スウォッチ] パネルを開き、[ホワイト] をクリックします。[線幅] ボックスで幅を5ポイントに設定します。水色の線の上に、幅の狭い白色の線が引かれます。

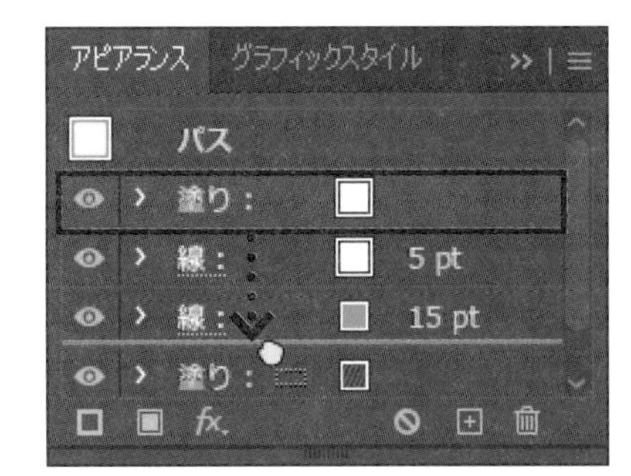


### 新規塗りを追加

［新規塗りを追加］をクリックし、追加された［塗り］に［ホワイト］を設定します。

追加した項目をドラッグし、水色の線の下に移動します。この段階では既存のマゼンタが白色の塗りの背面に移動したため、マゼンタが見えなくなります。

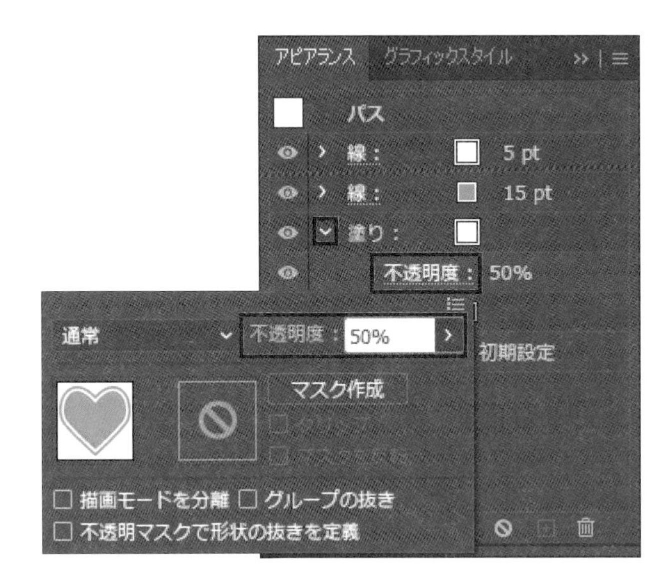


### 塗りの不透明度を変更

追加した白色の［塗り］の不透明度を下げて既存のマゼンタの［塗り］が少し見えるようにします。

新しいホワイトの［塗り］の［>］をクリックして展開します。［不透明度］をクリックして値を50%にします。塗りの部分は白色が混ざった薄いピンク色になります。

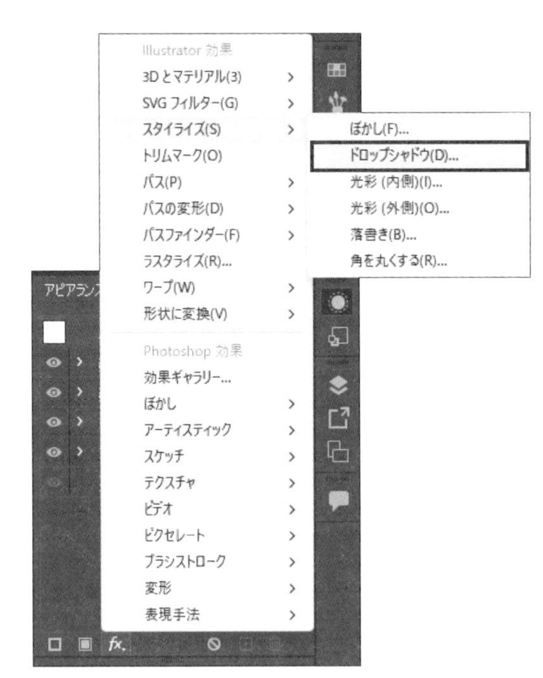


### 新規効果を追加

「効果」はオブジェクトの形状を変更せずに見た目を変化させる機能で、詳しくは「第8章　効果と加工」で説明します。ここではオブジェクトの右下に影を付ける「ドロップシャドウ」を設定します。

オブジェクト全体に対して効果を適用するので、一番上に表示されている［パス］をクリックします。［新規効果を追加］をクリックして、効果の一覧から［スタイライズ］→［ドロップシャドウ］をクリックします。

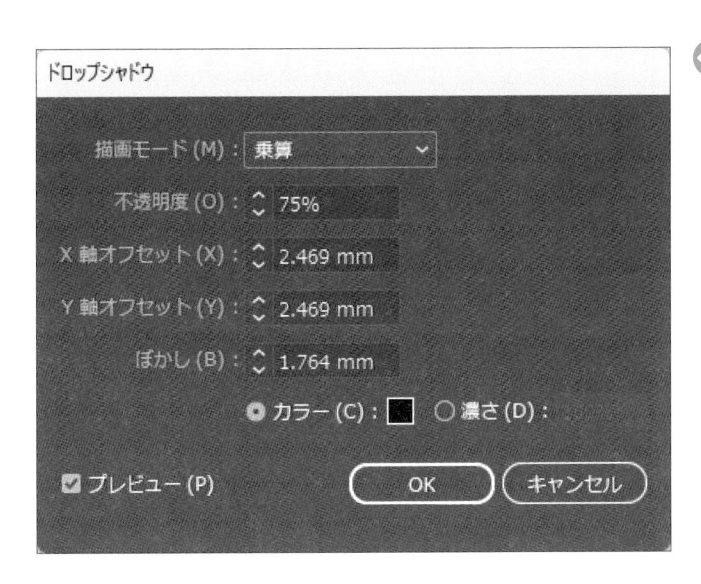


［ドロップシャドウ］ダイアログボックスが表示されたら［OK］をクリックします。

線、塗り、効果が一つずつ追加され、このようになりました。このときの［アピアランス］パネルの内容を示します。

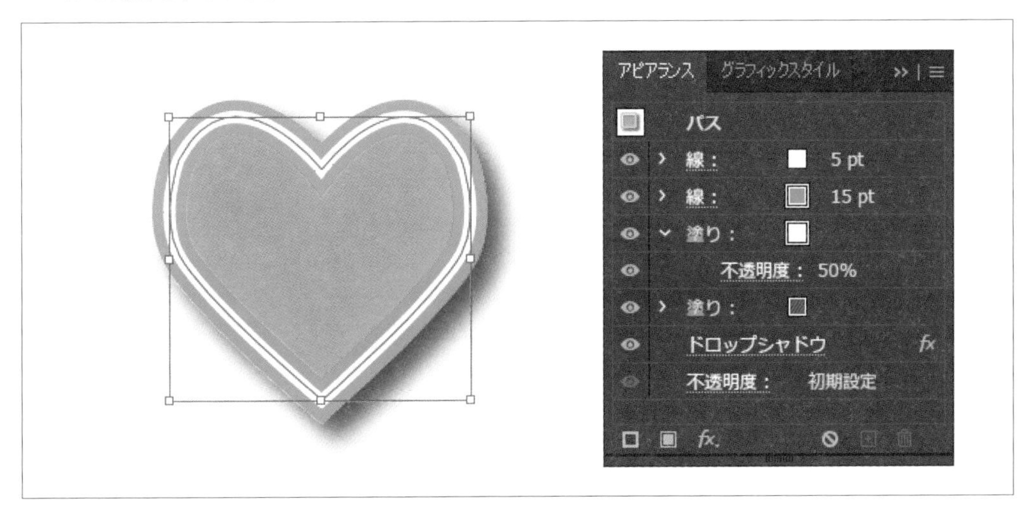


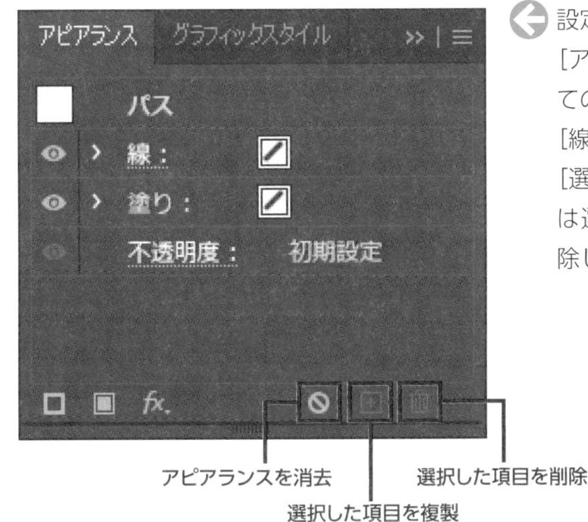


設定したすべてのアピアランスを削除するには、［アピアランスを消去］をクリックします。すべての設定が削除され、オブジェクトの［塗り］や［線］は［なし］になります。
［選択した項目を複製］と［選択した項目を削除］は選択している各項目を個別に複製したり、削除したりする機能です。

# 練習問題

**問題1** カラーモードについて正しい説明を選びなさい。

**A.** CMYKとRGBは、表現できる色の範囲が同じなので互いに正確に変換できる。
**B.** CMYKはCyan（シアン）、Magenta（マゼンタ）、Yellow（イエロー）の「色の三原色」にBlack（ブラック）を加えた4色で色を表現する。
**C.** RGBは、Red（赤）、Green（緑）、Blue（青）という「光の三原色」で色を表現する、減法混色である。
**D.** CMYKは印刷物を作成する際の基本カラーモードである。

**問題2** ［スウォッチ］パネルについて間違った説明を選びなさい。

**A.** ［スウォッチ］パネルには色のみを登録できる。
**B.** ［スウォッチオプション］ダイアログボックスでは、色のスウォッチの場合はカラータイプ（［プロセスカラー］または［特色］）、カラーモード（RGBやCMYK）などを選ぶことができる。
**C.** スウォッチライブラリには、色だけでなく、パターンやグラデーションも登録されている。
**D.** スウォッチライブラリの［カラーブック］にはCMYKとは別のインクで印刷する「特色」が登録されている。

**問題3** ［アピアランス］パネルについて間違った説明を選びなさい。

**A.** パネルでは、［塗り］と［線］の色、効果、不透明度などを設定する。
**B.** ［アピアランスを消去］はすべての設定項目を一括して削除する。
**C.** パネルで上部に表示されている項目が、オブジェクト上では背面に表示される。
**D.** パネルでオブジェクト全体に効果を加えるには一番上に表示されている［パス］をクリックし、［新規効果を追加］から効果を選択する。

**問題4** ［練習問題］フォルダーの4.1.aiを開き、長方形オブジェクトの塗りの色を次の設定に変更しなさい。

C＝100%
M＝30%
Y＝10%
K＝0%

4.1.ai

**問題5** ［練習問題］フォルダーの4.2.aiを開き、［グラデーション］パネルを用いて長方形オブジェクトに次の設定でグラデーションをつけなさい。

グラデーションの種類：［線形］
角度：90°
開始の色：C＝0%、M＝100%、
　　　　　Y＝0%、K＝0%
終了の色：C＝100%、M＝0%、
　　　　　Y＝0%、K＝0%

4.2.ai

**問題6** ［練習問題］フォルダーの4.3.aiを開き、［スポイトツール］を用いて、円形オブジェクトの塗りと線を長方形オブジェクトに適用しなさい。

4.3.ai

# 5

# パス

# 5.1 パスの基本

Illustratorの描画ツールが作成するオブジェクトは基本的に「パス」で描かれています。パスを理解することがIllustratorの根本なので、ここではパスがどのような要素で構成されているのかをしっかりと学習しましょう。

## パス

パスは1つ以上の「直線」または「曲線」で構成されており、曲線は「ベジェ曲線」と呼ばれます。パスは数式に基づいて表現されるため、拡大・縮小しても形状や滑らかさが保たれます。

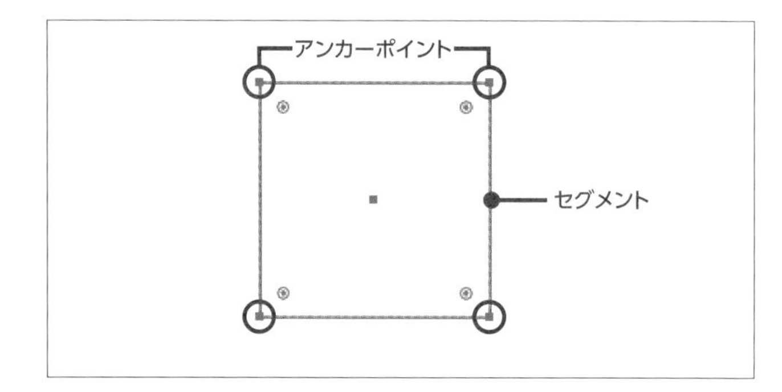


パスのつなぎ目を「アンカーポイント」といい、2つのアンカーポイントの間を結ぶ線を「セグメント」といいます。

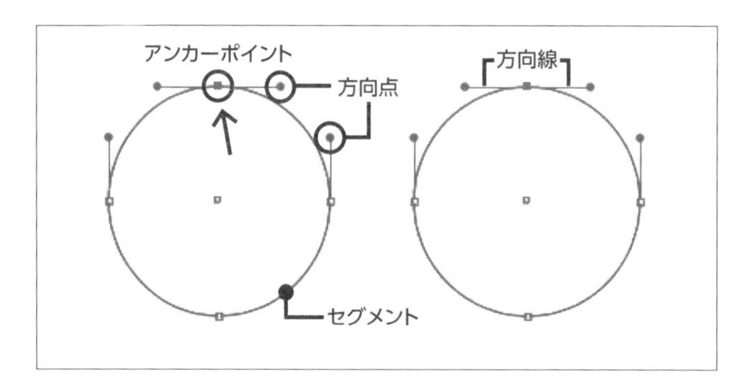


曲線を含むオブジェクトのアンカーポイントをツールパネルの[ダイレクト選択ツール]で選択すると、「方向線（ハンドル)」が表示されます。方向線の先端には「方向点」があります。
この例では、円の上のアンカーポイントを選択しています。

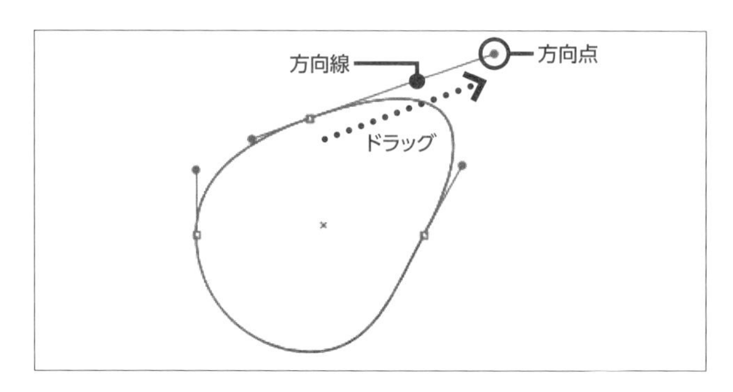


曲線の曲がり具合は、アンカーポイントから伸びる方向線の向きと長さで決まります。方向線の先端の「方向点」をドラッグして方向線の向きや長さを変更します。

### スムーズポイントとコーナーポイント

アンカーポイントには「スムーズポイント」と「コーナーポイント」の2つの種類があります。アンカーポイントを起点として、方向線が両方向に伸びているアンカーポイントをスムーズポイントといいます。
一方、方向線がないものや方向線が1本以下であるもの、または2つの方向線がアンカーポイントで折れ曲がっているものをコーナーポイントといいます。



**アンカーポイントの種類**

| | |
|---|---|
| スムーズポイント | ① 方向線が両方向に伸びている |
| コーナーポイント | ② 方向線がない、方向線が1本以下である |
| | ③ 2本の方向線がアンカーポイントで折れ曲がっている |

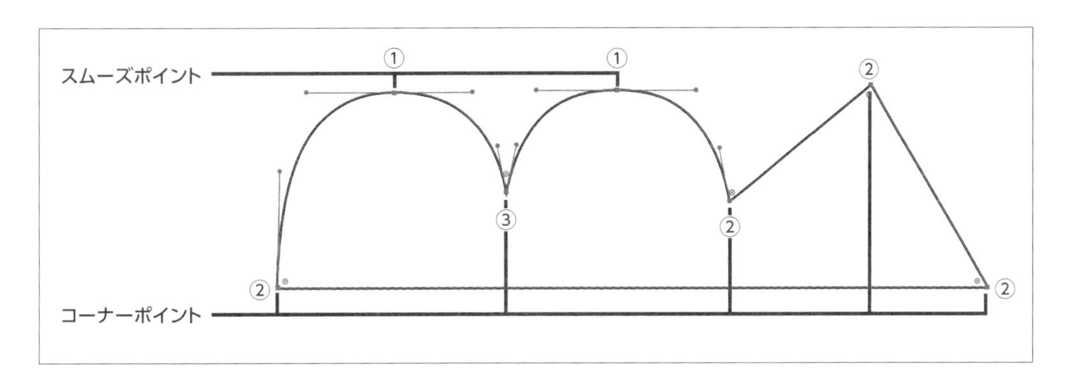


**メモ**

ダイレクト選択ツールでオブジェクトの内側をクリックすると、オブジェクトに含まれるすべての方向線が表示されます。表示されない場合は、[編集] メニュー→ [環境設定] → [選択範囲・アンカー表示] をクリックして [環境設定] ダイアログボックスを開き、「複数アンカーを選択時にハンドルを表示」 のチェックをオンにします。

### オープンパスとクローズドパス

始点と終点がつながっていないパスを「オープンパス」、長方形や楕円形のように閉じているパスを「クローズドパス」といいます。オープンパスの場合は始点と終点を直線で結んだ内側の領域が「塗り」の対象になります。クローズドパスの場合、パスで囲まれた領域が「塗り」の対象になります。

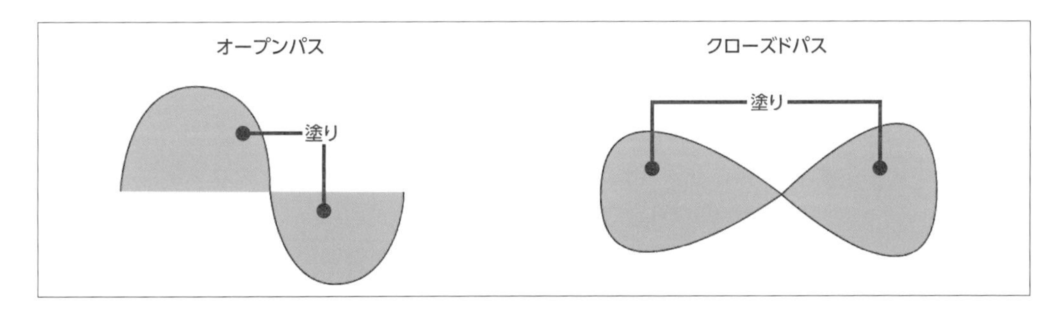

# 5.2 ペンツール

「ペンツール」は、パスを描く最も基本的なツールです。パスのセグメント（直線または曲線）を一つずつ作成します。

## ペンツールで直線を描く

ペンツールを使って直線で構成されるパスを描きます。

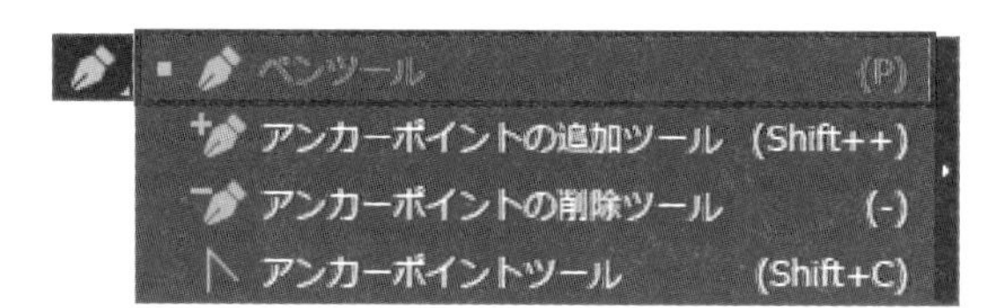


### 複数の直線を連続して描く

ツールパネルの［ペンツール］をクリックします。

アンカー

マウスポインターが の形に変わります。アートボード上でクリックすると始点のアンカーポイントが配置されます。

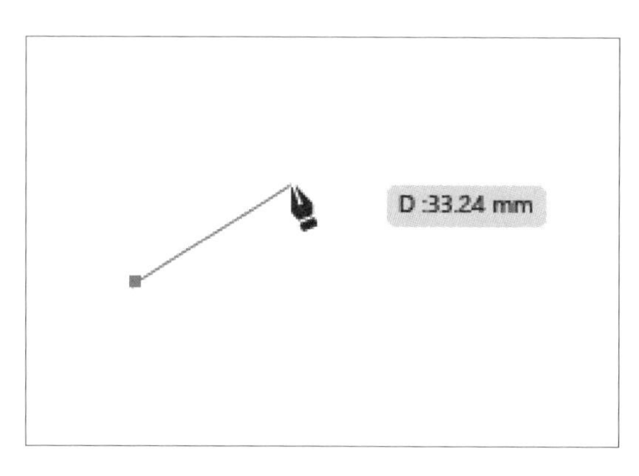


マウスポインターを動かして別の場所をクリックすると2点を結ぶ直線が引かれます。このとき、**Shift**キーを押しながらクリックすると、直線を水平、垂直、斜め45°の角度で固定できます。
さらにマウスポインターを動かしてクリックすると、今度は2つめのアンカーポイントから直線が引かれます。直線が連続して引かれるところが直線ツールとの違いです。

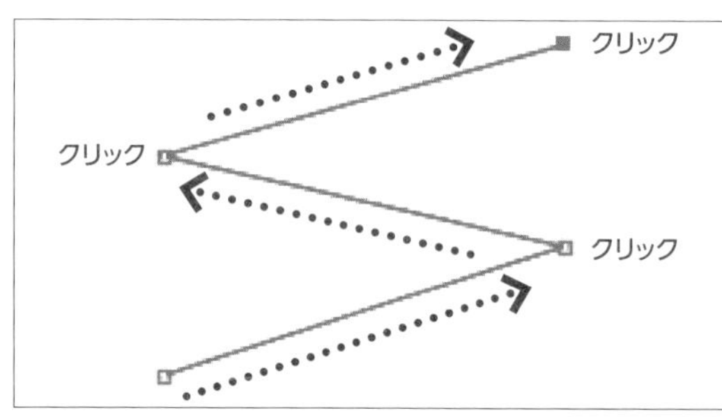


「マウスポインターを動かしてクリック」を繰り返すと、連続した直線のパスが描けます。
パスの作成を終了するときは**Enter**キーを押します。マウスポインターを何もない場所に移動して**Ctrl**キーを押しながらクリックしても直線の描画が終了します。

### パスを閉じる

直線を描画中に、最後のアンカーポイントから始点のアンカーポイントにマウスポインターを合わせると、マウスポインターは ✒o の形に変わります。この状態でクリックすると、クローズドパスになり描画が終了します。クローズドパスになるとマウスポインターは ✒* の形に戻ります。

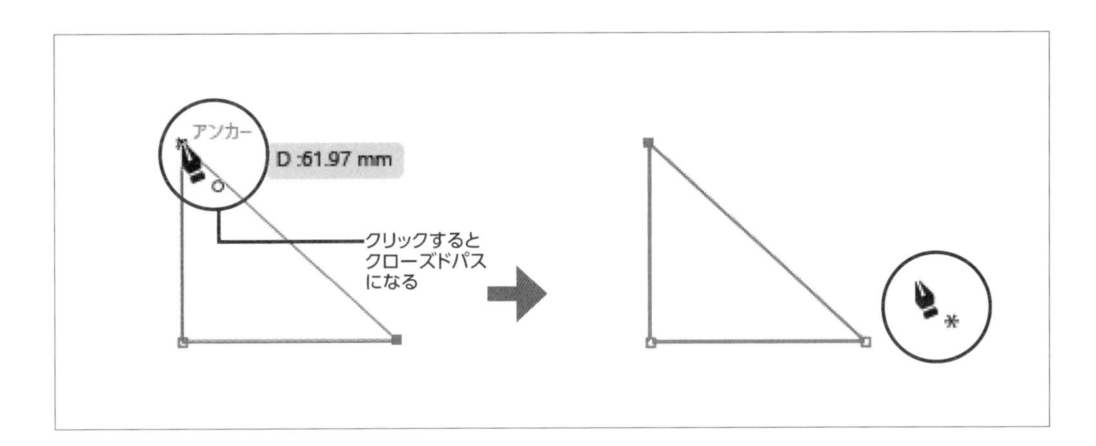




## ペンツールで曲線を描く

ペンツールを使って曲線で構成されるパスを描きます。思い通りの形の曲線を描くには、アンカーポイントから伸びる方向線の操作がカギになります。

### 曲線を描く

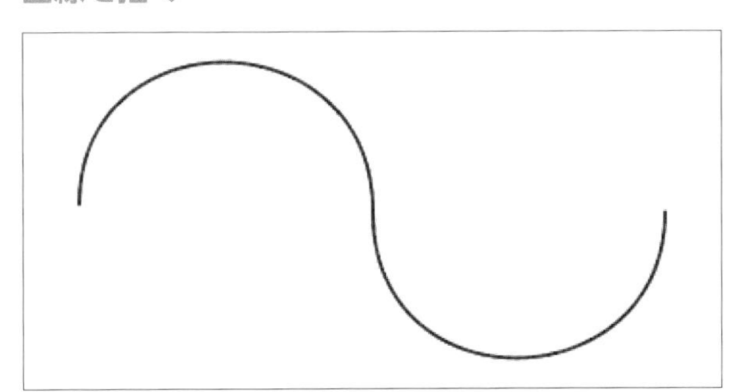

例のような曲線（2つのセグメントからなる連続したパス）を描きます。

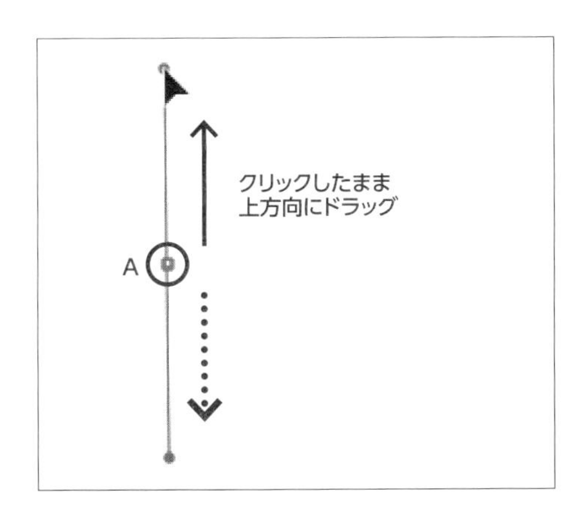


ツールパネルの［ペンツール］を選択し、アートボード上で、始点とするアンカーポイントAをクリックしたまま上方向にドラッグします。クリックした場所からドラッグした方向およびその逆方向に方向線が伸びます。**Shift**キーを押しながらドラッグすると水平、垂直、斜め45°の角度で固定されます。
方向線を伸ばしたら、マウスの左ボタンからいったん指を離します。

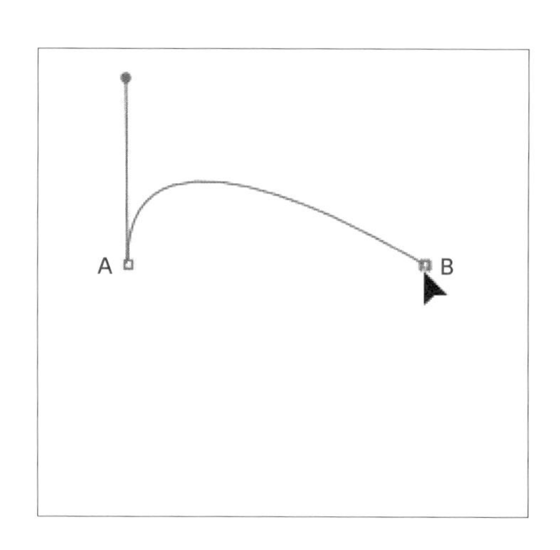


続けて、Bの位置をクリックしたまま下方向にドラッグします。

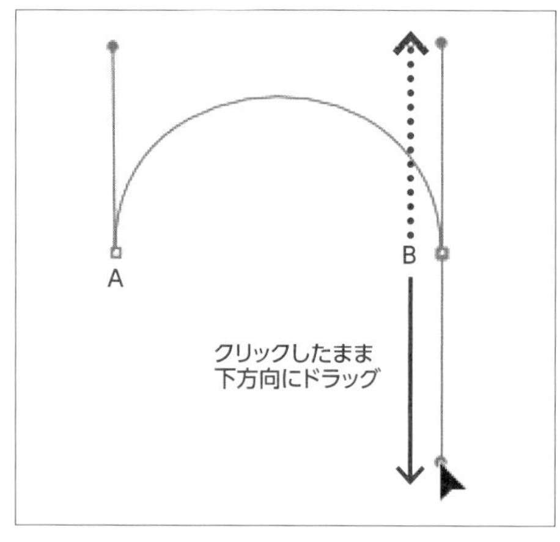


アンカーポイントBからもドラッグした方向と逆方向に方向線が伸びます。上に伸びた方向線の長さをAと揃えると、例に示したような曲線が描けます。マウスの左ボタンからいったん指を離します。

左右対称の曲線を描くには、スマートガイドを利用して始点と終点の位置を水平にする、**Shift**キーを利用して方向線を垂直に引く、グリッドを表示して方向線の長さを揃える、などの補助機能を利用すると便利です。

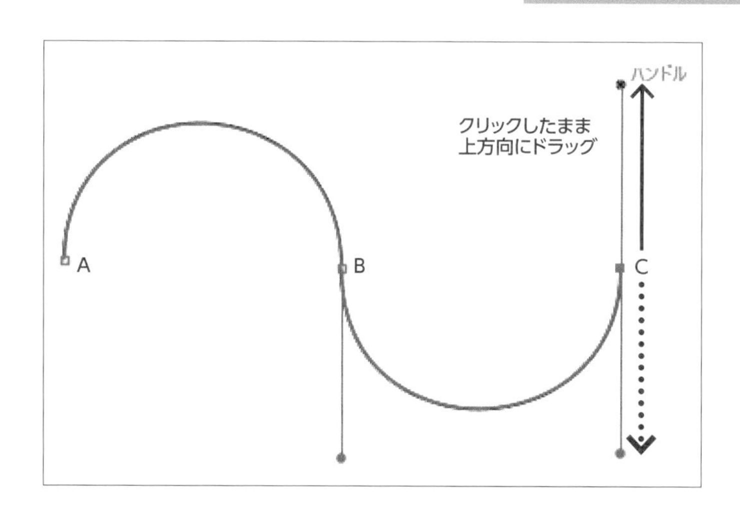


Cの位置をクリックしたまま、上方向にドラッグします。
**Enter**キーを押して、描画を終了します。

### 山なりの曲線を描く

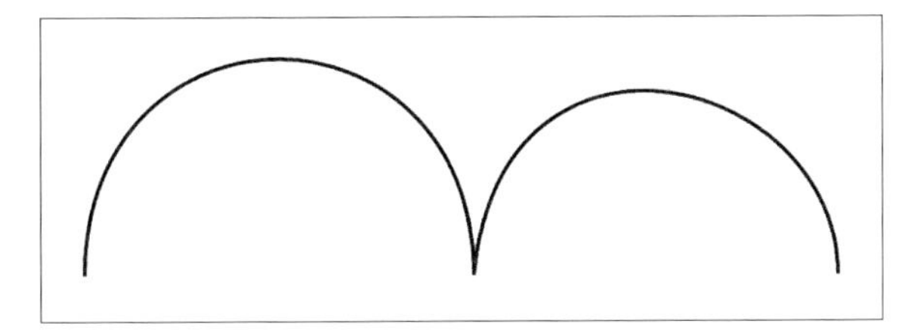

2つの曲線の接続点（アンカーポイント）で方向線の向きを変えて、連続した山なりのパスを描きます。

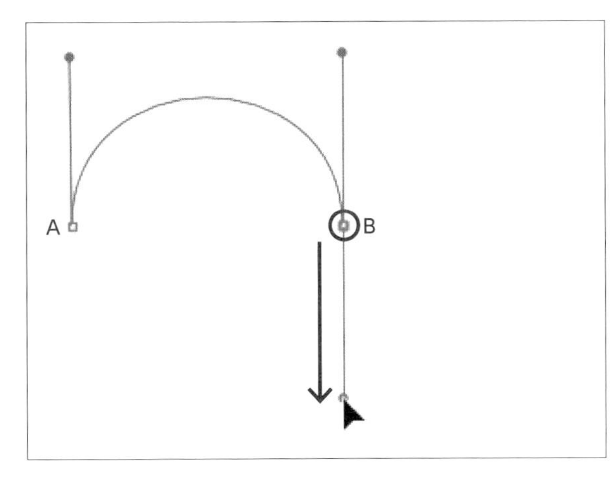


1つめ（左側）の曲線を「曲線を描く」の手順で描きます。

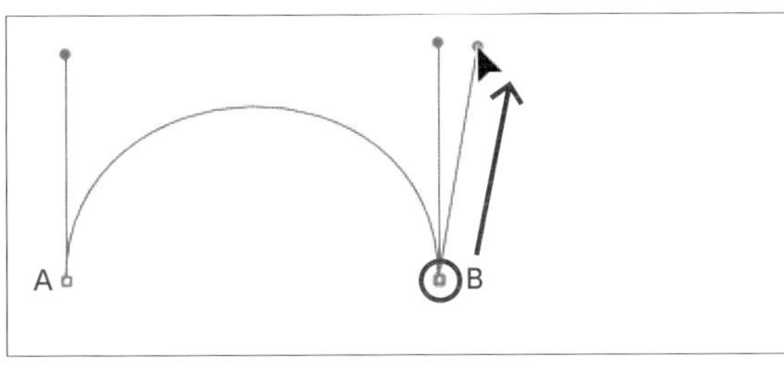


2つめのアンカーポイントBにマウスポインターを合わせて、の形に変わったら、Bをクリックしたまま**Alt**キーを押しながら上方向にドラッグします。Bの下方向に伸びていた方向線が上向きに変わり、アンカーポイントがスムーズポイントからコーナーポイントに変わります。マウスの左ボタンからいったん指を離します。

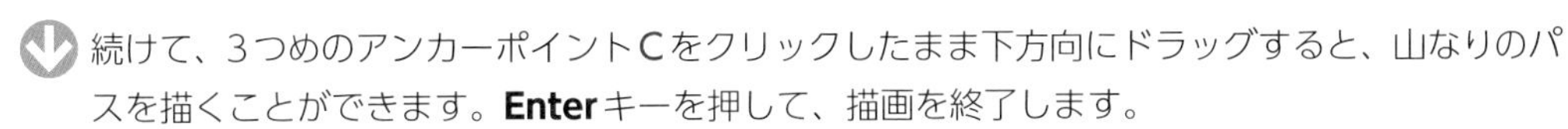

続けて、3つめのアンカーポイントCをクリックしたまま下方向にドラッグすると、山なりのパスを描くことができます。**Enter**キーを押して、描画を終了します。

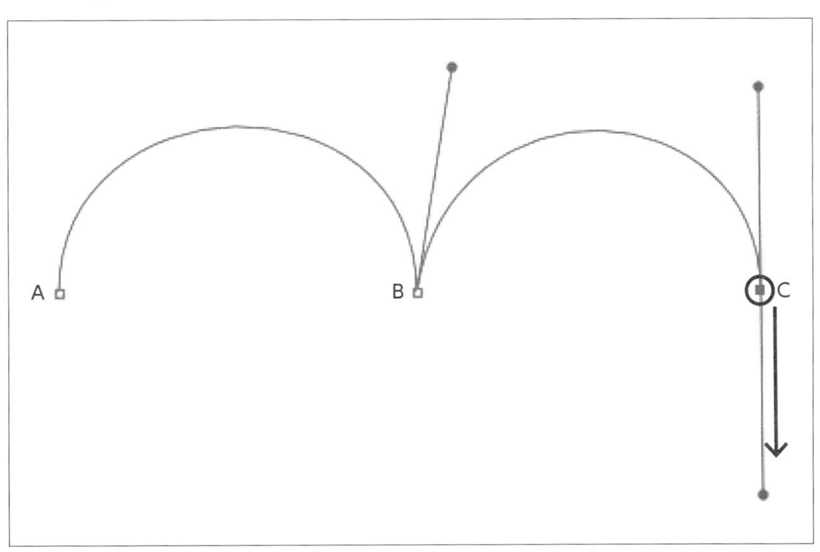

### つながった曲線（クローズドパス）を描く

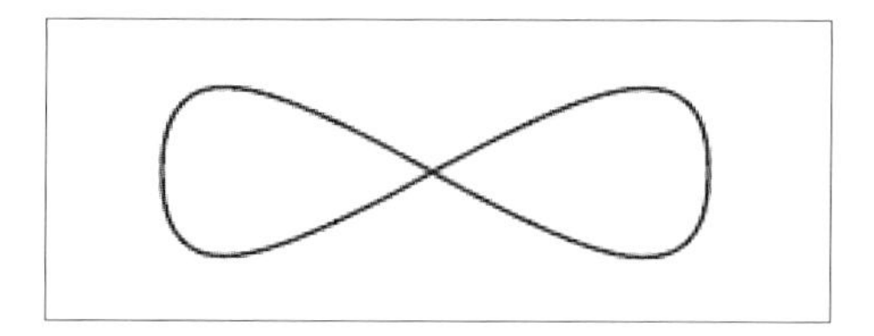

例のような曲線のクローズドパスを描きます。

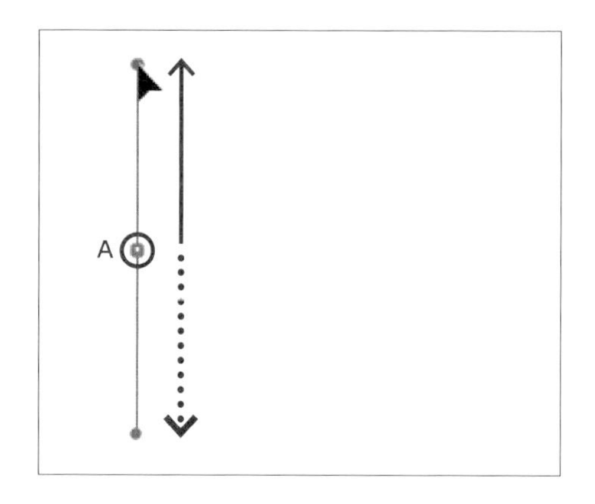


始点とするアンカーポイントAをクリックしたまま上方向にドラッグします。
方向線を伸ばしたら、マウスの左ボタンからいったん指を離します。

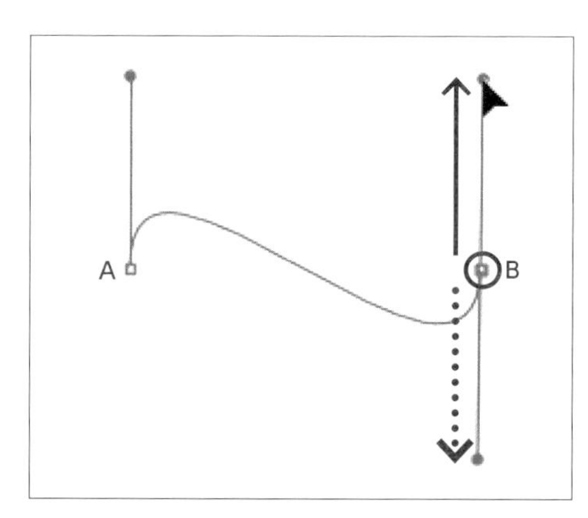


続けて、アンカーポイントBの位置をクリックしたまま上方向にドラッグします。方向線を伸ばしたら、マウスの左ボタンから指を離します。

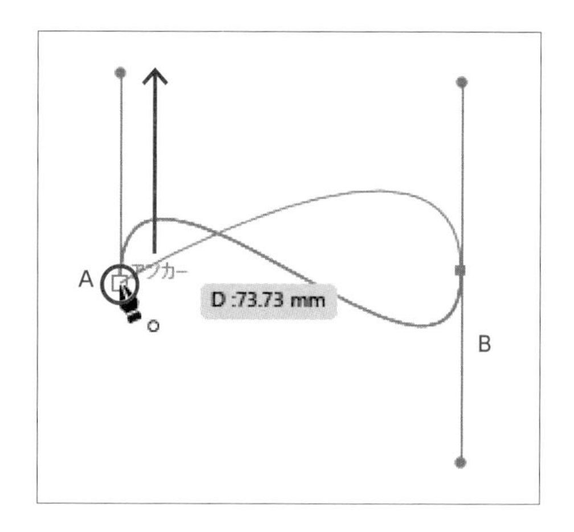


始点のAにマウスポインターを合わせます。の形に変わったら、クリックして**Shift**キーを押しながら上方向にドラッグし、左右対称の曲線を描きます。

## ペンツールで直線と曲線を組み合わせる

ペンツールを使って、直線と曲線を組み合わせたパスを描きます。

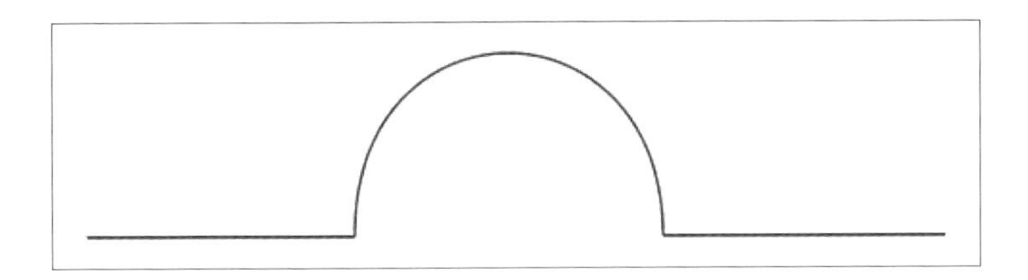

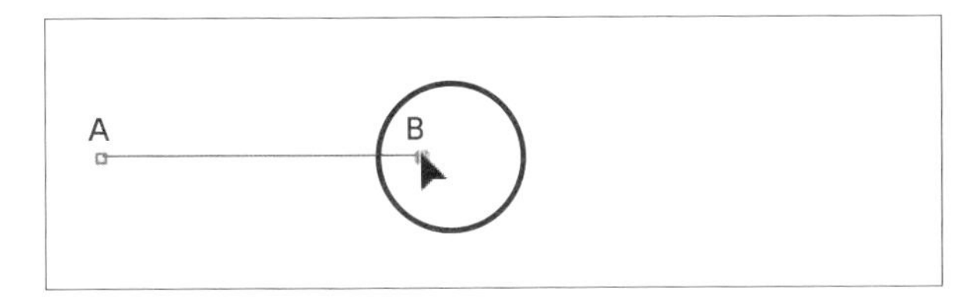


始点とするアンカーポイントAをクリックし、次にBの位置をクリックして直線を引きます。

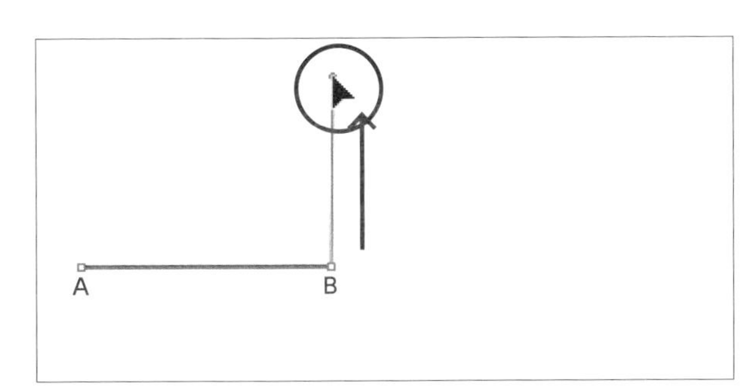


アンカーポイントBにマウスポインターを合わせて の形に変わったら、Bをクリックしたまま上方向にドラッグします。上向きの方向線が引かれて曲線を描画するモードになります。方向線を伸ばしたらマウスの左ボタンからいったん指を離します。

パスの描画中にアンカーポイントをポイントすると、マウスポインターの形が に切り替わります。この状態でクリックすると、アンカーポイントの種類（スムーズポイントまたはコーナーポイント）を切り替えることができます。

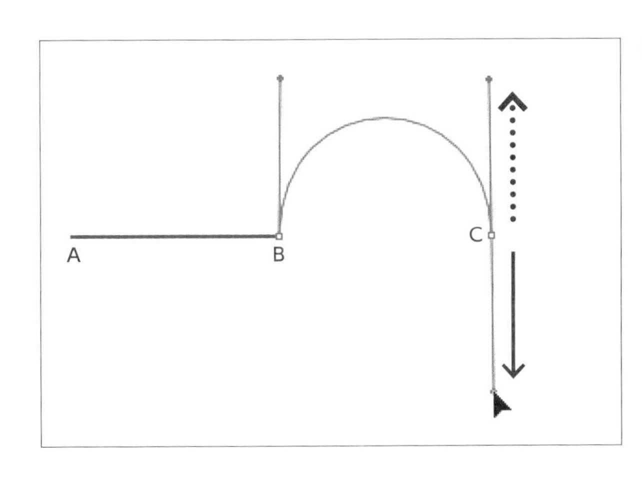


曲線の終点とするアンカーポイントCをクリックしたまま下方向にドラッグすると、直線から連続した曲線が描かれます。方向線を伸ばしたらマウスの左ボタンからいったん指を離します。

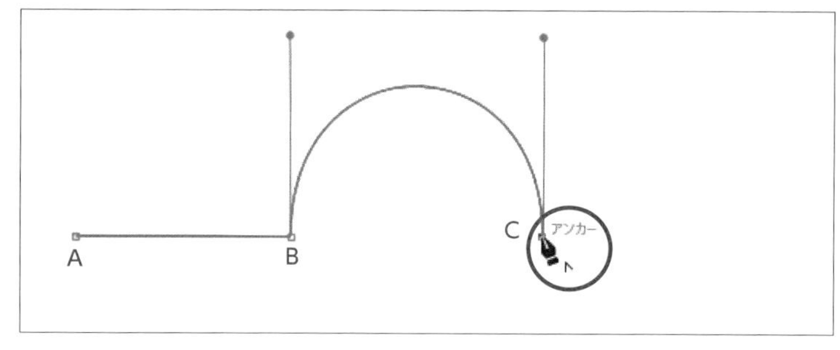


続けて、曲線の終点Cをクリックすると、下向きの方向線が消えて、直線を描画するモードになります。

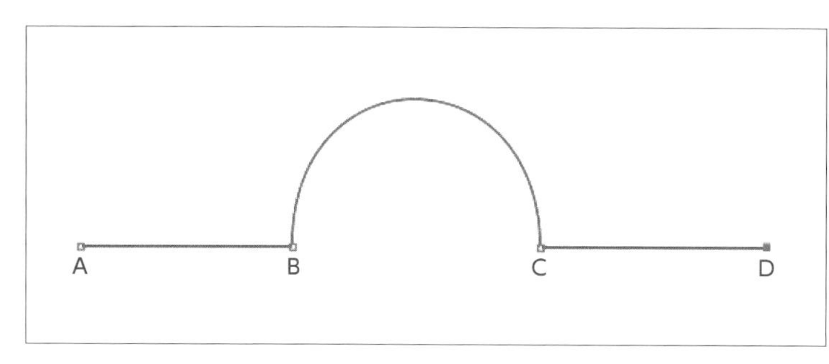


Dの位置をクリックすると、曲線から続く直線が引かれます。**Enter**キーを押して、描画を終了します。

## 曲線ツールで曲線を描く

「曲線ツール」は、アンカーポイントをクリックしていくだけで連続した曲線を描けます。

ペンツールで連続した曲線を描く場合は、アンカーポイントで方向線を指定するためのドラッグ操作が必要ですが、曲線ツールはアンカーポイントをクリックしながら、直感的に曲線を描くことができます。すべてのアンカーポイントを通る滑らかな曲線が描けます。

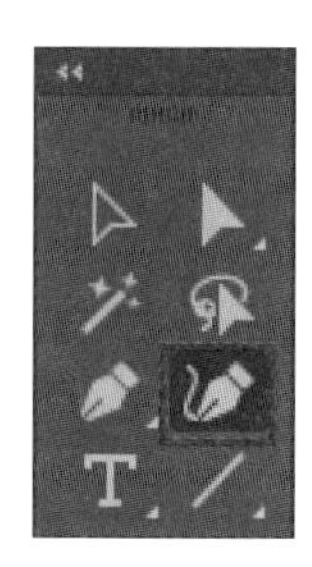

ツールパネルの［曲線ツール］を選択します。曲線ツールを選択すると、マウスポインターの形が に変わります。

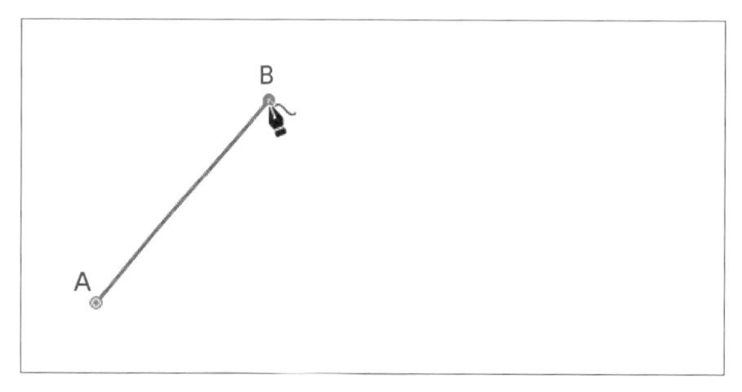


アートボード上で始点のアンカーポイントAをクリックします。次にBの位置でクリックすると、2点を結ぶ直線が引かれます。

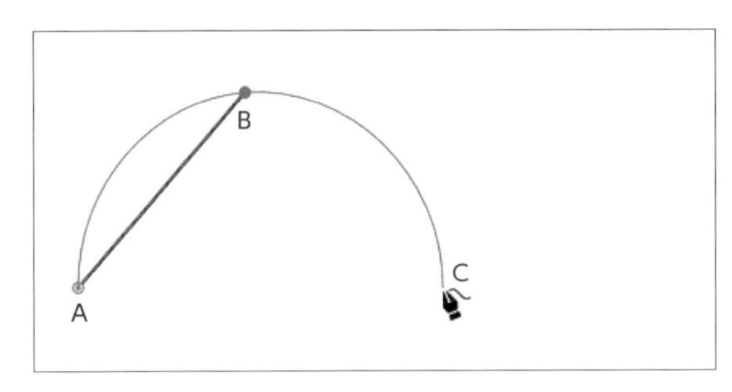


マウスポインターをCの位置に動かすと、AとBとCを通る曲線のパスが表示されます。



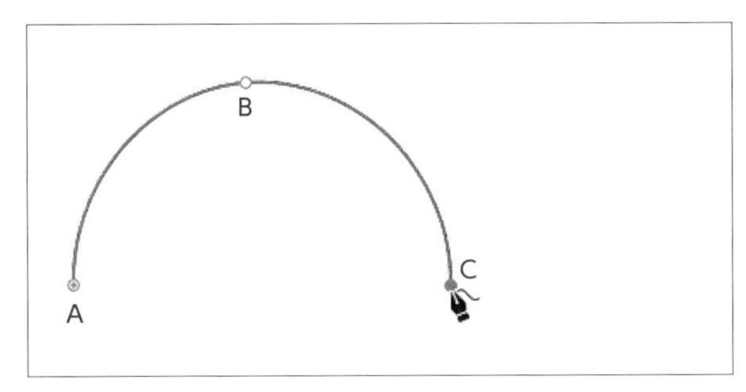


Cの位置をクリックすると、半円のような曲線が描かれます。

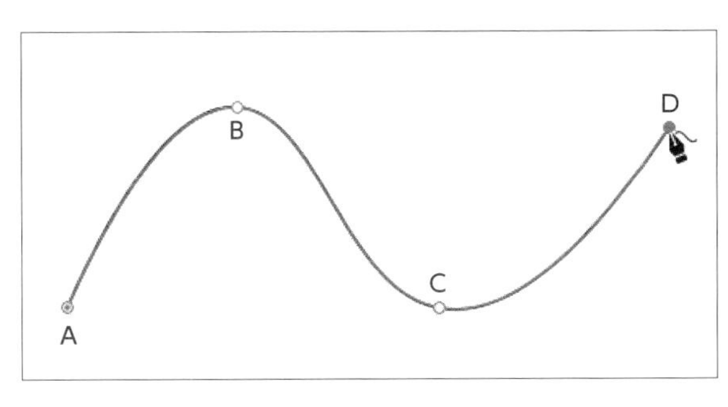


4つめのアンカーポイントとしてDの地点をクリックします。A、B、Cの3点では半円のような形だった曲線が、4つめのアンカーポイントを設定した時点で、前の3つのアンカーポイントを通る滑らかな曲線に変わります。

クローズドパス

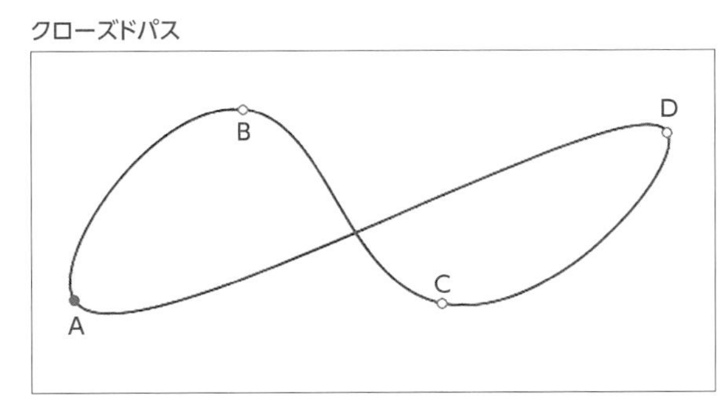


描画を終了するには、始点のアンカーポイントをクリックしてクローズドパスにするか、**Ctrl**キーを押しながら何もない場所をクリックしてオープンパスにします。

オープンパス

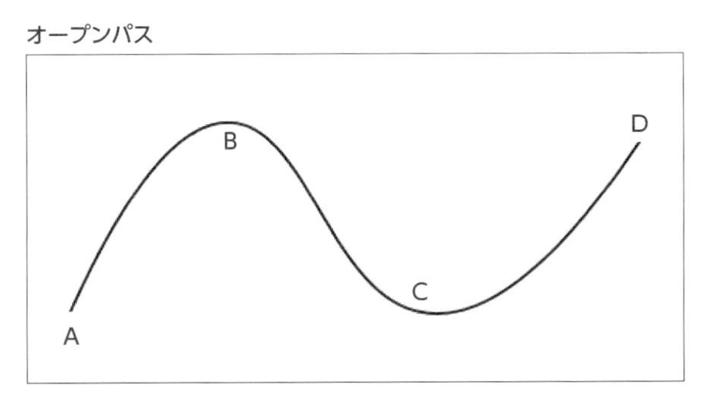

# 5.3 パスの編集

作成したパスは、アンカーポイントやセグメントの移動・変形、アンカーポイントの追加や削除、アンカーポイントの種類の変更などで、変形・編集ができます。

## ダイレクト選択ツール

「ダイレクト選択ツール」は、パスやオブジェクト全体を選択したり、アンカーポイントやセグメントを一つだけ選択したりするツールです。アンカーポイントの移動、曲線セグメントの変形、直線セグメントの移動などによりパスの変形を行います。

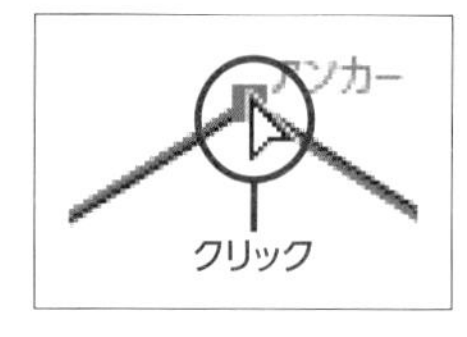


ツールパネルの［ダイレクト選択ツール］をクリックします。

### アンカーポイントの移動

使用ファイル ダイレクト選択ツール.ai

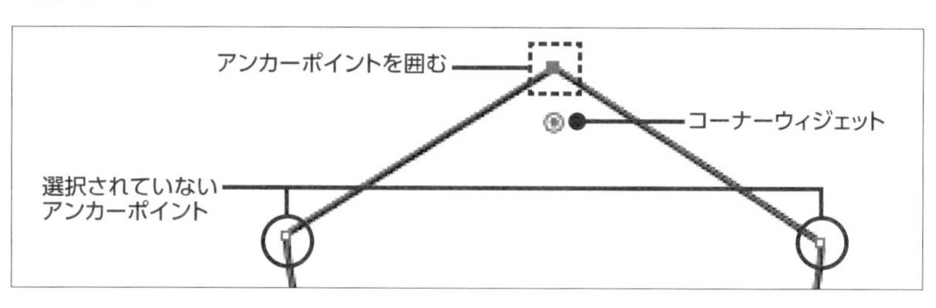


対象とするパスのアンカーポイントをクリックするか、アンカーポイントを囲むようにドラッグすることでアンカーポイントを選択します。選択されているアンカーポイントは青い四角、選択されていないアンカーポイントは白い四角で示されます。選択したアンカーポイントがコーナーポイントの場合は、コーナーウィジェットが表示されることがあります。

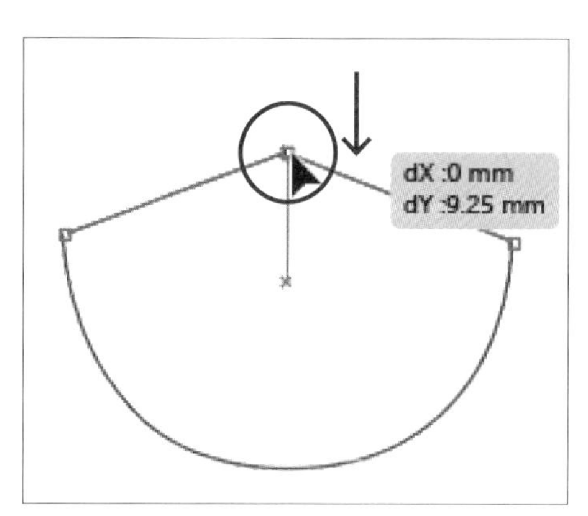


アンカーポイントをドラッグすると、両側のセグメントがそれに合わせて変形します。

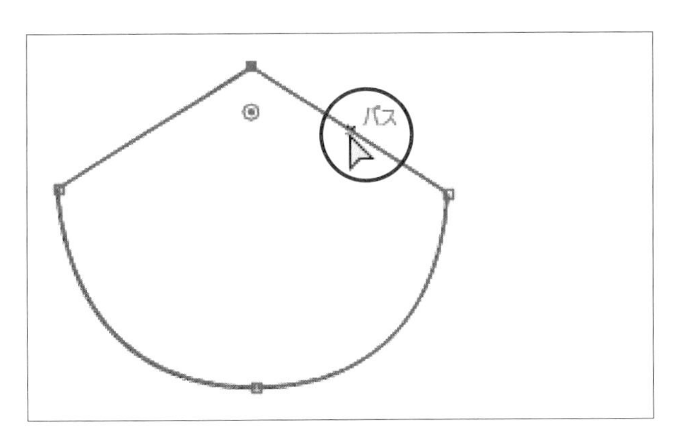


### 直線セグメントの移動

マウスポインターでパス上をクリックすると、そのセグメントが選択された状態になります。

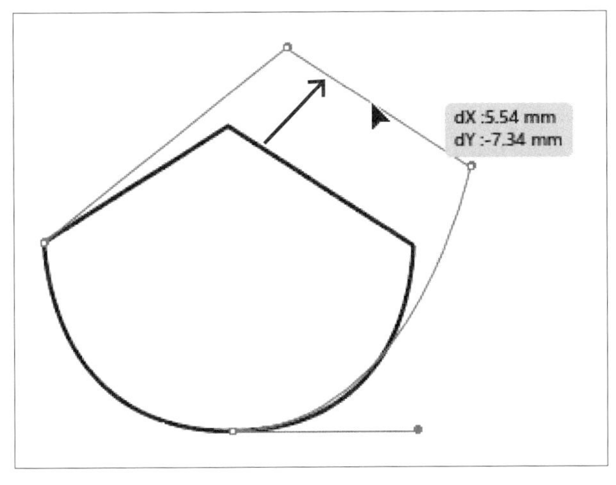


セグメントが直線の場合、ドラッグすると両端のアンカーポイントを含めてセグメントが平行移動し、その両隣のセグメントも移動に合わせて変形します。



### 曲線セグメントの変形

アンカーポイントの位置はそのままで、曲線セグメントの曲がり具合を変える方法は2通りあります。

一つは方向線の向きや長さを変更する方法です。曲線上のアンカーポイントを選択し、表示されたハンドルをドラッグすると、両側の曲線セグメントがハンドルの傾きや長さに合わせて変形します。

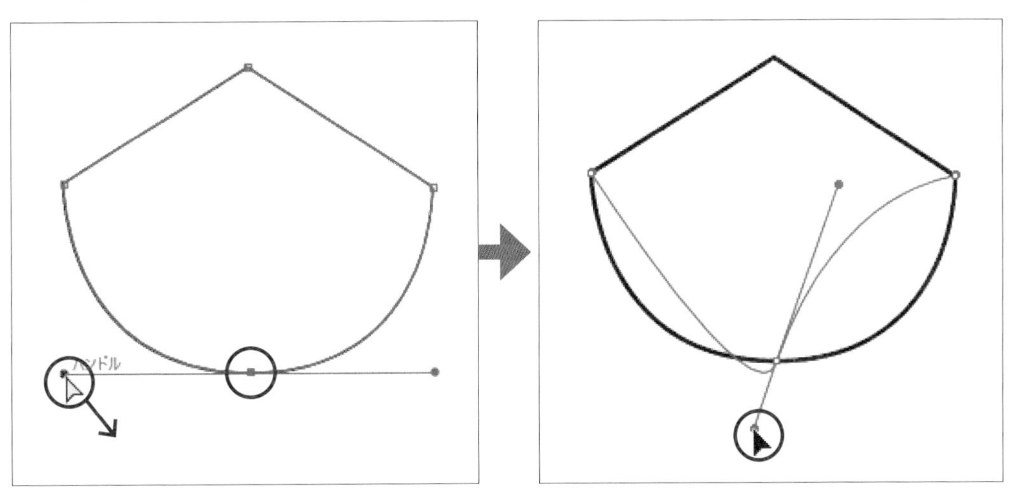

もう一つは曲線セグメントをドラッグする方法です。曲線のセグメントにマウスポインターを合わせ の形に変わったらドラッグすると、両側の方向線の長さや向きがドラッグした方向に合わせて変更されます。

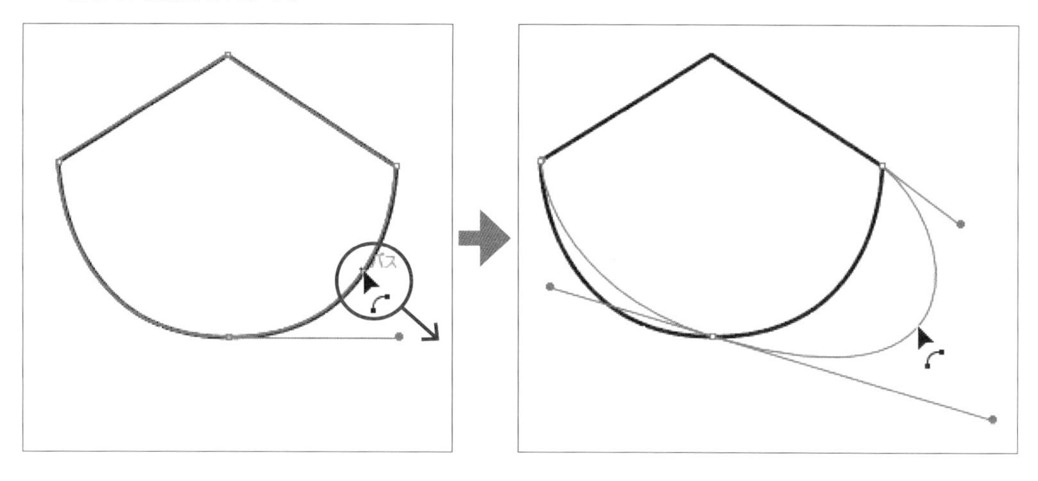


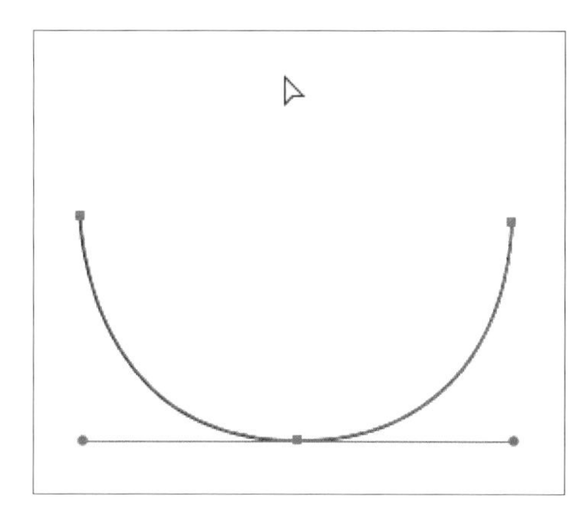

### アンカーポイントやセグメントの削除

アンカーポイントを選択して **Delete** キーを押すとそのアンカーポイントと両側のセグメントが削除されます。

セグメントを選択して **Delete** キーを押すとそのセグメントのみが削除されます。

## アンカーポイントの追加と削除

アンカーポイントの追加と削除は「アンカーポイントの追加ツール」と「アンカーポイントの削除ツール」を使用します。

### アンカーポイントを追加してパスの形を変更する

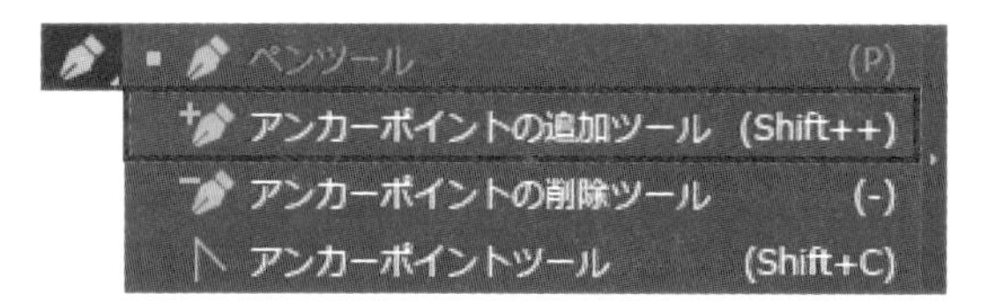


パスにアンカーポイントを追加するにはツールパネルの［アンカーポイントの追加ツール］をクリックします。

使用ファイル アンカーポイントの追加と削除.ai

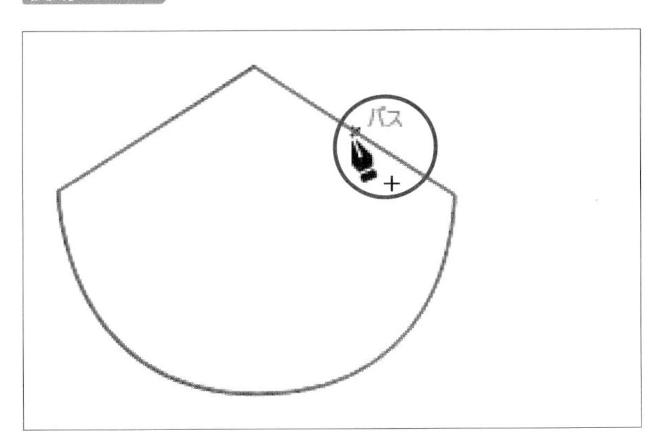


右側の直線パスの中間地点あたりをクリックして、アンカーポイントを追加します。

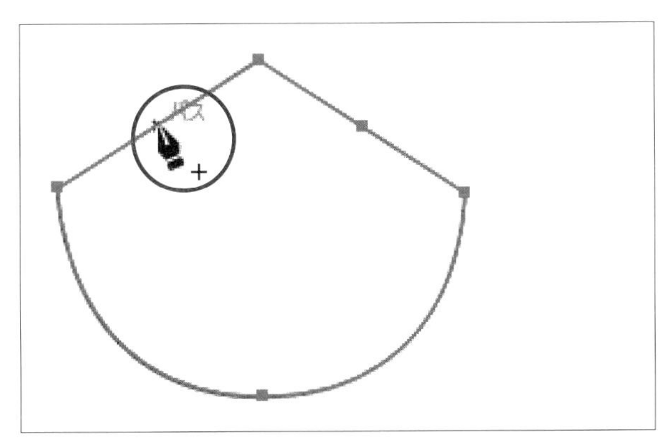


続けて、左側の直線パスの中間地点あたりをクリックして、アンカーポイントを追加します。

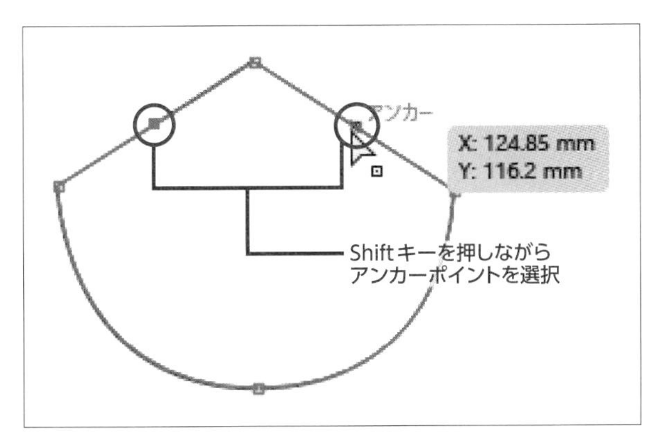


次に［ダイレクト選択ツール］を選択して、**Shift**キーを押しながら、追加した2つのアンカーポイントを選択します。

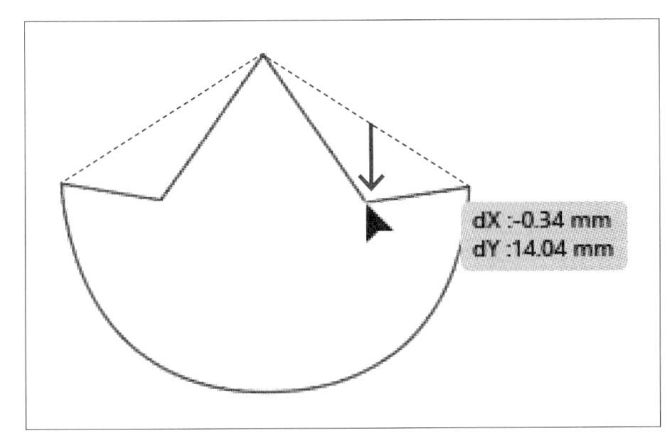


選択しているいずれかのアンカーポイントにマウスポインターを合わせて、下方向にドラッグします。追加した2つのアンカーポイントの位置が変わり、パスの形状が変わります。

### アンカーポイントを削除してパスの形を変更する

パスのアンカーポイントを削除するにはツールパネルの［アンカーポイントの削除ツール］をクリックします。

アンカーポイント上でクリックするとそのアンカーポイントが削除され、両端のアンカーポイントが直線または曲線で結ばれます。この例では、山の部分のアンカーポイントを削除しました。

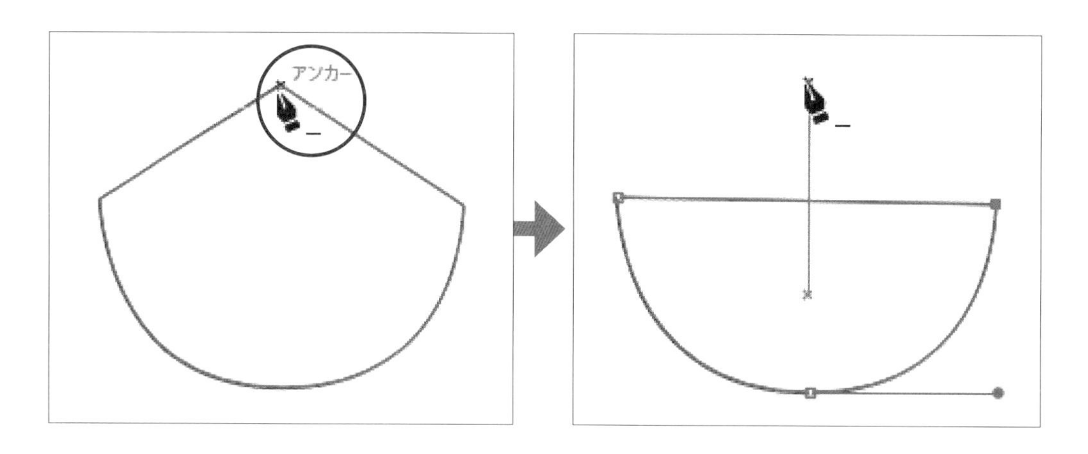

ダイレクト選択ツールでアンカーポイントを選択したあと、コントロールパネルの［選択したアンカーポイントを削除］をクリックしても同様に削除できます。

## アンカーポイントの種類の変更

「アンカーポイントツール」は、スムーズポイントをコーナーポイントへ、コーナーポイントをスムーズポイントへ切り替えるツールです。

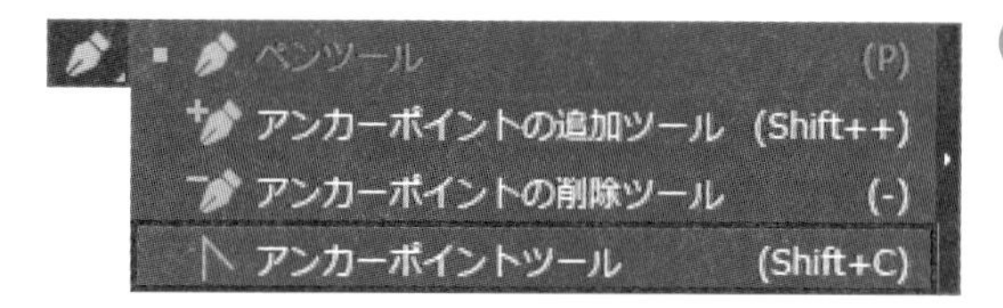


ダイレクト選択ツールで、オブジェクトの内側をクリックして、アンカーポイントを表示し、ツールパネルの［アンカーポイントツール］をクリックします。

使用ファイル アンカーポイントの種類の変更.ai

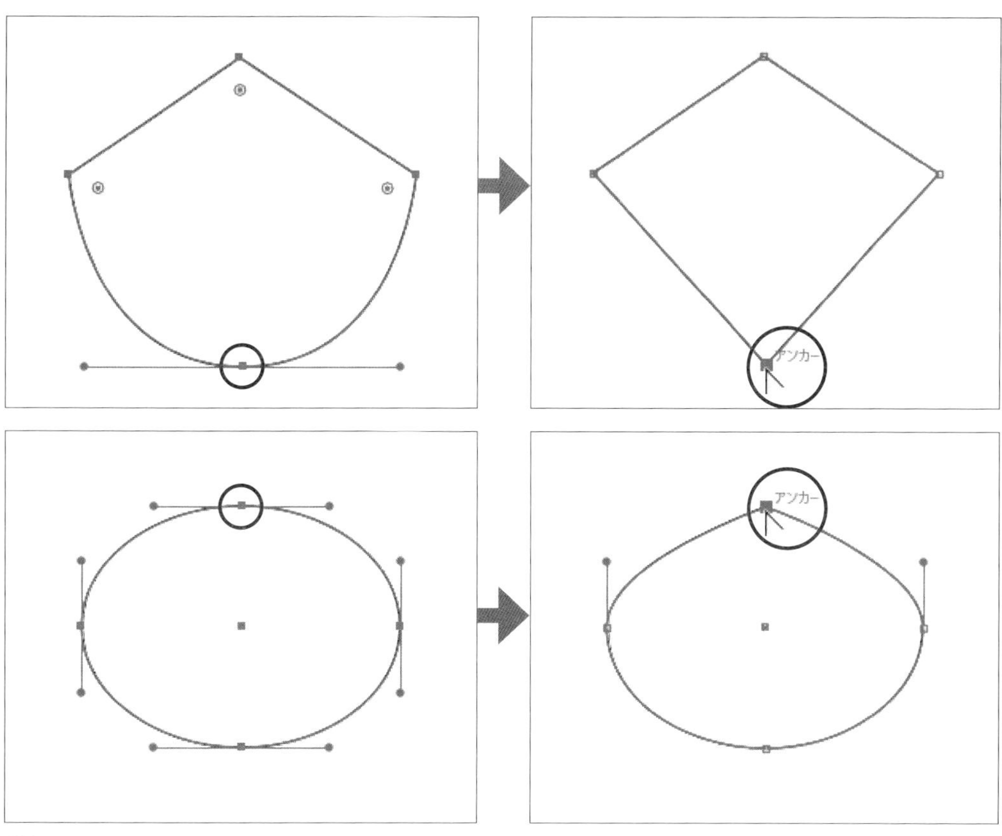


スムーズポイントをクリックすると、コーナーポイントに切り替わります。

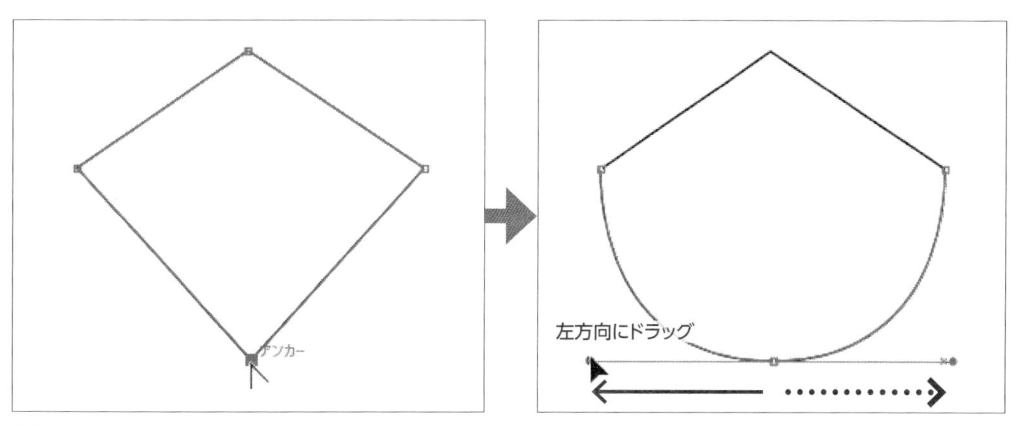


コーナーポイントをスムーズポイントへ切り替えるには、コーナーポイントを右または左方向にドラッグします。方向線が両方向に伸びて両側のパスが曲線になり、スムーズポイントに切り替わります。

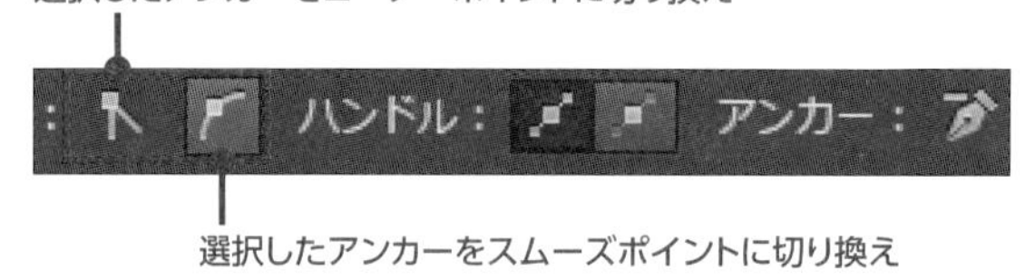


アンカーポイントの種類の切り替えは、コントロールパネルからも行えます。ダイレクト選択ツールでアンカーポイントを選択したあと、［選択したアンカーをコーナーポイントに切り換え］または［選択したアンカーをスムーズポイントに切り換え］をクリックします。

ダイレクト選択ツールでスムーズポイントのハンドルを動かすと、逆方向の方向線も連動して向きが変わります。一方アンカーポイントツールでスムーズポイントのハンドルを動かすと、逆側の方向線は連動せず、向きも長さも変わりません。このときにスムーズポイントはコーナーポイントに切り替わっています。

ダイレクト選択ツールでハンドルを動かす

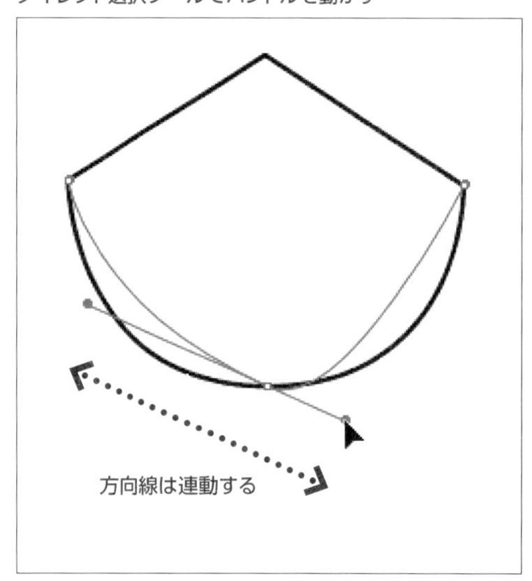


アンカーポイントツールでハンドルを動かす

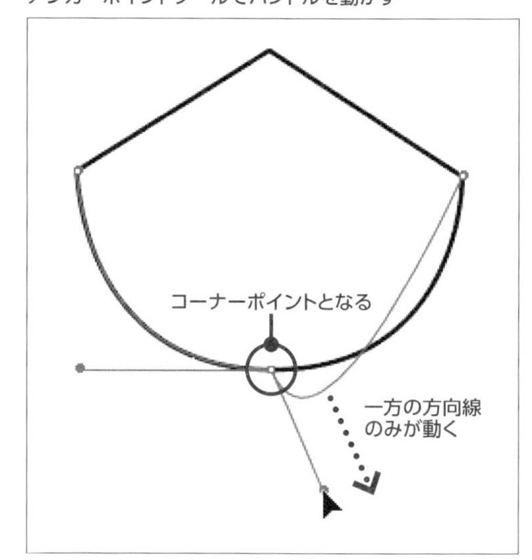

## パスの部分修正

「鉛筆ツール」を使えば、すでに作成されているパスの一部をフリーハンド曲線を描くように手書きで修正することができます。

使用ファイル パスの部分修正.ai

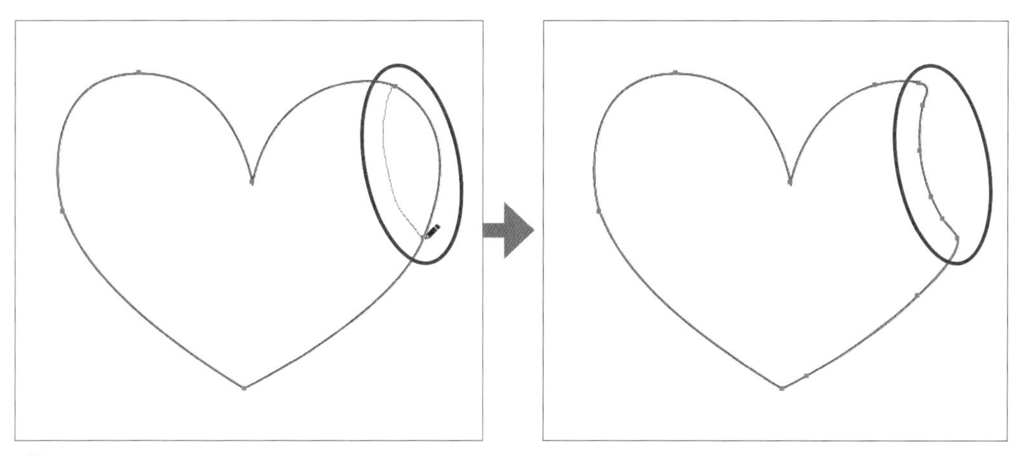

修正するパスを選択してから、ツールパネルの［鉛筆ツール］を選択します。修正する部分を鉛筆ツールで書き込むとその部分が新たなパスに変わります。鉛筆ツールで書き込んだ始点や終点が元のパス上にないと、パスが修正される代わりに新たなパスが追加されるので注意が必要です。

## パスを滑らかにする

鉛筆ツールなどで作成したフリーハンド曲線は、「スムーズツール」を使うと滑らかにできます。

フリーハンド曲線は滑らかでない部分が多いため、パスが細かいセグメントに分割されています。スムーズツールを使うとアンカーポイントを減らし、曲線を滑らかにすることができます。

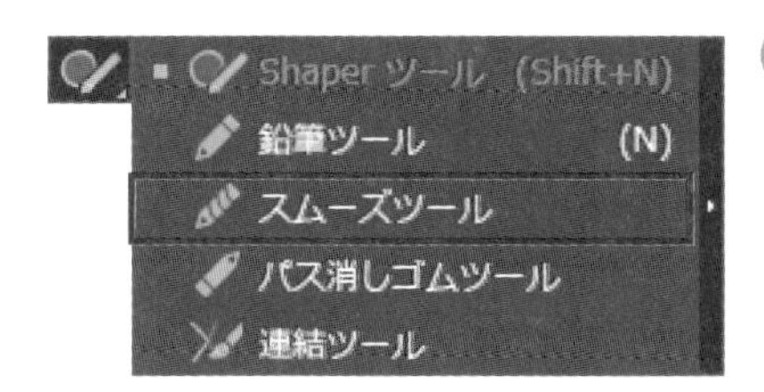


選択ツールまたはダイレクト選択ツールでパスを選択して、ツールパネルの［スムーズツール］をクリックします。

使用ファイル パスを滑らかにする.ai

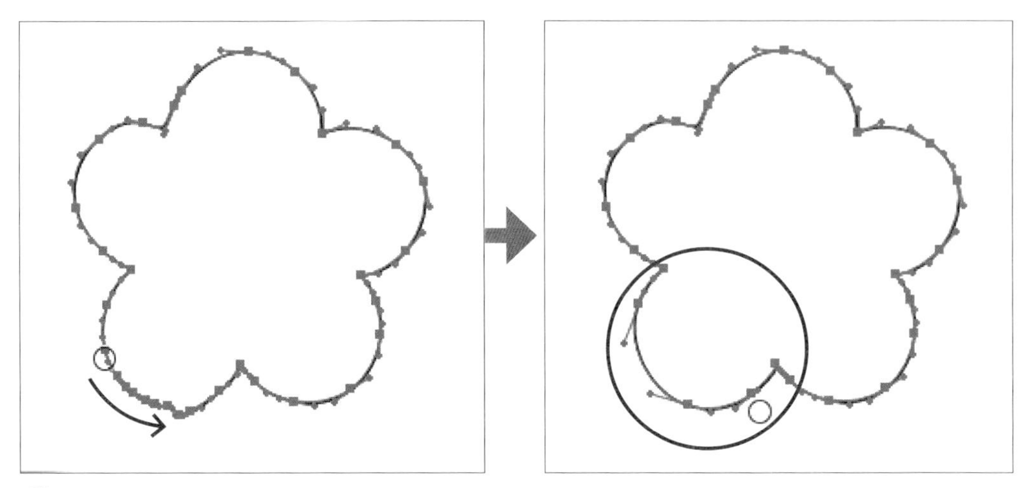

マウスポインターの形が「○」に変わります。滑らかにしたい部分をなぞるようにドラッグするとアンカーポイントが間引かれ、滑らかなパスに変わります。
パスの上でクリックするとパス全体が滑らかになります。

自動的に余分なアンカーポイントを削除して、パスを滑らかにすることもできます。

パスを選択してから［オブジェクト］メニュー→［パス］→［単純化］をクリックすると、アンカーポイントが自動的に削除されて、滑らかなパスになります。同時に表示されたスライダーで、アンカーポイントの数を増減することもできます。［詳細オプション］をクリックすると、［単純化］ダイアログボックスが表示され、さらに詳細な設定を行うことができます。

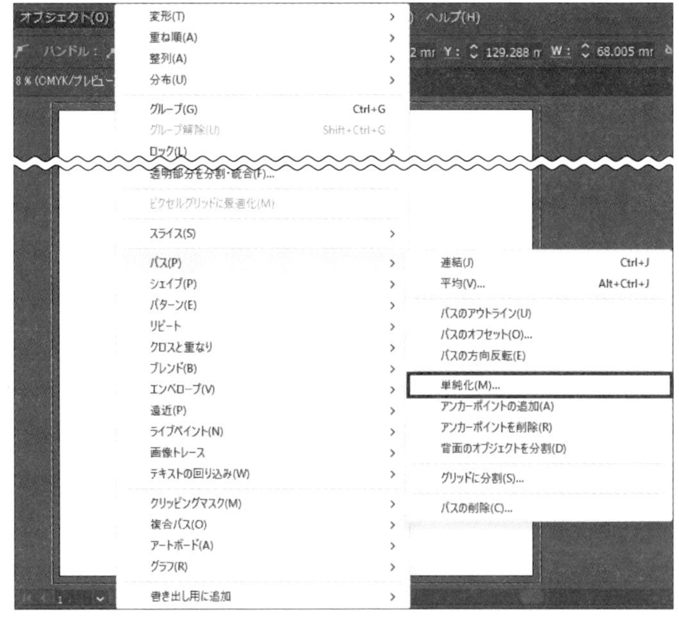


自動でパスを単純化
詳細オプション
アンカーポイントを増減

[単純化] ダイアログボックスの [曲線の単純化] は、スライダーを最小にするほどアンカーポイントの数が減ります。[コーナーポイント角度のしきい値] は角度の滑らかさを設定します。

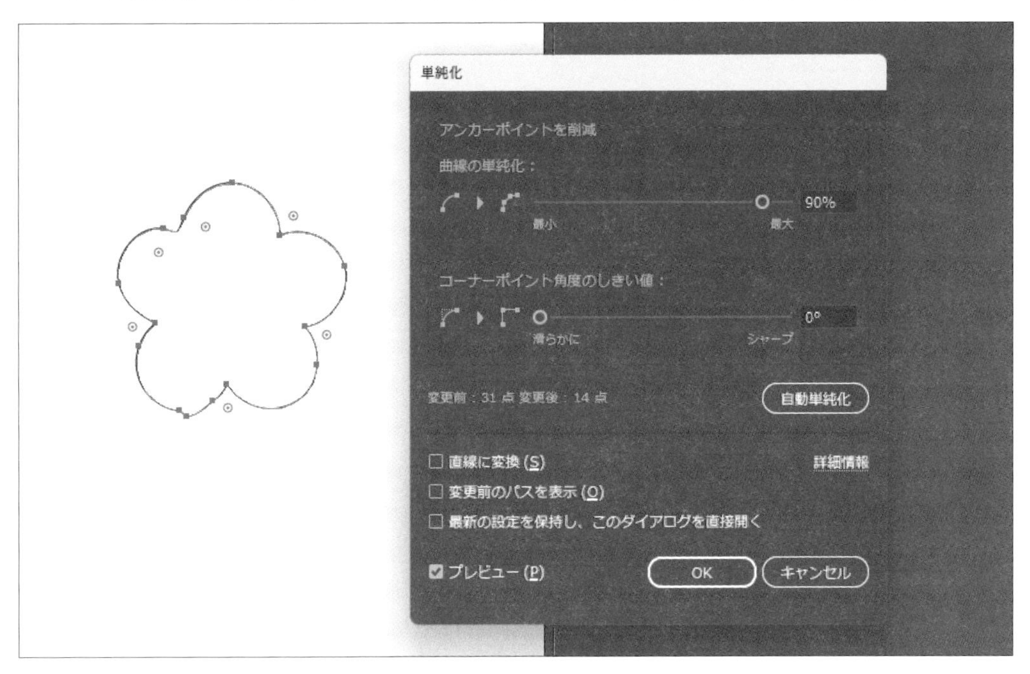


## パスの部分削除

「パス消しゴムツール」は、なぞった部分のパスを削除します。

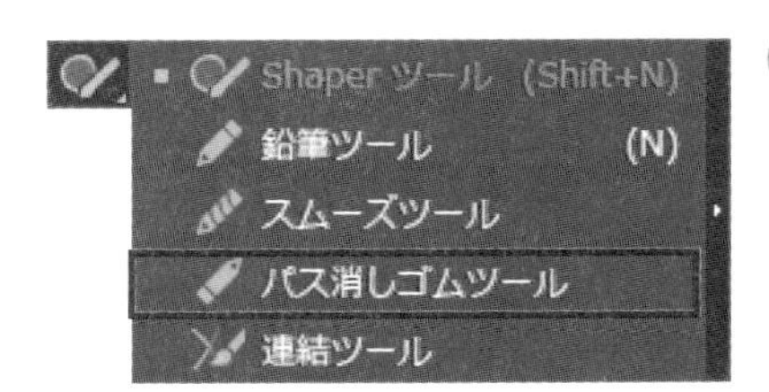


選択ツールまたはダイレクト選択ツールでパスを選択し、ツールパネルの [パス消しゴムツール] をクリックします。

使用ファイル パスの部分削除.ai

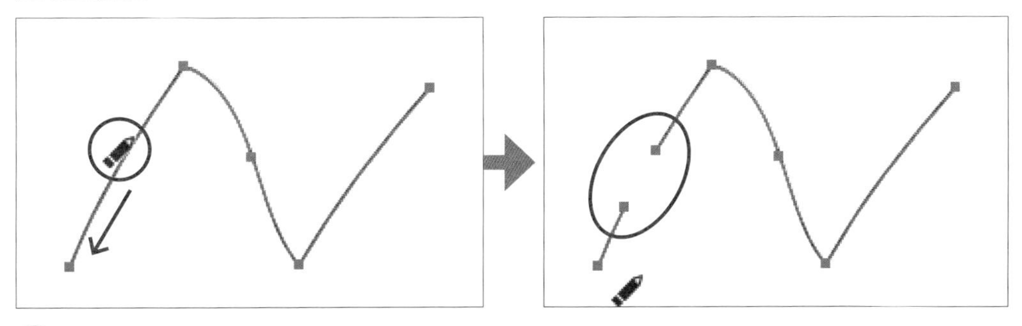

マウスポインターの形が の形になったら、パスの上をなぞるようにドラッグします。なぞった部分のパスが削除され、残った部分の端点に新たにアンカーポイントが作成されます。

「パス消しゴムツール」と「消しゴムツール」との違いは次の通りです。パス消しゴムツールでなぞるとパスが削除され、クローズドパスの場合はオープンパスに変わります。消しゴムツールではドラッグしたエリアが削除され、残った部分の端点はパスで結ばれるので、削除後もクローズドパスのままです。

パス消しゴムツールでなぞる

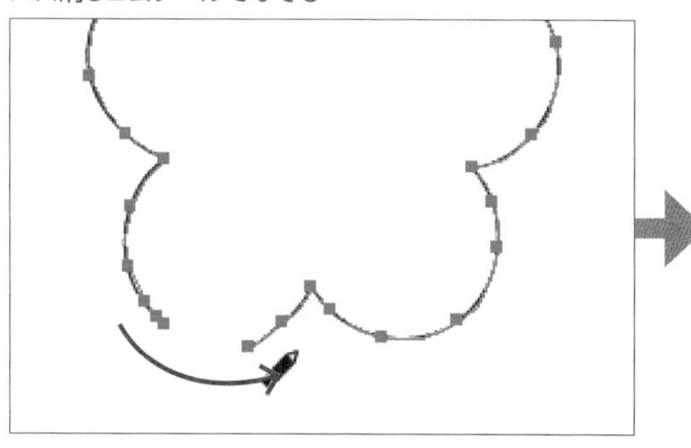

消しゴムツールでドラッグする

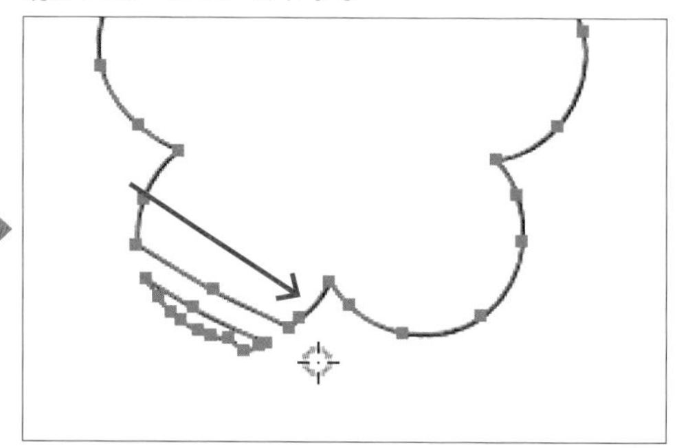

## パスの分割

パスを途中で分割するには「はさみツール」と「ナイフツール」を使います。

### はさみツール

「はさみツール」は、クリックした位置でパスを分割するツールです。

ツールパネルの［はさみツール］をクリックします。

使用ファイル はさみツール.ai

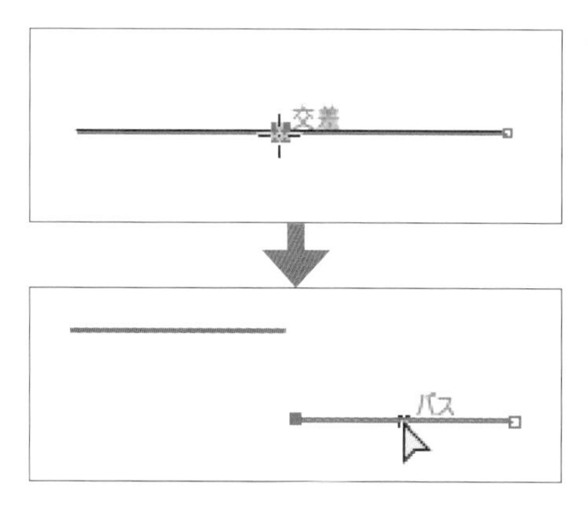


パスの上でクリックするとパスが2つに分割され、分割した地点のアンカーポイントが重なった状態になります。選択ツールまたはダイレクト選択ツールを選択して、一方のパスを動かすと、パスが分割されていることを確認できます。

アンカーポイントが複数ある直線や曲線の場合、ダイレクト選択ツールでアンカーポイントを選択し、コントロールパネルの［選択したアンカーポイントでパスをカット］をクリックすると、同様にパスを分割できます。

### ナイフツール

「ナイフツール」は、ドラッグした軌跡でパスやオブジェクトの塗りの部分（エリア）を分割するツールです。

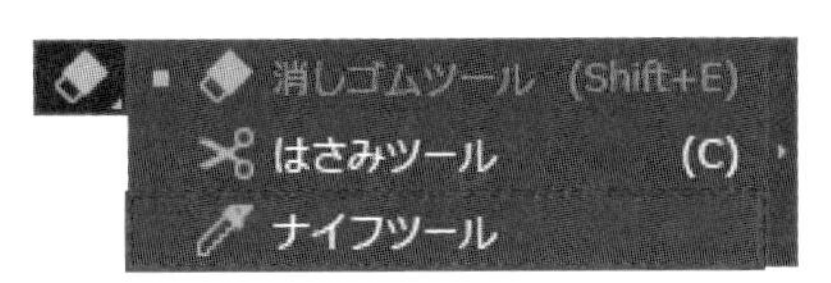


ツールパネルの［ナイフツール］をクリックします。



使用ファイル ナイフツール.ai

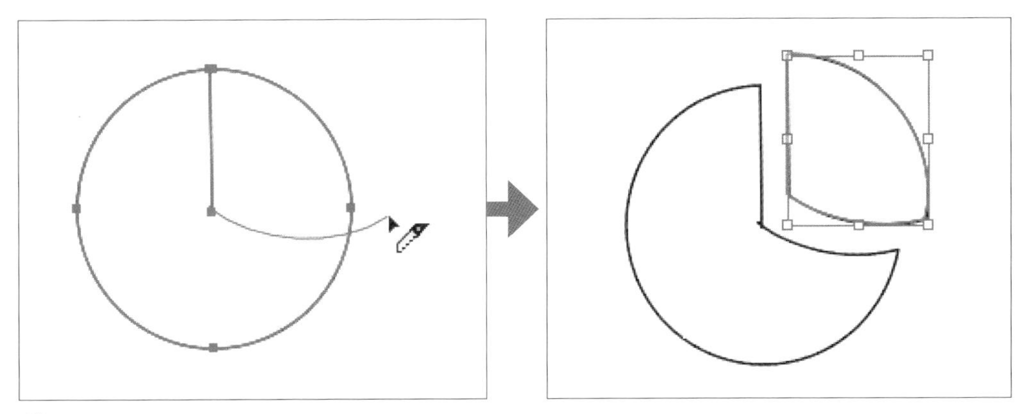

円の中心にマウスポインターを合わせ、**Alt**キーを押してからそのまま円の上に向かってドラッグすると、直線の軌跡が引かれます。次に**Alt**キーを押さずに円の中心から右に向かって曲線形にドラッグします。選択ツールに切り替え、オブジェクト全体の選択を解除したあと、カットした部分を選択しなおして動かすと、エリアが分割されたことを確認できます。

## パスの連結

2つのオープンパスを曲線または直線で連結して1つのパスにすることができます。

使用ファイル パスの連結.ai

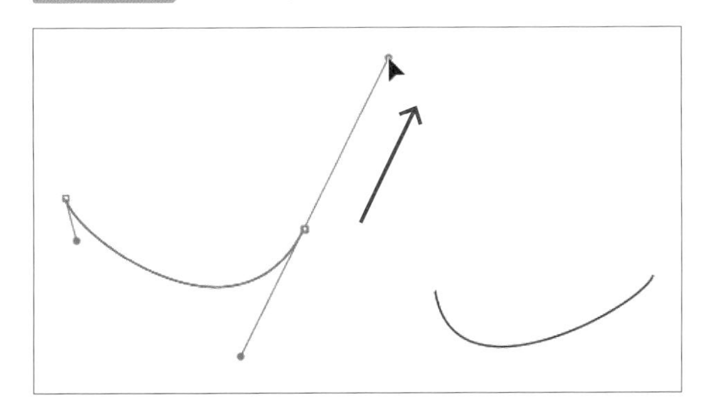

### 曲線で連結

［ペンツール］を選択します。連結を開始する側のパスのアンカーポイントにマウスポインターを合わせてドラッグを開始すると、両方向の方向線が表示されます。方向線を伸ばしたら、マウスの左ボタンからいったん指を離します。

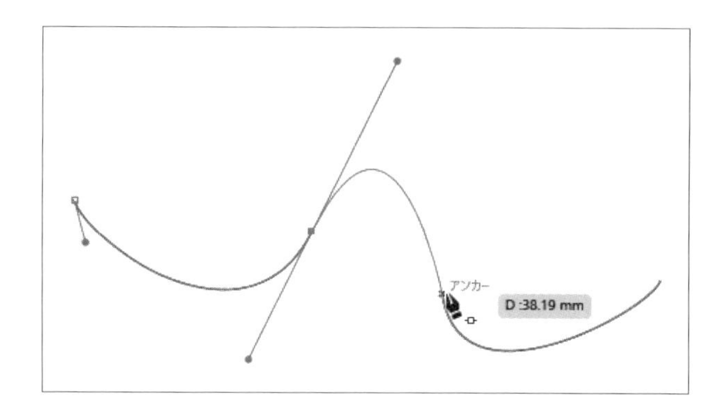


もう一方のパスのアンカーポイントにポインターを合わせて、同じように方向線の向きを確認しながらドラッグします。

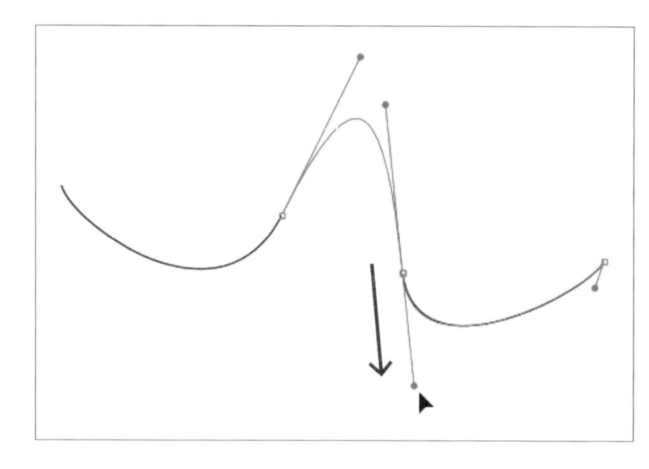

2点間が曲線で結ばれて、スムーズポイントになります。

ツールパネルの［連結ツール］でもパスを連結できます。連結ツールでは、交差してはみ出したパスを削除して連結したり、パスを伸ばして隙間を埋めるように連結したりできますが、つなぐ距離が離れすぎていると上手く機能しない場合があります。

## 直線で連結

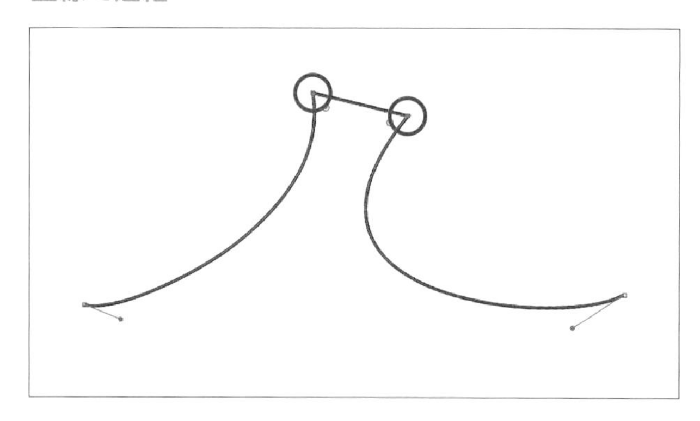

ダイレクト選択ツールで**Shift**キーを押しながら2つのアンカーポイントをクリックして選択します。［オブジェクト］メニュー→［パス］→［連結］をクリックすると2点間が直線で結ばれて、コーナーポイントになります。

コントロールパネルの［選択した終点を連結］をクリックしても同様の結果が得られます。

なお、ペンツールを使用して、2つのアンカーポイントをクリックしても直線で連結することができます。

# 5.4 ブラシ

ブラシ機能を使用すると、パスに対して、さまざまな形状、パターン、装飾を適用して、外観を変更することができます。ブラシライブラリには、多様なブラシが登録されていて、さまざまなアートワークの作成に役立ちます。



ブラシツールで描画した線は、パスの情報とブラシの情報（形状、パターン、装飾など）で成り立っています。また、ブラシはペンツールなどで作成したパスに対しても適用できます。

選択ツールまたはダイレクト選択ツールでパスを選択し、コントロールパネルの［ブラシ定義］か、［ブラシ］パネルから操作します。［ブラシ］パネルは、［ウィンドウ］メニュー→［ブラシ］をクリックするか、パネルの領域にある［ブラシ］アイコンをクリックして表示します。コントロールパネルの［ブラシ定義］も［ブラシ］パネルも内容は同じです。

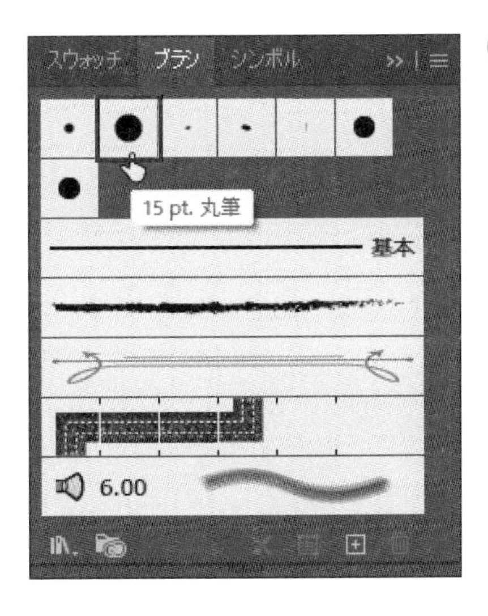


［ブラシ］パネルの［15pt, 丸筆］をクリックします。

使用ファイル ブラシ.ai

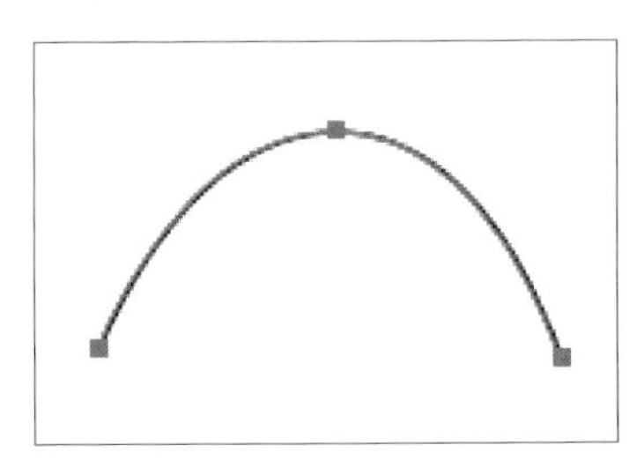

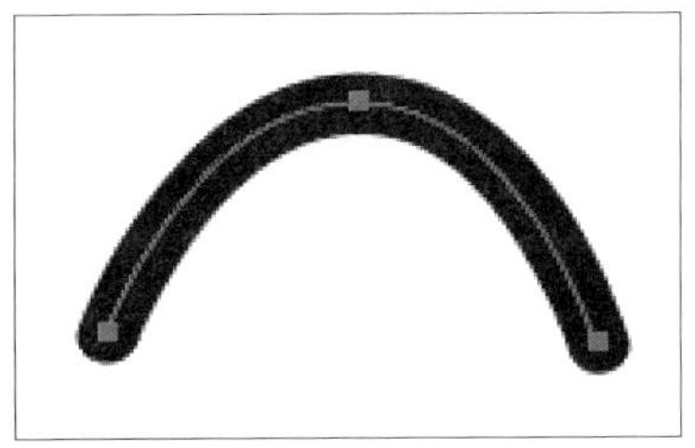

パスに15ポイントの丸筆で描いたような形状が適用されます。

### ブラシの種類

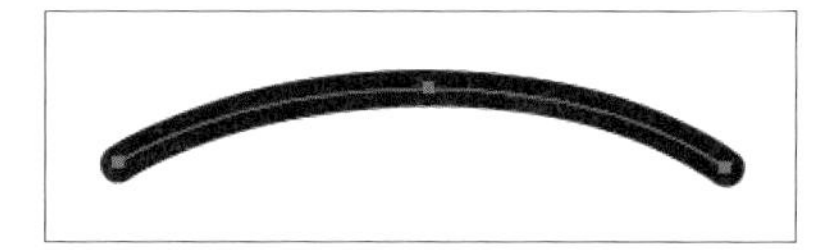

・**カリグラフィブラシ**
さまざまな形状のペン先で描いたような線を描画します。

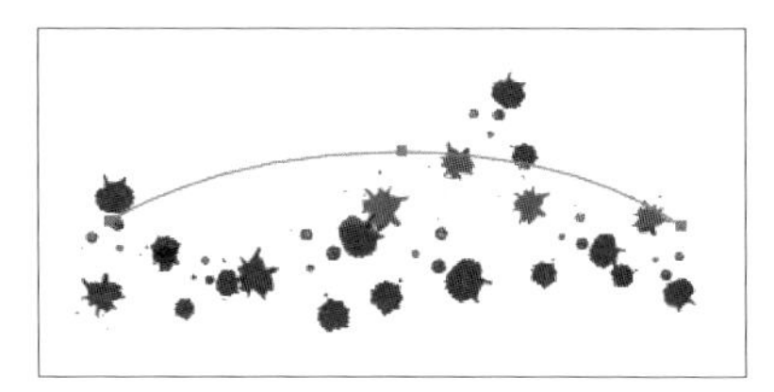

・**散布ブラシ**
パスの周囲にオブジェクトをランダムに散らします。

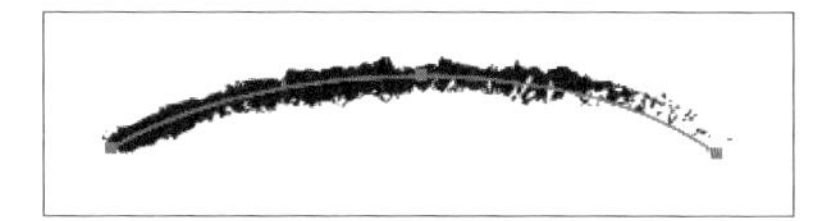

・**アートブラシ**
筆や木炭で描いたような線を描画します。

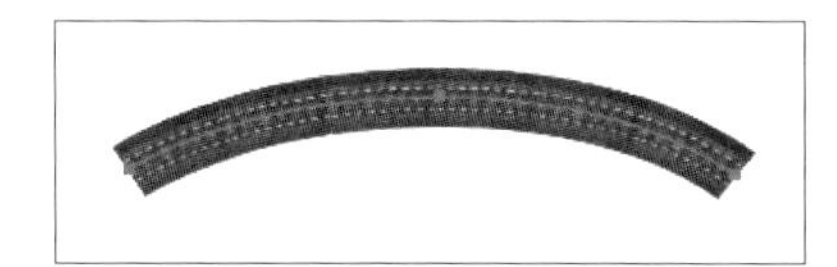

・**パターンブラシ**
登録されたパターンを規則的に並べて描画します。

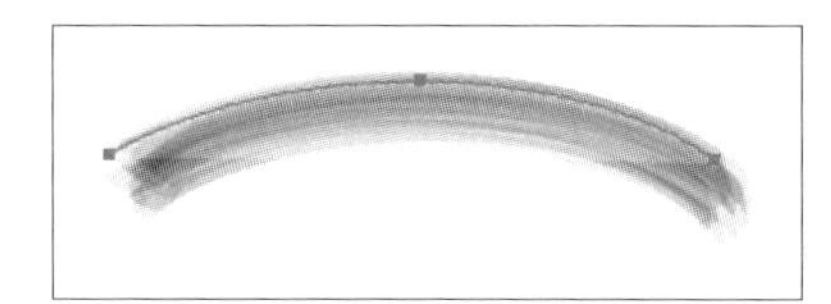

・**絵筆ブラシ**
絵筆で描いたような透明感のある線を描画します。

## [ブラシ] パネル

[ブラシ] パネルではさまざまな種類のブラシを選ぶことができます。

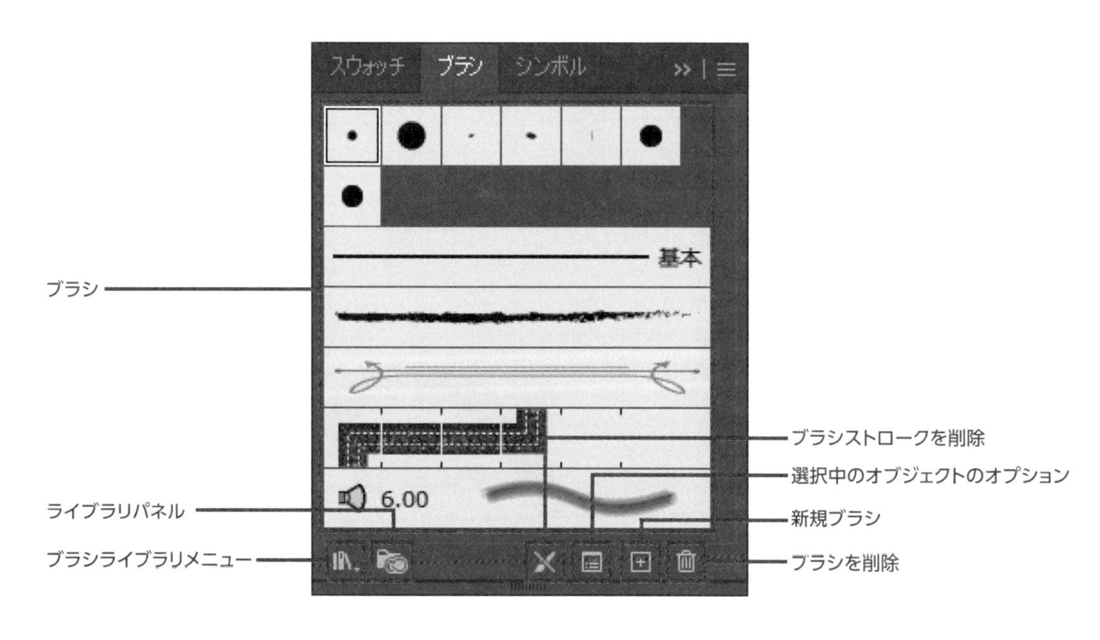

### ブラシライブラリメニュー

[ブラシ] パネルには、一部のブラシが表示されていますが、ブラシライブラリにはさまざまな種類のブラシが登録されています。

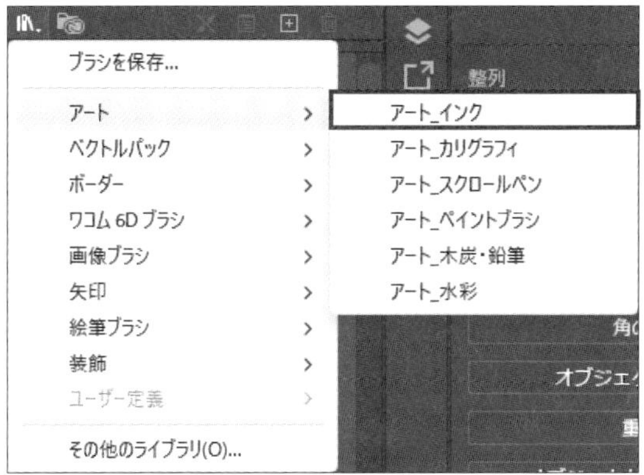


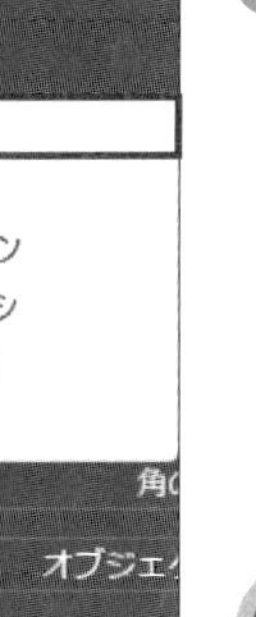

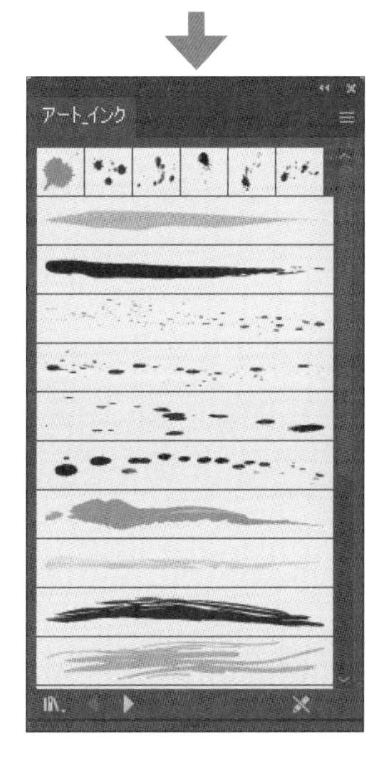


[ブラシライブラリメニュー] をクリックすると、[アート] [ベクトルパック] などの分類が表示されます。いずれかをクリックすると、プリセットのパネルが開き、選択したブラシは [ブラシ] パネルに追加されます。



**メモ**

ブラシライブラリメニューの [ブラシを保存] をクリックすると、[ブラシをライブラリとして保存] ダイアログボックスが開き、現在の [ブラシ] パネルの状態を保存できます。保存したブラシライブラリは [ユーザー定義] から開くことができます。

### ライブラリパネル

[CC ライブラリ] パネルが開き、CCライブラリに登録されているアセット (素材) をブラシに利用できます。

### ブラシストロークを削除

パスからブラシが削除され、ブラシを適用する前の状態に戻ります。この機能は、ブラシを適用しているパスが選択されている場合に利用できます。

## 新規ブラシ

[新規ブラシ] ダイアログボックスが表示されます。新規ブラシの種類を選択して [OK] をクリックします。ブラシの種類に応じた [○○○○オプション] ダイアログボックスが表示されたら、詳細な設定を行い [OK] をクリックすると新しいブラシが [ブラシ] パネルに追加されます。なお、散布ブラシ、アートブラシ、パターンブラシを作成するには、元となるオブジェクトが必要です。

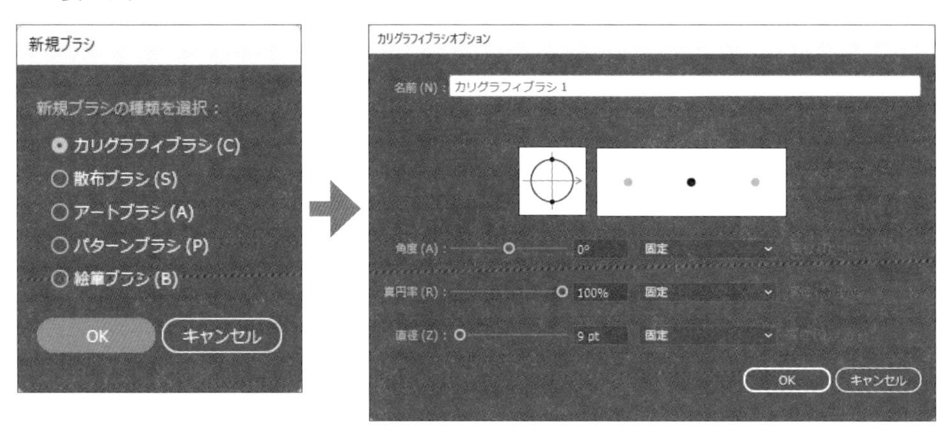


## 選択中のオブジェクトのオプション

選択したオブジェクトに適用されているブラシの種類に応じた [ストロークオプション] ダイアログボックスを表示します。このダイアログボックスでは、ブラシの詳細を設定します。[プレビュー] のチェックをオンにすると、アートボード上でプレビューできます。

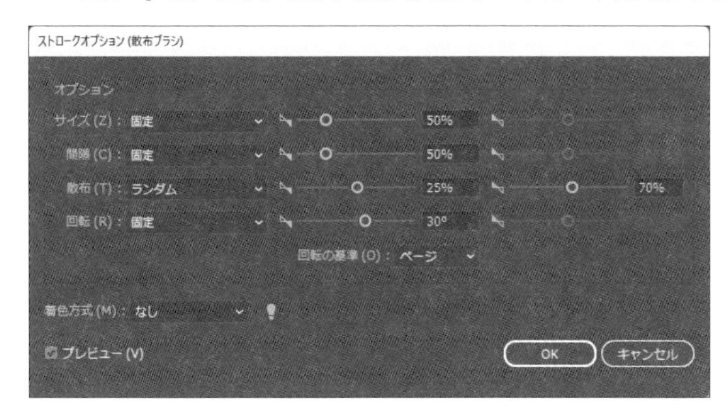


元のブラシ

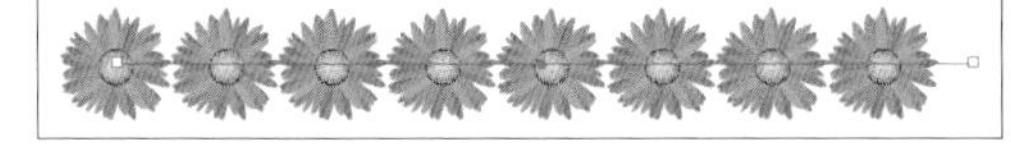

編集後のブラシ

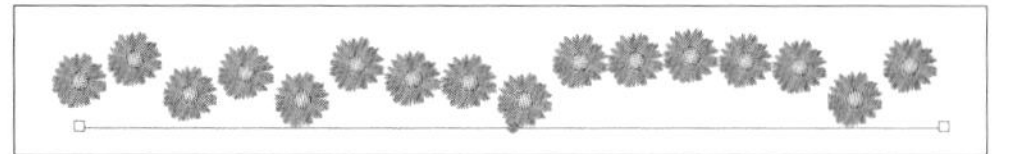

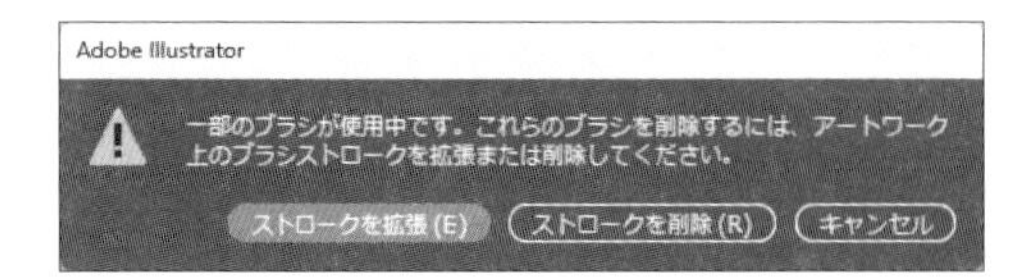


## ブラシを削除

選択したブラシを [ブラシ] パネルから削除します。ブラシが使用中の場合は、警告メッセージが表示され、ストロークを拡張するか、ストロークを削除するかを選択します。拡張を選択すると、ストロークがグループ化されて個別のオブジェクトに変わります。

## 線幅ツール

線の幅を場所ごとに変えることができるツールです。

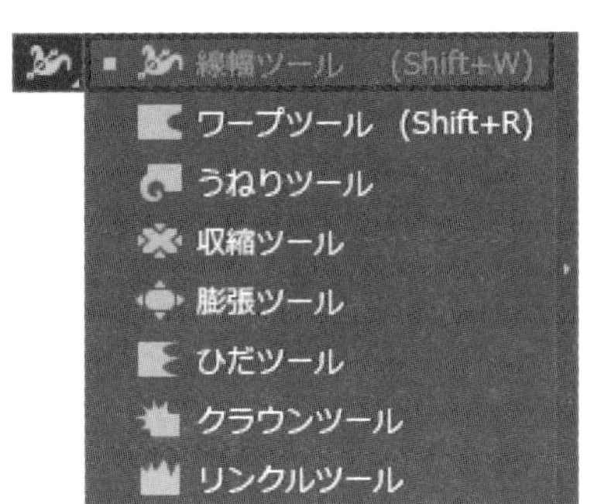


選択ツールでパスを選択して、ツールパネルの［線幅ツール］をクリックします。

使用ファイル 線幅ツール.ai

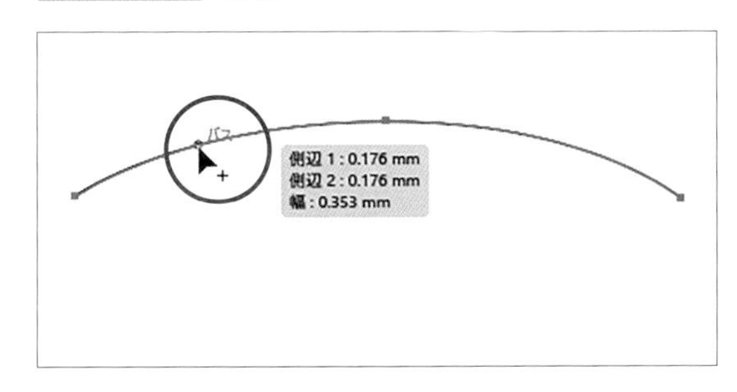


パスの上にマウスポインターを合わせてパスに交差する方向にドラッグします。

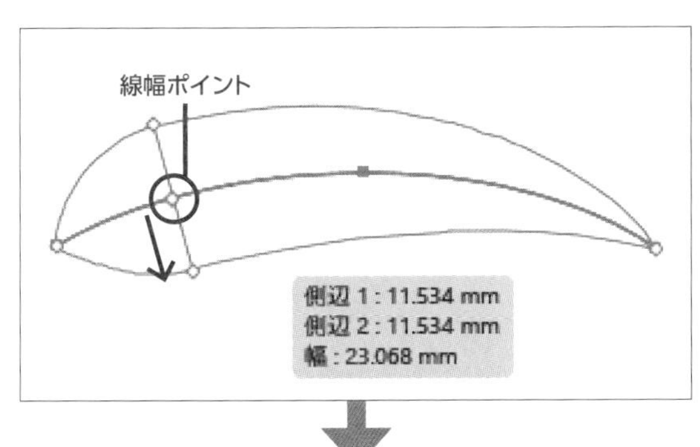


線幅ポイントが作成されて線の幅が変わります。

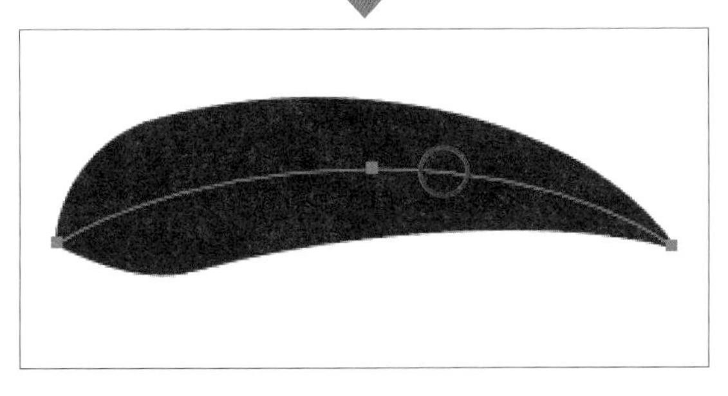

パスの上でダブルクリックすると［線幅ポイントを編集］ダイアログボックスが表示されます。

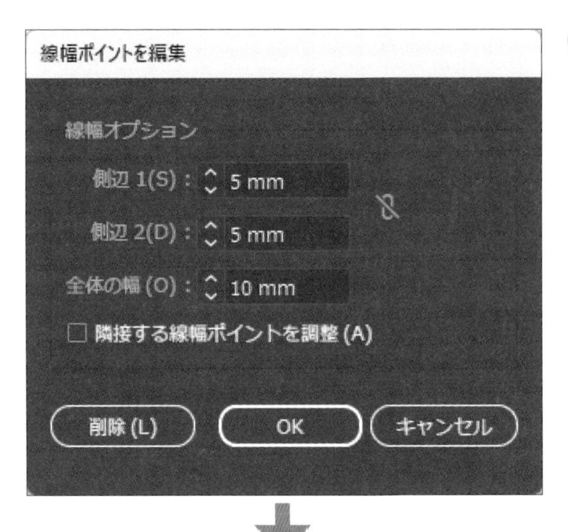


ダブルクリックした位置の線幅を数値で設定できます。

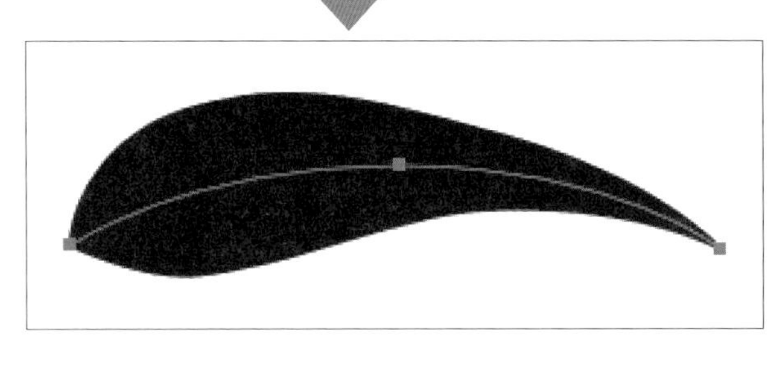

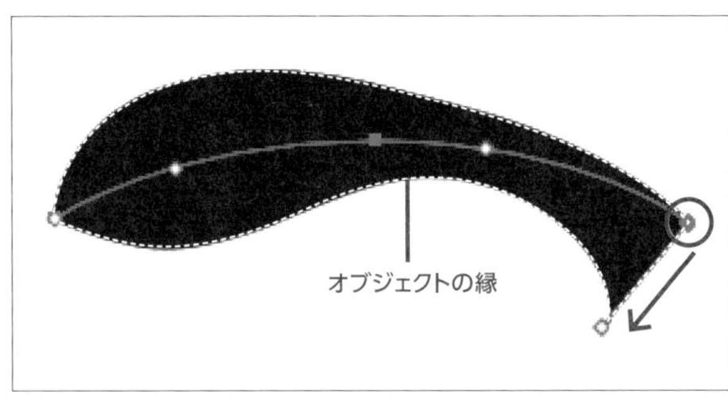


オブジェクトの縁で**Alt**キーを押しながらドラッグするとパスの片側の線幅を変えることができます。

# 練習問題

**問題1** パスに関連するツールについて正しい説明を選びなさい。

**A.** ペンツールはベジェ曲線や直線を引くことができる。
**B.** ダイレクト選択ツールでアンカーポイントを選択するには、アンカーポイントをクリックするか、アンカーポイントを囲むようにドラッグする。
**C.** スムーズツールを使うと、自動的にアンカーポイントが増えて滑らかな曲線になる。
**D.** はさみツールは、ドラッグした軌跡でパスやオブジェクトを分割する。

**問題2** 次の図の①〜④と右側の名称を一致させなさい。

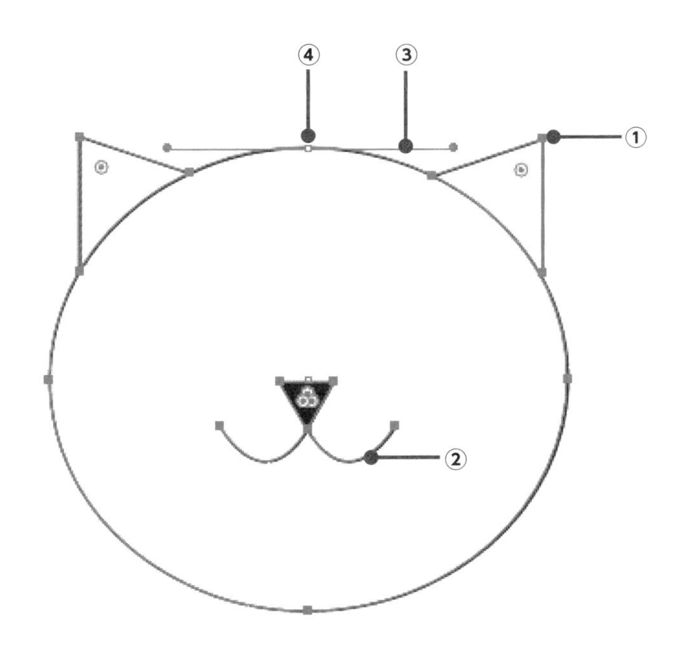


| 名称 |
|---|
| **A.** スムーズポイント |
| **B.** コーナーポイント |
| **C.** セグメント |
| **D.** 方向線 |

**問題3** アンカーポイントについて間違った説明を選びなさい。

**A.** アンカーポイントの追加ツールでパスをクリックするとアンカーポイントが追加される。
**B.** ダイレクト選択ツールでアンカーポイントを選択し、コントロールパネルの［選択したアンカーポイントを削除］をクリックするとアンカーポイントを削除することができる。
**C.** ダイレクト選択ツールでスムーズポイントのハンドルを動かしても、逆方向の方向線は影響を受けない。
**D.** アンカーポイントツールは、スムーズポイントをコーナーポイントへ、コーナーポイントをスムーズポイントへ切り替えるツールである。

**問題4** ［練習問題］フォルダーの5.1.aiを開き、ダイレクト選択ツールを用いて頂点の角を丸くしなさい。

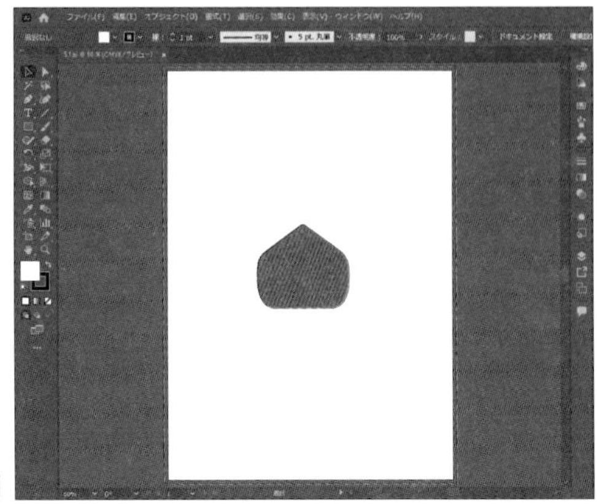
5.1.ai

**問題5** ［練習問題］フォルダーの5.2.aiを開き、アンカーポイントの削除ツールを用いて円を半月状のクローズドパスにしなさい。

5.2.ai

**問題6** 新規ドキュメントに、ペンツールで連続した曲線を描きなさい。大きさや形状は問わない。

# 6

# オブジェクトの配置と変形

# 6.1 オブジェクトの選択

オブジェクトの色や形を変えるといった編集を行うには、「どのオブジェクトか」を指示するためにオブジェクトの選択が必要です。各種選択ツールの機能と操作方法を学びます。

## 選択ツール

「選択ツール」は、オブジェクト全体を選択するときに使用します。

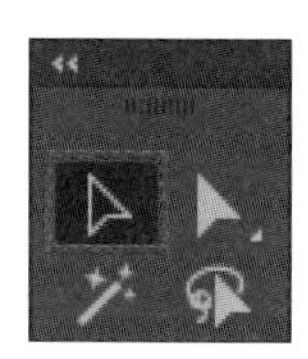

ツールパネルの［選択ツール］をクリックします。

使用ファイル 選択ツール.ai

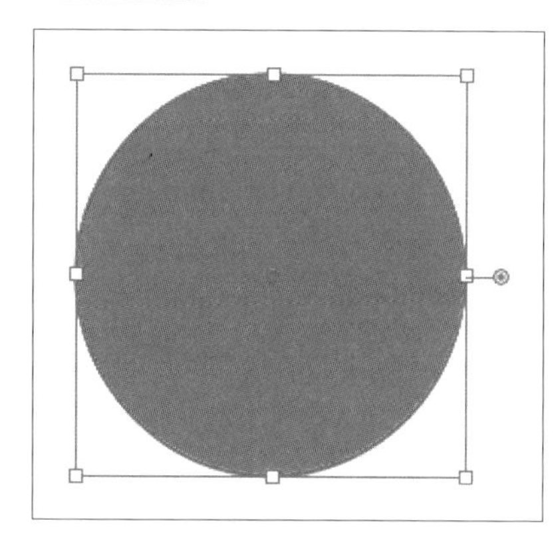

オブジェクトをクリックするとそのオブジェクトを囲む長方形（バウンディングボックス）が表示され、オブジェクトを編集できる状態になります。
オブジェクトに塗りが設定されている場合は塗りの部分をクリックすると選択されます。塗りが「なし」の場合はパスの上でクリックすると選択されます。

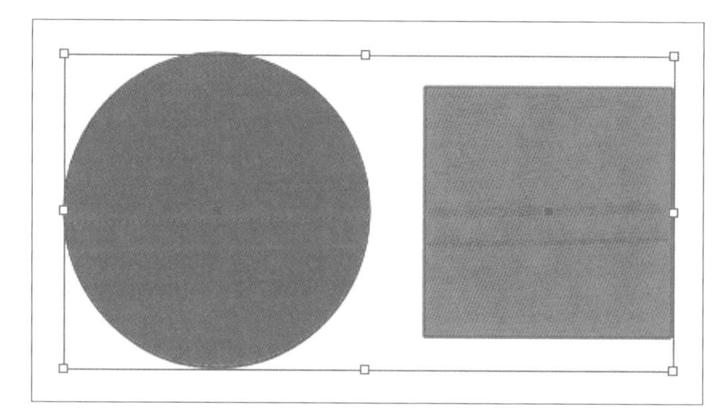

1つのオブジェクトを選択したあと、**Shift**キーを押しながら別のオブジェクトを選択すると、2つのオブジェクトが一緒に選択され、複数のオブジェクト全体を囲むバウンディングボックスに変わります。

使用ファイル 選択ツール2.ai

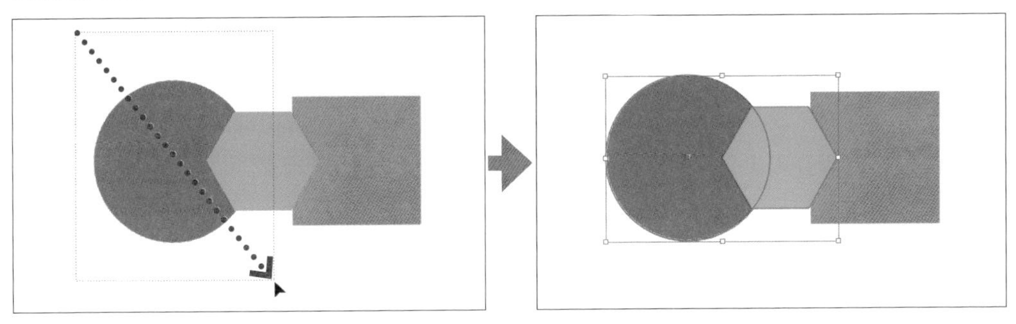

選択ツールでオブジェクトの周りをドラッグすると選択マーキー（点線の四角形）が表示されます。マーキーで囲んだオブジェクト、またはマーキーが触れているオブジェクトが選択されます。この例のように、アートボードの何もない部分から円形と六角形のオブジェクトの半分くらいを囲むようにドラッグすると、2つのオブジェクトが同時に選択されます。

オブジェクトの選択を解除するには、アートボードの何もないところをクリックします。選択した複数のオブジェクトのうち、一つだけ選択を解除する場合は、選択を解除したいオブジェクトの上で、**Shift**キーを押しながらクリックします。

## グループ化

複数のオブジェクトをまとめ、一つのオブジェクトとして扱えるようにすることを「グループ化」といいます。

使用ファイル グループ化.ai

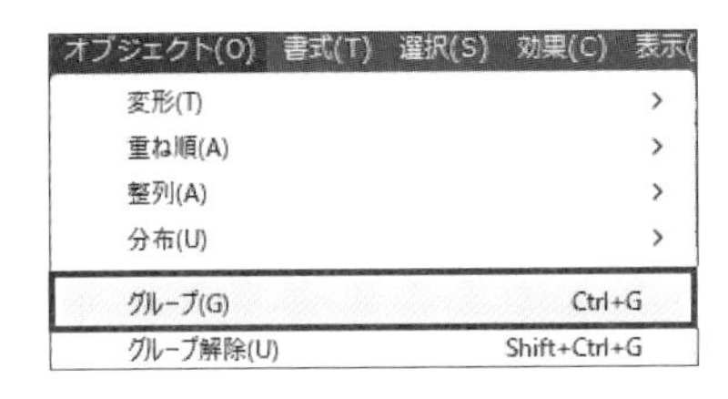


選択ツールでグループ化する複数のオブジェクトを選択して、［オブジェクト］メニュー→［グループ］をクリックします。バウンディングボックス内で右クリックして、メニューの［グループ］を選択しても同じです。

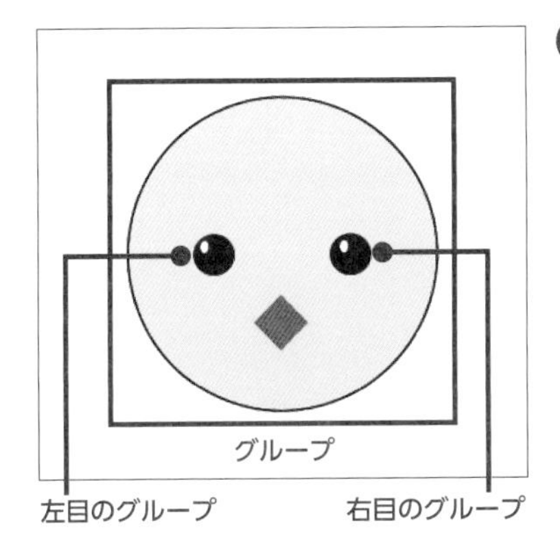


グループ化したオブジェクトを選択ツールでクリックすると、グループに含まれるすべてのオブジェクトが選択されます。その状態で移動や変形などの操作を行うと、グループ内のすべてのオブジェクトに適用されます。
グループ化したオブジェクトとさらに別のオブジェクトをグループ化する（グループを入れ子にする）こともできます。グループを解除するには［オブジェクト］メニュー→［グループ解除］または右クリックメニューの［グループ解除］をクリックします。グループが入れ子になっている場合は、選択したグループのみが解除されます。

## 編集モード

「編集モード」は、特定のオブジェクトだけを編集しやすくするモードです。特にグループ化されたオブジェクトの場合、グループを解除せずに目的のオブジェクトを編集できるため、ほかのオブジェクトを誤って操作することを防げます。

**使用ファイル** 編集モード.ai

複数のオブジェクトがある場合に、選択ツールで一つのオブジェクトをダブルクリックすると、そのオブジェクトが「編集モード」になります。

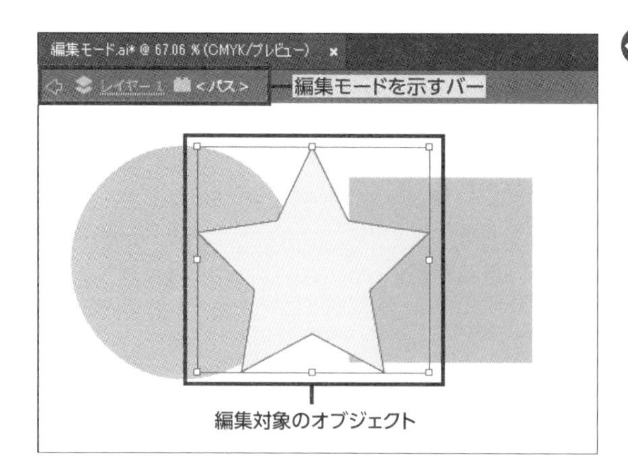


ドキュメントタブの下にグレーのバーが表示されて、選択したオブジェクト以外は色が薄くなり、編集できなくなります。オブジェクトを選択して右クリックし［選択パス編集モード］をクリックしても同様です。
編集モードを解除するには、グレーのバーの何もない部分をクリックするか、オブジェクトを右クリックして［編集モードを解除］をクリックします。

グループ化されたオブジェクトの場合は、選択ツールでグループをダブルクリックするか、グループを右クリックし［選択グループ編集モード］をクリックすると、グループ編集モードになります。
グループが入れ子になっていると選択したグループ以外は色が薄くなり、編集できなくなります。編集モード状態になっているグループ内のひとつのオブジェクトをダブルクリックすると、そのオブジェクトを個別に編集できるようになります。

**使用ファイル** 編集モード2.ai

グループ化したオブジェクトの編集モード

入れ子のグループにあるオブジェクトの編集モード

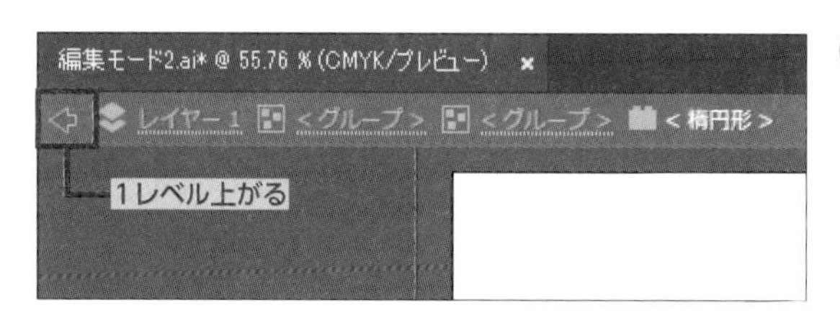


編集モードを示すグレーのバーには、「レイヤー>グループ>グループ>楕円形」のようにグループの階層構造が表示されます。バー左端の矢印をクリックするごとに、一つ上のレベルの選択に戻ります。

## ダイレクト選択ツール

「ダイレクト選択ツール」は、パスのセグメントやアンカーポイントなど、オブジェクトを部分的に選択して編集できますが、グループ内のオブジェクトを個別に選択するときにも使います。

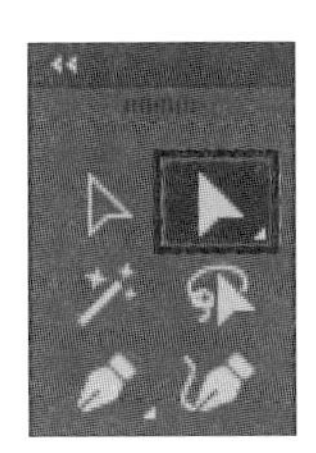

ツールパネルの［ダイレクト選択ツール］をクリックします。

グループ化したオブジェクトの内部（塗りが設定されている場合）をクリックするとグループ内の一つのオブジェクトが選択されます。

**Shift**キーを押しながら別のオブジェクトを選択すると、2つのオブジェクトが一緒に選択されます。

## グループ選択ツール

「グループ選択ツール」は、グループ内のオブジェクトを選択するツールです。

使用ファイル グループ選択ツール.ai

ツールパネルの［グループ選択ツール］をクリックします。

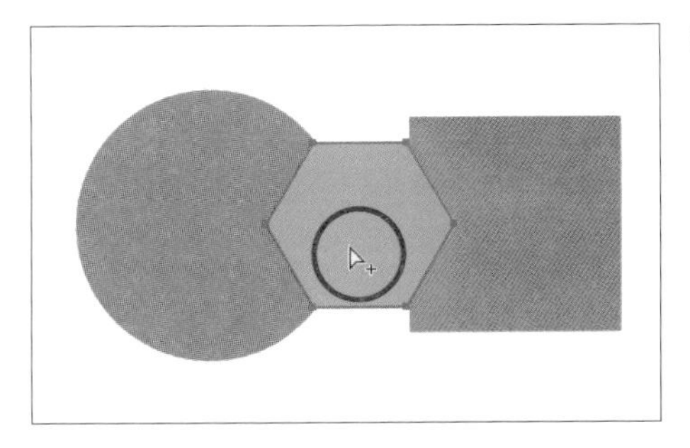

グループ選択ツールの使い方は、基本的にダイレクト選択ツールと同じです。ただし、1回クリックしてオブジェクトを選択したあと、再度同じオブジェクトをクリックすると、そのグループに属するすべてのオブジェクトが選択されます。

## 自動選択ツール

「自動選択ツール」は、複数のオブジェクトの中から、塗りや線の色、線幅、不透明度、描画モードが同じか、近いものを一括して選択します。

**使用ファイル** 自動選択ツール.ai

ツールパネルの［自動選択ツール］をクリックします。

オブジェクトの茶色の部分をクリックすると、塗りの色が同じオブジェクト（クマの顔と耳）がすべて選択されます。

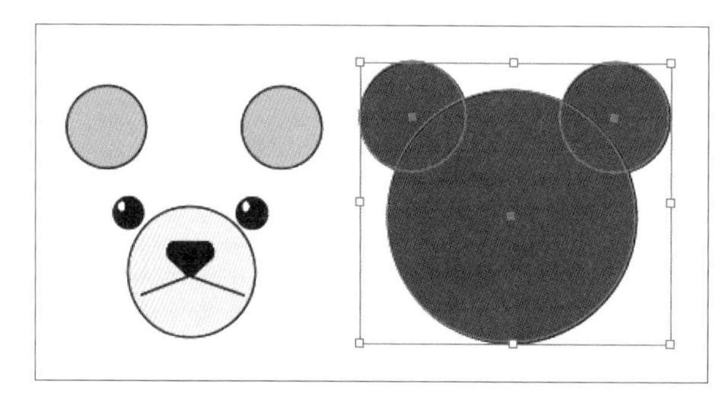

選択ツールに切り替え、ドラッグすると塗りの色が同じオブジェクトだけが選択されていることがよくわかります。

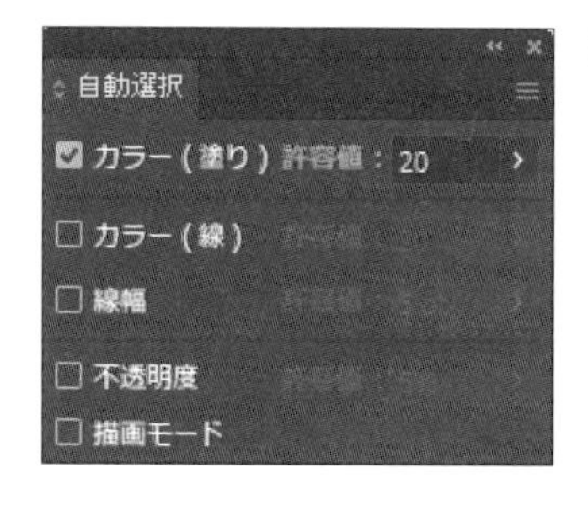


自動選択ツールの選択基準は、［ウィンドウ］メニュー→［自動選択］で［自動選択］パネルを表示して設定できます。

既定は［カラー（塗り）］で許容値が20です。許容値が大きいほど選択される類似色の範囲が広くなります。このほか［カラー（線）］［線幅］［不透明度］［描画モード］が指定できます。複数の基準を指定することもできます。

あらかじめダイレクト選択ツールで基準とするオブジェクトを選択し、［選択］メニュー→［共通］のサブメニューから一括選択する項目をクリックしても、同様に選択できます。

## なげなわツール

「なげなわツール」は、ドラッグして囲んだ範囲の内側にあるアンカーポイントを選択します。

ツールパネルの［なげなわツール］をクリックするとマウスポインターがの形になります。



使用ファイル なげなわツール.ai

選択したい範囲を囲むようにドラッグします。

メモ

複数のアンカーポイントをまとめて選択するには、ダイレクト選択ツールで囲むようにドラッグする方法もありますが、その方法では囲んだ領域が常に長方形になります。不規則な形状で囲みたいときは、なげなわツールを使用します。

ドラッグした領域内にあるアンカーポイントが選択されます。ダイレクト選択ツールに切り替えて選択部分をドラッグして移動します。このとき、選択したオブジェクトのすべてのアンカーポイントが選択されていればオブジェクトがそのままの形で移動しますが、オブジェクトの一部のアンカーポイントだけが選択されている場合はアンカーポイントの移動に合わせてオブジェクトが変形します。ここでは葉の色が変わる境目をダイレクト選択ツールでポイントして右上にドラッグしました。

# 孤立点

ペンツールやテキストツールでアートボードをクリックしたことで、意図せず作成してしまった、何も要素がないアンカーポイントや空のテキストオブジェクトを「孤立点」といいます。

使用ファイル 孤立点.ai

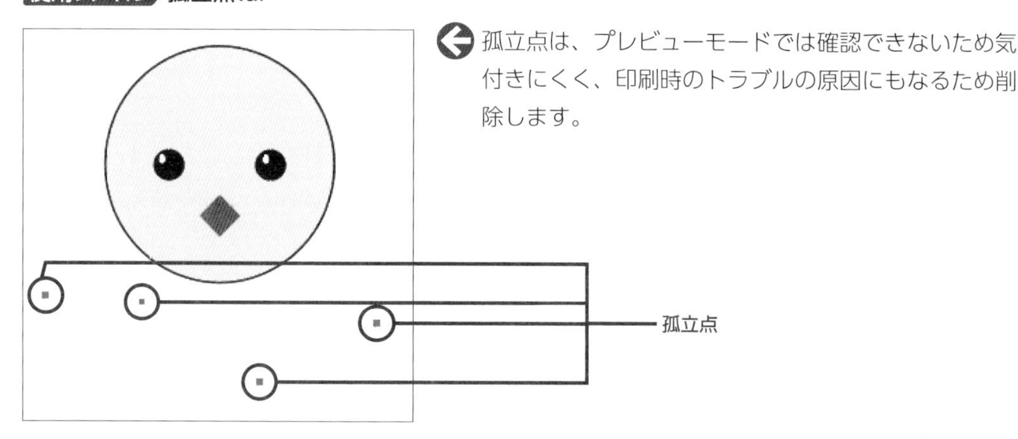


孤立点は、プレビューモードでは確認できないため気付きにくく、印刷時のトラブルの原因にもなるため削除します。

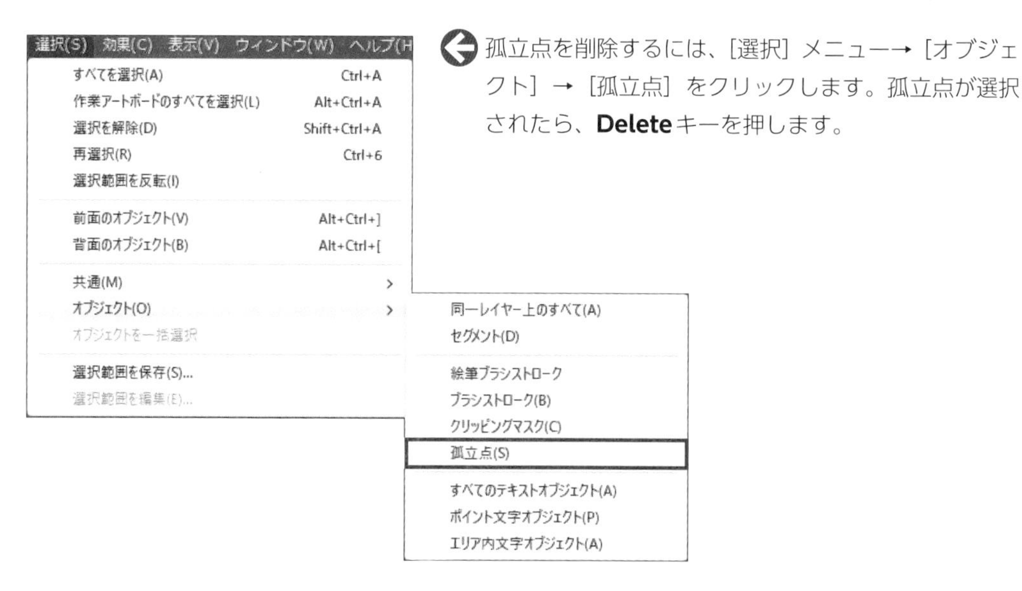


孤立点を削除するには、[選択] メニュー→ [オブジェクト] → [孤立点] をクリックします。孤立点が選択されたら、**Delete** キーを押します。

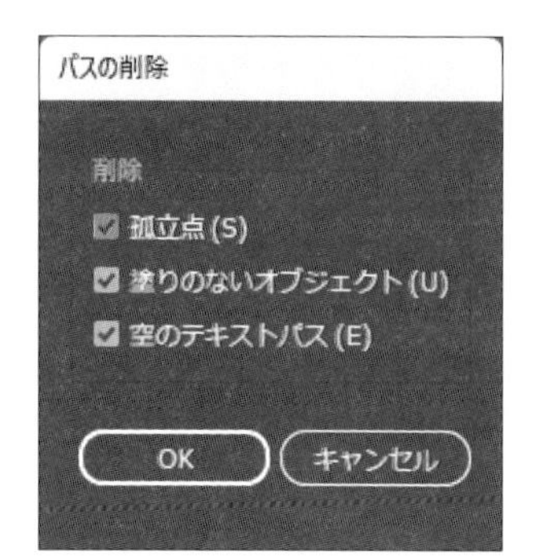

[オブジェクト] メニュー→ [パス] → [パスの削除] をクリックすると表示される、[パスの削除] ダイアログボックスからも同様の操作ができます。

**メモ**

データ納品や入稿などで第三者にデータを提供するときは、孤立点が残っていないかを確認しましょう。

# 6.2 オブジェクトの配置

オブジェクトの移動、コピー、削除の方法や、複数のオブジェクトの重ね順の変更、位置を揃える方法などについて学びます。



## 移動とコピー

選択ツールで選択したオブジェクトは、そのまま移動、コピー、削除ができます。

使用ファイル 移動とコピー.ai

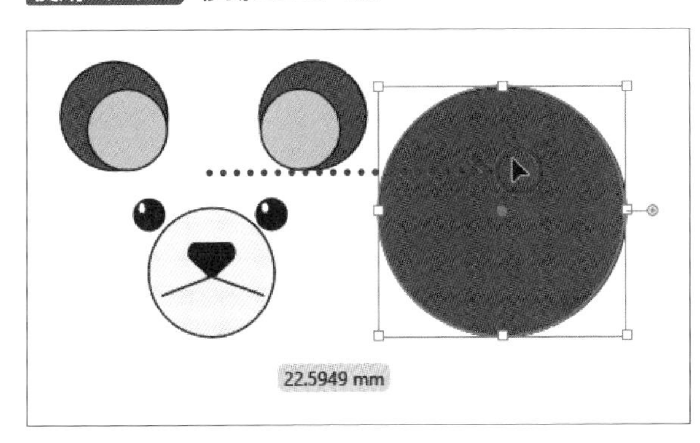


### 移動

選択ツールでオブジェクトをクリックしたままドラッグすると、オブジェクトが移動します。複数のオブジェクトを選択している場合はそれらが一緒に移動します。ドラッグを開始した直後に**Shift**キーを押して移動すると水平、垂直、斜め45°の角度で固定されます。

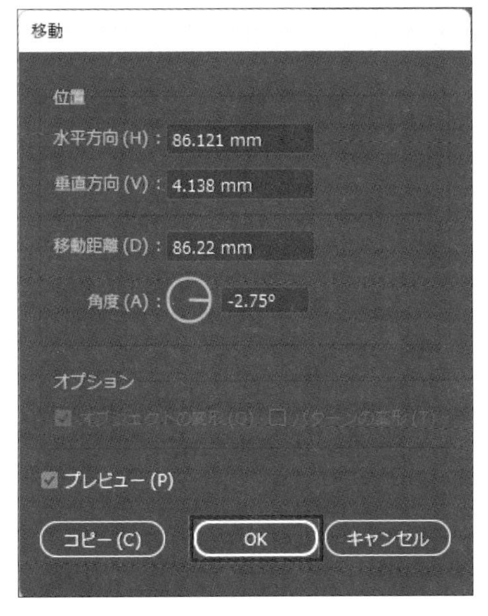


オブジェクトを選択して、［オブジェクト］メニュー→［変形］→［移動］をクリックすると、［移動］ダイアログボックスが開きます。水平方向と垂直方向、移動距離と角度を数値で指定して［OK］をクリックすると移動できます。

**メモ**

ダイレクト選択ツールでも同様の操作ができます。ただし、セグメントやアンカーポイントをクリックした場合はオブジェクトの変形操作になります。オブジェクトを変形せずに移動する場合は、オブジェクトの塗りの部分（塗りが設定されている場合）をクリックしながらドラッグするか、すべてのアンカーポイントを含むように範囲を選択したあとに移動します。

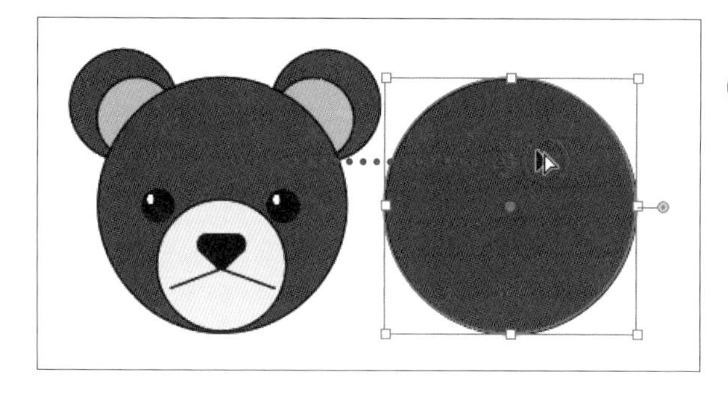

## コピー

選択ツールでオブジェクトをクリックしたままドラッグし、**Alt**キーを押しながらマウスの左ボタンから指を離すと、オブジェクトをコピー（複製）できます。**Alt**キーを押している間、マウスポインターは の形に変わります。複数のオブジェクトを選択している状態でも、同様の操作で複製を作れます。

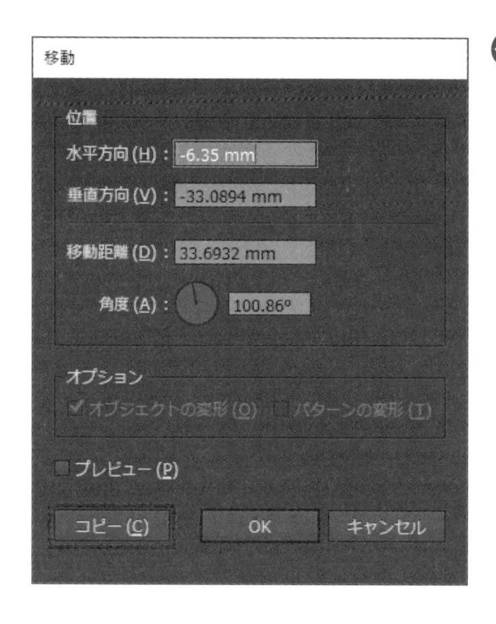


［移動］ダイアログボックスを使用する場合は、数値を指定したあと、［OK］の代わりに［コピー］をクリックするとオブジェクトがコピーされます。

## ペースト

オブジェクトを選択して、［編集］メニュー→［コピー］をクリックし、［編集］メニュー→［ペースト］をクリックすると、ワークスペースの上下左右の中央にオブジェクトが貼り付けられます。ペーストにはさまざまな方法があります。

**・同じ位置にペースト**

コピー元と同じ位置に貼り付けられます。

**・前面へペースト**

コピー元と同じ位置に貼り付けられますが、重ね順は、基準としたオブジェクトの前面になります。

**・背面へペースト**

コピー元と同じ位置に貼り付けられますが、重ね順は、基準としたオブジェクトの背面になります。

**・すべてのアートボードにペースト**

複数のアートボードがある場合、すべてのアートボードに対して（アートボードの左上を基準として）コピー元と同じ位置に貼り付けられます。

**使用ファイル** カットとペースト.ai

前面から順に楕円形シェイプ、スター形シェイプ、長方形シェイプが配置されています。長方形シェイプを選択して［編集］メニュー→［カット］をクリックします。次に基準とするオブジェクトとして楕円形シェイプを選択したあと、［編集］メニュー→［前面へペースト］をクリックすると、長方形シェイプが楕円形シェイプの前面に貼り付けられます。同様に［背面へペースト］をクリックすると長方形シェイプが楕円形シェイプの背面に貼り付けられます。

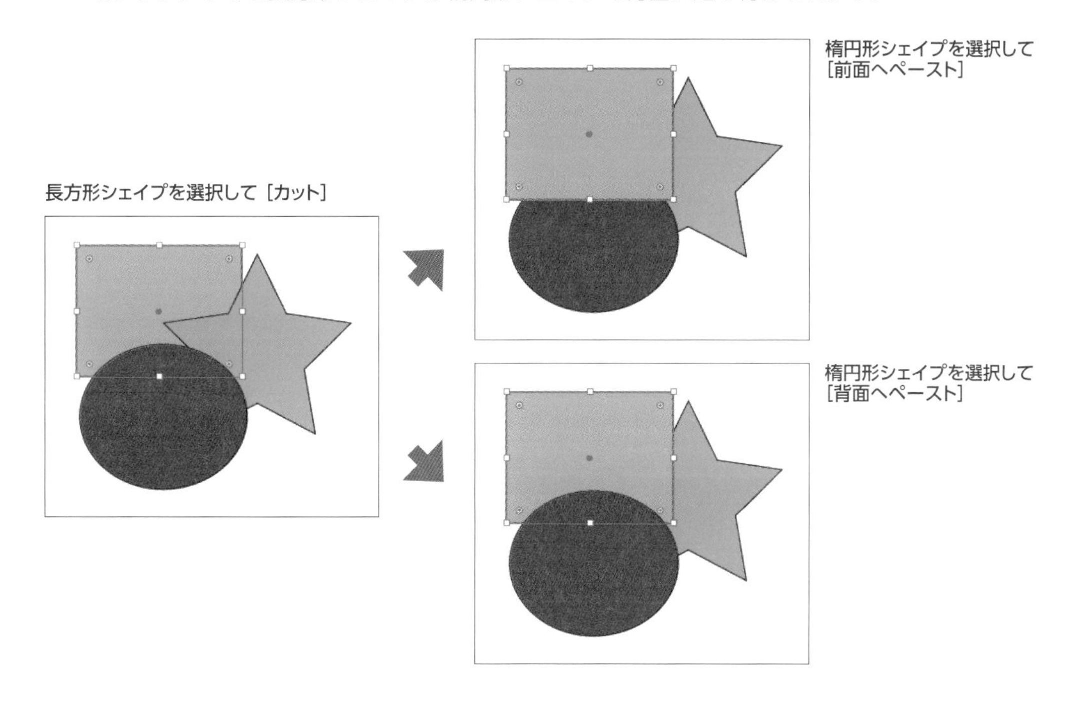




### 削除

オブジェクトを選択して、［編集］メニュー→［消去］をクリックするか、**Delete**キーを押すとオブジェクトが削除されます。

## 重ね順

すべてのオブジェクトには「重ね順」が設定されていて、複数のオブジェクトが重なると、背面にあるオブジェクトは前面にあるオブジェクトに隠れて見えなくなります。

| | |
|---|---|
| 最前面へ(F) | Shift+Ctrl+] |
| 前面へ(O) | Ctrl+] |
| 背面へ(B) | Ctrl+[ |
| 最背面へ(A) | Shift+Ctrl+[ |
| 選択しているレイヤーに移動(L) | |

オブジェクトの重ね順を変更するには、オブジェクトを選択して、［オブジェクト］メニュー→［重ね順］をクリックします。

・最前面へ
選択したオブジェクトを一番前面に配置します。

・前面へ
選択したオブジェクトを一つ前面に配置します。

・背面へ
選択したオブジェクトを一つ背面に配置します。

・最背面へ
選択したオブジェクトを一番背面に配置します。

なお、重ね順は一つのレイヤー内におけるオブジェクトの位置関係です。「レイヤー」はこのあと詳しく説明します。

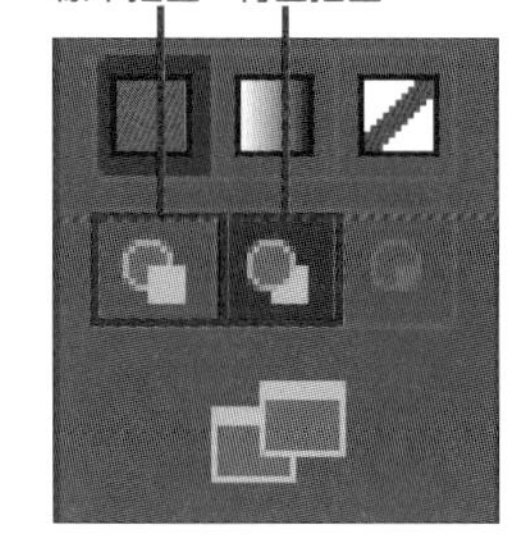


### 標準描画と背面描画

作成済みのアートワークに対して、新たにオブジェクトを描画すると既定では最前面に配置されます。この状態を「標準描画」といいます。ツールパネルの下部にある［背面描画］をクリックしてからオブジェクトを描画すると、新たに追加したオブジェクトは最背面に配置されます。「標準描画」に戻すにはツールパネルの［標準描画］をクリックします。

作成済みのオブジェクト（クマ）に、背景となるシェイプ（角丸四角形）を追加する場合、［背面描画］をクリックしてからシェイプを描画すれば作成済みオブジェクトの背面に配置されるので、描画後に重ね順を変更する必要がありません。

## ［整列］パネル

**［整列］パネルでは、複数のオブジェクトを上下左右、中央に揃えたり、等間隔に配置したりすることができます。**

複数のオブジェクトの配置を整えるには［ウィンドウ］メニュー→［整列］で［整列］パネルを使用します。パネルに［等間隔に分布］と［整列］の項目が表示されていない場合は、［パネルメニュー］をクリックしてメニューから［オプションを表示］をクリックします。

### 整列

パネル右下の［整列］では、オブジェクトを整列するときの基準を指定できます。［選択範囲に整列］は、選択しているオブジェクトの選択範囲を基準に整列します。［キーオブジェクトに整列］は、キーオブジェクト（整列の基準とする任意のオブジェクト）を基準に整列します。［アートボードに整列］は、選択しているオブジェクトがアートボードの左右の端、中央、上下の端に揃うように整列します。

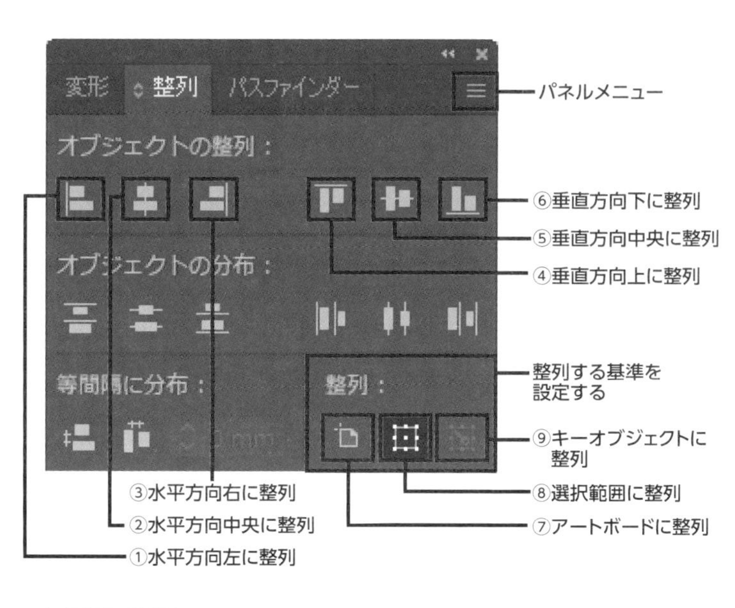


### オブジェクトの整列

［オブジェクトの整列］は、水平方向の左端/中央/右端または垂直方向の上端/中央/下端にオブジェクトの位置を揃えます。選択ツールを使って、整列させたい複数のオブジェクトを選択し、［整列］パネルの［オブジェクトの整列］にある6つのボタンのいずれかをクリックします。整列の基準は［整列］の下にある3つのアイコンをクリックして指定します。この例では、選択範囲に整列を指定しています。

**使用ファイル** 整列.ai

元のオブジェクト配置
（選択範囲に整列の場合）

①水平方向左に整列

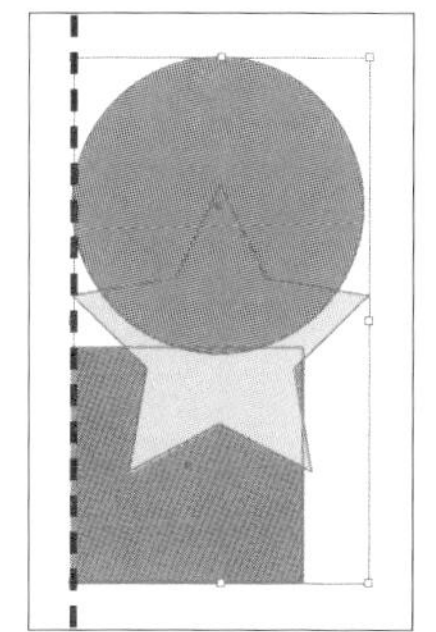

②水平方向中央に整列

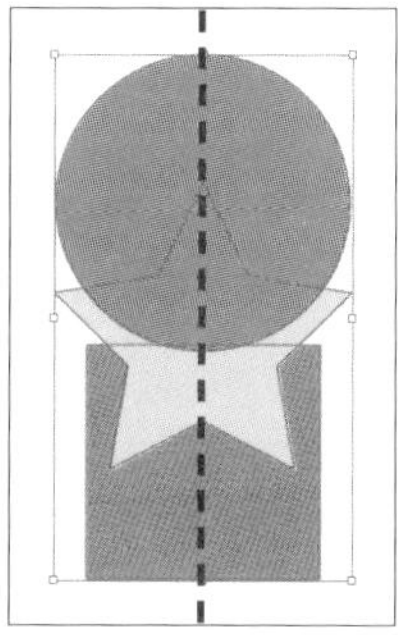

③水平方向右に整列

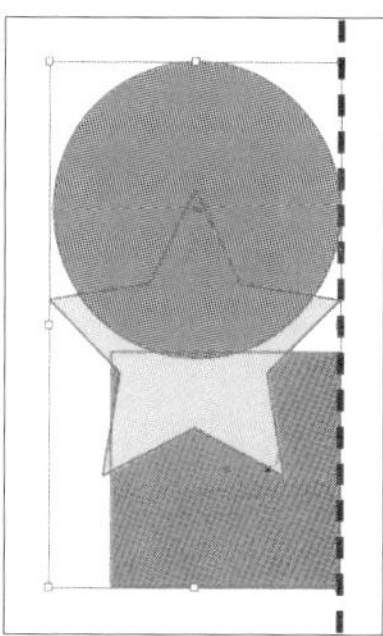

④垂直方向上に整列

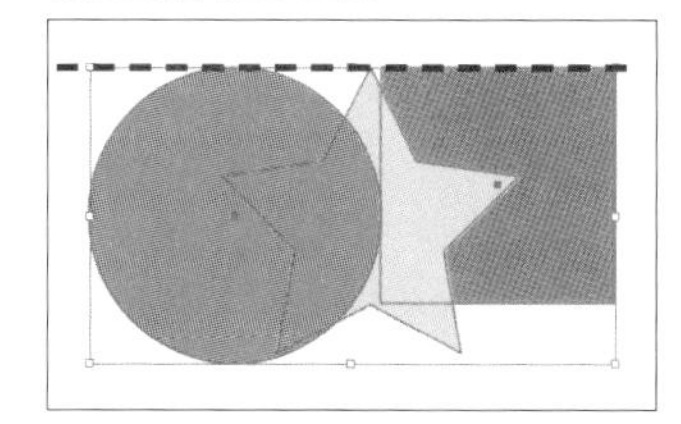

⑤垂直方向中央に整列

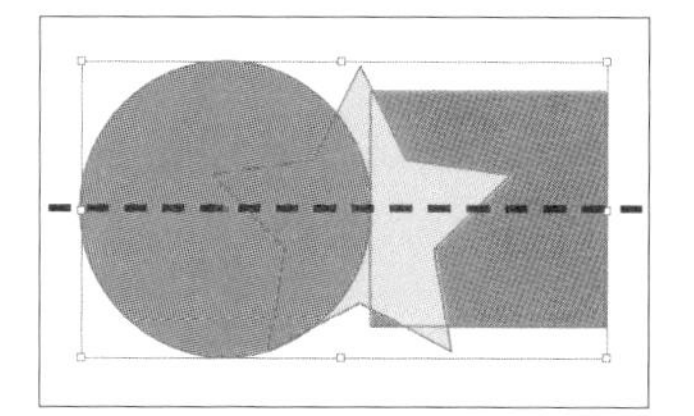

⑥垂直方向下に整列

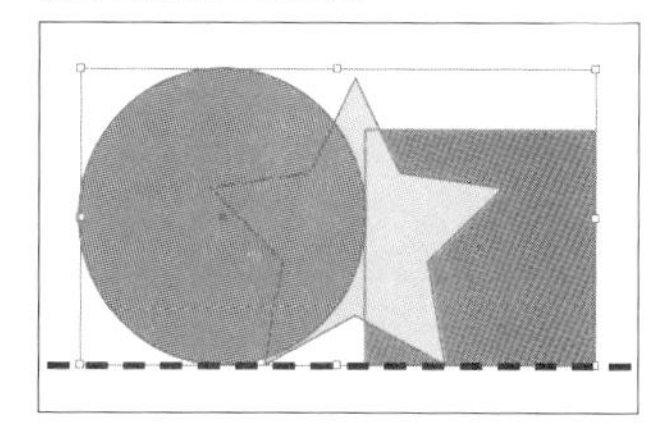

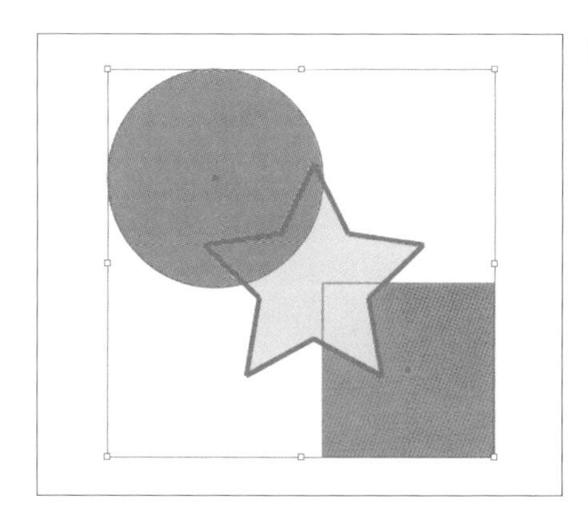

整列の基準となるオブジェクトを指定できます。複数のオブジェクトを選択したあと、基準とするオブジェクトをクリックします。パスを示す青い線の幅が太くなり、整列の基準となるオブジェクト（キーオブジェクト）になったことがわかります。

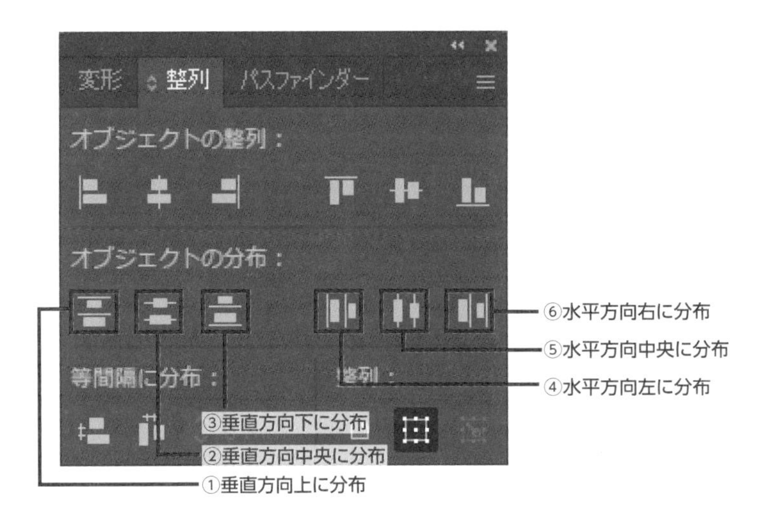


## オブジェクトの分布

［オブジェクトの分布］は、各オブジェクトの上端/垂直方向の中央/下端または左端/水平方向の中央/右端が等間隔になるようにオブジェクトの位置を揃えます。分布させたい複数のオブジェクトを選択し、［整列］パネルの［オブジェクトの分布］にある6つのボタンのいずれかをクリックします。

**使用ファイル** 分布.ai

元のオブジェクト配置（選択範囲に整列の場合）

①垂直方向上に分布

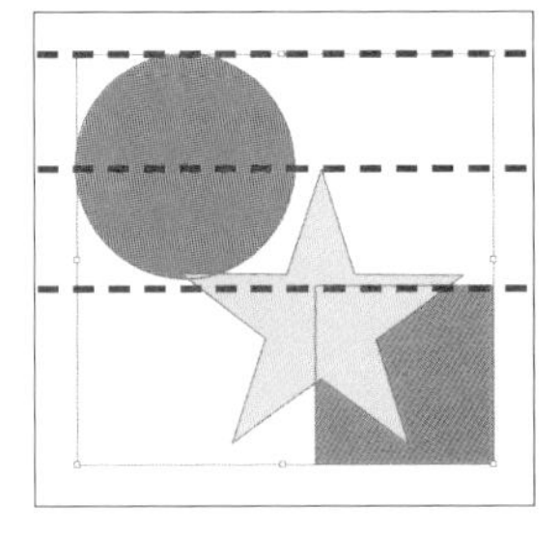

②垂直方向中央に分布

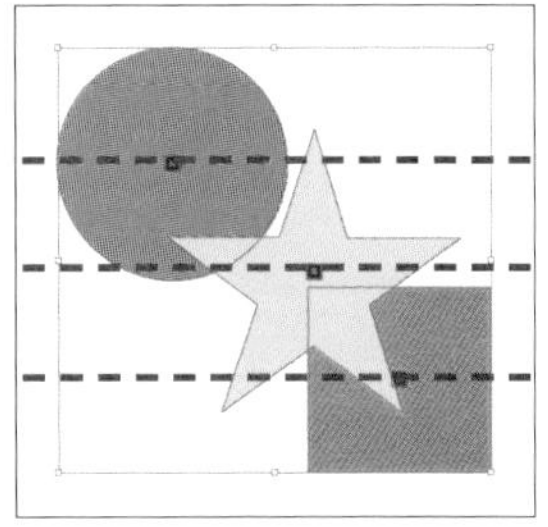

③垂直方向下に分布

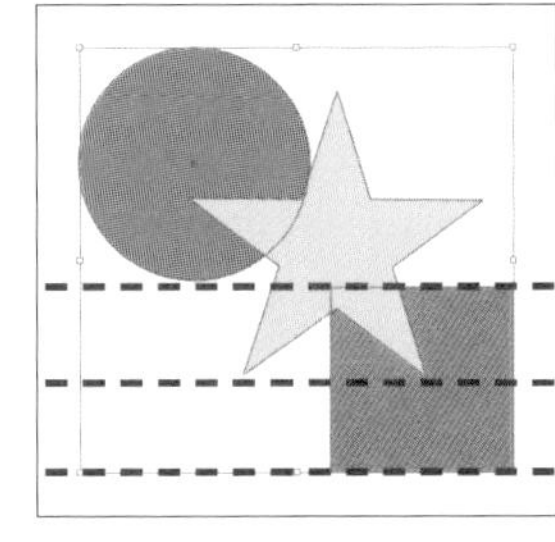

④水平方向左に分布

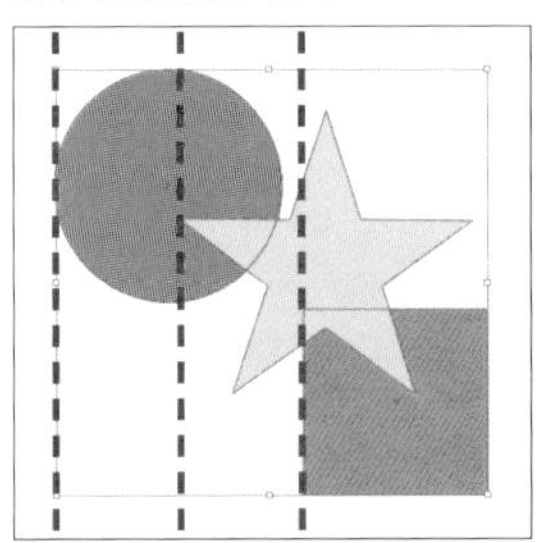

⑤水平方向中央に分布

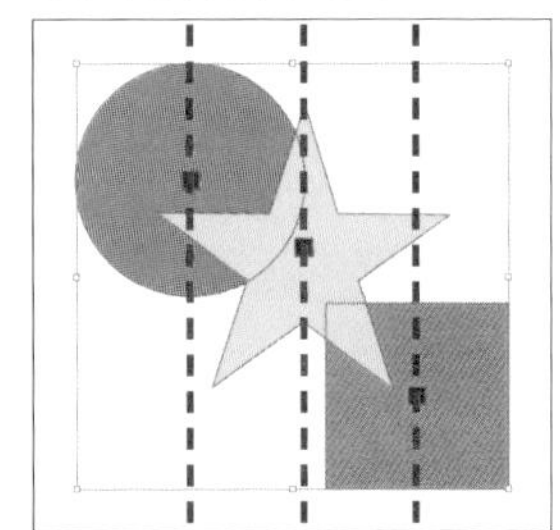

⑥水平方向右に分布

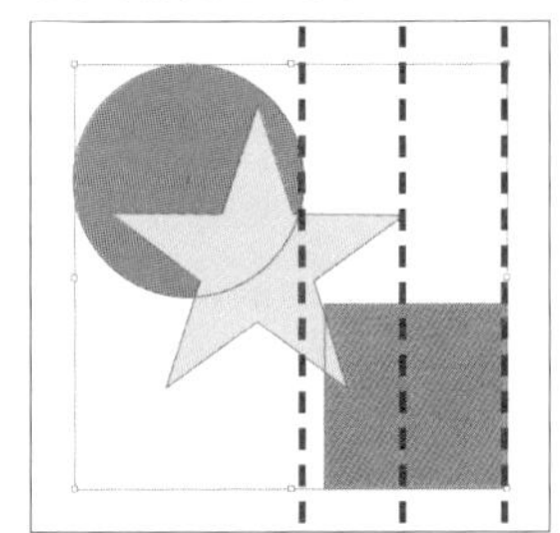

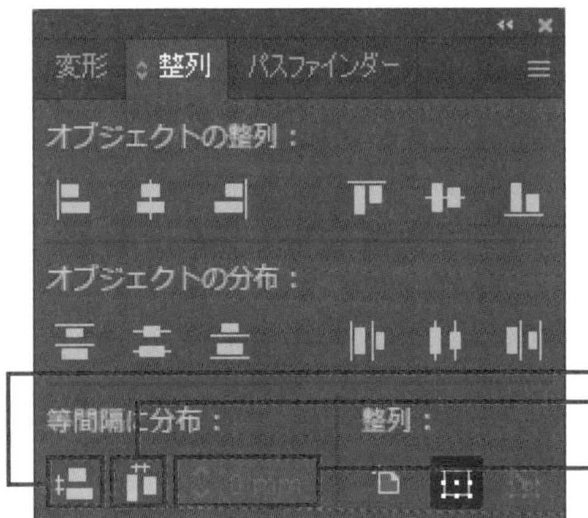


## 等間隔に分布

［等間隔に分布］は、オブジェクト間の空きが均等になるようにオブジェクトの位置を揃えます。複数のオブジェクトを選択したあと、キーオブジェクトをクリックすると、［間隔値］を入力できるようになります。キーオブジェクトを基準として指定した間隔値でほかのオブジェクトが配置されます。

使用ファイル 等間隔に分布.ai

元のオブジェクト配置

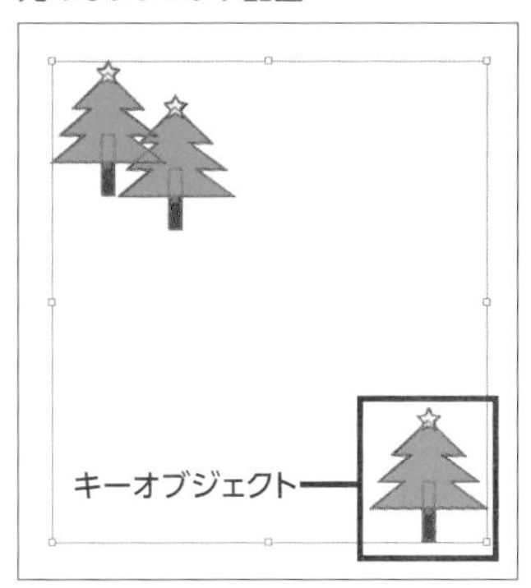


①垂直方向等間隔に分布

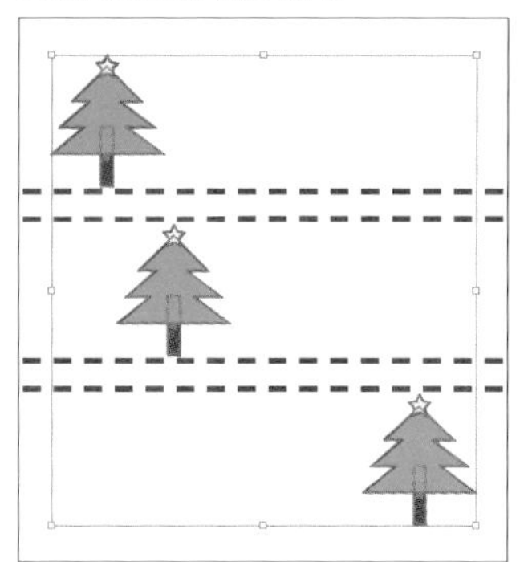

②水平方向等間隔に分布

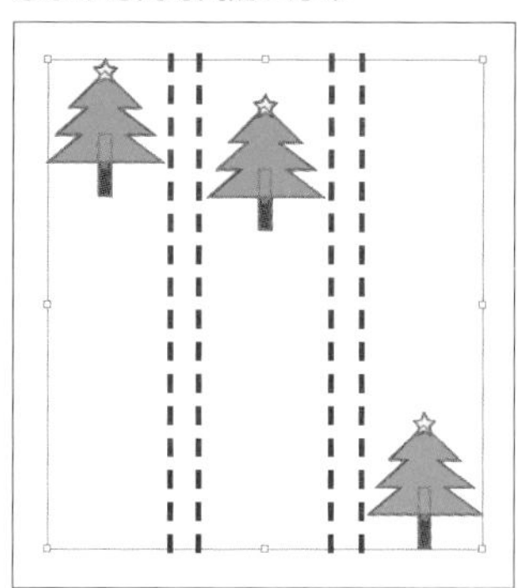



### アンカーポイントの整列

オブジェクト全体ではなく、一部のアンカーポイントだけを整列させることもできます。ほかのアンカーポイントは移動しないので、この操作によってオブジェクトの形は変化します。

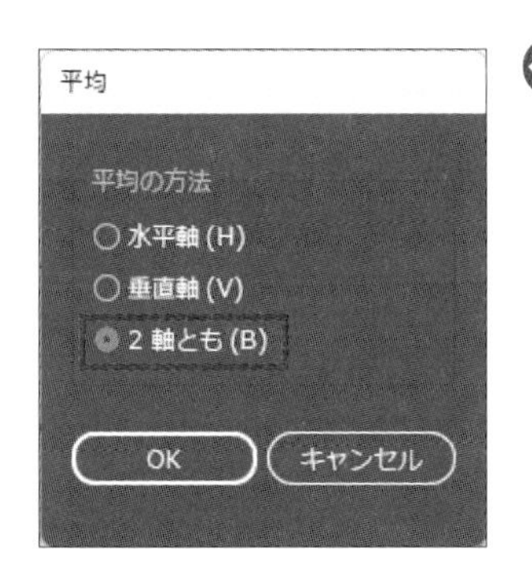


ダイレクト選択ツールで位置を揃えたいアンカーポイントを**Shift**キーを押しながら選択します。[オブジェクト] メニュー→ [パス] → [平均] をクリックすると、[平均] ダイアログボックスが表示されるので、[水平軸] [垂直軸] [2軸とも] の3つから平均の方法を選びます。

使用ファイル アンカーポイントの整列.ai

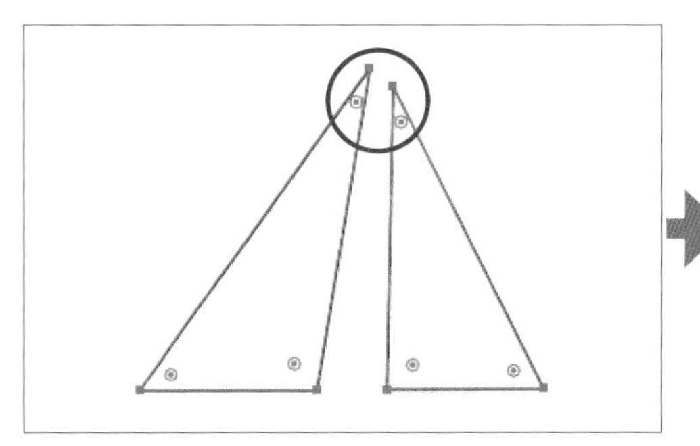

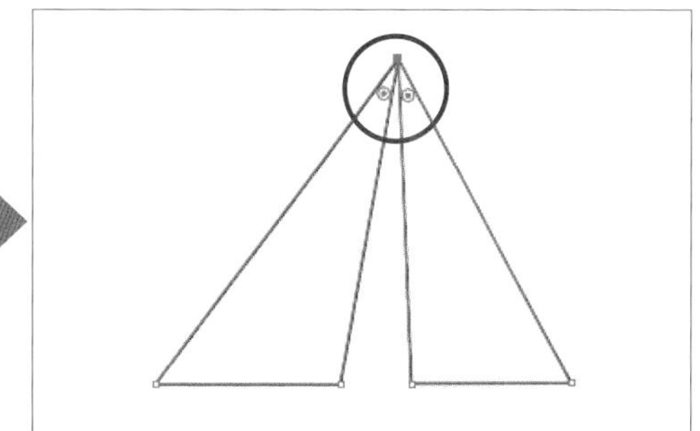

[2軸とも] を選択した場合、選択したアンカーポイントがすべて同じ位置に移動し、パスが変形します。

ダイレクト選択ツールでアンカーポイントを選択すると、[整列] パネルの「オブジェクトの整列」が「アンカーポイントの整列」に変わり、アンカーポイントの位置を整列させることができます。

# 6.3 [レイヤー] パネル

[レイヤー] パネルでは、アートワークで使用されているオブジェクト、グループ、レイヤーなどの項目を管理することができます。

## レイヤー

Illustratorでは、複数のオブジェクト、パス、文字などを重ね合わせて一つのアートワークを作成します。「レイヤー」は「重ね順」と同じような機能を持ちますが、「重ね順」が同一レイヤーに含まれるオブジェクトの順序を入れ替えるのに対して、「レイヤー」はアートボードに含まれる複数のレイヤーやグループ化したオブジェクト全体を入れ替えたり、移動したりできます。

通常、新しいドキュメントを作成すると初期状態で [レイヤー1] という名前の「レイヤー」が1つ作られています。オブジェクトを作成すると、すべてが [レイヤー1] に配置されます。多数のオブジェクトがある複雑なアートワークを作成するときは、レイヤーを複数に分けて作成します。オブジェクトを複数のレイヤーに分けることにより、選択、操作などの管理がしやすくなります。
レイヤーの中にレイヤーを作ることもでき、これを「サブレイヤー」といいます。

## [レイヤー] パネルの操作

[ウィンドウ] メニュー→ [レイヤー] をクリックするか、ワークスペースの右側にあるパネルの領域で [レイヤー] のアイコンをクリックすると [レイヤー] パネルが表示されます。初期状態だとパネルが小さく見づらいことがあるので、パネルを少し広げておくといいでしょう。



使用ファイル レイヤーパネル.ai

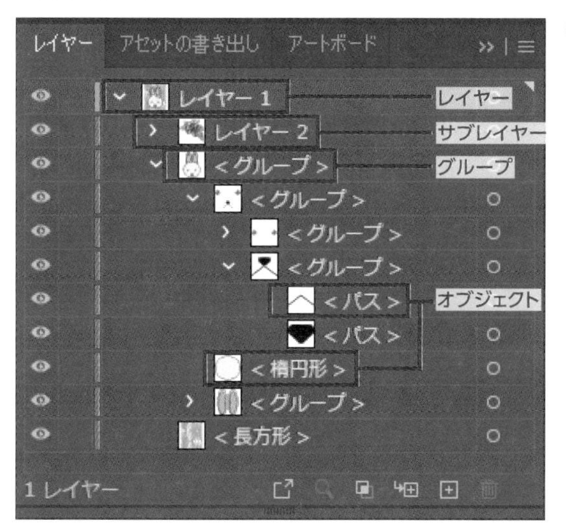


パネルにはレイヤー、サブレイヤー、グループ、オブジェクト（シェイプやパス）などの項目が並んでいます。
レイヤー名の左側に [>] が表示されているレイヤーやグループは、その中にさらにグループやオブジェクトがあることを示しており、[>] をクリックすると下位の項目が展開されます。複雑な入れ子になっているグループの構造を確認できます。

レイヤー名は、文字の部分をダブルクリックすると任意の名前に変更できます。

### [レイヤー] パネルの項目の並び順と前面／背面

[レイヤー] パネルのリストの上にある項目（レイヤー、グループ、オブジェクトなど）が前面に表示されます。前述したオブジェクトの重ね順における「最前面」「最背面」は、一つのレイヤーまたはサブレイヤーの中で一番上または下にあるオブジェクトのことを指します。

レイヤーの [>] をクリックして下位のオブジェクトを展開し、項目を上または下にドラッグして移動すると、重ね順を変更できます。

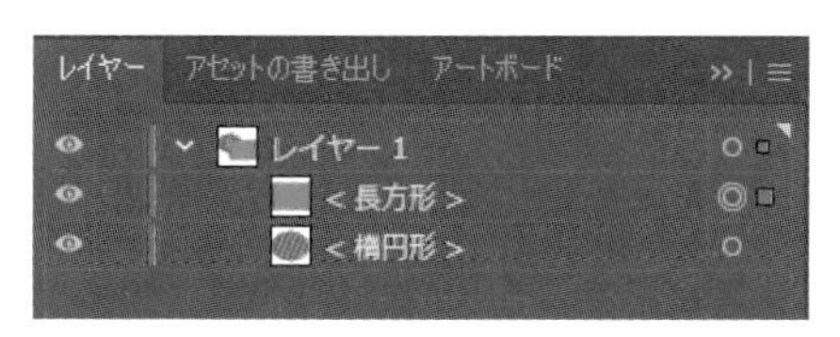


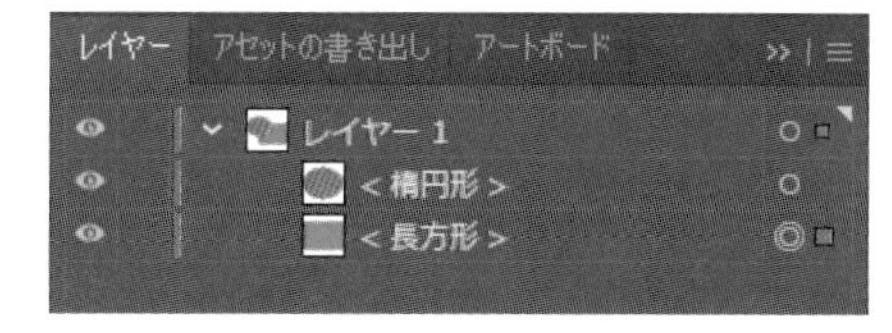


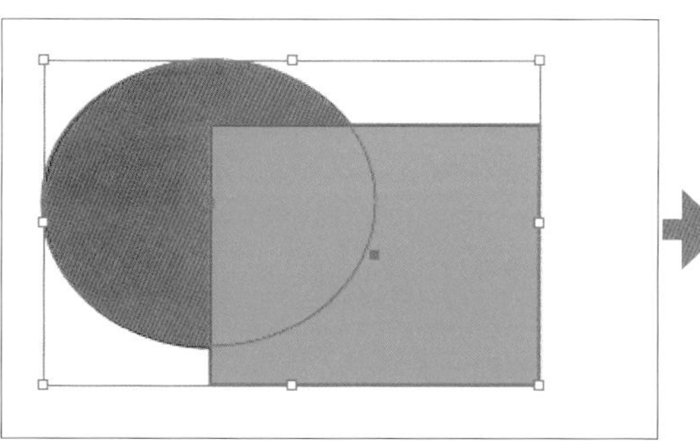

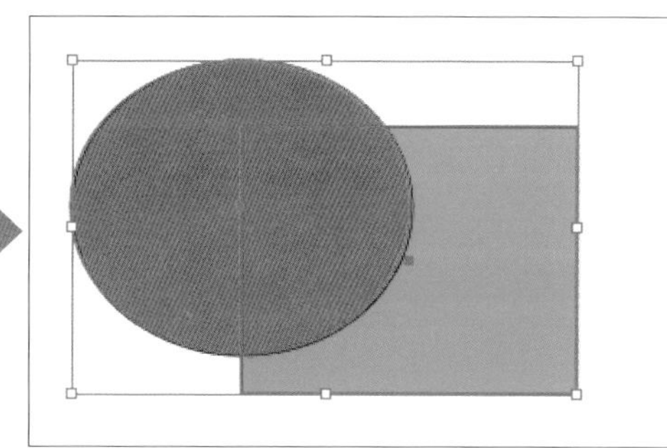

**使用ファイル** レイヤーパネル並び順.ai

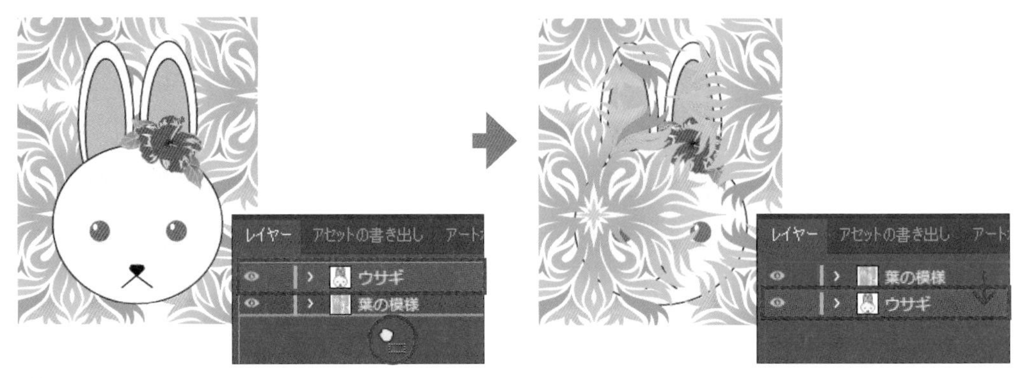


個別のオブジェクトを並べ替えるだけでなく、レイヤーとサブレイヤーをまとめて並べ替え（移動）できます。［レイヤー］パネルの上部にあるレイヤーを選択して下部へ移動すると、レイヤー内のすべてのオブジェクトが背面の模様と入れ替わります。

## レイヤーパネルの項目の移動／コピー／削除

［レイヤー］パネルに表示されている項目は別のグループやレイヤーに移動することもできます。**Shift**または**Ctrl**キーを押しながらクリックすると、複数の項目を選択でき、まとめて移動できます。

パネルにある項目を選択して［パネルメニュー］→［○○を複製］をクリックすると、選択している項目のコピーが、元の項目の上に「○○のコピー」という名前で作成されます。**Alt**キーを押しながら項目をドラッグしても、ドラッグ先にコピーが作成されます。

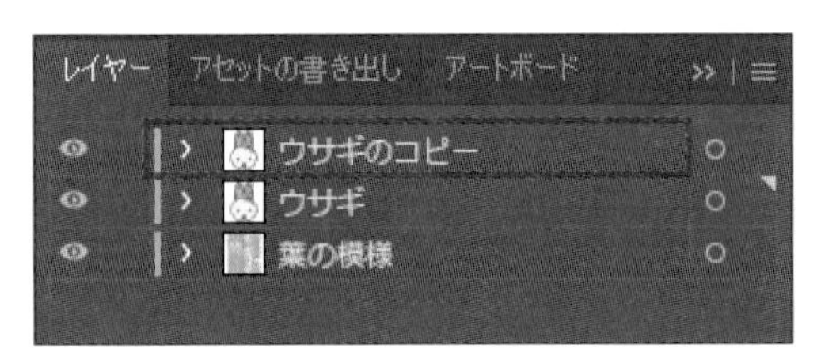


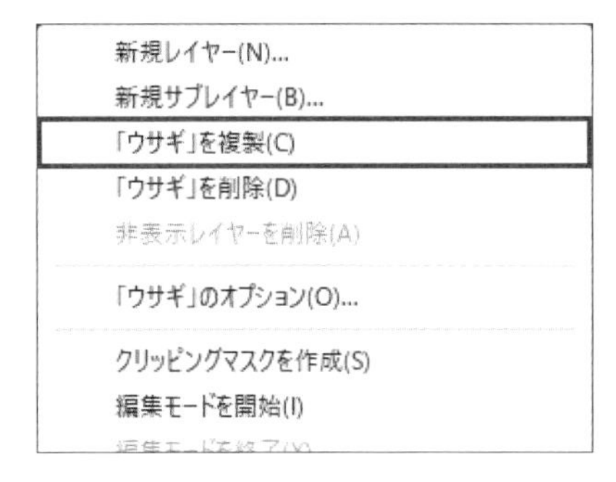


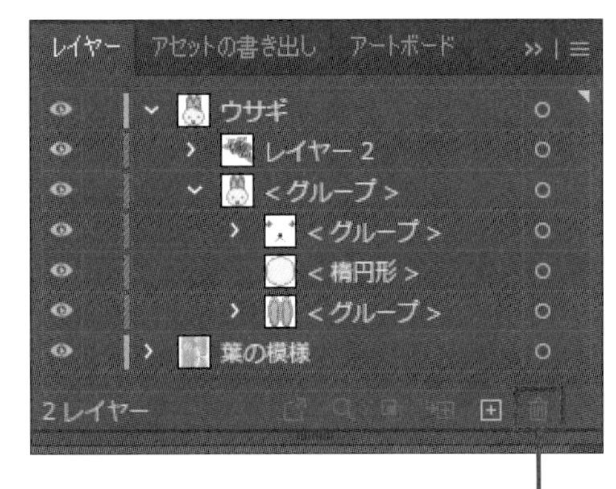

選択項目を削除

パネルにある項目を削除するには、項目を選択して［パネルメニュー］→［○○を削除］をクリックするか、［レイヤー］パネル下部にある［選択項目を削除］をクリックします。

**メモ**

［レイヤー］パネルを表示すると、レイヤー名がすべて表示されずサムネールの後ろに「…」と表示されていることがあります。レイヤーパネルの枠にマウスポインターを合わせて引き延ばすと、パネルのサイズを変更できます。

## [レイヤー] パネルの機能

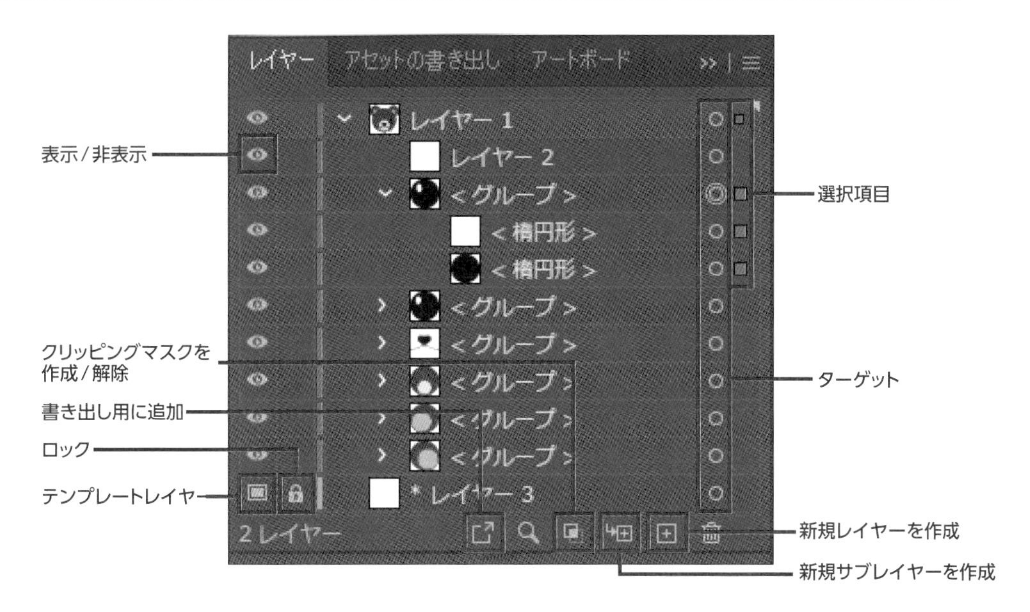




### 表示/非表示

クリックして項目の表示と非表示を切り替えます。目のマークがあればアートボード上にそのレイヤーが表示され、マークがなければアートボード上には表示されません。

### ロック

目のマークの右をクリックしてレイヤーやその階層にあるグループやオブジェクトのロック状態を切り替えます。ロックするとオブジェクトは選択できなくなり、移動や削除もできません。錠のマークがあればロック状態、なければロックされていない状態です。レイヤーやグループをロックすると、下位のオブジェクトもすべてロックされます。

### ターゲット

一重の円のマークをクリックするとマークが二重の円に変わり、アートボード上のオブジェクトが選択されます。その項目にアピアランスが設定されている場合は、グレーに塗りつぶされたマークに変わります。アピアランスが設定された項目を選択して［アピアランス］パネルを表示するとアピアランスの内容が表示されます。

| マーク | 説明 |
|---|---|
|  | ターゲットとして指定されていない。塗りと線の属性は一つずつで、ほかのアピアランス属性を持っていないことを示す。 |
|  | ターゲットとして指定されていない。ただしアピアランス属性を持っていることを示す。 |
|  | ターゲットして指定されている。塗りと線の属性は一つずつで、ほかのアピアランス属性を持っていないことを示す。 |
|  | ターゲットとして指定されている。アピアランス属性を持っていることを示す。 |

### 選択項目

選択ツールなどでオブジェクトを直接選択すると、［レイヤー］パネルの選択項目には色の付いた四角いマークが表示されます。また、選択ツールなどで選択しづらいオブジェクトは、パネルのこの場所をクリックして対象を選択できます。複雑に重なり合ったオブジェクトやグループ化したオブジェクトを選択する場合は、目的のオブジェクトを確実に選択できるので便利です。
レイヤーやグループを選択した場合は、それに含まれるすべての項目に対して四角いマークが表示され、アートボード上のオブジェクトも自動的に選択されます。レイヤーにある項目に少し小さな四角いマークが表示されている場合は、そのレイヤーやグループに含まれるオブジェクトのうち、一部だけが選択されていることを意味します。

### テンプレートレイヤー

テンプレートレイヤーは、下絵を配置するための印刷されないレイヤーです。写真などのビットマップ画像を配置し、その画像に合わせてアートワークを作成していくような使い方をします。

通常のレイヤーを選択し、パネルメニューの［テンプレート］をクリックするとテンプレートレイヤーに変更されます。テンプレートレイヤーは表示/非表示の欄にテンプレートレイヤーを示すマークが表示されるほか、レイヤー名の左に＊（アスタリスク）が付き、印刷されないレイヤーであることが示されます。

### 新規レイヤーを作成

選択しているレイヤー（または選択しているオブジェクトが配置されているレイヤー）の上に新しいレイヤーを作成します。パネルメニューの［新規レイヤー］からも新しいレイヤーを作成できます。

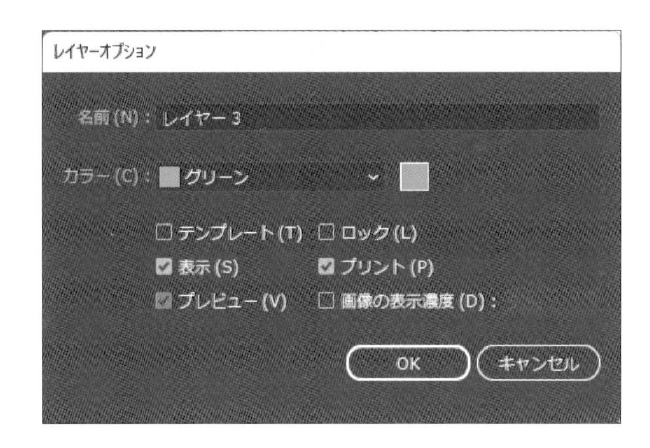


パネルメニューから操作した場合は、［レイヤーオプション］ダイアログボックスが表示され、レイヤー名やレイヤーカラーを指定できます。また、テンプレートレイヤーへの変更やロック、表示、印刷するかどうかの詳細も設定できます。このダイアログボックスは、レイヤーパネルで、レイヤーのサムネイルをダブルクリックしても表示されます。

### 新規サブレイヤーを作成

選択しているレイヤーやサブレイヤーに、新しいサブレイヤーを作成します。パネルメニューの［新規サブレイヤー］からもサブレイヤーを作成できます。パネルメニューから操作した場合は、［新規レイヤー］と同様に［レイヤーオプション］ダイアログボックスが表示されます。

### クリッピングマスクを作成/削除

クリッピングマスクについては「第9章　マスク、シンボル、パターン」で詳しく説明します。

### 書き出し用に追加

選択しているオブジェクトを書き出し用のアセット（素材）として［アセットの書き出し］パネルに追加します。レイヤーを選択している場合は、そのレイヤーに属すアートワークがひとつのアセットとして追加されます。

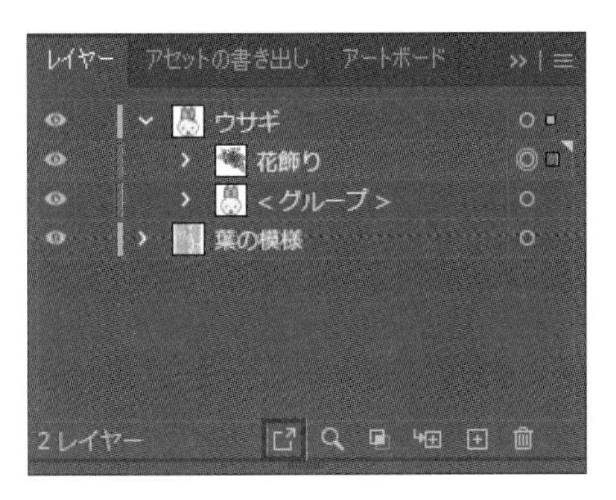

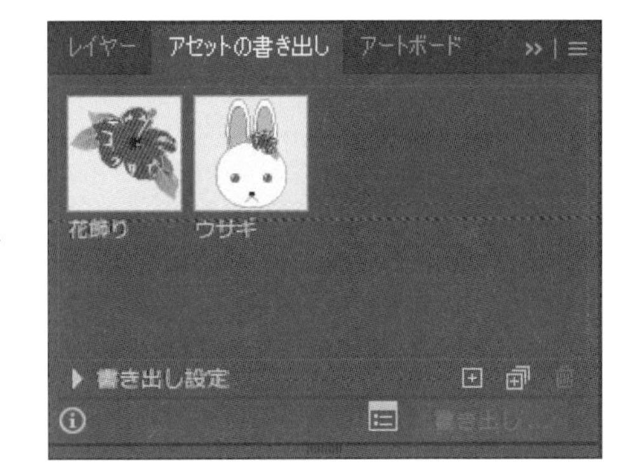




## レイヤーの結合

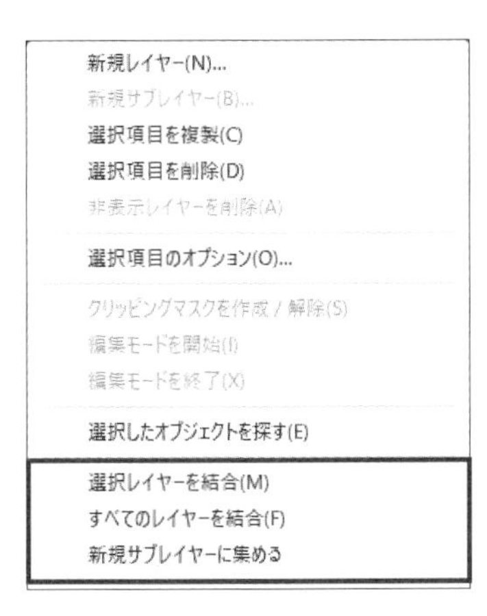


### レイヤーの結合

複数のレイヤー（またはサブレイヤー）を一つにまとめるには、対象のレイヤーを選択して、パネルメニューの［選択レイヤーを結合］をクリックします。［すべてのレイヤーを結合］をクリックするとドキュメント内のすべてのレイヤーが結合されます。

まとめたいレイヤーを選択してパネルメニューから［新規サブレイヤーに集める］をクリックすると、新しいサブレイヤーにまとめることもできます。

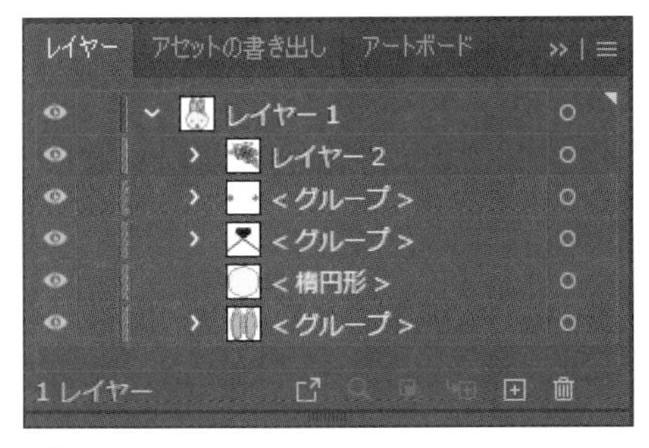

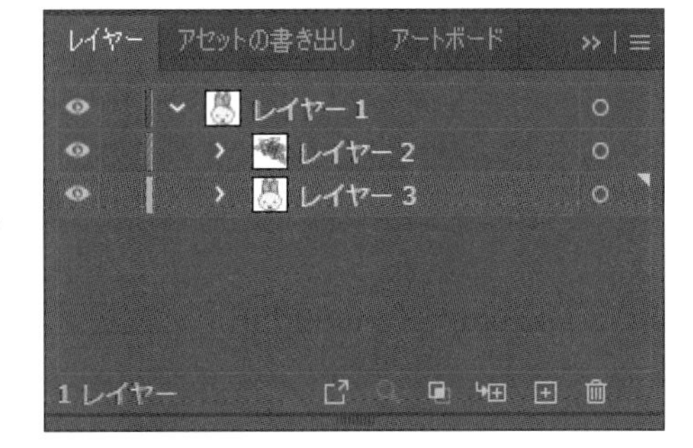


選択したレイヤーを「レイヤー3」というサブレイヤーにまとめました。

# 6.4 オブジェクトの変形

作成したオブジェクトに対して、拡大・縮小、回転などの変形を行ったり、複数のオブジェクトを合成して、新たなオブジェクトを作成したりできます。直線や曲線で構成されるオブジェクトはベクトル画像のため、変形操作を加えても画質が落ちず、はっきりした輪郭が維持されます。

## バウンディングボックスによる変形

バウンディングボックスを利用してオブジェクトを変形させることができます。

選択ツールでオブジェクトを選択すると、オブジェクトの周りを囲むように四角形のバウンディングボックスが表示されます。バウンディングボックスには四隅と四辺に変形用のハンドルが表示されています。

使用ファイル バウンディングボックスによる変形.ai

元画像

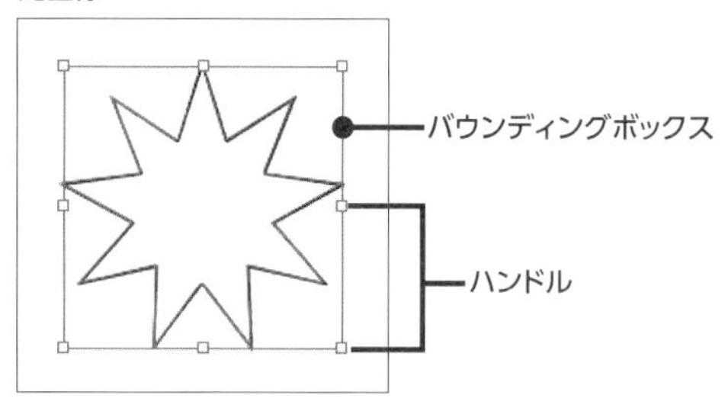


回転ハンドルで回転

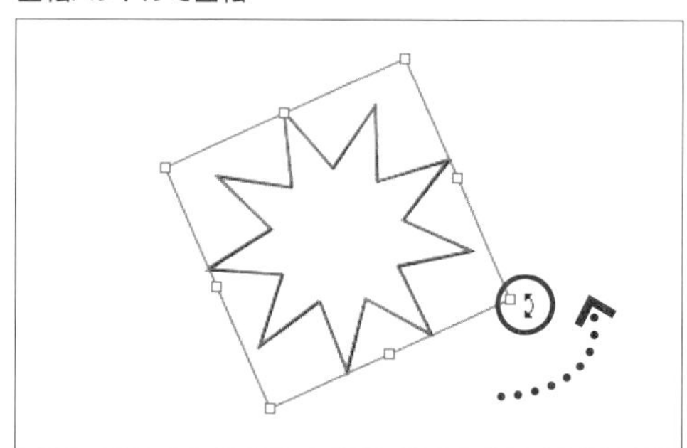

右辺のハンドルで右に拡大

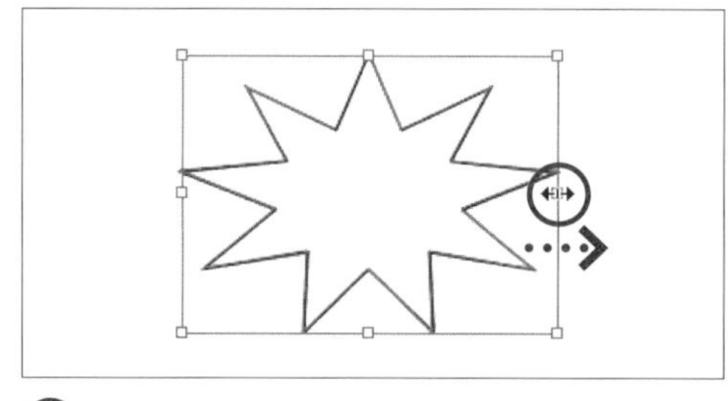

右下隅のハンドルで右に拡大し上に縮小

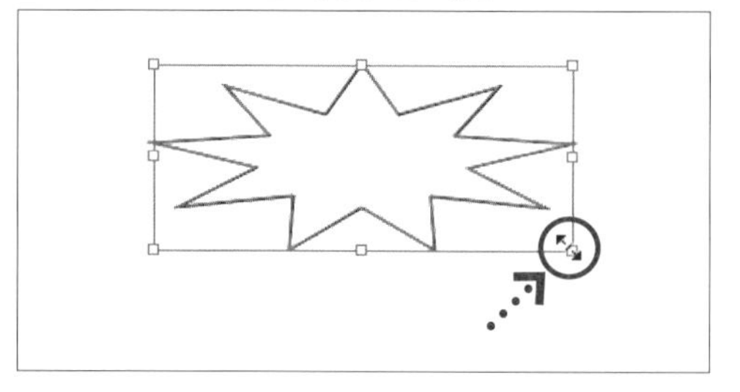

四辺のハンドルを動かすと、水平または垂直方向に拡大または縮小します。四隅のハンドルを動かすと、水平および垂直の両方向に拡大または縮小します。このとき**Shift**キーを押しながらドラッグすると縦横比を固定して拡大または縮小できます。四隅のハンドルの近くでマウスポインターが ↻ の形になったら、オブジェクトを回転できます。

## 自由変形ツール

「自由変形ツール」を使うと、選択ツールでバウンディングボックスを操作するよりも自由度の高い変形を行えます。

使用ファイル 自由変形ツール.ai

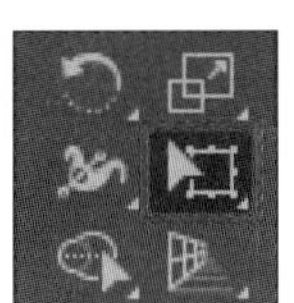

オブジェクトを選択して、ツールパネルの［自由変形ツール］をクリックします。



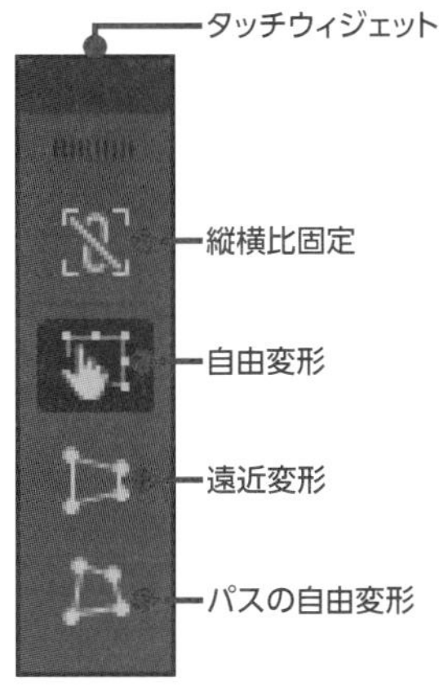

バウンディングボックスのハンドル部分が○の形に変わります。ワークスペースには［タッチウィジェット］が表示されます。

タッチウィジェットの［縦横比固定］をクリックすると、固定のオンとオフが切り替わります。オンにすると、四隅のハンドルをドラッグしたときに縦横比が固定されます。

［自由変形］［遠近変形］［パスの自由変形］は変形機能で、それぞれのツールアイコンをクリックすると機能が切り替わります。

［自由変形］は選択ツールでバウンディングボックスを操作する場合と同様です。［自由変形］を選んで、それぞれのハンドルにマウスポインターを合わせると、ポインターの形が↖や↔の形に変わります。変形したい方向にハンドルをドラッグして形を変えます。

［遠近変形］は遠近感を持たせるようにオブジェクトを変形します。この例では、右下隅を上方向にドラッグしています。

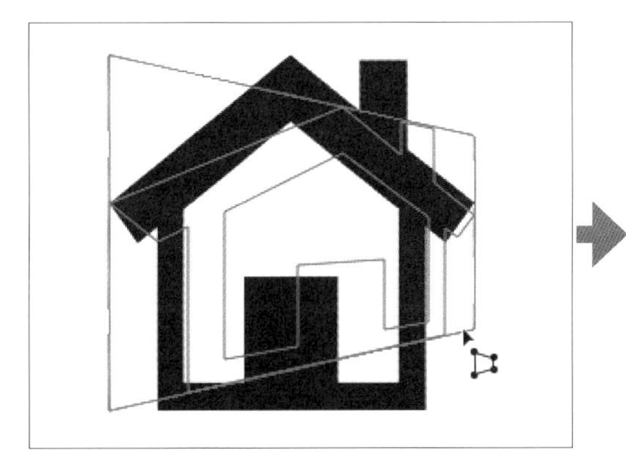

[パスの自由変形］はバウンディングボックスの一つの角を独立して動かし、それに合わせるようにオブジェクトを変形します。この例では左上隅を右下の方向にドラッグしています。

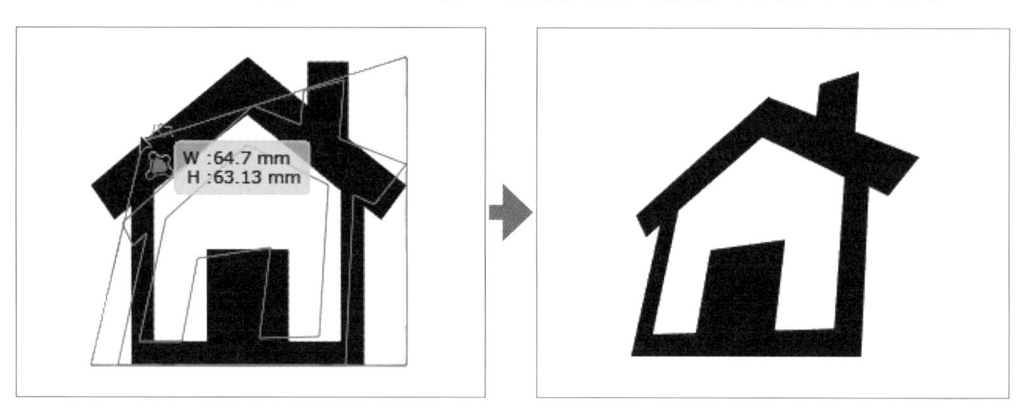


## パペットワープツール

任意の位置に支点（ピン）を置いて、操り人形（パペット）のようにオブジェクトを変形させます。ピンは自由に置くことができます。

自由変形ツール (E)
パペットワープツール

オブジェクトを選択して、ツールパネルの［パペットワープツール］をクリックします。

オブジェクトがメッシュで覆われて、ピンが表示されます。マウスポインターが の形に変わったら、クリックした場所にピンを追加でき、その場所は固定されます。ピンは**Delete**キーで削除できます。変形したい場所のピンをドラッグしてオブジェクトを変形します。

使用ファイル パペットワープツール.ai

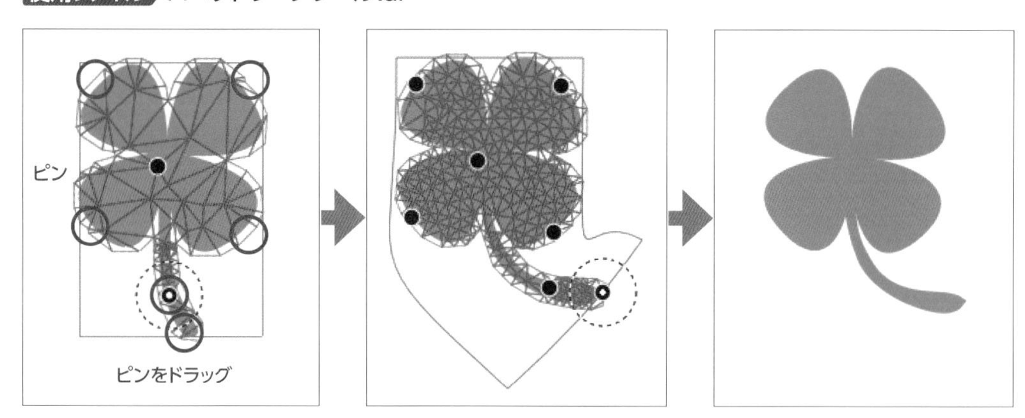

## 変形ツール

オブジェクトを変形するツールには、拡大・縮小ツール、回転ツール、リフレクトツール、シアーツールなどがあります。オブジェクトは、基準点を中心に変形します。オブジェクトの基準点はバウンディングボックスの上下左右の中央にありますが、基準点の場所は任意の場所をクリックして指定することもできます。



### 拡大・縮小ツール

基準点を中心にオブジェクトを拡大・縮小するツールです。

オブジェクトを選択して、ツールパネルの［拡大・縮小ツール］をクリックします。

使用ファイル 変形ツール.ai

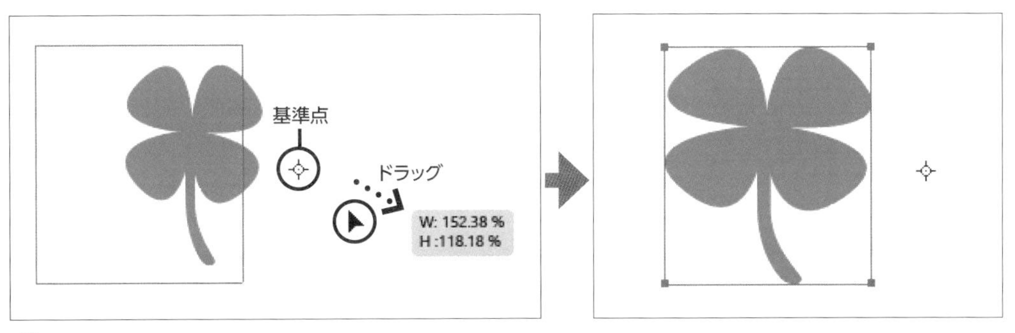


アートボードの任意の場所をクリックして基準点を指定します。オブジェクトをドラッグすると、指定した基準点を中心にサイズが変更されます。マウスでオブジェクトをドラッグするとポインターの形が▶に変化します。基準点から離れる方向にドラッグすれば拡大、基準点に近づけるようにドラッグすれば縮小されます。

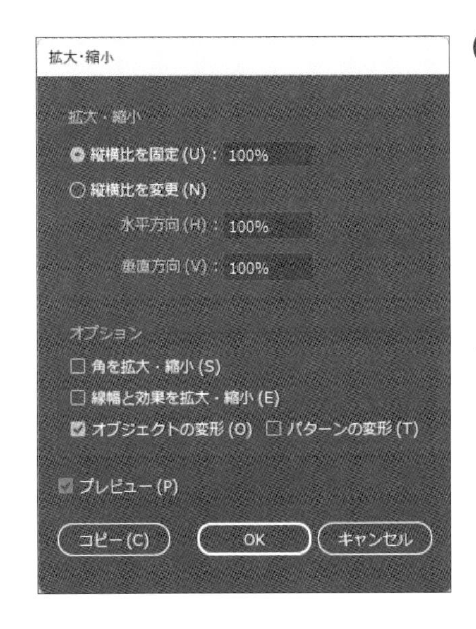


［拡大・縮小ツール］をダブルクリックすると［拡大・縮小］ダイアログボックスが表示されます。拡大・縮小比率を数値で指定できるほか、線幅を同時に拡大・縮小する設定ができます。

塗りや線にパターンを設定している場合、［パターンの変形］チェックボックスをオンにすると、パターンも一緒に変形します。［オブジェクトの変形］チェックボックスをオフにすると、パターンのみが変形します。この機能は以降の変形ツールに共通です。

［オブジェクト］メニュー→［変形］→［拡大・縮小］からも［拡大・縮小］ダイアログボックスを表示できます。

## 回転ツール

基準点を中心としてオブジェクトを回転させます。

オブジェクトを選択して、ツールパネルの［回転ツール］をクリックします。

アートボードの任意の場所をクリックして基準点を指定します。オブジェクトをドラッグすると、基準点を中心に回転します。

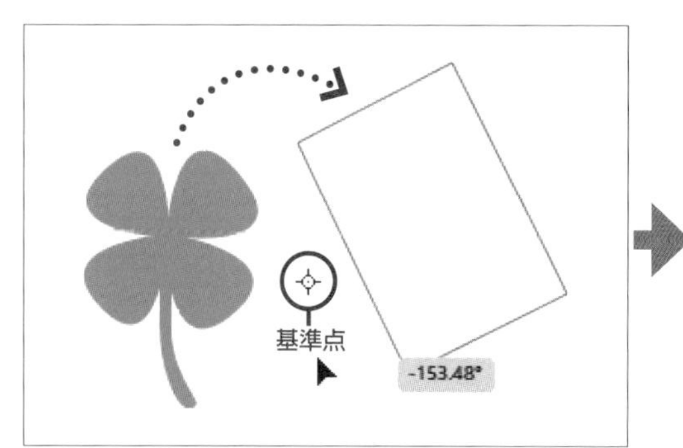


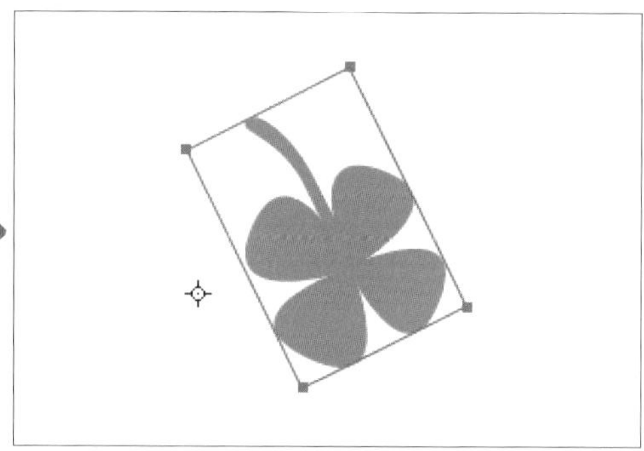

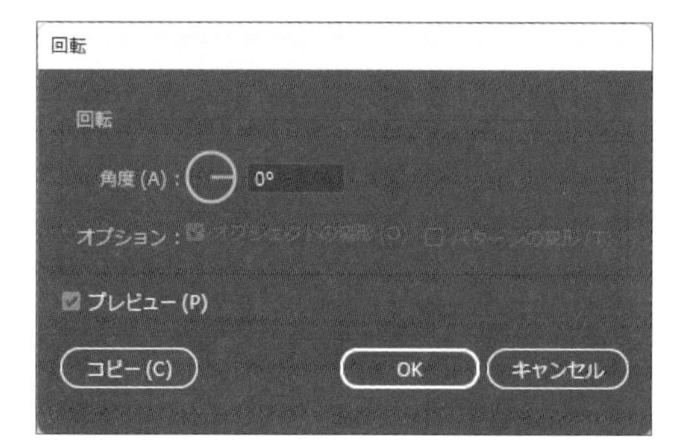


［回転ツール］をダブルクリックすると［回転］ダイアログボックスが表示され、角度を数値で指定できます。

［オブジェクト］メニュー→［変形］→［回転］からも［回転］ダイアログボックスを表示できます。

変形ツールのダイアログボックスに共通する機能として、［プレビュー］と［コピー］があります。［プレビュー］にチェックを入れると、設定を確定する前に、アートボード上で変更を確認できます。［コピー］をクリックすると、オブジェクトのコピーを作成します。

## リフレクトツール

基準点を通る直線を対称軸として線対称の位置にオブジェクトを移動（反転）させます。

オブジェクトを選択して、ツールパネルの［リフレクトツール］をクリックします。

アートボードの任意の場所をクリックして基準点を指定します。オブジェクトをドラッグすると、基準点を通る直線を対称軸として線対称の位置にオブジェクトが移動します。

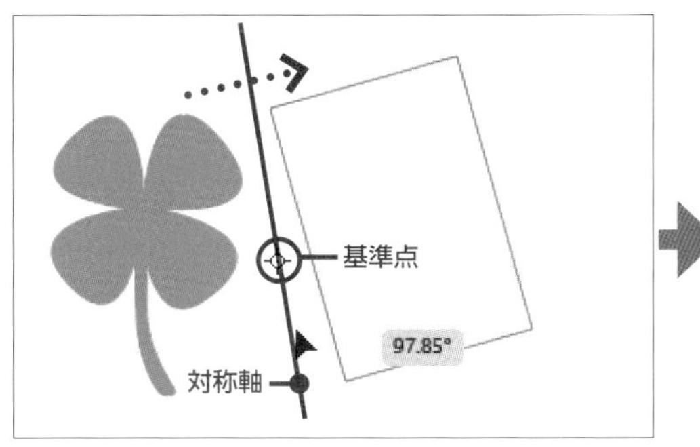

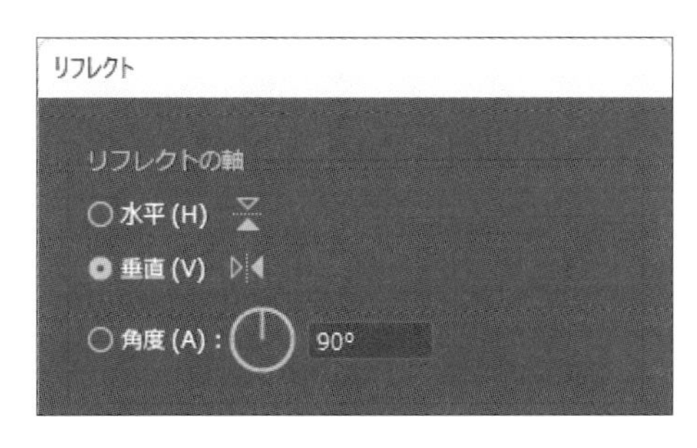


［リフレクトツール］をダブルクリックすると［リフレクト］ダイアログボックスが表示されます。対称軸を［水平］［垂直］から選ぶか、［角度］を指定します。

［オブジェクト］メニュー→［変形］→［リフレクト］からも［リフレクト］ダイアログボックスを表示できます。

## シアーツール

オブジェクトを傾けた形状に変形させます。

オブジェクトを選択して、ツールパネルの［シアーツール］をクリックします。

オブジェクトの右下をクリックして、基準点を指定します。オブジェクトをドラッグすると、オブジェクトが基準点を中心として傾きます。

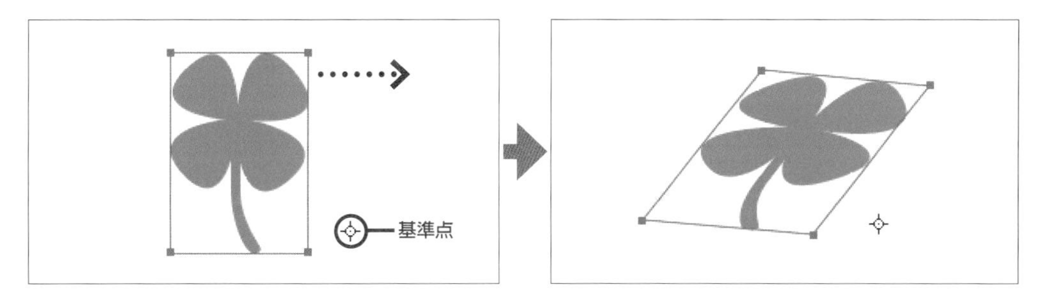

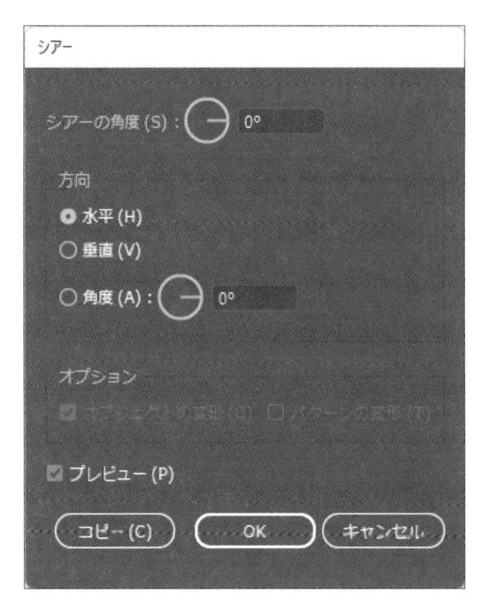


［シアーツール］をダブルクリックすると［シアー］ダイアログボックスが表示されます。オブジェクトを傾ける方向（水平または垂直）と角度を指定します。

［オブジェクト］メニュー→［変形］→［シアー］からも［シアー］ダイアログボックスを表示できます。

## ［変形］パネル

［変形］パネルは数値などを詳細に指定してオブジェクトの変形を行います。

**使用ファイル** 変形パネル.ai

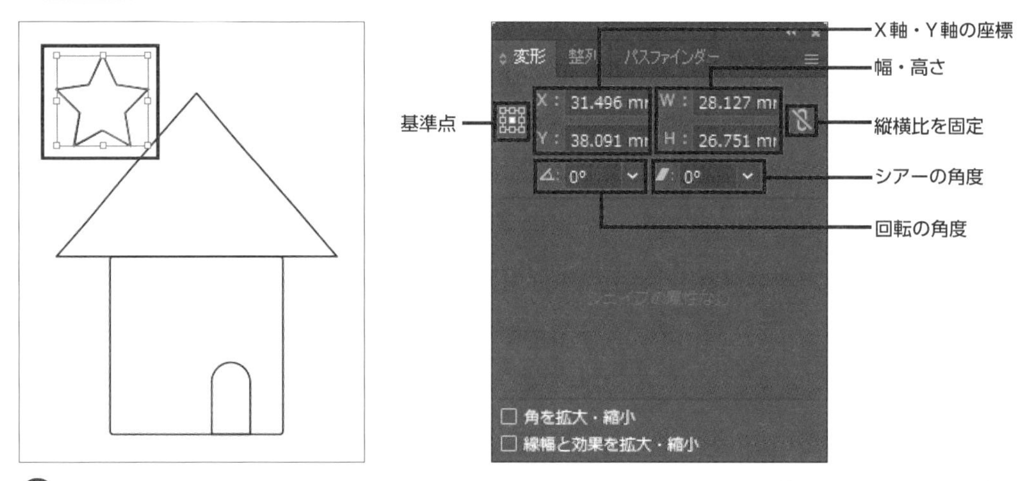


オブジェクトを選択して、［ウィンドウ］メニュー→［変形］で［変形］パネルを開きます。パネルの上部はオブジェクトの種類によらず共通です。オブジェクトの位置（基準点のX軸とY軸の座標）、オブジェクトの大きさ（幅Wと高さH）、回転の角度、シアー（傾き）を数値で指定します。

長方形ツールや角丸長方形ツールで描いたシェイプを選択すると、[長方形のプロパティ] で [角丸の半径] などを数値で指定できます。

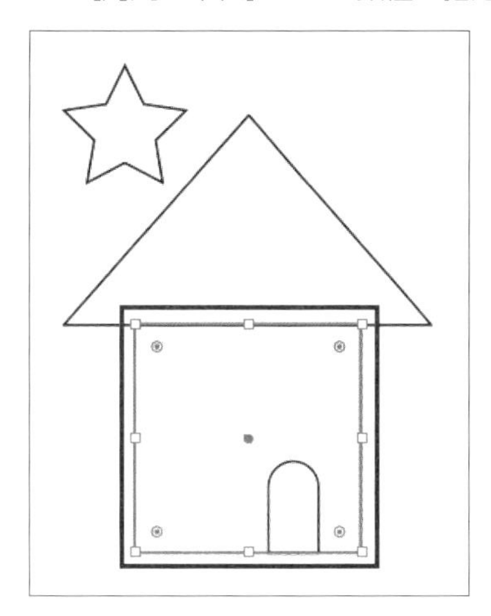

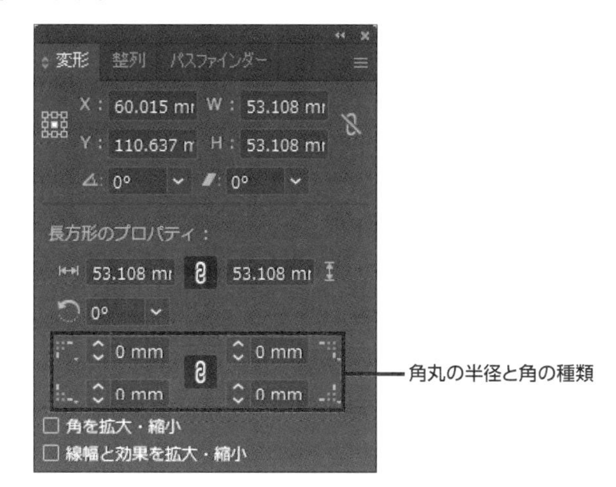


多角形ツールで描いたシェイプは、[多角形のプロパティ] で [多角形の辺の数] や [角の種類] を指定できます。

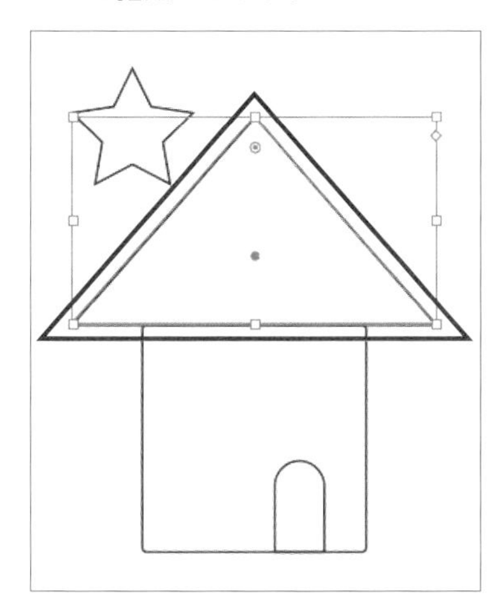

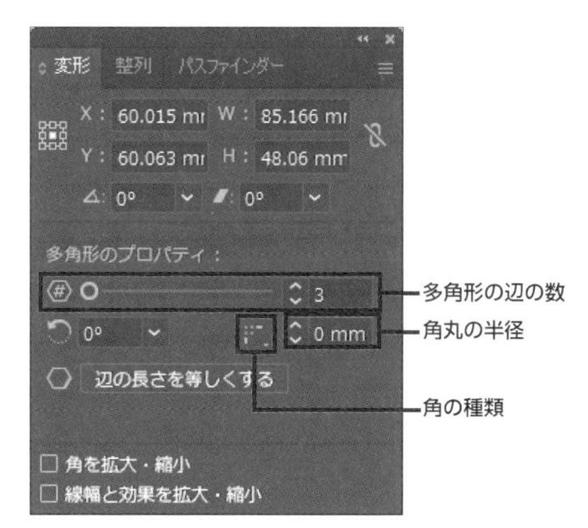


[変形] パネルの下部にある [線幅と効果を拡大・縮小] のチェックボックスをオンにすると、オブジェクトの拡大・縮小に合わせて線幅と効果も拡大・縮小します。チェックボックスをオフにすると線幅と効果は変更されません。

[変形] パネルと同じような機能として、ツールパネルの変形ツールがあります。変形ツールはマウスで直感的に操作するタイプのツールです。

## 分割・拡張

「分割・拡張」はオブジェクトの塗りと線を分割し、それぞれを新たなオブジェクトにすることができます。

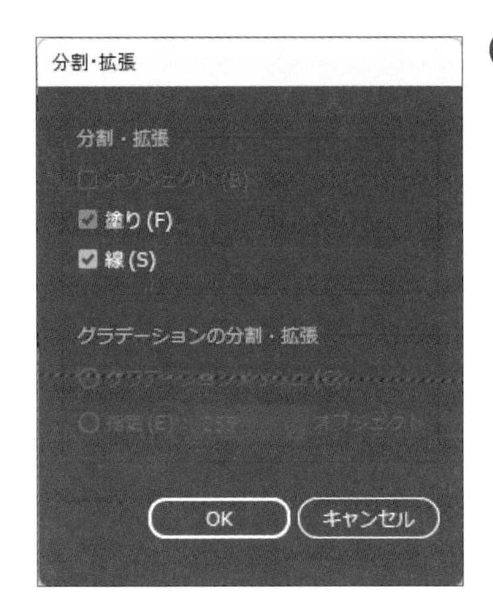


オブジェクトを選択して、[オブジェクト] メニュー→[分割・拡張] をクリックすると、[分割・拡張] ダイアログボックスが表示されます。[塗り] と [線] 両方のチェックをオンにして [OK] をクリックすると、塗りの部分と線の部分が2つのオブジェクトに分かれます。

使用ファイル 分割拡張.ai

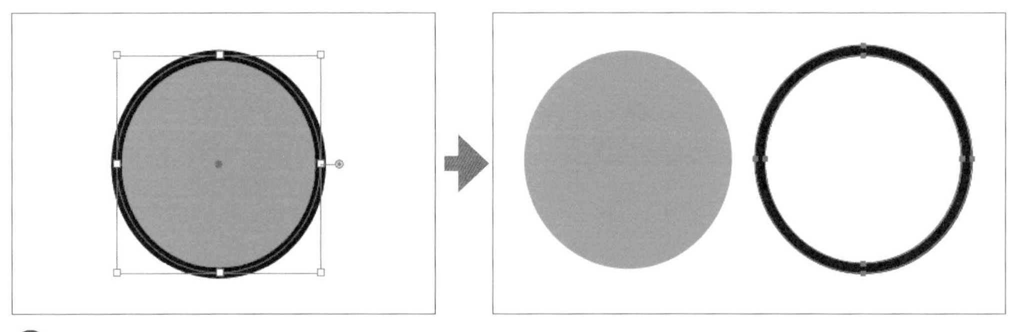

右の図のように、塗りと線に分けたオブジェクトを横に並べて表示するには、[レイヤー] パネルを表示して、レイヤーの最下層まで展開します。選択項目の欄で、線（複合パス）または塗り（楕円形）のいずれかを選択してから、選択ツールを使ってオブジェクトを移動させます。

## パスファインダー

「パスファインダー」は、重なり合った複数のオブジェクトから新しいオブジェクトを作成する機能です。

[ウィンドウ] メニュー→ [パスファインダー] をクリックして、[パスファインダー] パネルを表示します。[効果] メニューにも [パスファインダー] という項目がありますが、これはオブジェクトのアピアランスのみを変える機能です。一方 [パスファインダー] パネルでの操作は、実際に新しいオブジェクトを作成する、という違いがあります。

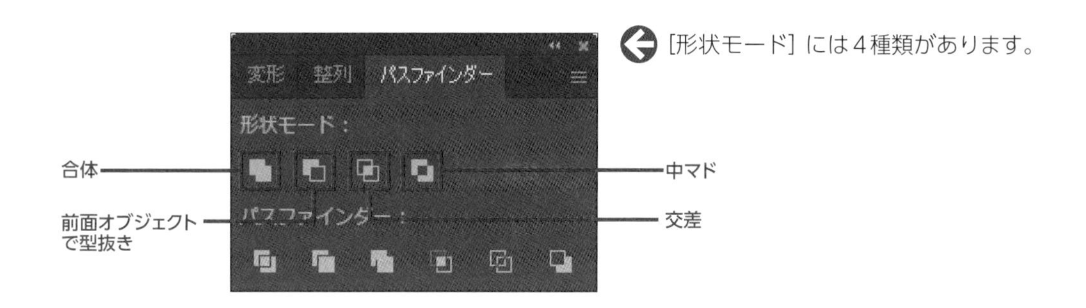




使用ファイル パスファインダー.ai

元のオブジェクト

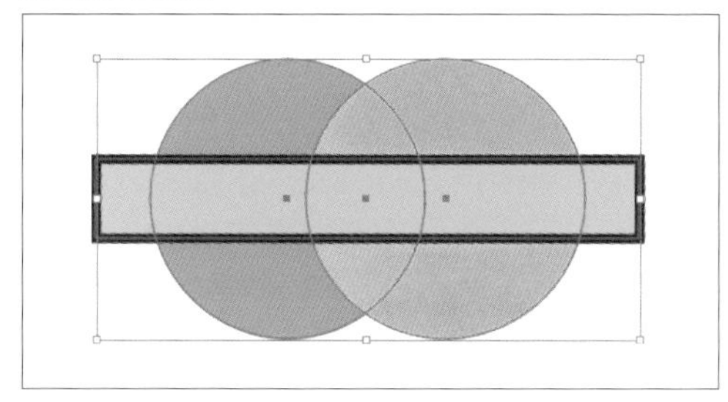

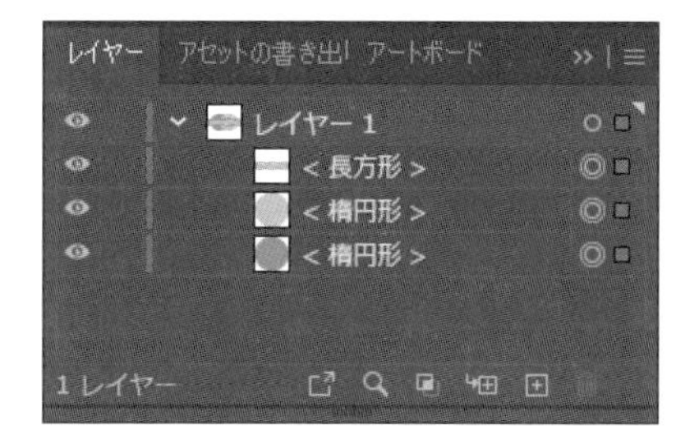


最前面に線が太く塗りが緑の長方形、その背面に線がなく塗りがオレンジ色の正円、最背面に線がなく塗りが水色の正円の3つのオブジェクトがあります。これら3つのオブジェクトを選択します。

### 合体

選択した複数のオブジェクトが合体し、一つのオブジェクトになります。最前面のオブジェクトの塗りと線が適用されます。

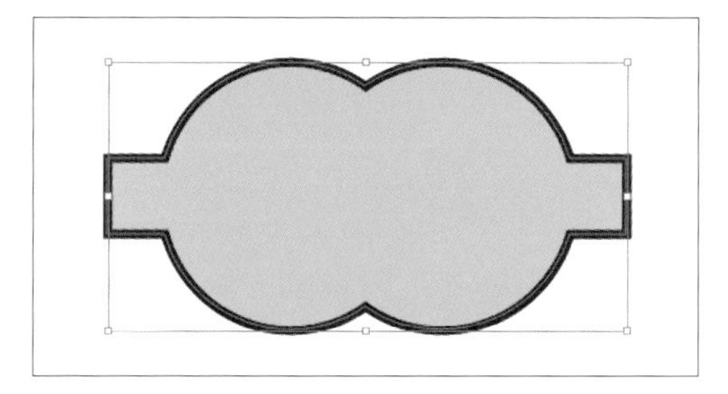

### 前面オブジェクトで型抜き

前面にあるオブジェクトで、背面にあるオブジェクトを型抜きします。

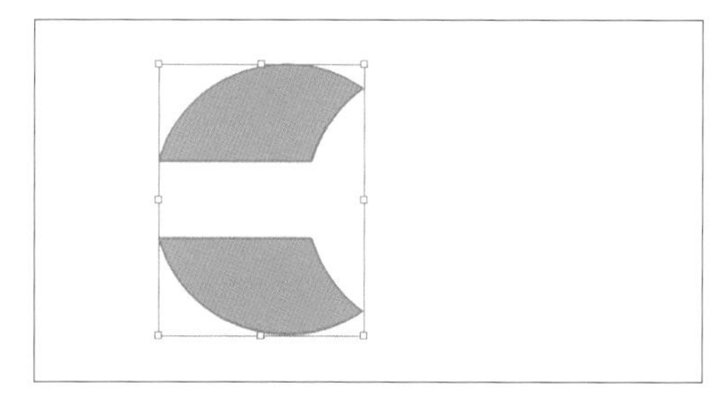

### 交差

選択したオブジェクトの重なっている部分が残ります。最前面のオブジェクトの塗りと線が適用されます。

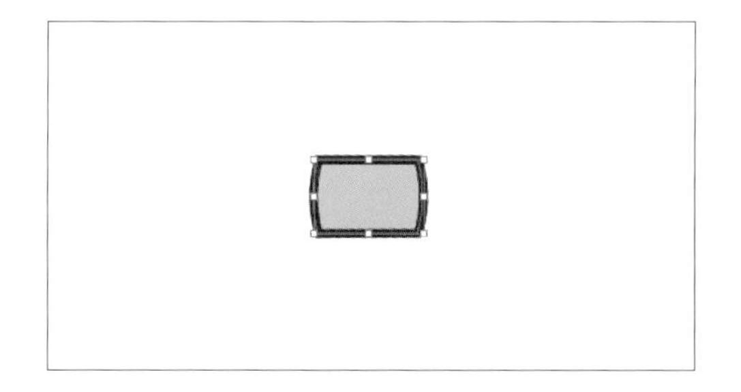

### 中マド

偶数個のオブジェクトが重なっている部分が切り抜かれます。最前面のオブジェクトの塗りと線が適用されます。

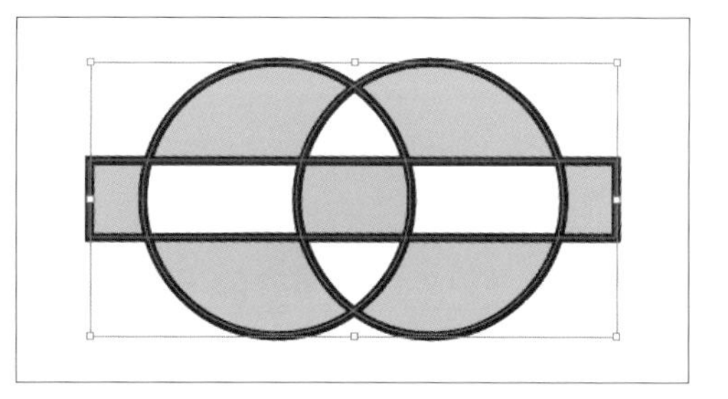

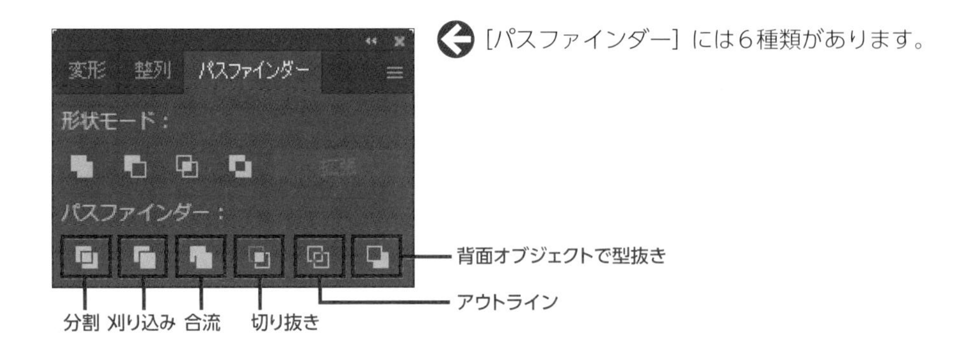


[パスファインダー] には6種類があります。

## 分割

選択したオブジェクトの重なっている部分を分割します。分割後のオブジェクトはグループ化されています。わかりやすくするため隣接するオブジェクトを離した状態を右に示します。

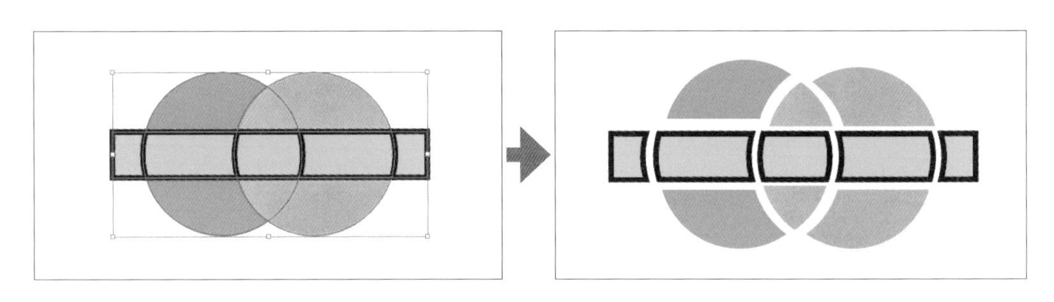

## 刈り込み

前面のオブジェクトが重なっている部分を削除します。オブジェクトの線は削除されて線なしになります。

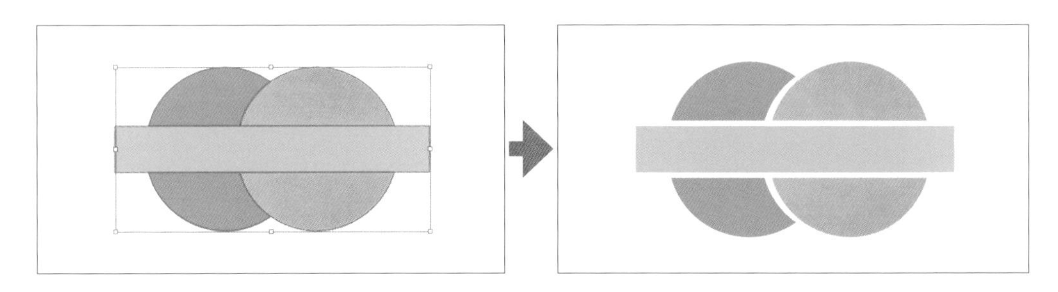

## 合流

前面のオブジェクトが背面のオブジェクトと重なっている部分を削除します。同じ塗りが適用されているオブジェクトは合体され、線なしになります。

**使用ファイル** 合流.ai

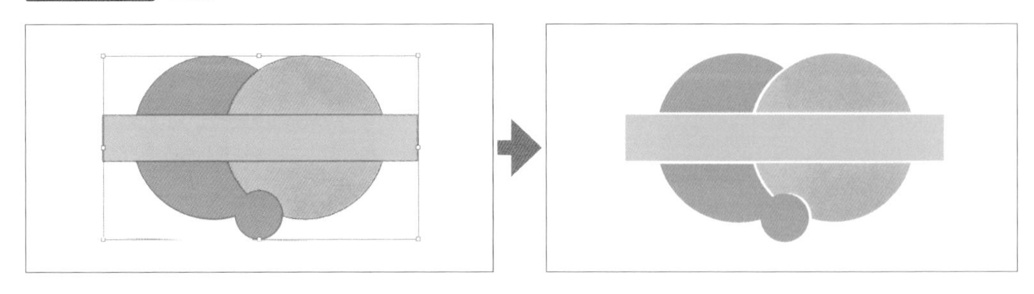

### 切り抜き

最前面のオブジェクトで、背面のオブジェクトと重なっている部分を切り抜きます。切り抜かれた背面のオブジェクトは線がなくなり、塗りが残ります。最前面のオブジェクトで背面のオブジェクトと重なっていない部分は塗りなし、線なしのパスになります。最前面のオブジェクトの境界線の外にある部分はパスも含めすべて削除されます。

使用ファイル 切り抜き.ai

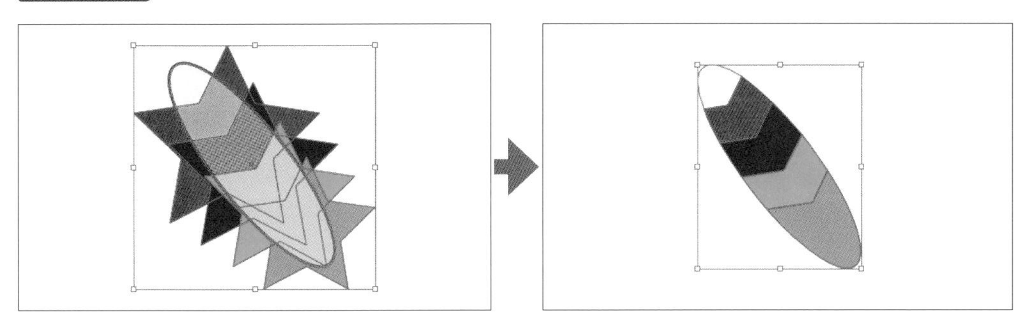



### アウトライン

選択しているオブジェクトをアウトラインにします。アウトラインが重なっている部分は分割され、オープンパスになります。塗りはすべて削除され、塗りが適用されていたオブジェクトの場合は塗りの色が線として適用されますが、アウトラインが重なっている部分のパスは、前面のオブジェクトの塗りの色が適用されます。

使用ファイル アウトライン.ai

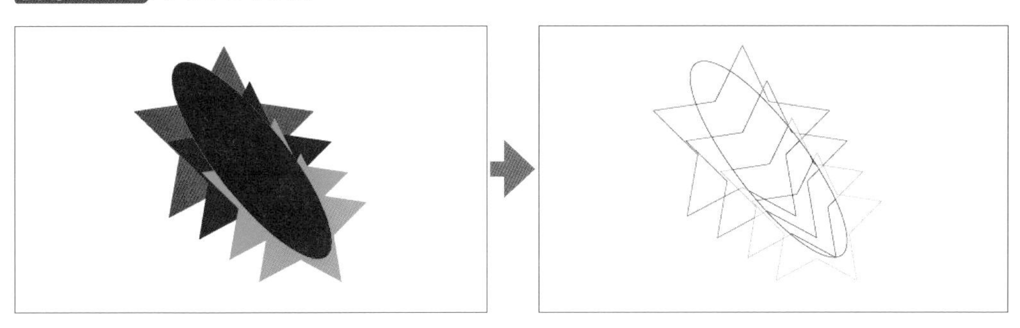

### 背面オブジェクトで型抜き

最前面のオブジェクトを重なっている背面のオブジェクトで型抜きします。型抜きした背面のオブジェクトは削除され、重なり合っていない背面のオブジェクトも同時に削除されます。

使用ファイル 背面オブジェクトで型抜き.ai

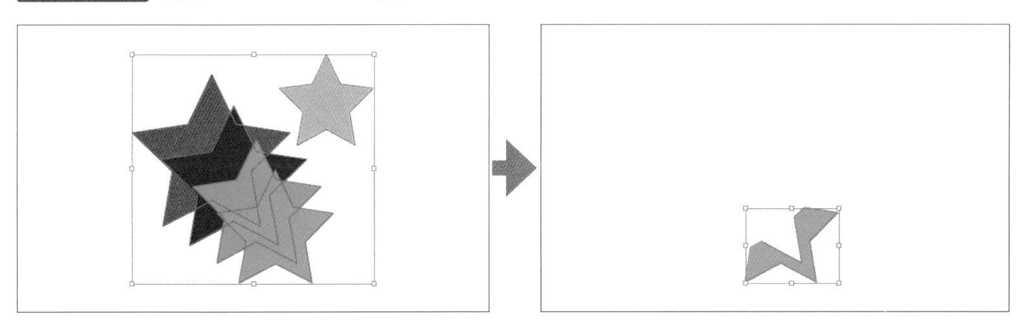

## シェイプ形成ツール

「シェイプ形成ツール」は、重なっている複数のオブジェクトを合成したり、部分的に削除したりして新しいオブジェクトを作成する機能です。パスファインダーに似た機能ですが、マウスを使ってより直感的に操作できます。

使用ファイル シェイプ形成ツール.ai

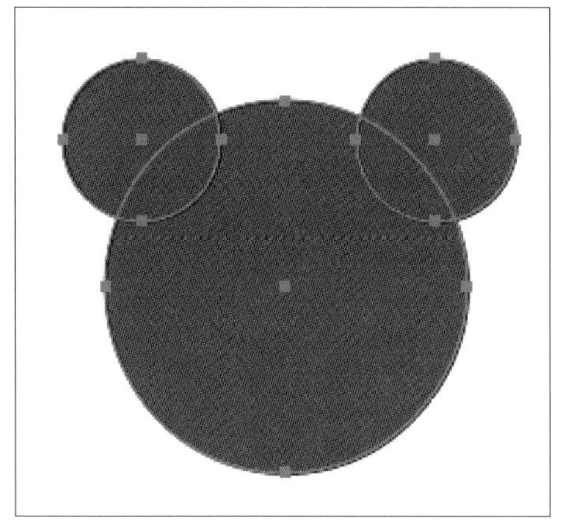

2つの小さい円と1つの大きい円が重なっている合計3つのオブジェクトを選択して、ツールパネルの［シェイプ形成ツール］をクリックします。

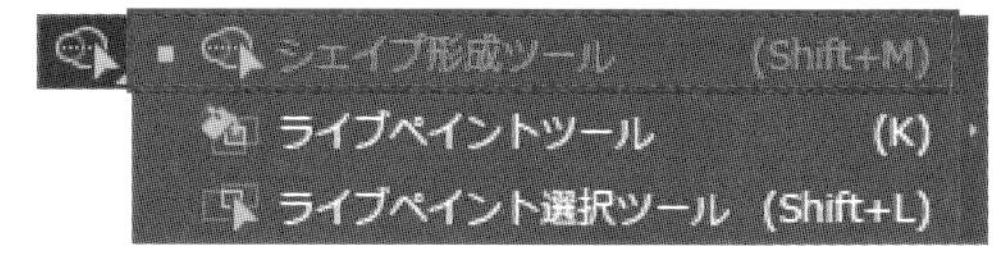


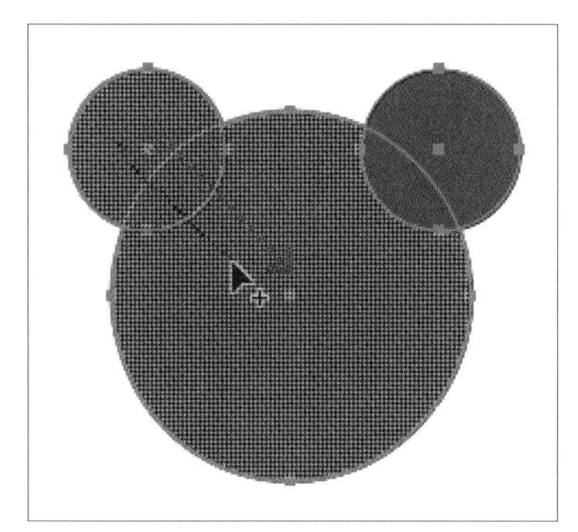

左の小さい円、中央の大きい円、その2つの円が重なっている部分をまたぐようにドラッグします。ドラッグ中、マウスポインターが通過したエリアには網模様が付き、ドラッグが終わるとその部分が一つのオブジェクトに合成されます。

同様に右の小さい円も合成します。

重なり合った3つの円のオブジェクトが一つのオブジェクトに合成されました。

使用ファイル シェイプ形成ツール2.ai

選択ツールで3つのオブジェクトを選択して、シェイプ形成ツールをクリックし、**Alt**キーを押しながら不要な部分をクリックまたはドラッグすると、オブジェクトを削除できます。

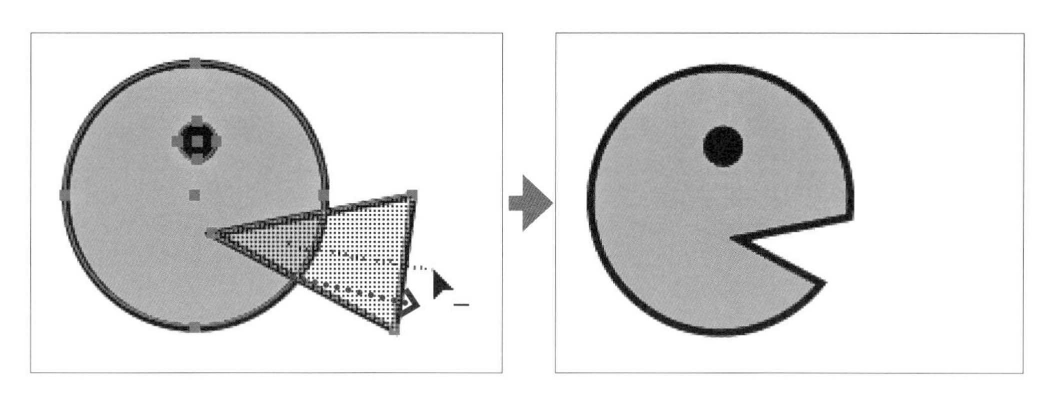



## 遠近グリッドツール

遠近感を持った図形を作成するためのグリッドを表示します。このグリッドを表示した状態でシェイプ描画ツールを使うと、遠近グリッドに沿った形で図形が作成されます。

ツールパネルの［遠近グリッドツール］をクリックすると、ウィンドウに遠近グリッドが表示されます。

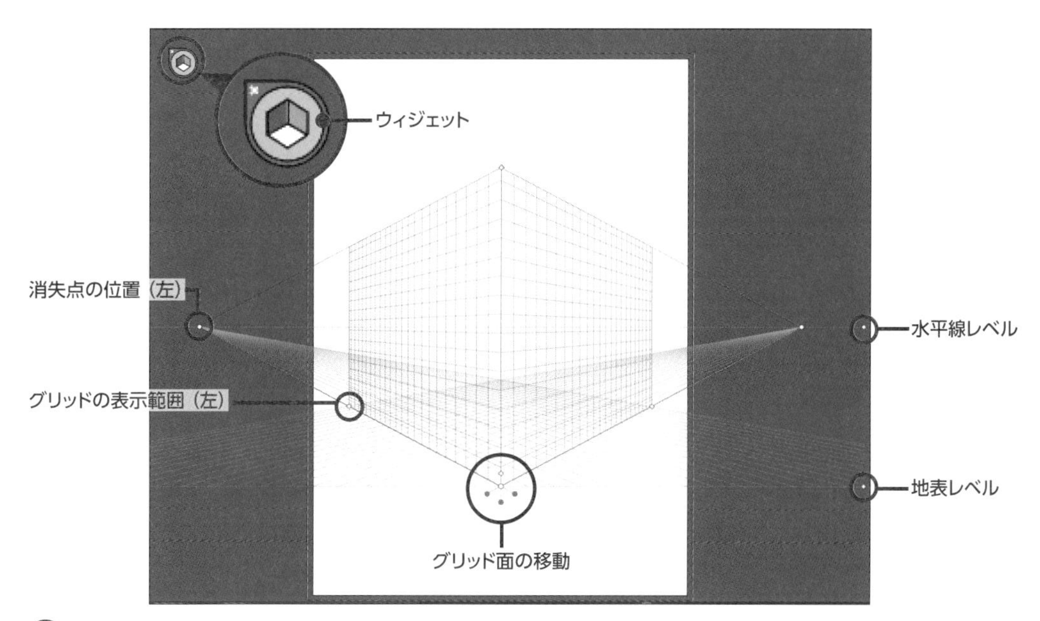


表示されたグリッドは、水平線レベル、消失点の左右位置、グリッドの表示範囲、グリッド面の移動の各項目を調整できます。ウィンドウの左上にはどの面（左面、右面、水平面、グリッドに依存しない）に図形を作成するかを指定するウィジェットが表示されます。

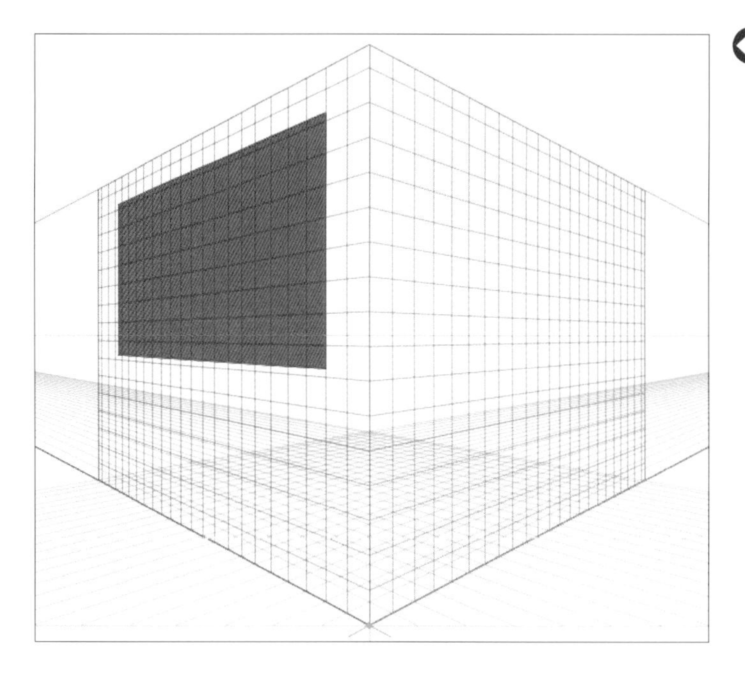

［長方形ツール］を用いて遠近グリッド左面に長方形を作成すると、グリッドに沿って、遠近感のある形状に描画できます（わかりやすいように長方形を赤で塗りつぶしています）。

作成した図形を移動したり変形したりすると遠近グリッドからずれてしまいます。遠近グリッドに沿ったまま図形を移動・変形するにはツールパネルの［遠近図形選択ツール］をクリックして操作します。

遠近グリッドを非表示にする場合は、ウィジェットの左上にある［×］をクリックするか、［表示］メニュー→［遠近グリッド］→［グリッドを隠す］をクリックします。

# 練習問題

**問題1** 左側のアイコンと右側のツール名を一致させなさい。

| アイコン | ツール名 |
|---|---|
| **A.** | **1.** グループ選択ツール |
| **B.** | **2.** なげなわツール |
| **C.** | **3.** 拡大・縮小ツール |
| **D.** | **4.** シェイプ形成ツール |

**問題2** シェイプのサイズを大きくできるツールはどれか。正しいものを選びなさい。

**A.** 自由変形ツール
**B.** リフレクトツール
**C.** シェイプ形成ツール
**D.** 拡大・縮小ツール

**問題3** レイヤーについて間違った説明を選びなさい。

**A.** ［レイヤー］パネルの目のマークをクリックして表示を消すと、そのレイヤーのオブジェクトがすべて非表示になる。
**B.** ［新規サブレイヤーに集める］をクリックすると、新しいレイヤーが作成され、選択していたレイヤーがまとめられる。
**C.** ［レイヤー］パネルのリストの上にあるオブジェクトが前面に配置される。
**D.** テンプレートレイヤーは通常レイヤーと同様に印刷することができる。

**問題4** ［練習問題］フォルダーの6.1.aiを開き、［レイヤー］パネルを操作してウサギの両耳を「顔の輪郭」の背面に移動させなさい。

6.1.ai

**問題5** [練習問題] フォルダーの6.2.aiを開き、[レイヤー] パネルを操作して「楕円形」を複製し、名前を「顔の輪郭」として「楕円形」の背面に配置しなさい。

6.2.ai

**問題6** [練習問題] フォルダーの6.3.aiを開き、[パスファインダー] パネルを使って2つのオブジェクトを合体させなさい。

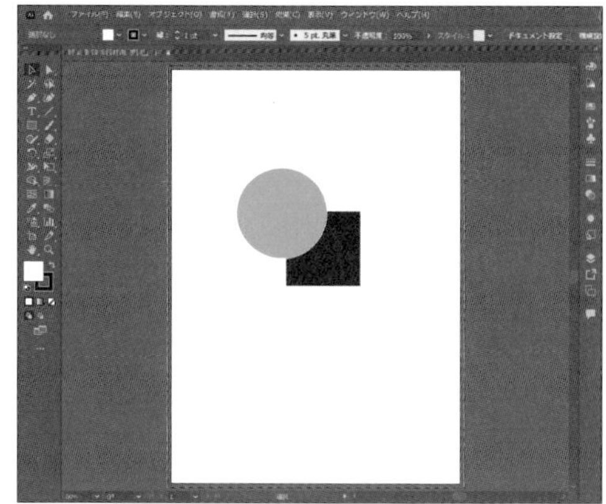

6.3.ai

# 7

# 文字

# 7.1 文字の入力

Illustratorでは、文字列を「テキストオブジェクト」として扱います。最初に文字の入力とフォントの選択について学びます。

テキストオブジェクトには、「ポイント文字」、「エリア内文字」、「パス上文字」の3種類があります。ポイント文字は、文字ツールでクリックした位置から1行に文字列が配置され、**Enter**キーを押すまで改行されません。主に短い文字列を入力する際に使用します。エリア内文字は、テキストエリアの内部に文字列が配置されます。パス上文字は、パスに沿って文字列が配置されます。

ポイント文字

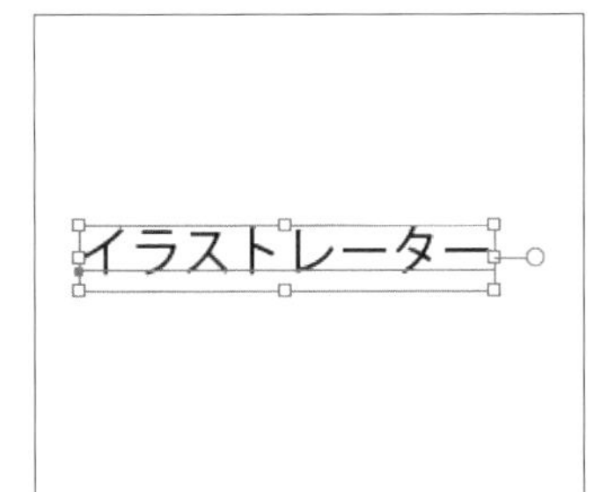


エリア内文字

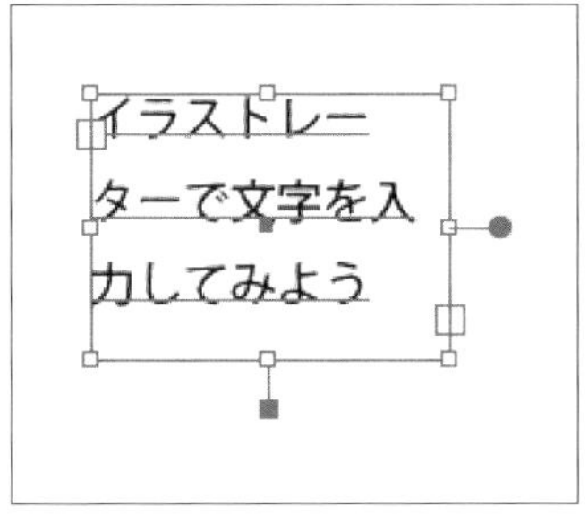


パス上文字

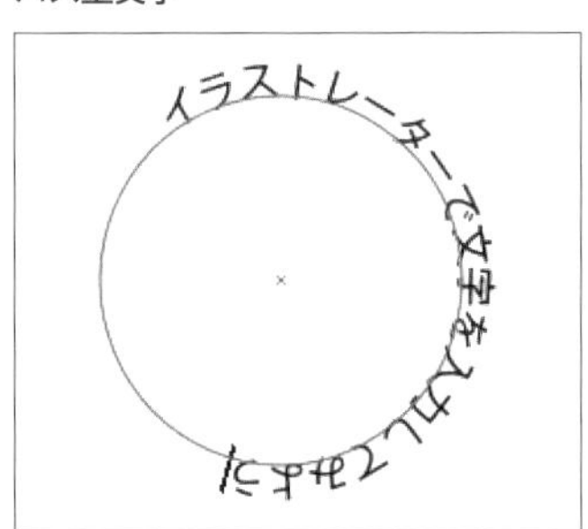


## 文字ツール

ポイント文字およびエリア内文字を入力するには「文字ツール」を使います。

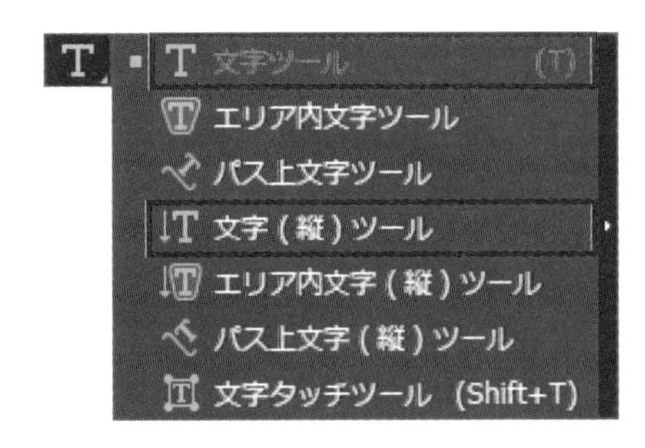


### 文字ツール、文字（縦）ツール

「文字ツール」は横書きの文字列を入力するときに使います。ツールパネルの［文字ツール］をクリックします。縦書きの文字列を入力するときは［文字（縦）ツール］を使います。

イラストレーター

### ポイント文字を入力する

ワークスペース上にマウスポインターを移動させると の形になります。アートボード上をクリックするとカーソルが点滅して、文字を入力する状態になります。

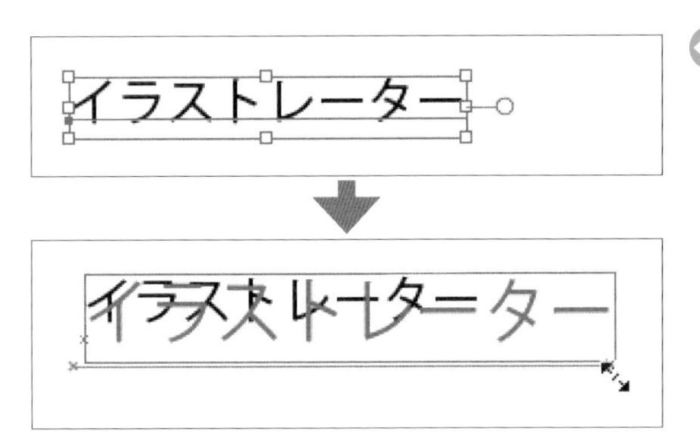


入力した文字の変換を確定したあと、**Esc**キーを押すか選択ツールに切り替えると、文字入力が終了し、文字列を囲むバウンディングボックスが表示されます。バウンディングボックスのハンドルをドラッグすると、入力した文字に対して拡大・縮小などの変形ができます。



### エリア内文字を入力する

文字ツールを選択して、マウスポインターが の状態でアートボード上をドラッグすると、始点と終点を対角線とする長方形の「テキストエリア」が作成されます。文字列を入力していくとテキストエリアの境界に達した段階で自動的に折り返されます。**Esc**キーを押すか選択ツールに切り替えると、文字入力が終了し、バウンディングボックスが表示されます。

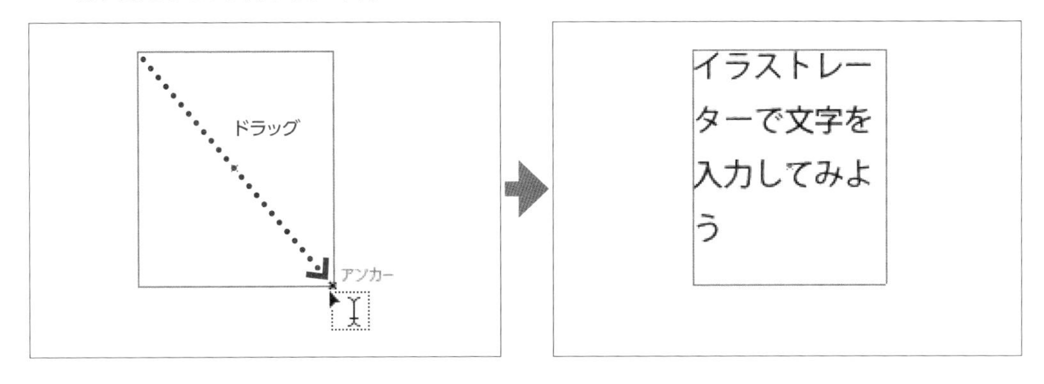


テキストエリアに文字列が入りきらなくなると、テキストエリア右下に が表示され、あふれた文字列は表示されません。このような状態を文字の「オーバーフロー」といいます。選択ツールでバウンディングボックスのハンドルをドラッグしてテキストエリアを広げると、あふれていた文字列が表示されます。ポイント文字と異なり、バウンディングボックスを広げたり、狭めたりしても文字自体が拡大・縮小することはありません。

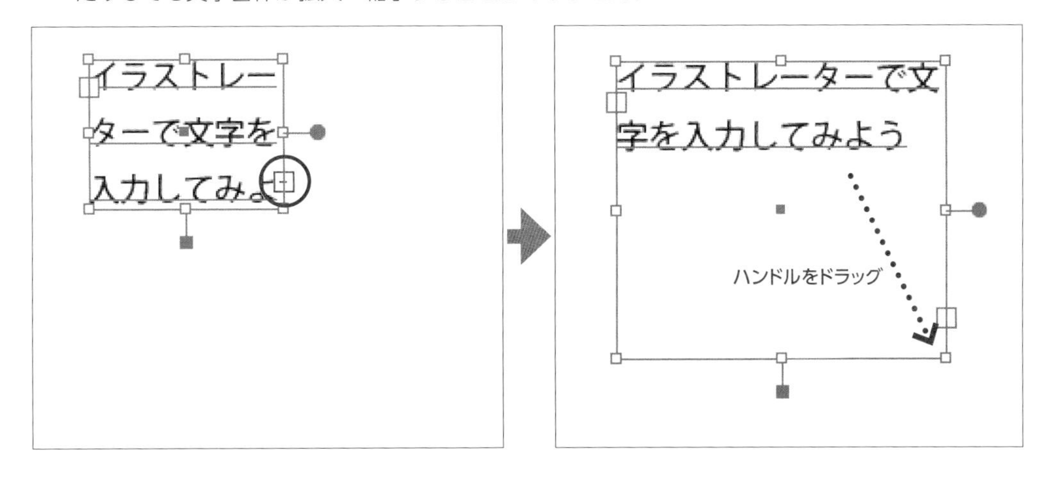

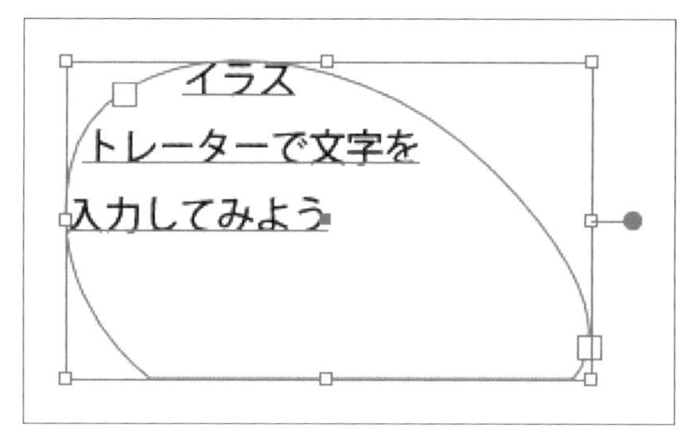


テキストエリアはほかのシェイプ（グラフィックオブジェクト）と同じように、拡大・縮小ツールやシアーツールなどで変形したり、ダイレクト選択ツールやアンカーポイントツールでアンカーポイントやセグメントを操作して形状を変えたりできます。

また、ダイレクト選択ツールでテキストエリアのパスをクリックし、テキストエリアだけが選択された状態にすると、[カラー] パネル、[スウォッチ] パネル、[線] パネルなどで、線や塗りの色、線の形状を設定できます。

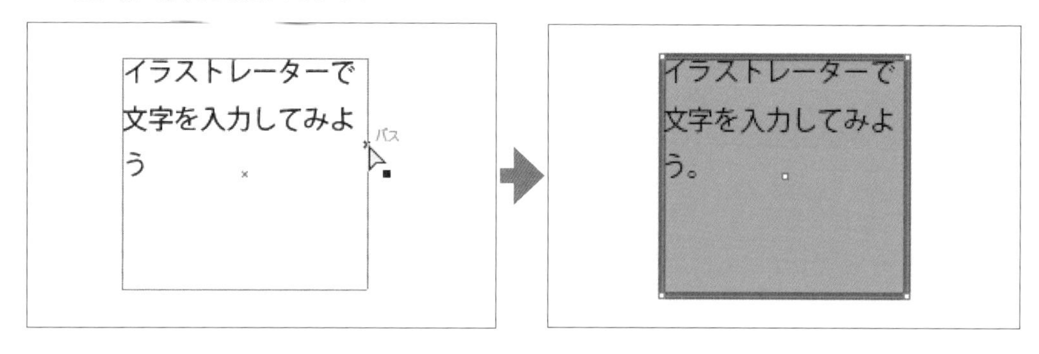


**メモ**

テキストエリアの線や塗りの色を設定する際に、バウンディングボックスと同時に入力した文字列も選択された（文字列の下に線が引かれている）状態だとテキストエリアの線や塗りは変更できません。この状態で線や塗りの色を変更すると文字列に適用されます。

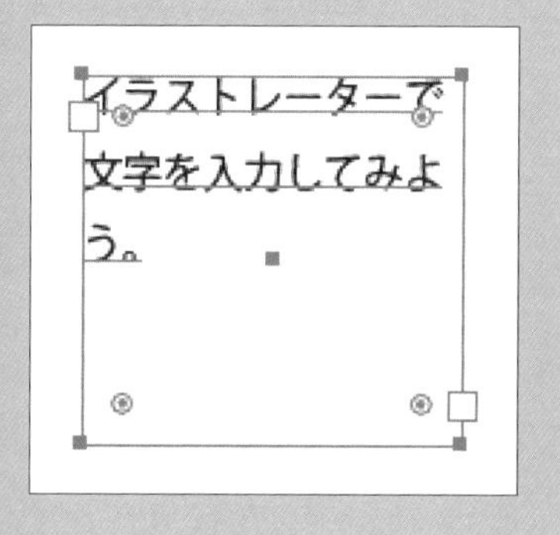


### ポイント文字とエリア内文字の切り替え

本章（7.1）冒頭の図（ポイント文字、エリア内文字）に示すように、ポイント文字のバウンディングボックスの右側には○が表示されています。この○をダブルクリックするとエリア内文字に変換できます。反対にエリア内文字のバウンディングボックスの右側には●が表示されています。●をダブルクリックすればポイント文字に変換することができます。ただしエリア内文字をポイント文字に変換すると、エリア内文字のテキストエリアに設定していた形状はすべて解除されます。

T 文字ツール (T)
エリア内文字ツール
パス上文字ツール
文字（縦）ツール
エリア内文字（縦）ツール
パス上文字（縦）ツール
文字タッチツール (Shift+T)

## エリア内文字ツール、エリア内（縦）文字ツール

「エリア内文字ツール」や「エリア内文字（縦）ツール」を使うと、作成済みのオブジェクトの内部に文字列を入力することができます。ツールパネルの［エリア内文字ツール］をクリックします。

使用ファイル　エリア内文字ツール.ai

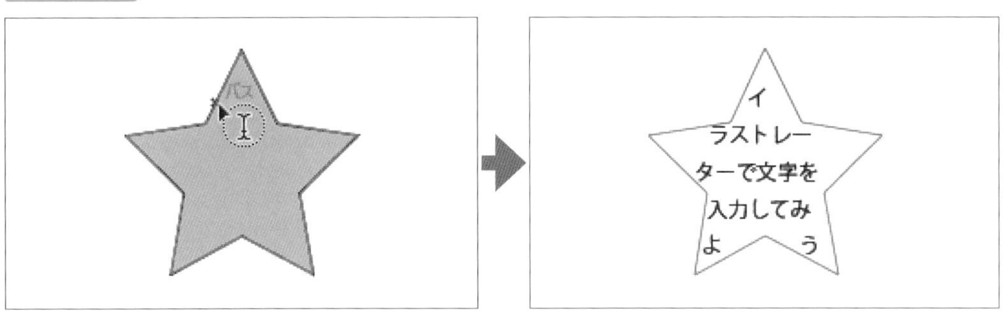


ワークスペース上にマウスポインターを移動させると の形になります。文字列を入力するオブジェクトのパスの上でクリックすると、テキストエリアに変換され文字を入力できる状態になります。このときオブジェクトの塗りや線の色はなくなりますが、あとから設定し直すこともできます。**Esc**キーを押すか選択ツールに切り替えると、文字入力が終了し、バウンディングボックスが表示されます。

文字ツールの使用中に、オブジェクトのパス上をポイントすると、マウスポインターが の形になります。クリックするとオブジェクトをテキストエリアに変換できます。

T 文字ツール (T)
エリア内文字ツール
パス上文字ツール
文字（縦）ツール
エリア内文字（縦）ツール
パス上文字（縦）ツール
文字タッチツール (Shift+T)

## パス上文字ツール、パス上文字（縦）ツール

パスに沿って文字列を配置するパス上文字を入力するには、「パス上文字ツール」や「パス上文字（縦）ツール」を使います。ツールパネルの［パス上文字ツール］をクリックします。

使用ファイル　パス上文字ツール.ai

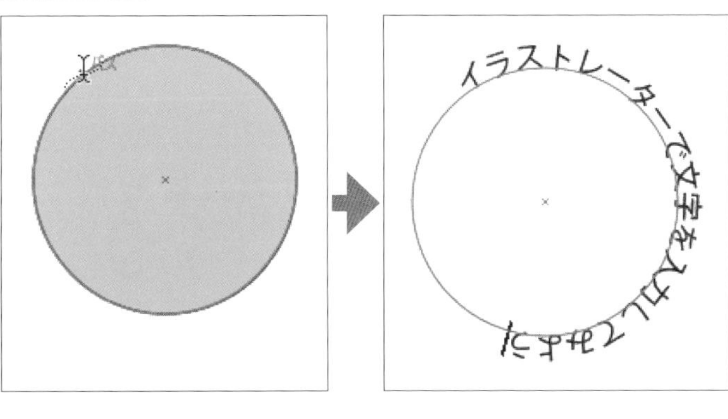


ワークスペース上にマウスポインターを移動させると の形になります。パス上でクリックすると、その地点からパスに沿って文字が入力されます。パスに設定されていた塗りや線の設定はなくなりますが、あとから設定し直すこともできます。

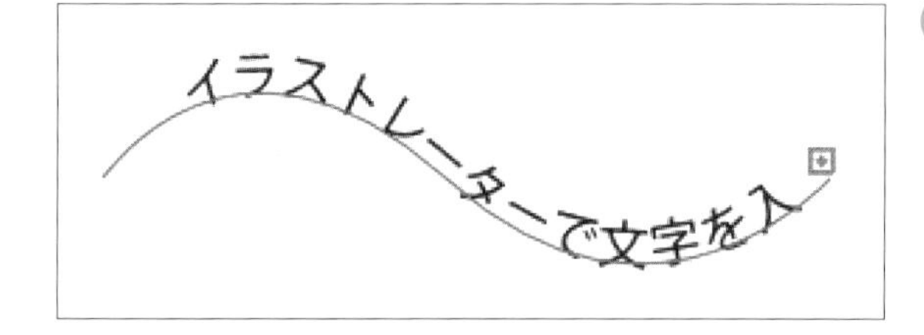


入力した文字列がパスより長くなると、エリア内文字と同様、文字列のオーバーフローのマーク ⊞ が表示されます。ダイレクト選択ツールでパスのアンカーポイントやセグメントを選択してパスを延長すると、あふれていた文字列が表示されます。

### 文字の修正と設定

いったん入力した文字を修正するには、文字ツールを選択して文字付近をクリックします。その位置にカーソルが表示されます。選択ツールやダイレクト選択ツールで文字付近をダブルクリックしても同様に修正できます。

### 文字の色の変更

文字の色を変更するときは、文字ツールを使用して文字列全体や対象の文字を選択するか、選択ツールで文字列の上をクリックしてテキストオブジェクト全体を選択します。一般のオブジェクトと同様に［カラー］パネルや［スウォッチ］パネルから色を選択します。

選択ツールで文字列の上をクリックして、テキストオブジェクト全体を選択します。コントロールパネルには「テキスト」と表示されます。

テキストオブジェクトを選択して、コントロールパネルから塗りの色と線の色を設定すると、文字列全体を同じ色に設定できます。

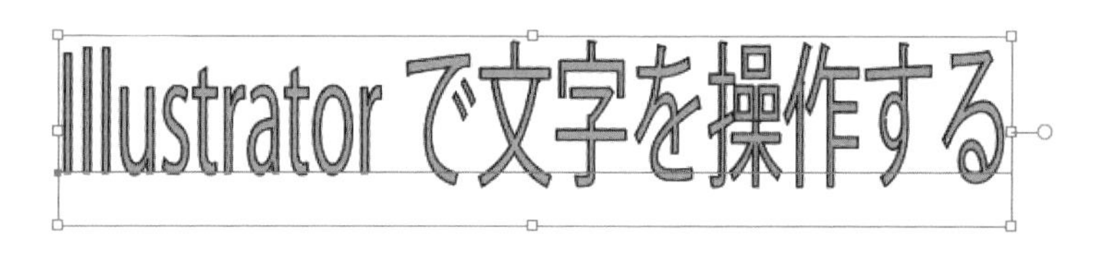


文字ツールで、文字列を選択すると、コントロールパネルには「文字」と表示されます。

文字列を選択して、塗りの色や線の色を設定すると、選択した文字列の色のみを設定できます。

Illustrator で文字を操作する

### フォントの設定

「フォント」は、小塚ゴシック Pr6N、MS P明朝、Arial、Centuryといった、文字の書体のことです。文字の入力中や修正中は、コントロールパネルにフォントを設定するための［フォントファミリを設定］［フォントスタイル］［フォントサイズ］という3つのボックスが表示されます。

フォントは各ボックスの［∨］をクリックして表示される一覧から選択します。フォントファミリ名の左に［>］があるものは、複数のフォントスタイルを選択できます。フォントスタイルは、同じデザインで線の太さや形の異なるものです。このような場合、「小塚ゴシック Pr6N」がフォントファミリ名で、フォントスタイルまでを含めた「小塚ゴシック Pr6N R」が具体的なフォント名になります。

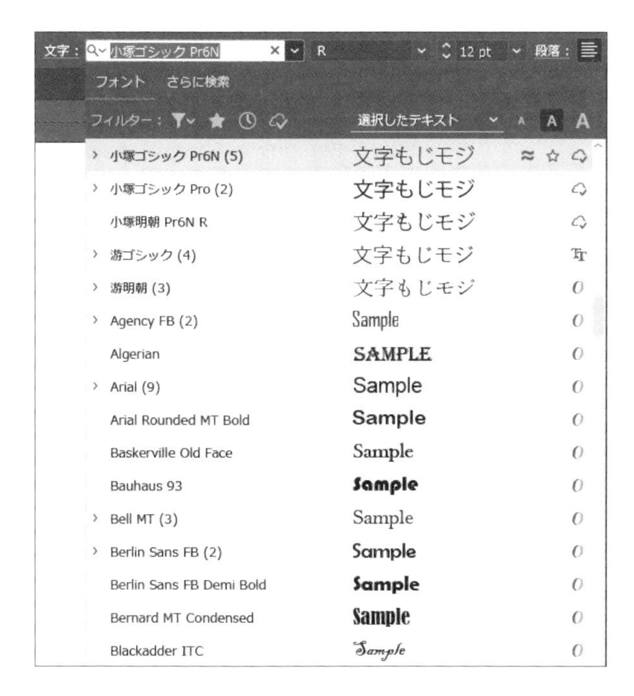


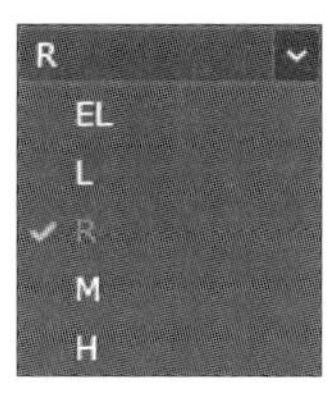


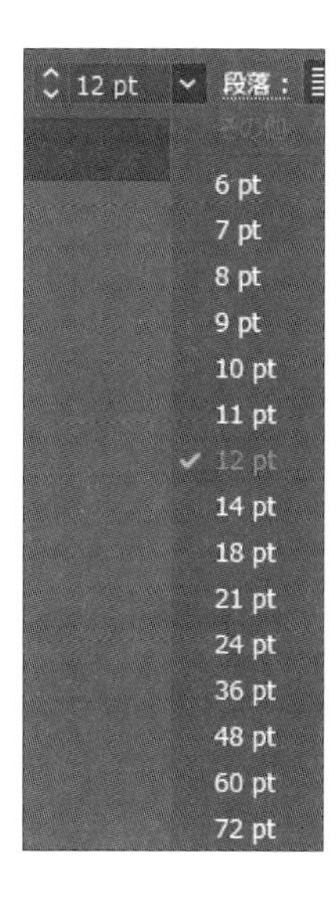


フォントのサイズはpt（ポイント）で指定します。［∨］をクリックして、一覧からサイズを選択するか、ボックスに直接数値を入力します。サイズの単位「pt（ポイント）」は一般的にDTPソフトウェアでは、1ptが1/72インチに相当します。

**メモ**

文字の一覧で［さらに検索］をクリックすると、Adobe Fontsのフォントを利用できます。Adobe Fontsは、20,000以上のフォントが収録されたオンラインのライブラリです。フォントの右端にある雲のアイコンをクリックすると、フォントがアクティベートされて利用できるようになります。

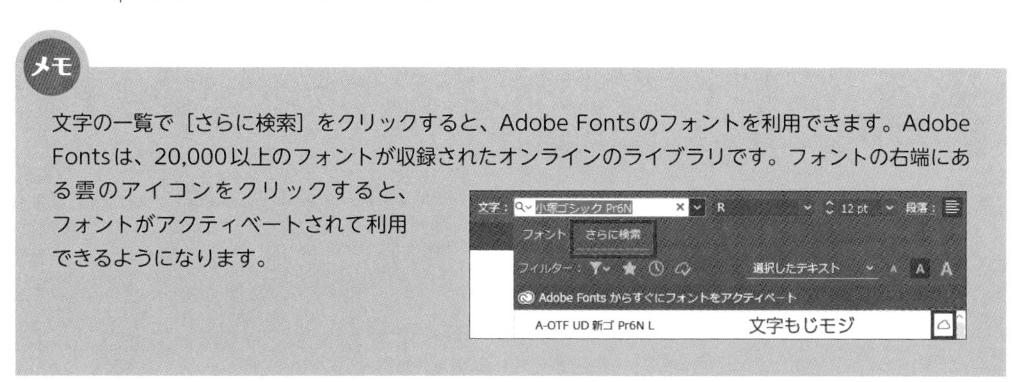


第7章

## フォント

デザインされた文字のセットを「フォント（書体）」といいます。Illustratorをインストールしている PCには、Adobe Fontsを含め多数のフォントが用意されているので、用途に合ったものを適切に選びます。

日本語（和文）フォントは大きく分けて、線の太さが一定の「ゴシック体」と、線の太い部分と細い部分があり筆で描いたようなハネやウロコのある「明朝体（みんちょうたい）」の2種類があります。同様に、英字（英文）フォントには「Serif（セリフ）」フォントと「Sans-serif（サンセリフ）」フォントがあり、それぞれ明朝体、ゴシック体に相当します。そのほか、ポップ体、楷書体、手書き文字、スクリプト（筆記体）、装飾的な書体などがあります。

明朝体の例
小塚明朝Pr6N

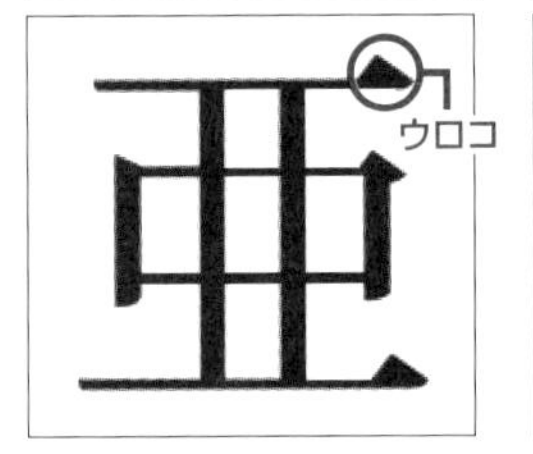


ゴシック体の例
小塚ゴシックPr6N

セリフの例
Century

サンセリフの例
Arial

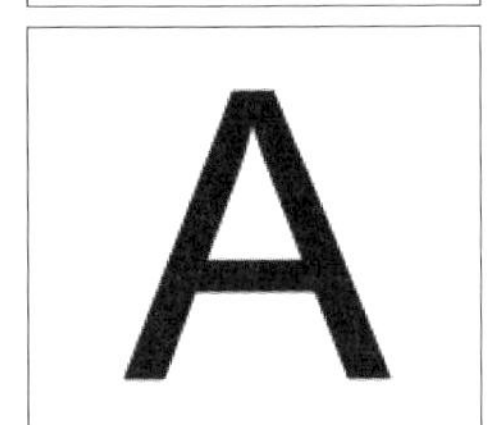

スクリプトの例　Script MT Bold

装飾的な書体の例　Rosewood Std

フォントファミリの中には、複数のフォントスタイル（同じデザインで線の太さや形の異なるもの）を備えているものがあります。フォントスタイルはフォントファミリ名のあとにLight（L）、Regular（R）、Bold（B）、Heavy（H）などの文字を付けて区別します。

小塚ゴシック Pr6N EL

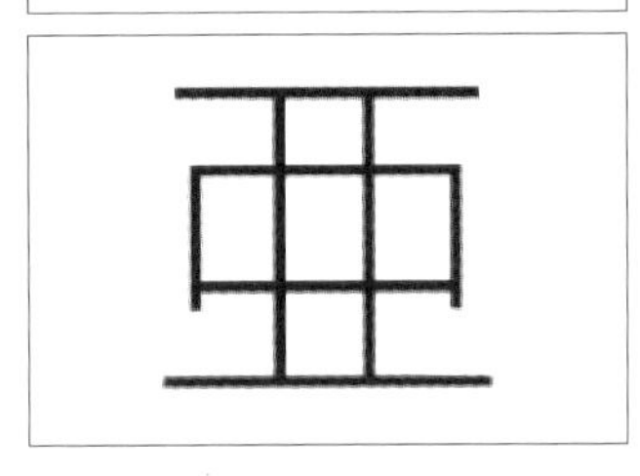

小塚ゴシック Pr6N R

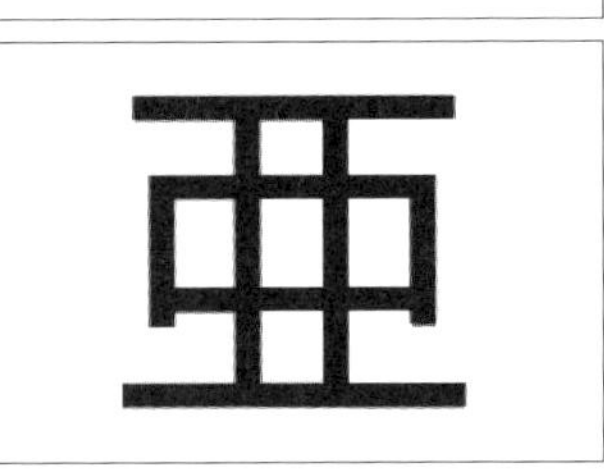

小塚ゴシック Pr6N H

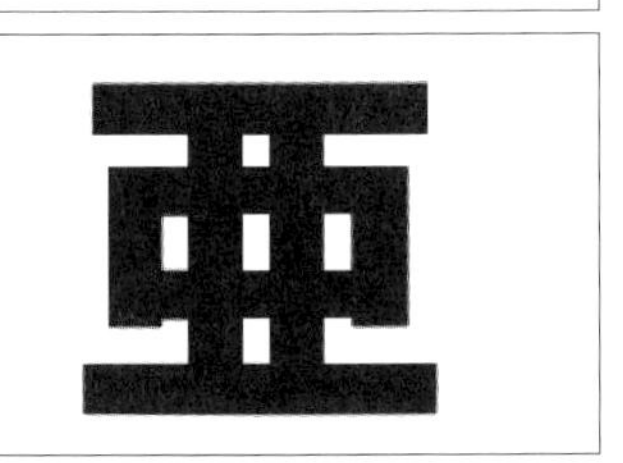

フォントの種類や個々のフォントは、その文字を使う場所に応じて適切なものを選ぶ必要があります。ゴシック体は安心感や正確さなどが必要な場合に向いています。やさしさや楽しさを表現したい場合は手書き文字やポップ体などが向いているときがあります。書籍本文のように長い文章では読みやすさが優先されるので、一般的に明朝体が使われます。

# 7.2 文字の配置

文字の配置や文字や行の間隔などの設定には、[文字] パネルと [段落] パネルを使用します。また、複数のテキストエリアをつなげて文字列を流し込んだり、オブジェクトの周囲に文字を回り込ませて配置したりする方法を学びます。



## [文字] パネル

[文字] パネルは、フォント、垂直/水平比率、行間、文字詰めなど主に文字単位の設定を行います。

[ウィンドウ] メニュー→ [書式] → [文字] をクリックすると [文字] パネルが開きます。全体が表示されていない場合はパネルメニューの [オプションを表示] をクリックします。

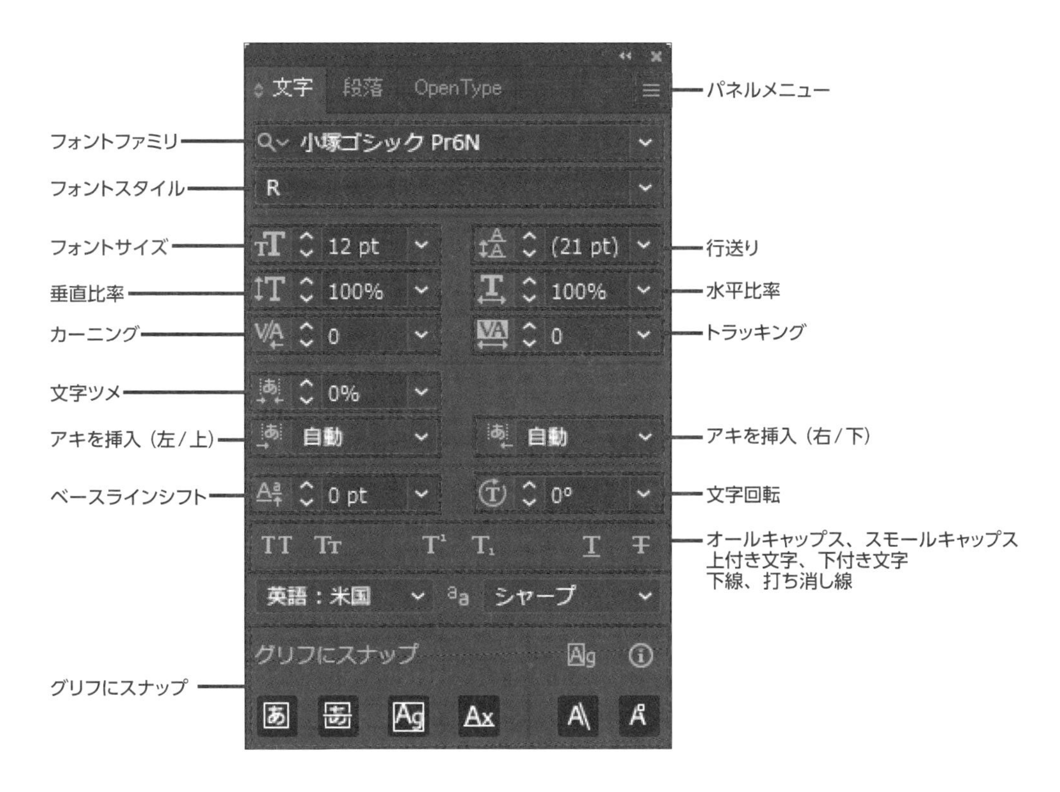


「フォントファミリ」、「フォントスタイル」、「フォントサイズ」の3つはコントロールパネルにあるボックスと同じものです。

**・行送り**

行の間隔をポイントで指定します。欧文の場合は行とその前の行とのベースラインの間、和文（日本語基準）の場合は行の上端と次の行の上端の間です。

**・垂直比率、水平比率**

高さ（垂直）、幅（水平）を指定して、垂直・水平方向に文字を拡大または縮小します。

**・カーニング**

特定の２文字の間隔を調整します。[メトリクス][オプティカル][和文等幅]は自動で調整する方法です。文字と文字の間にカーソルを置いて調節します。

既定の状態

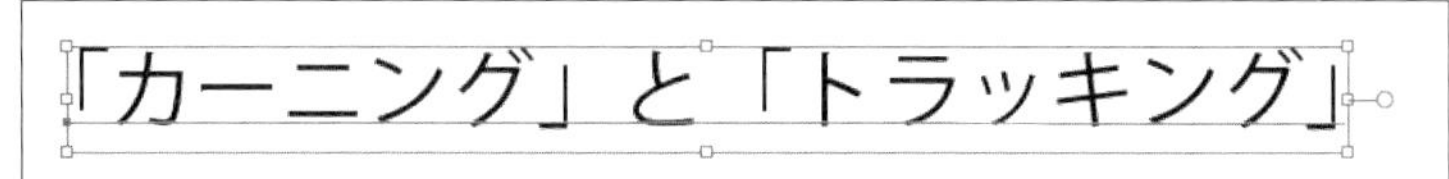


カーニングで赤く囲んだ部分の間隔を調整

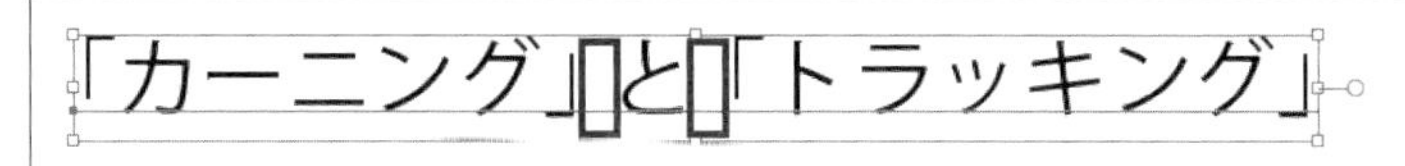


トラッキングで、文字全体の間隔を調整

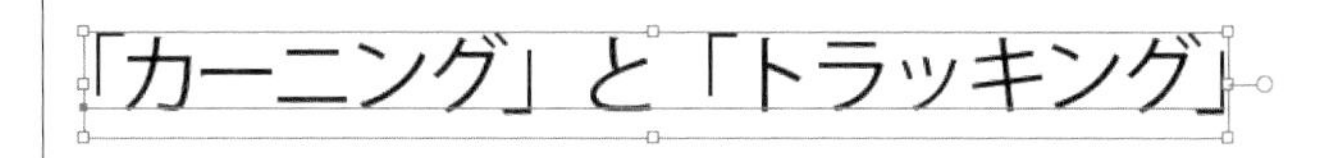


**・トラッキング**

選択した文字全体に対して均等に文字の間隔を調整します。

**・文字ツメ**

文字の左右のスペースを詰めます。

**・アキを挿入（左／上）**

選択している文字の左（横書きの場合）または上（縦書きの場合）に間隔を挿入します。

**・アキを挿入（右／下）**

選択している文字の右（横書きの場合）または下（縦書きの場合）に間隔を挿入します。

既定の状態

文字のアキを挿入

左のアキを八分に設定

文字のアキを挿入

左のアキを四分に設定

文字のアキを挿入

**・ベースラインシフト**

文字をベースラインからどれだけ動かすかを設定します。ベースラインは文字の位置を揃える基準となる仮想の線です。

**・文字回転**

文字を回転させます。

**・オールキャップス、スモールキャップス**

オールキャップスは、英小文字を大文字にします。スモールキャップスは、英小文字を小文字と同じ高さの大文字にします。

・上付き文字、下付き文字

上付き文字や下付き文字にします。

・下線、打ち消し線

文字に下線や打ち消し線を適用します。

・グリフにスナップ

アウトライン化する前のテキストに利用できるスナップ機能で、オブジェクトをテキストに近づけると自動的にスナップガイドが表示されます。文字のイメージ（グリフ）に合わせてオブジェクトを正確に配置できます。グリフにスナップを使用するには、スマートガイドを有効にしておく必要があります。



### 英字フォントの基準線

英字フォントには次のような基準線があります。英字フォントの場合はアセンダーラインからディセンダーラインまでの長さをポイントに換算したものが、フォントの「ポイント」です。

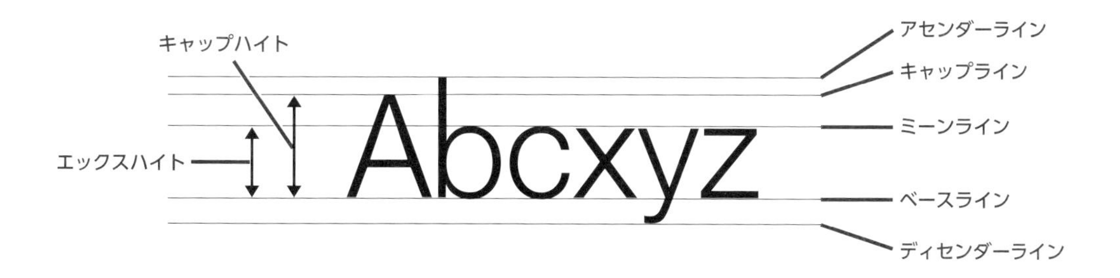


## ［段落］パネル

［段落］パネルは、文字揃え、インデント、禁則処理など主に段落に関する設定を行います。

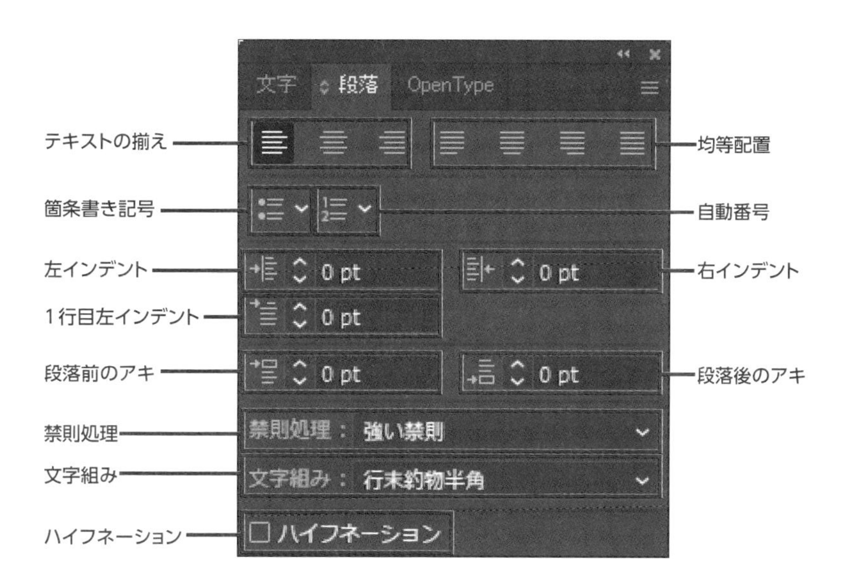

**・テキストの揃え**

文字の配置を指定します。左から［左揃え］［中央揃え］［右揃え］です。縦書きの場合は［上揃え］［中央揃え］［下揃え］になります。

**・均等配置**

文字の左右端を揃えます。左から［均等配置（最終行左揃え）］［均等配置（最終行中央揃え）］［均等配置（最終行右揃え）］［両端揃え］です。縦書きの場合は［均等配置（最終行上揃え）］［均等配置（最終行中央揃え）］［均等配置（最終行下揃え）］になります。

**・箇条書き記号**

箇条書きの記号を設定します。［V］から［箇条書き記号オプション］をクリックすると、記号の種類を変更できます。

**・白動番号**

段落番号を設定します。［V］から［自動番号オプション］をクリックすると、番号の種類を変更できます。

**・左インデント、右インデント**

左または右からの字下げを指定します。縦書きの場合は「上インデント」「下インデント」になります。

**・1行目左インデント**

段落の1行目の字下げを指定します。縦書きの場合は「1行目上インデント」になります。

**・段落前のアキ、段落後のアキ**

一つ前の段落、一つ後の段落との間隔を指定します。

**・禁則処理**

行頭に「。」や「)」、行末に「(」などを置かないようすることを「禁則処理」といいます。多くの文字種を処理対象とする「強い禁則」と、少ない文字種を処理対象とする「弱い禁則」があります。禁則処理する文字を独自に設定する場合は、禁則処理の［V］から［禁則設定］をクリックして、［禁則処理設定］ダイアログボックスで文字や記号を追加します。

**・文字組み**

文字や記号、句読点など、文字の種類ごとの間隔を設定します。

**・ハイフネーション**

英文の単語が行末に入りきらない場合、ハイフンをつけて単語を区切るかどうかを設定します。

## テキストエリアのリンク

テキストエリアをリンクすると、長い文章を複数のオブジェクトに流し込んでレイアウトを工夫したり、オーバーフローした文字を別のテキストエリアに流し込んだりできます。

文字を流し込むテキストエリアは、新規に作成する方法と、既存のオブジェクトを指定する方法があります。

## 新規に作成する方法

使用ファイル テキストエリアのリンク.ai

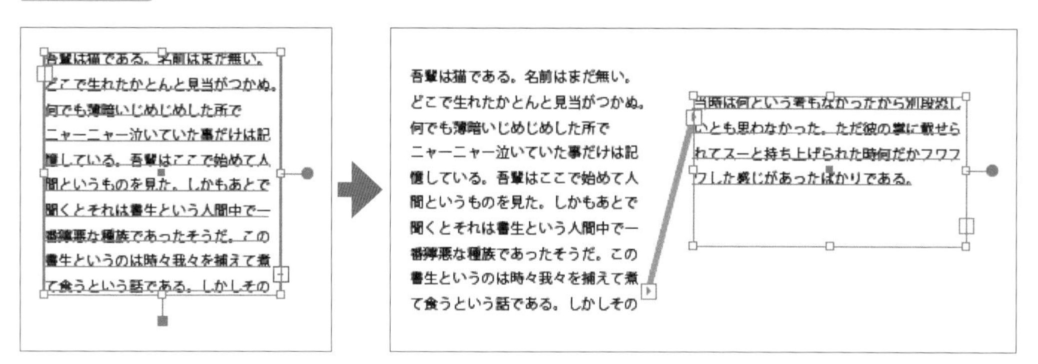

選択ツールで文字がオーバーフローしたテキストエリアを選択して、オーバーフローのマーク をクリックします。マウスポインターが の形になったら、アートボード上の適当な位置でクリックすると、同じ大きさのテキストエリアが作成され、あふれた文字が流し込まれます。クリックではなくドラッグすると、指定した大きさのテキストエリアを作成できます。元のテキストエリアと次のテキストエリアは青い線で接続され、2つのテキストエリアがリンクしていることを示します。

## 作成済みのオブジェクトに流し込む方法

選択ツールで文字列のオーバーフローのマークをクリックし、作成済みの別のオブジェクトのパス上にマウスポインターを重ねて、ポインターの形が に変わったらクリックします。オブジェクトがテキストエリアに変換されて、あふれた文字を流し込みます。

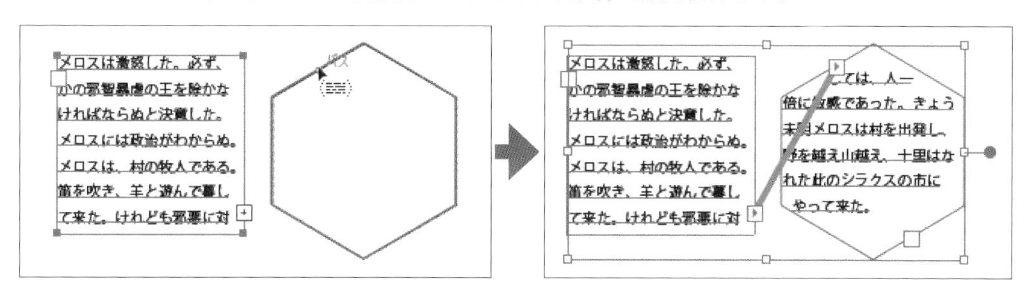

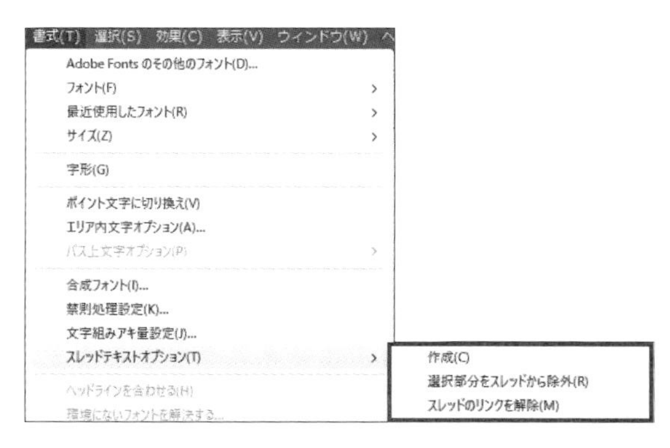


テキストエリアと作成済みのオブジェクトを選択し、[書式] メニュー→ [スレッドテキストオプション] → [作成] からも同様の操作ができます。

[書式] メニュー→ [スレッドテキストオプション] → [スレッドのリンクを解除] をクリックするとリンクが解除されます。元のテキストエリアとリンクしたテキストエリアは、それぞれ独立

したテキストエリアになります。
［書式］メニュー→［スレッドテキストオプション］→［選択部分をスレッドから除外］は、選択したテキストエリアのみをリンクから除外し、空白のテキストエリアに変更します。テキストエリアに挿入されていた文字列はもう一方のテキストエリアに移動します。

## テキストの回り込み

前面にあるオブジェクトに重ならないように、テキストを回り込ませることができます。

使用ファイル テキストの回り込み.ai

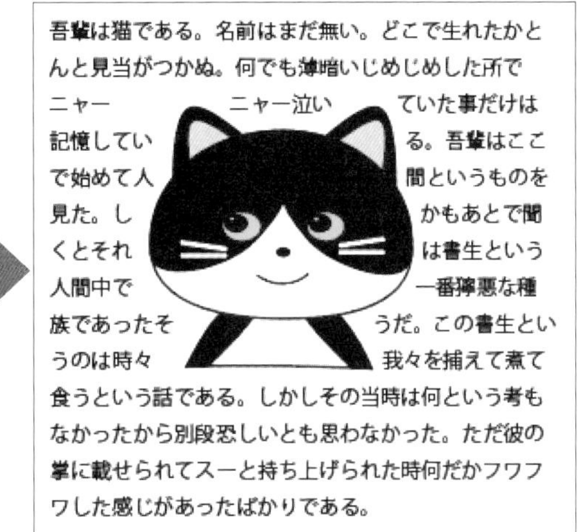


テキストエリアの前面にオブジェクトがある場合、テキストの一部がオブジェクトに隠れてしまいます。前面のオブジェクトを選択し、［オブジェクト］メニュー→［テキストの回り込み］→［作成］をクリックすると、テキストがオブジェクトを囲むように配置されます。

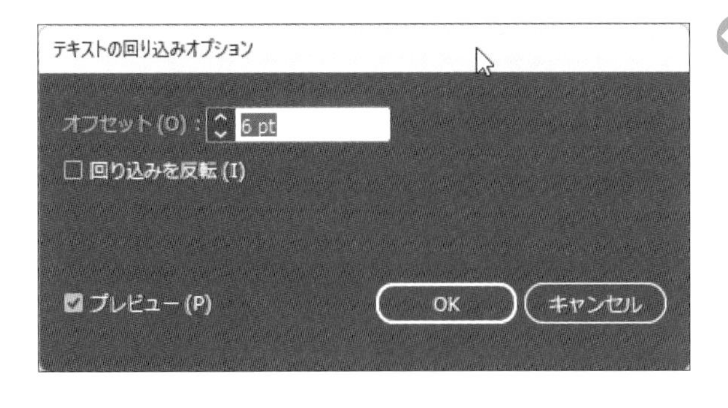


［オブジェクト］メニュー→［テキストの回り込み］→［テキストの回り込みオプション］をクリックすると、［テキストの回り込みオプション］ダイアログボックスが表示されます。［オフセット］で、オブジェクトと文字の間隔（距離）を指定します。［プレビュー］のチェックをオンにすると、設定を確定する前にアートボード上で変更を確認できます。

# 7.3 文字の変換と変形

Illustratorでは、入力した文字列をパスに変換してグラフィックオブジェクト（図形）として扱うことができます。テキストオブジェクトをパスに変換する方法と文字を変形、回転する方法を学びます。



## アウトラインを作成

テキストオブジェクトの文字の輪郭をパスに変換することを「アウトラインを作成する」といいます。

テキストオブジェクトの文字はPCにインストールされているフォントのデータを利用して表示しています。ほかのPCなどでIllustratorドキュメントを開く場合、同じフォントがインストールされていないと正しく表示されません。アウトラインを作成すると、文字の輪郭がパスに変換されて図形化されるので、文字のデザインが崩れることはありません。テキストオブジェクトをパスに変換するとフォントの情報はなくなりますが、文字をグラフィックオブジェクトとして扱うことができるので、形状の変更やグラデーションの適用など、さまざまな加工ができるようになります。ただし、アウトライン化すると、文字の修正やフォントの変更などはできなくなります。

使用ファイル　アウトラインを作成.ai

テキストオブジェクト

アウトラインを作成後にダイレクト選択ツールを選択

Adobe Illustrator

アウトラインを作成するには、テキストオブジェクトを選択し、[書式] メニュー→ [アウトラインを作成] をクリックします。[オブジェクト] メニュー→ [分割・拡張] からも同様の操作が行えます。

パスに変換したあとは、ダイレクト選択ツールを使ってパスを変形したり、塗りにグラデーションを設定したりできるようになります。

ダイレクト選択ツールで「Adobe」の丸で囲んだ部分のアンカーポイントを選択して、右斜め上に変形しています。

ダイレクト選択ツールを使って「Illustrator」のパスをすべて選択します。［スウォッチ］パネルで［色あせた空］を適用します。次に自由変形ツールで、遠近変形を使用して左下隅を下方向にドラッグしています。

## 文字タッチツール

「文字タッチツール」は、文字を一文字ずつ変形します。［文字］パネルでも同じ操作ができますが、より直感的に操作できます。

使用ファイル 文字タッチツール.ai

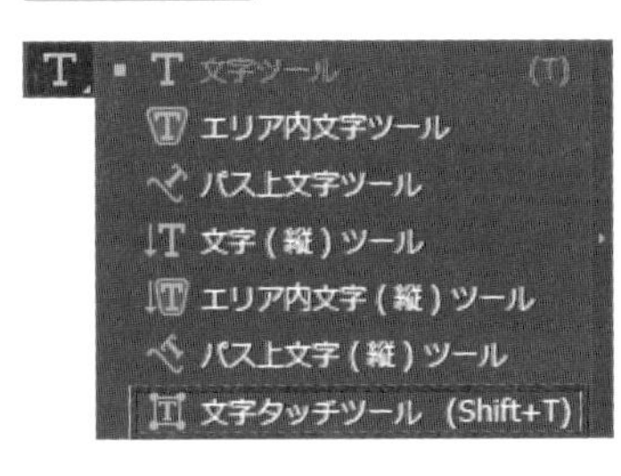


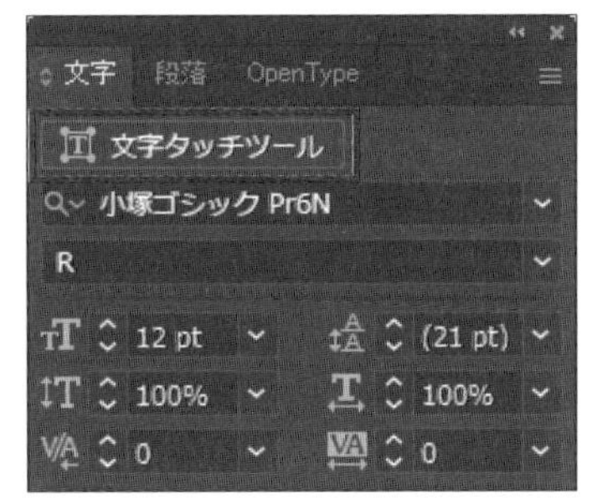


ツールパネルの［文字タッチツール］をクリックします。［文字］パネルのパネルメニューから［文字タッチツール］をクリックして表示することもできます。

対象となる文字をクリックすると、文字の下に水色のバーと周囲にハンドルが表示されます。水色のバーをポイントすると、選択した文字の異字体が表示されます。ハンドルをドラッグすると、形状などを変形できます。

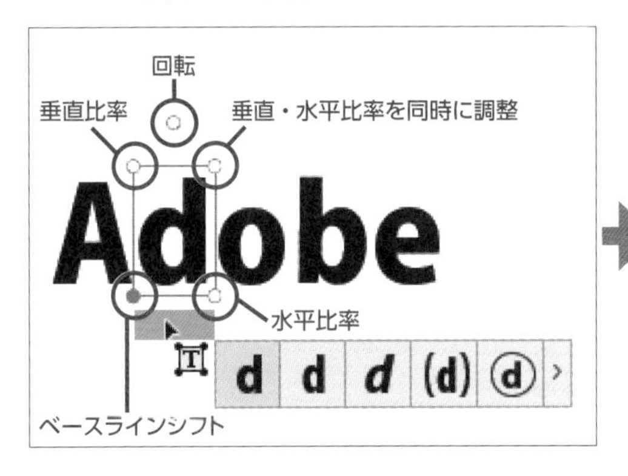

# 練習問題

**問題1** 文字がオーバーフローしている際に行う操作として適切でないものを選びなさい。

**A.** テキストエリアのサイズを広げる。
**B.** 文字ツールで新たなテキストエリアを作成し、両方のテキストエリアを選択して［書式］メニュー→［スレッドテキストオプション］→［作成］をクリックする。
**C.** 選択ツールでオーバーフローマークをクリックし、他の場所でクリックする。
**D.** オーバーフローマークをクリックしたあと、すでに作成されているオブジェクトの塗りの部分をクリックする。



**問題2** 書体に関する説明文の空欄1～4に当てはまる語句を選びなさい。

日本語（和文）フォントの明朝体に相当する英字（英文）フォントは［ 1 ］で、ゴシック体に相当するのが［ 2 ］です。英文の筆記体は［ 3 ］といいます。そのほかにも、装飾体、ポップ体、楷書体、手書き文字などの書体があり、［ 4 ］からアクティベートして利用することもできます。

**A.** セリフ
**B.** スクリプト
**C.** Adobe Fonts
**D.** サンセリフ

**問題3** 左側の文字パネルのアイコンと右側の説明を一致させなさい。

| アイコン | 説明 |
|---|---|
| **A.** | **1.** 特定の2文字の間隔を調整する（カーニング） |
| **B.** | **2.** 文字全体の間隔を調整する（トラッキング） |
| **C.** | **3.** 行の間隔を設定する（行送り） |
| **D.** | **4.** 文字の大きさを変更する（フォントサイズ） |

**問題4** ［練習問題］フォルダーの7.1.aiを開き、桃のオブジェクトの周囲に文字列を回り込ませなさい。オブジェクトと文字の間隔は問わない。

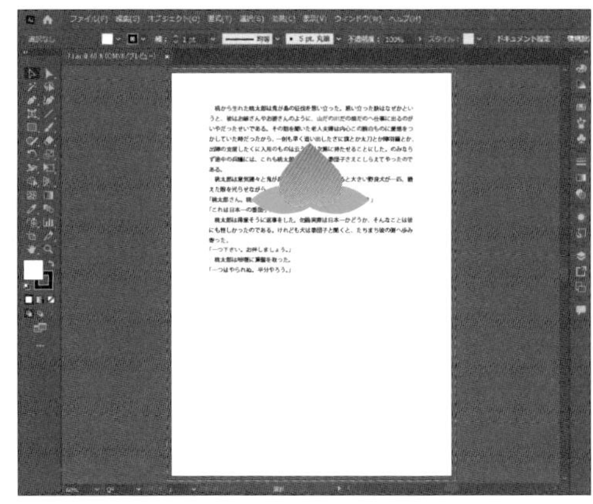

7.1.ai

**問題5** ［練習問題］フォルダーの7.2.aiを開き、文字列のアウトラインを作成しなさい。

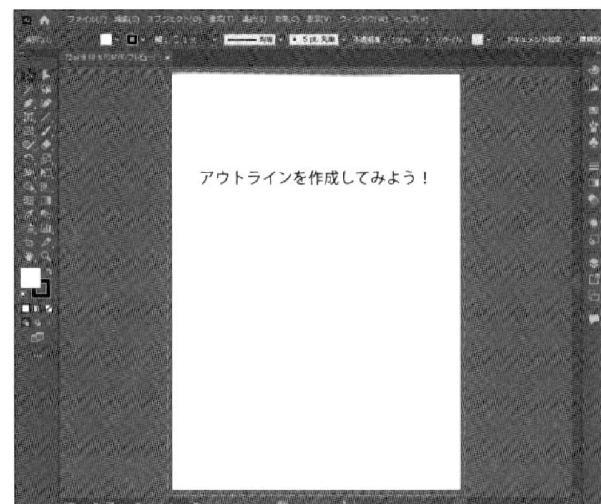


7.2.ai

**問題6** ［練習問題］フォルダーの7.3.aiを開き、文字列を左揃えにして、1行目左インデントを12pt、さらに行送りを24ptにしなさい。

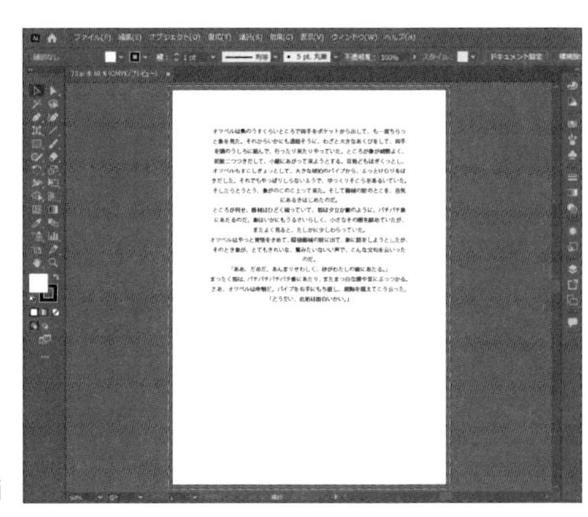

7.3.ai

# 8

# 効果と加工

# 8.1 オブジェクトの効果

[効果] メニューにある機能は、オブジェクトの見た目に対してさまざまな変形や加工を行います。パスの形状は変えずに見た目（アピアランス）のみを変更します。

## 効果の確認と設定

オブジェクトに効果を適用するとアピアランスが追加されます。アピアランスは、オブジェクトの外観を線、塗り、形状、ブラシ定義、グラデーション、効果などで装飾して見た目を変えているため、パスの形状に影響を与えません。

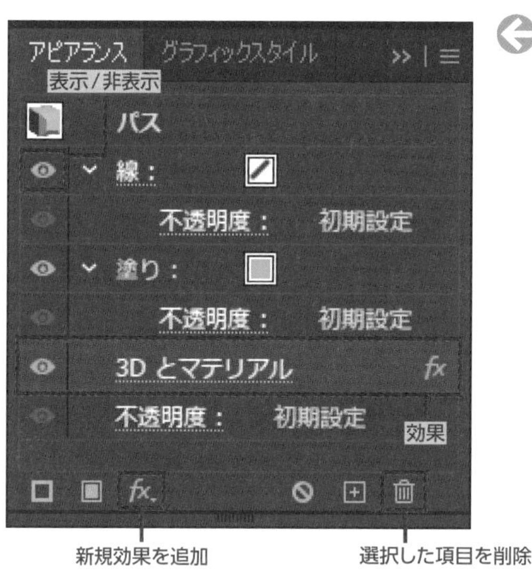


設定した効果は［アピアランス］パネルで確認します。右端に「fx」の付いた項目が効果です。一つのオブジェクトに対して複数の効果を設定することも可能です。［アピアランス］パネルの表示/非表示をクリックすると、効果を適用していない状態を確認できます。効果名の上をクリックするとその効果の［オプション］ダイアログボックスが表示されるので設定をし直せます。適用した効果は［選択した項目を削除］アイコンで削除できます。

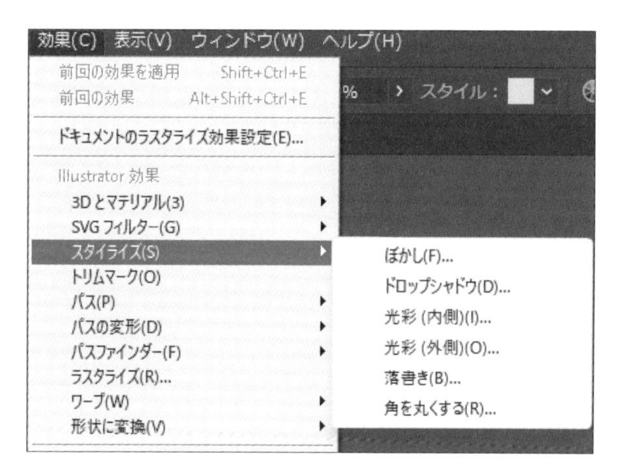


［効果］メニューをクリックすると、効果の分類が表示され、いずれかをクリックすると個々の効果を選択できます。

［アピアランス］パネルの下部にある［新規効果を追加］でも、効果を適用することができます。

# 3Dとマテリアル

「3Dとマテリアル」は平面的なオブジェクトを立体の形状に変更する効果です。3Dには、[平面][押し出し][回転体][膨張]の4種類があります。[マテリアル]は3D効果を適用したオブジェクトの表面の質感（テクスチャ）や外観を変更したり、グラフィックをマッピングしたりして見た目を変更します。

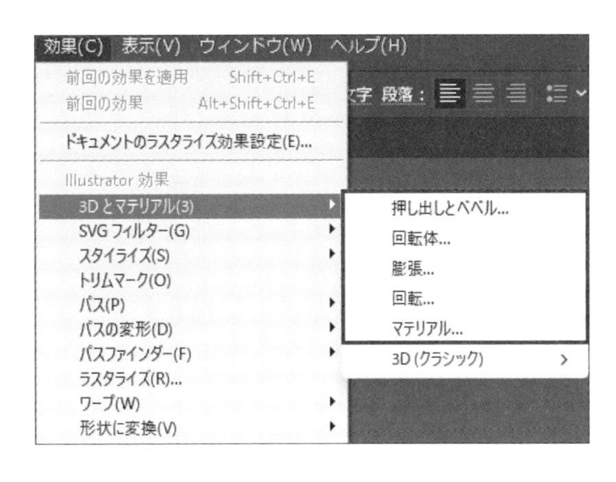


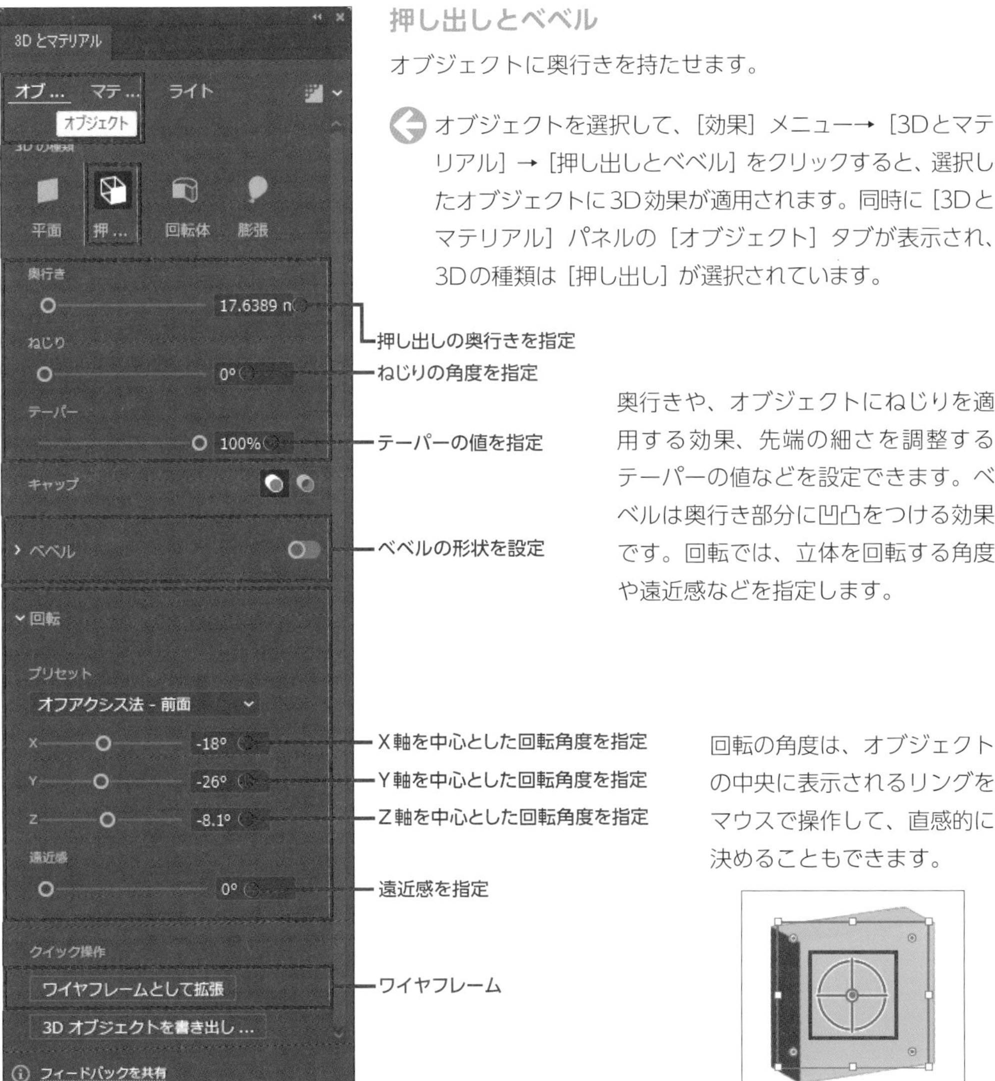


## 押し出しとベベル

オブジェクトに奥行きを持たせます。

オブジェクトを選択して、[効果]メニュー→[3Dとマテリアル]→[押し出しとベベル]をクリックすると、選択したオブジェクトに3D効果が適用されます。同時に[3Dとマテリアル]パネルの[オブジェクト]タブが表示され、3Dの種類は[押し出し]が選択されています。

奥行きや、オブジェクトにねじりを適用する効果、先端の細さを調整するテーパーの値などを設定できます。ベベルは奥行き部分に凹凸をつける効果です。回転では、立体を回転する角度や遠近感などを指定します。

回転の角度は、オブジェクトの中央に表示されるリングをマウスで操作して、直感的に決めることもできます。

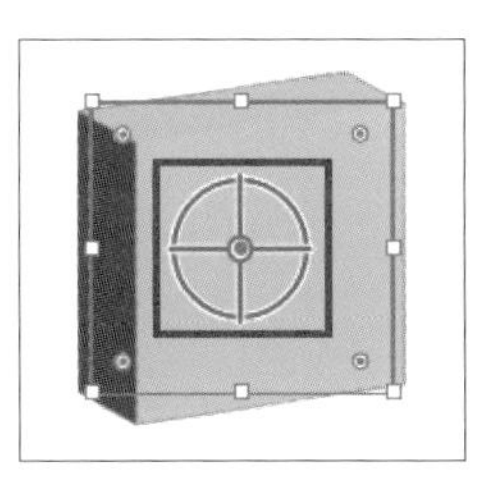

立体をワイヤフレームで表示したい場合はクイック操作の［ワイヤフレームとして拡張］をクリックします。

使用ファイル 押し出しとベベル.ai

元のオブジェクト

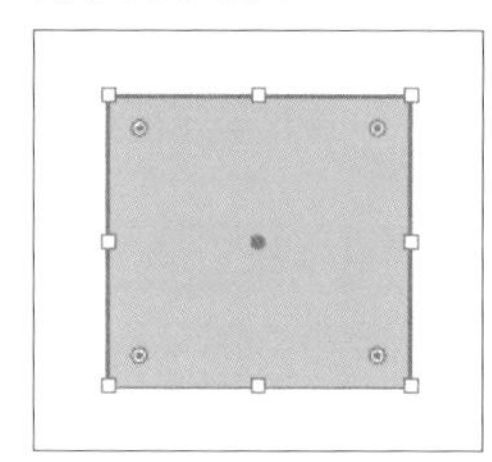

押し出し

ベベルあり

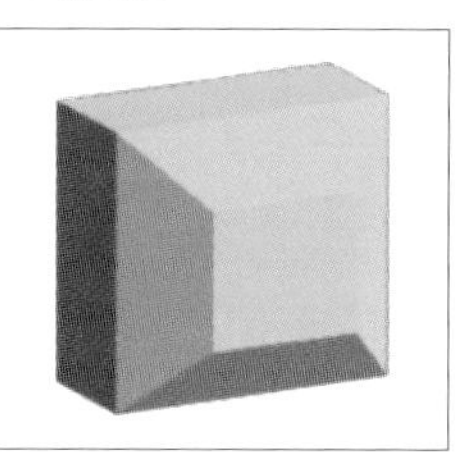

ワイヤフレーム

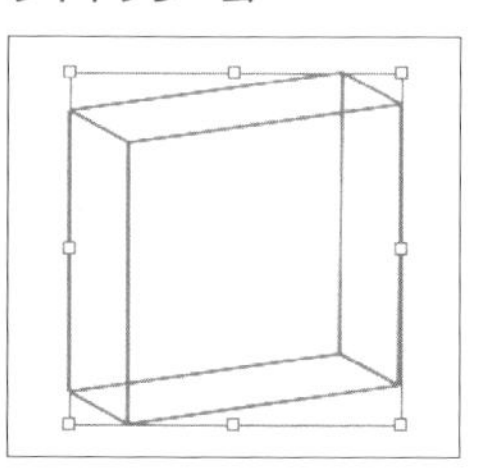

この例では、オブジェクトの奥行きを15mm、テーパーを65%、回転角度はオブジェクト中央のリングで調整しました。

Illustrator

## 回転体

オブジェクトを軸に沿って回転させて立体的にします。

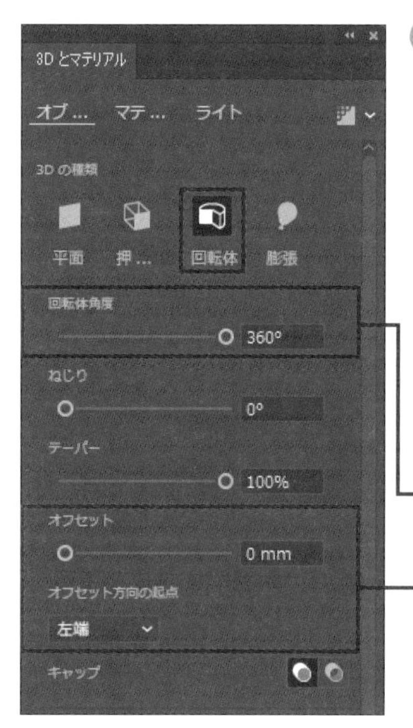


オブジェクトを選択して、［効果］メニュー→［3Dとマテリアル］→［回転体］をクリックすると、［3Dとマテリアル］パネルの［オブジェクト］タブが表示され、3Dの種類は［回転体］が選択されます。
回転体角度で、回転軸を中心にオブジェクトを回転させる角度を設定します。
オフセットは、回転軸をオブジェクトから離す距離を指定します。［オフセット方向の起点］では、回転軸の位置をオブジェクトの左端にするか、右端にするかを指定します。
ねじり、テーパー、回転（X軸、Y軸、Z軸）などの項目は、押出しと共通です。

元のオブジェクトに対して、上は正円をドーナツのような形にした例です。回転体角度を360°回転軸からの距離を25mm、回転軸の位置を左端にして、X軸、Y軸、Z軸の回転角度をそれぞれ設定したものです。その下は回転角度を290°にしたものです。

使用ファイル 回転体.ai

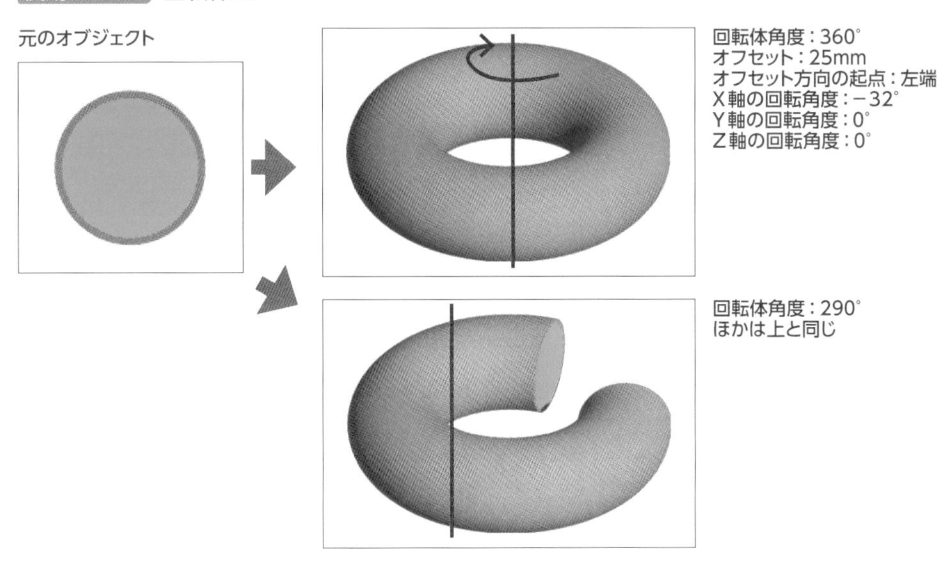




使用ファイル 回転体2.ai

クローズドパスだけではなく、オープンパスからも立体を作れます。

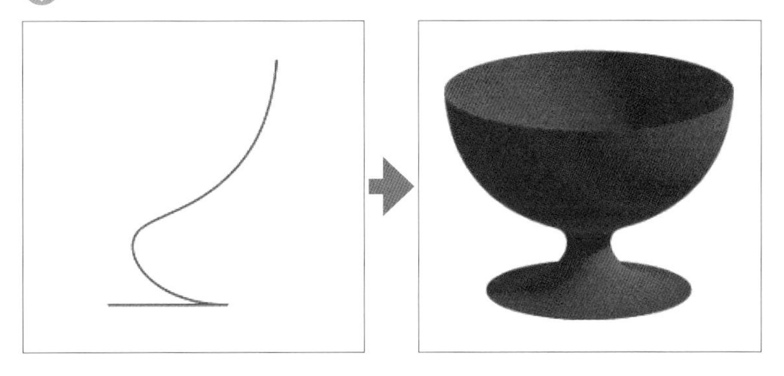

### 膨張

オブジェクトを膨張させます。

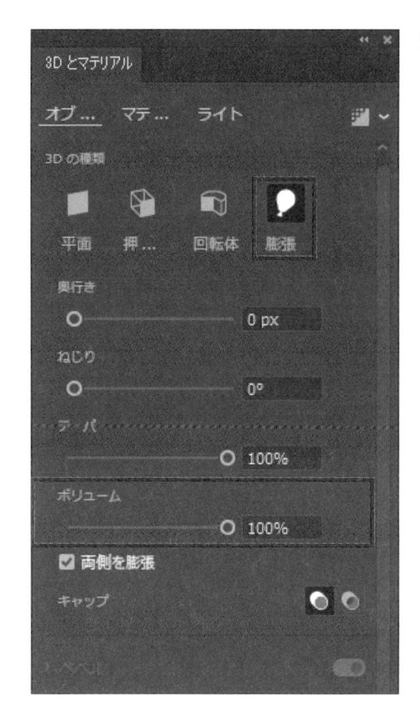


オブジェクトを選択して、[効果] メニュー→ [3Dとマテリアル] → [膨張] をクリックすると、[3Dとマテリアル] パネルの [オブジェクト] タブが表示され、3Dの種類は [膨張] が選択されます。
ボリュームは、ふくらみ具合を設定します。[両側を膨張] にチェックを入れると、背面にもふくらみの効果を適用できます。

元のオブジェクト

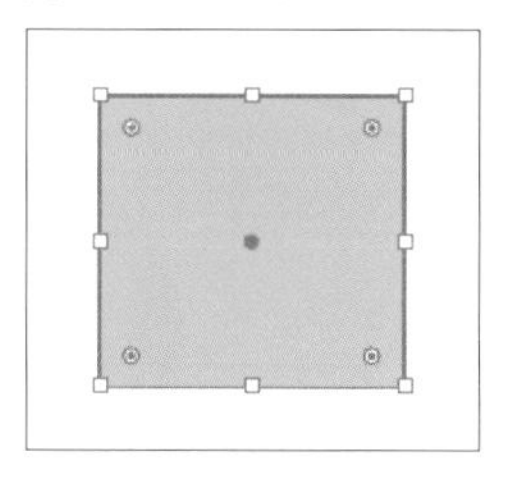

膨張

[両側を膨張]：なし
Y軸の回転角度：45°

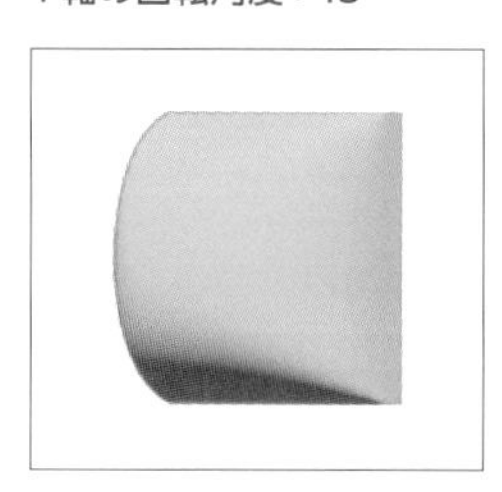

[両側を膨張]：あり
Y軸の回転角度：45°

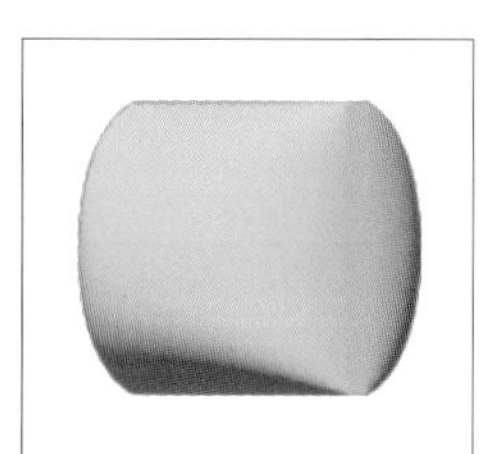

### 回転（平面）

オブジェクトを立体的に回転させます。

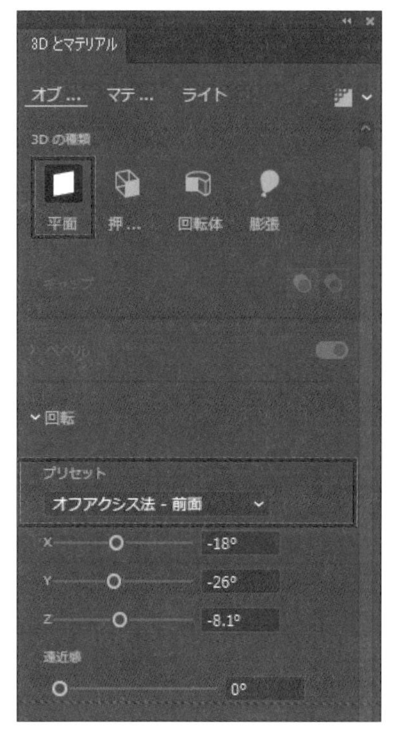


オブジェクトを選択して、[効果] メニュー→ [3Dとマテリアル] → [回転] をクリックすると、[3Dとマテリアル] パネルの [オブジェクト] タブが表示され、3Dの種類は [平面] が選択されます。
角度や遠近感などを指定して平面を３次元で回転させることができます。回転のプリセットでは、オブジェクトの回転方法や基準となる面を指定します。

元のオブジェクト

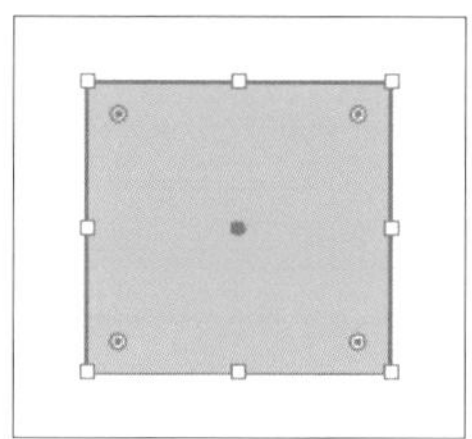

回転

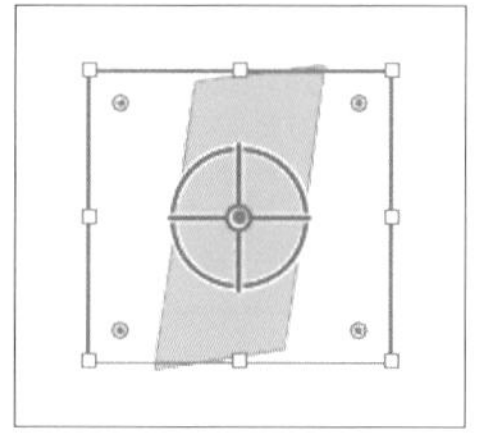

## マテリアル

3D効果を適用したオブジェクトの表面に、テクスチャを適用したり、グラフィックをマッピングしたりすることができます。

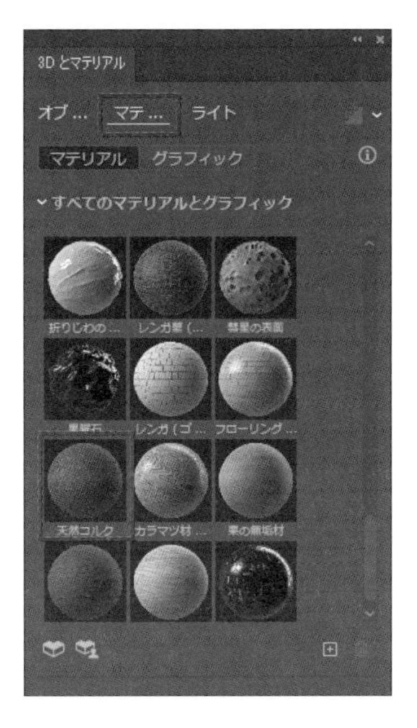


元のオブジェクト

3D効果（押し出し）

[3Dマテリアル] パネルの [マテリアル] タブで、[Adobe Substance マテリアル] から [天然コルク] を適用しました。

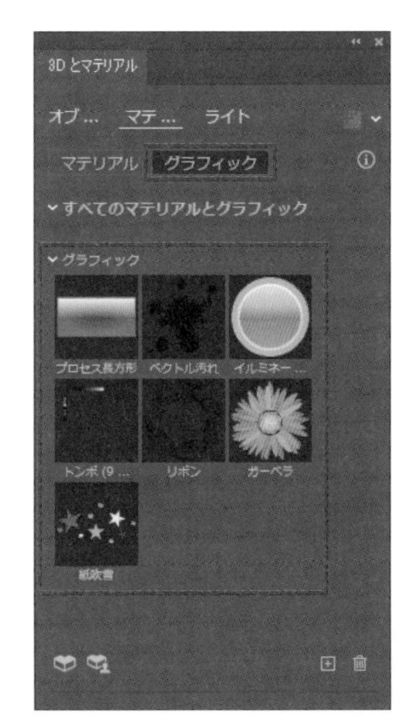


パネル上部で [グラフィック] に切り替え、登録されているグラフィックをマッピングすることができます。
グラフィックの内容はシンボルパネルと連動しています。自分で作成したアートワークを、[3Dとマテリアル] パネルのグラフィックにドラッグして追加することもできます。

この例では、シンボルパネルに追加した「紙吹雪」を適用し、中央の円をドラッグしてオブジェクト全体にマッピングしたあと、再度「紙吹雪」を適用しました。

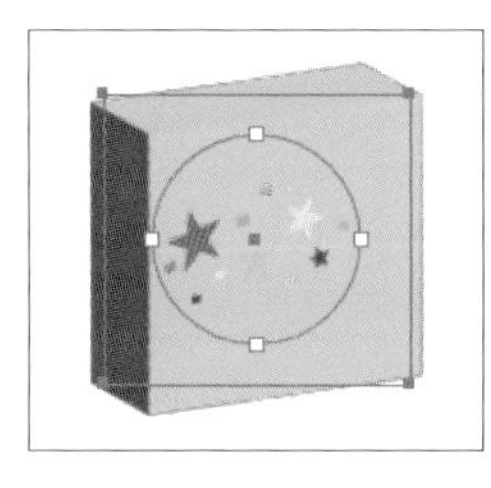

### ライト

3Dオブジェクトに当てる光や明るさを設定します。

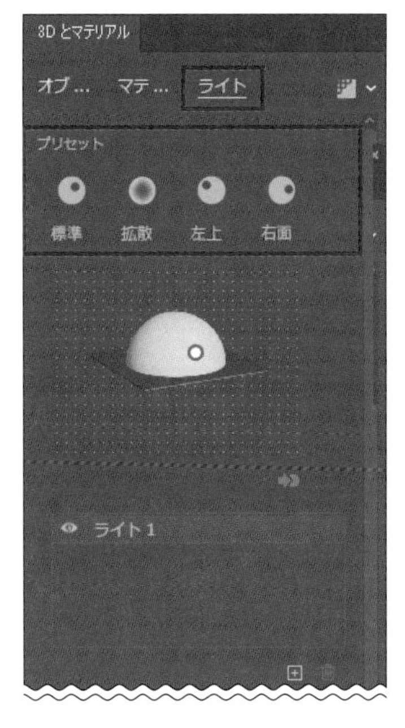


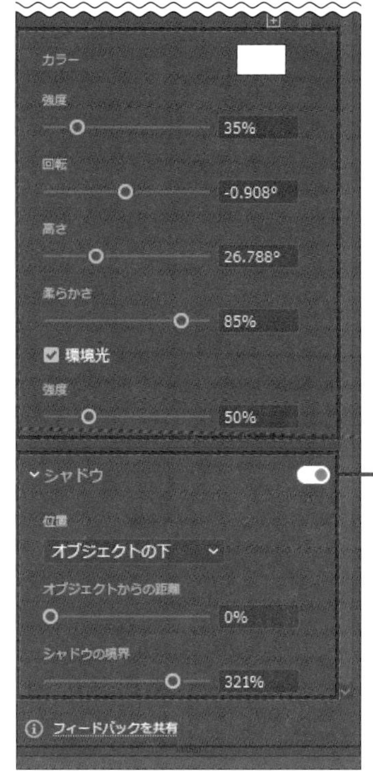


シャドウを追加・削除

［ライト］タブでは、オブジェクトに当てる光の角度や明るさなどを設定します。プリセットからライトの方向を選択し、ライトの色や強度、シャドウなども選択できます。

元のオブジェクト

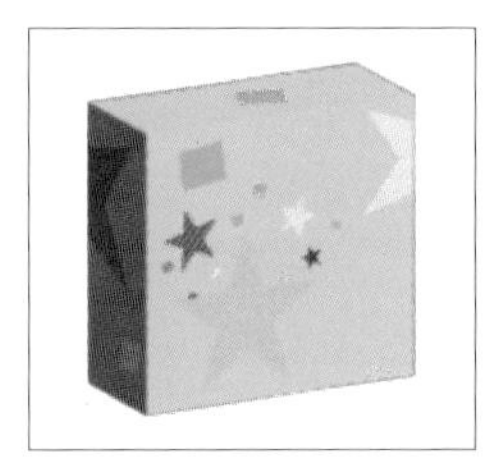

ライトを適用（シャドウを追加）

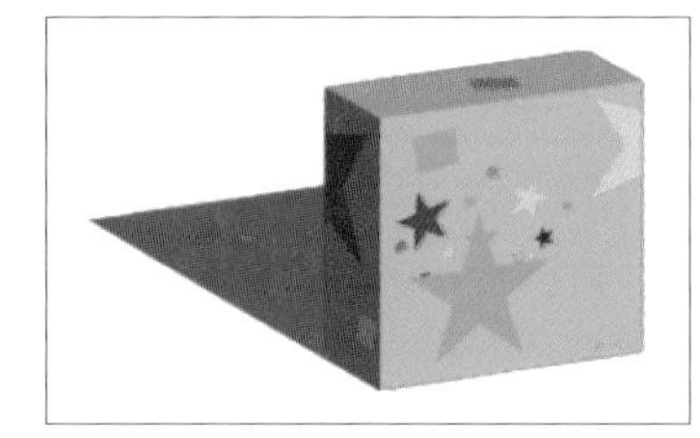

ライトを適用し、シャドウを追加して位置を［オブジェクトの下］に設定しました。

## スタイライズ

「スタイライズ」はオブジェクトをぼかしたり、影を付けたりする効果です。

### ぼかし

オブジェクトの輪郭をぼかします。

使用ファイル スタイライズ.ai

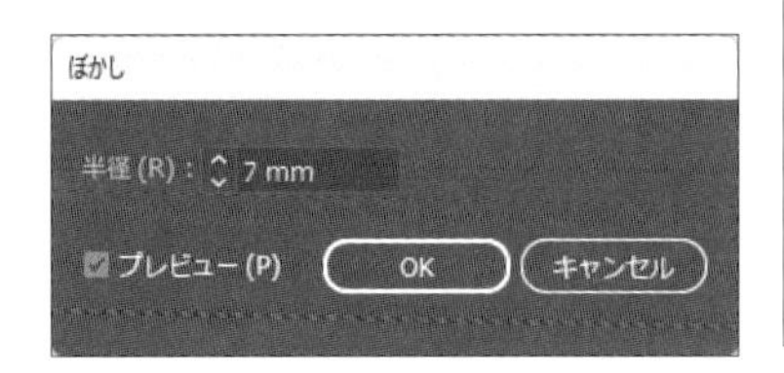

オブジェクトを選択して、［効果］メニュー→［スタイライズ］→［ぼかし］をクリックすると、［ぼかし］ダイアログボックスが表示されます。［半径］でぼかしの度合いを指定します。

### ドロップシャドウ

オブジェクトに影を付けます。

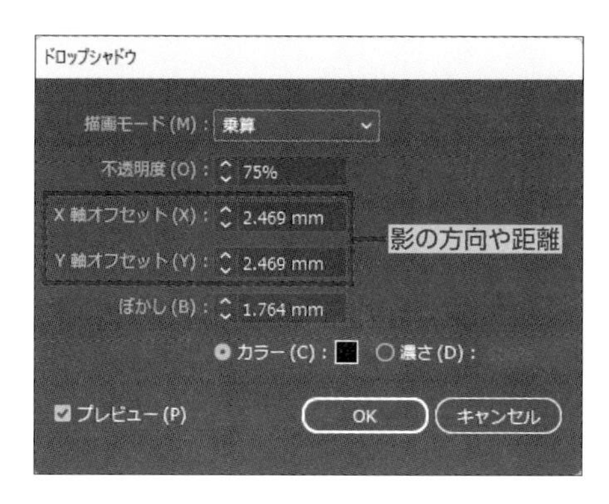

オブジェクトを選択して、[効果] メニュー→ [スタイライズ] → [ドロップシャドウ] をクリックすると、[ドロップシャドウ] ダイアログボックスが表示されます。

第8章

影の不透明度、影の方向や距離、ぼかしの程度を指定します。[カラー] の右にあるカラーボックスをクリックすると [カラーピッカー] ダイアログボックスが表示されるので、影の色を指定することもできます。[カラー] の代わりに [濃さ] をクリックすると、既定の色である黒の濃さを数値で指定できます。

### 光彩（内側）

オブジェクトの内側をぼかします。

オブジェクトを選択して、[効果] メニュー→ [スタイライズ] → [光彩（内側）] をクリックすると、[光彩（内側）] ダイアログボックスが表示されます。[描画モード] の右にあるカラーボックスをクリックすると、[カラーピッカー] ダイアログボックスが表示されるので、ぼかしの色を指定できます。[中心] は指定した色でオブジェクトの内部を塗り、パスに向かってぼかします。[境界線] はパスの内側を指定した色でぼかします。

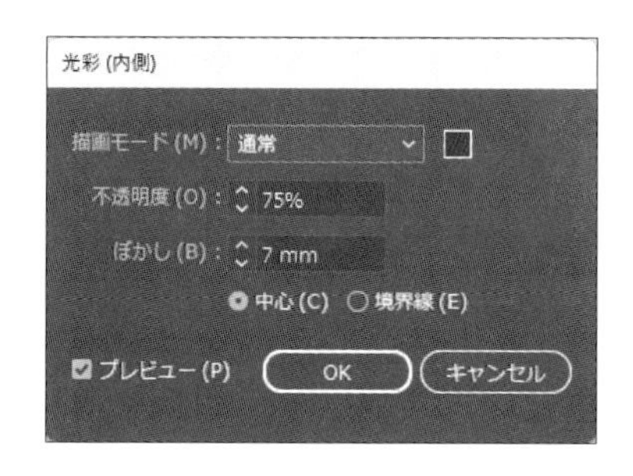


中心

境界線

### 光彩（外側）

オブジェクトの形に合わせて、オブジェクトの外側をぼかします。

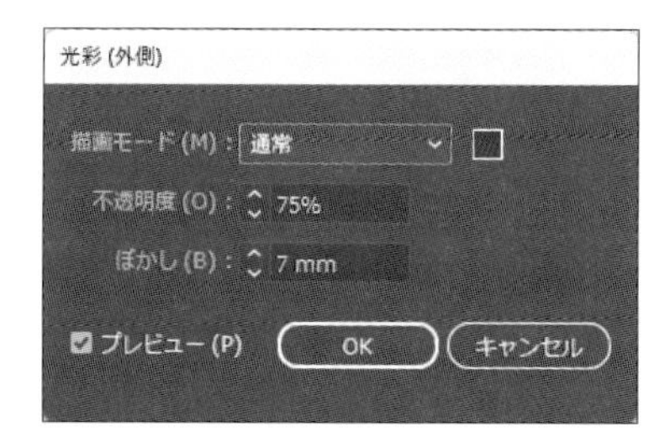


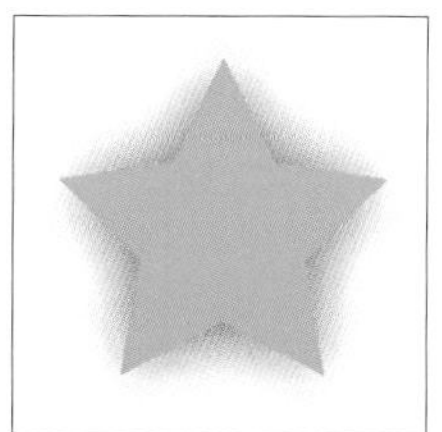

オブジェクトを選択して、[効果] メニュー→ [スタイライズ] → [光彩（外側）] をクリックすると、[光彩（外側）] ダイアログボックスが表示されます。

[描画モード] の右にあるカラーボックスをクリックすると、[カラーピッカー] ダイアログボックスが表示されるので、ぼかしの色を指定できます。

### 落書き

オブジェクトを手書き風に加工します。

オブジェクトを選択して、[効果] メニュー→ [スタイライズ] → [落書き] をクリックすると、[落書きオプション] ダイアログボックスが表示されます。[スタイル] の [V] をクリックすると、プリセットからスタイルを選択できます。この例は [交差] のスタイルを設定しています。

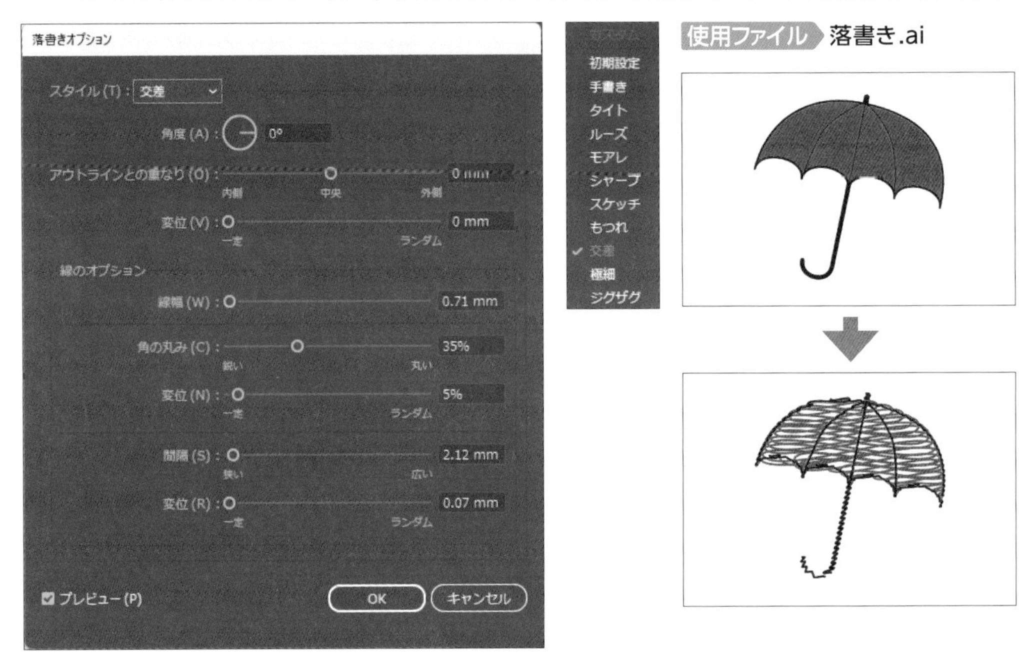


### 角を丸くする

オブジェクトの角を丸くします。

オブジェクトを選択して、[効果] メニュー→ [スタイライズ] → [角を丸くする] をクリックすると、[角を丸くする] ダイアログボックスが表示されます。角の半径を指定し角を丸くます。

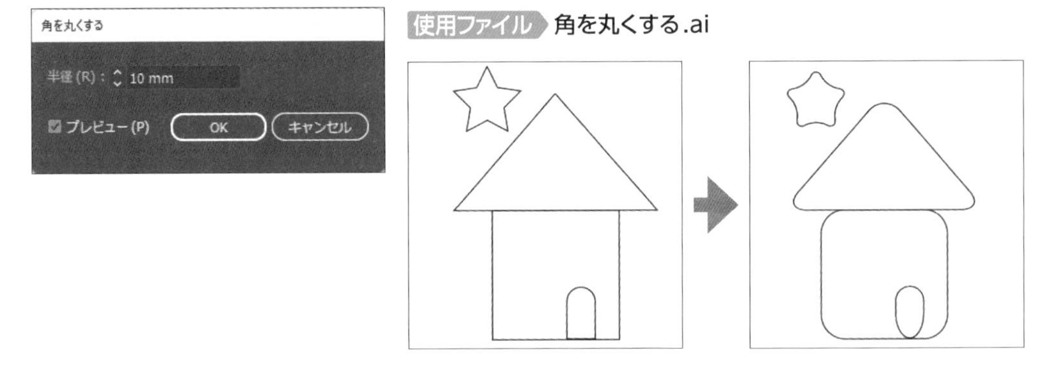

## パスの変形

「パスの変形」は、パスをさまざまな形状に変形する効果です。3D効果と同様に、パス自体が変形するのではなく、パスの見た目が変わるだけです。

使用ファイル パスの変形.ai

元のオブジェクト

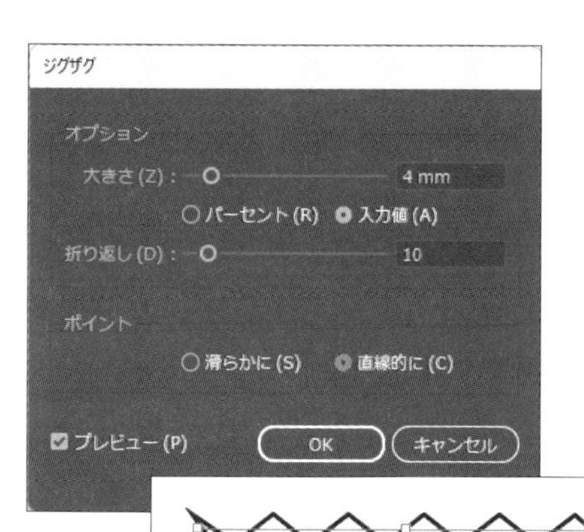


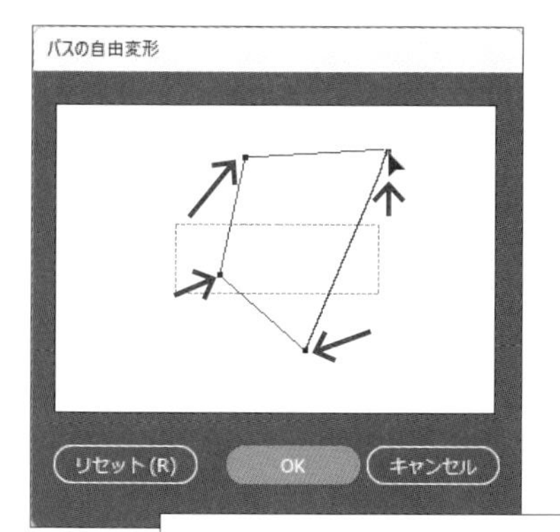

### ジグザグ

一定の幅と折り返し回数でパスをジグザグにします。

オブジェクトを選択して、[効果] メニュー→ [パスの変形] → [ジグザグ] をクリックすると、[ジグザグ] ダイアログボックスが表示されます。ジグザグの山の高さは [大きさ]、セグメントあたりの折り返し回数は [折り返し] のスライダーまたは数値で指定します。[ポイント] では、ジグザグの形状を [滑らかに] または [直線的に] するかを選択します。

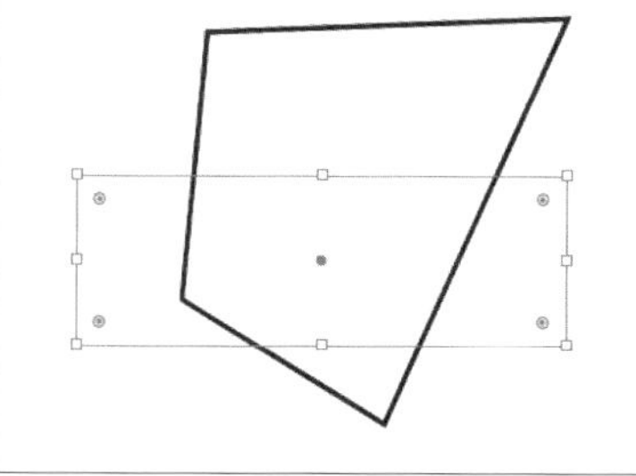

### パスの自由変形

オブジェクトを囲む長方形をドラッグしてオブジェクトの形状を変えます。

オブジェクトを選択して、[効果] メニュー→ [パスの変形] → [パスの自由変形] をクリックすると、[パスの自由変形] ダイアログボックスが表示されます。ダイアログボックスのプレビューに表示されたオブジェクトを囲む長方形の四隅を動かして形状を変えます。

### パンク・膨張

オブジェクトの輪郭を膨らませたり、へこませたりして変形します。

オブジェクトを選択して、[効果] メニュー→ [パスの変形] → [パンク・膨張] をクリックすると、[パンク・膨張] ダイアログボックスが表示されます。中央のスライダーまたは数値で膨張・収縮の度合いを指定します。

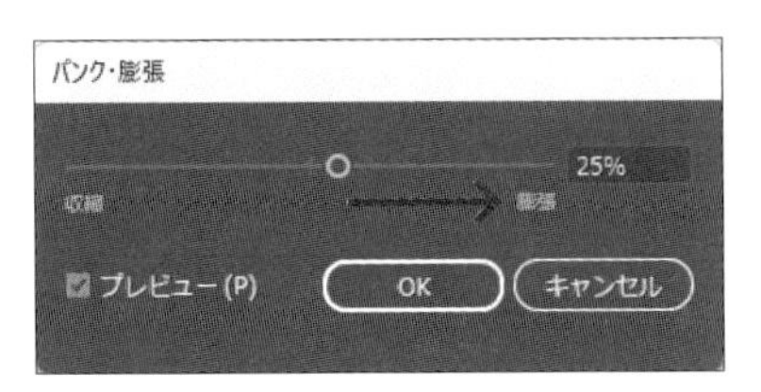


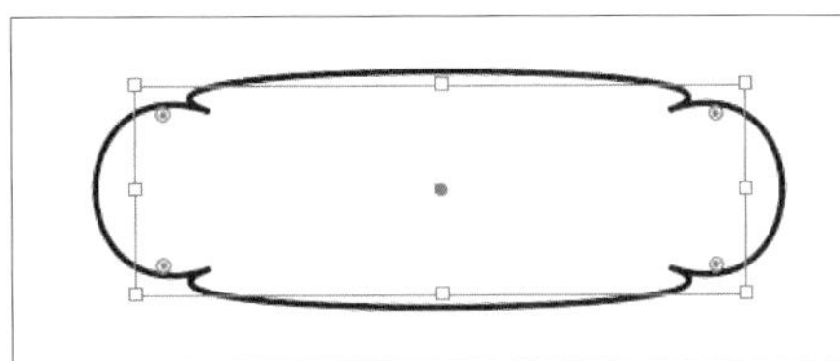

膨張：25%

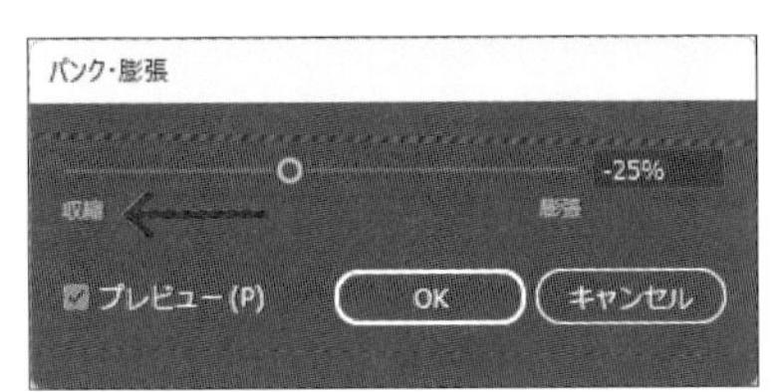


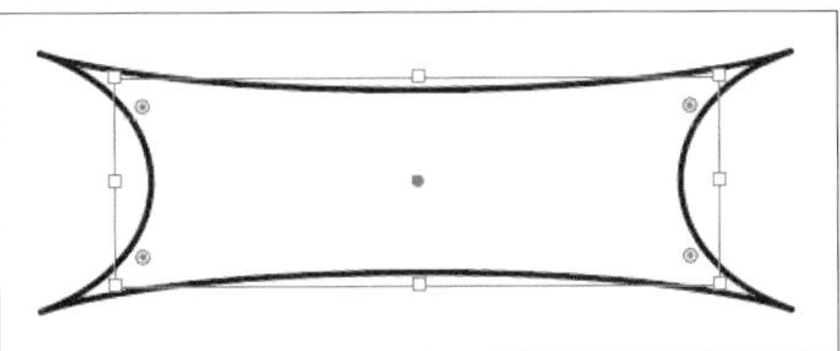

縮小：－25%

### ラフ

オブジェクトの輪郭を不規則に変形します。

オブジェクトを選択して、[効果] メニュー→ [パスの変形] → [ラフ] をクリックすると、[ラフ] ダイアログボックスが表示されます。波形の幅や折り返しの頻度は、[サイズ] や [詳細] のスライダーまたは数値で指定します。[ポイント] でパスの形状を [丸く] または [ギザギザ] にするかを選択します。

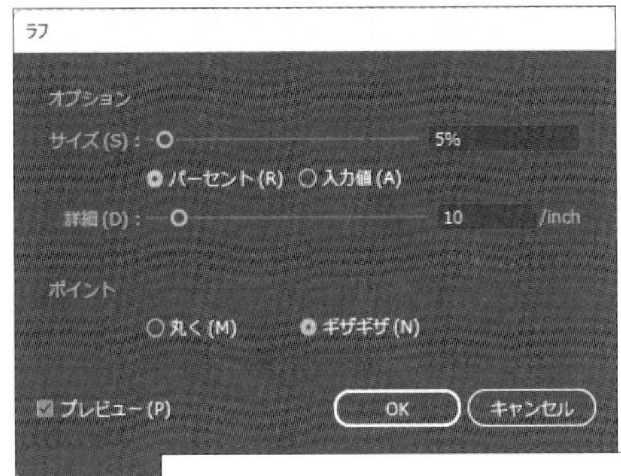


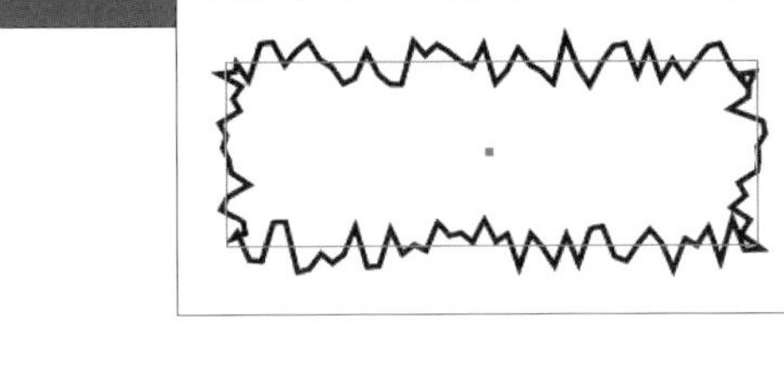

### ランダム・ひねり

オブジェクトの輪郭にランダムなひねりを加えます。

オブジェクトを選択して、[効果] メニュー→ [パスの変形] → [ランダム・ひねり] をクリックすると、[ランダム・ひねり] ダイアログボックスが表示されます。[水平] と [垂直] で、ひねりの大きさを指定します。

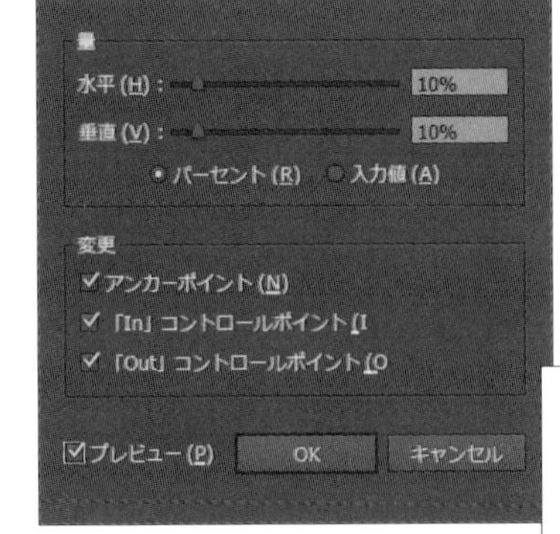


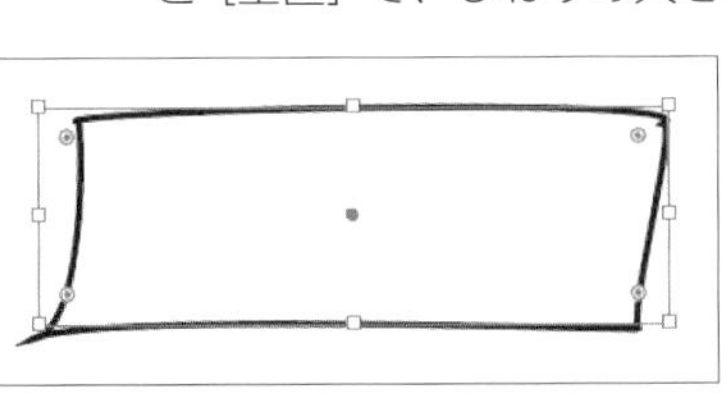

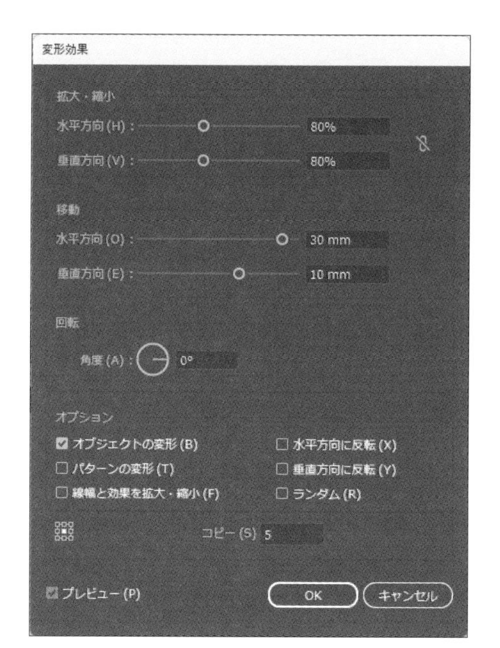


## 変形

オブジェクトの拡大・縮小、移動、回転の効果を指定して変形します。

オブジェクトを選択して、[効果] メニュー→ [パスの変形] → [変形] をクリックすると、[変形効果] ダイアログボックスが表示されます。[拡大・縮小] で水平/垂直方向の比率、[移動] で水平/垂直方向の距離、[回転] で角度を指定します。[コピー] に数値を指定すると、変形の効果をコピーして、指定した数の複製が作成されます。複製されたオブジェクトは実際のオブジェクトではなく、効果が適用されているだけです。



使用ファイル 変形.ai

元のオブジェクト

旋回

角度 (A) : 30°

プレビュー (P) OK キャンセル

## 旋回

オブジェクトを旋回させて変形します。

オブジェクトを選択して、[効果] メニュー→ [パスの変形] → [旋回] をクリックすると、[旋回] ダイアログボックスが表示されます。－3600°から3600°までの角度を指定でき、正の値では右回り、負の値では左回りに回転します。

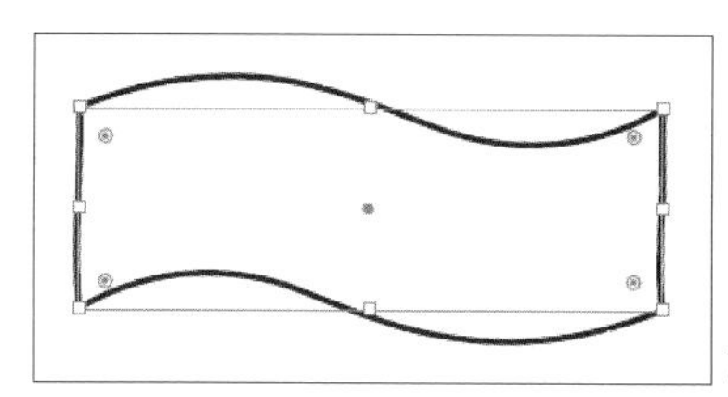

角度：30°

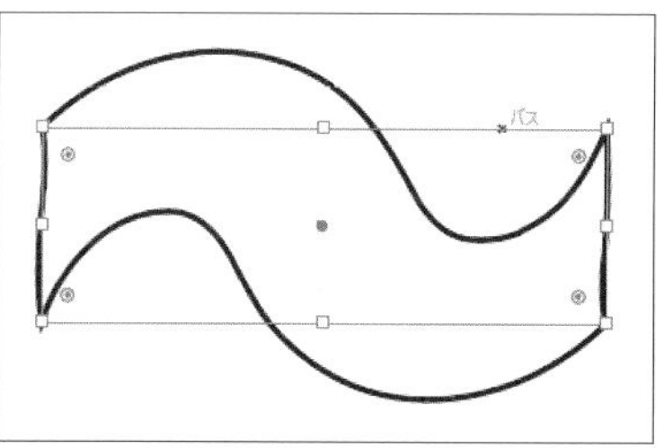

角度：90°

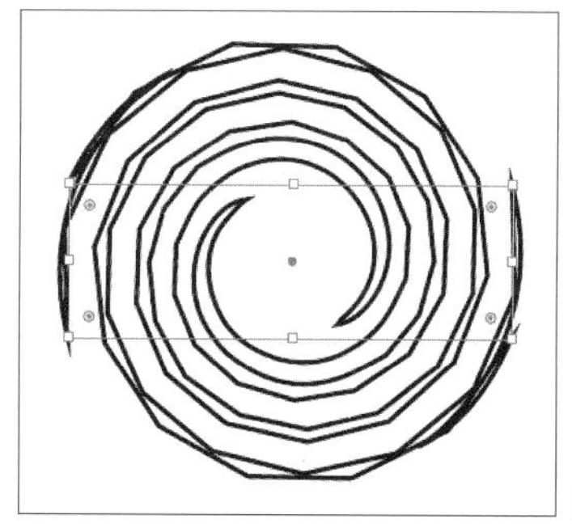

角度：1000°

# ワープ

「ワープ」はオブジェクトを円弧、アーチ、貝殻などの形状に変形します。

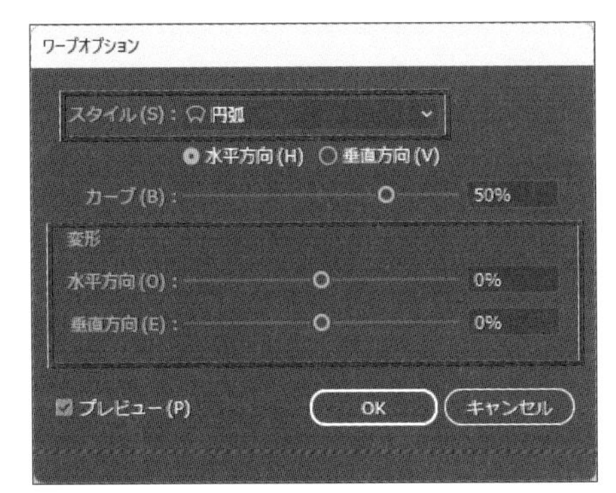


オブジェクトを選択して、[効果] メニュー→[ワープ] をクリックするとスタイルの一覧が表示されます。いずれかをクリックすると [ワープオプション] ダイアログボックスが開きます。

スタイルの下にある [水平方向] [垂直方向] では、スタイルの歪曲方向を選択します。適用したスタイルに対して、[カーブ] は曲がり具合い、[変形] は水平方向または垂直方向への変形度合いをスライダーまたは数値で指定します。

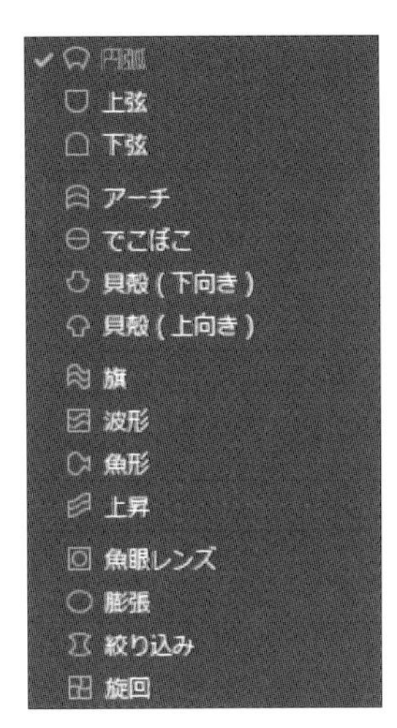


[ワープオプション] ダイアログボックスの [スタイル] の右にある [V] をクリックするとスタイルを変更できます。

使用ファイル ワープ.ai

元のオブジェクト

Illustrator

## ワープのスタイル一覧（抜粋）

円弧

貝殻（下向き）

旗

でこぼこ

**メモ**

[オブジェクト] メニュー→ [エンベロープ] → [ワープで作成] からも同じ種類のスタイルで変形させることができます。ただしエンベロープはパスの形状自体を変形します。

## その他の効果

[効果] メニューには、ほかにも次のようなものがあります。

### SVGフィルター

[SVGフィルター] は、ベクトルグラフィックスの規格SVG (Scalable Vector Graphics) で規定されている効果を適用します。

### パス

[パス] には [オブジェクトのアウトライン]、[パスのアウトライン]、[パスのオフセット] があり、[オブジェクトのアウトライン] と [パスのアウトライン] は、オブジェクトやパスの輪郭から疑似的にアウトラインを作成します。テキストの整列時などに使用される機能です。[パスのオフセット] は、パスの外側または内側に指定した距離だけ移動したパスを作成します。

### パスファインダー

[パスファインダー] は、重なり合った複数のオブジェクトから新しいオブジェクトを作成する機能です。[効果] メニューの [パスファインダー] はアピアランスのみを変更します。

### 形状に変換

[形状に変換] は、元のオブジェクトを長方形、角丸長方形、楕円形に変換します。

### Photoshop効果

[Photoshop効果] はPhotoshopのフィルターと同じように、画像にさまざまな効果を適用ます。Illustrator効果はパスオブジェクトやテキストオブジェクトに対して適用できますが、Photoshop効果はすべてのオブジェクトに適用できるのが特徴です。

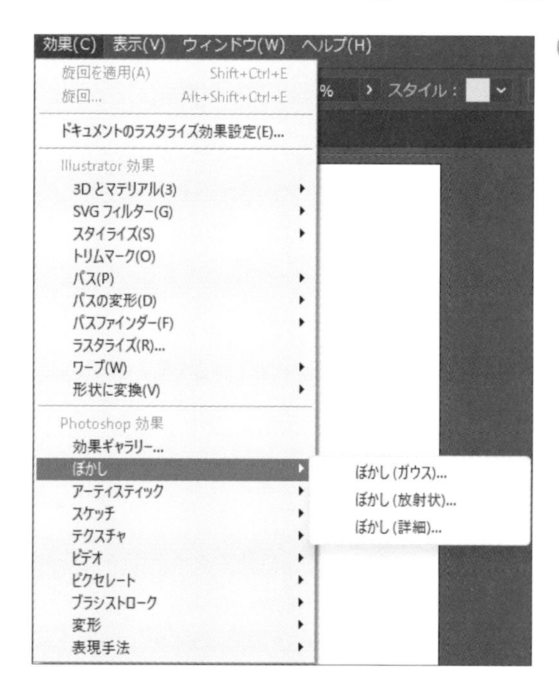


[効果] メニューをクリックすると、[Photoshop効果] の下に効果ギャラリー、ぼかし、アーティスティック、スケッチなどの分類が表示され、分類の一つをクリックすると個々の効果を選択できます。[効果ギャラリー] をクリックすると [フィルターギャラリー] が開き、一覧からさまざまなフィルターを選ぶことができます。

### ドキュメントのラスタライズ効果設定

「Photoshop効果」の「ぼかし」や「ドロップシャドウ」などの効果は、解像度が低いと印刷時にグラデーションがきれいに印刷されないことがあります。

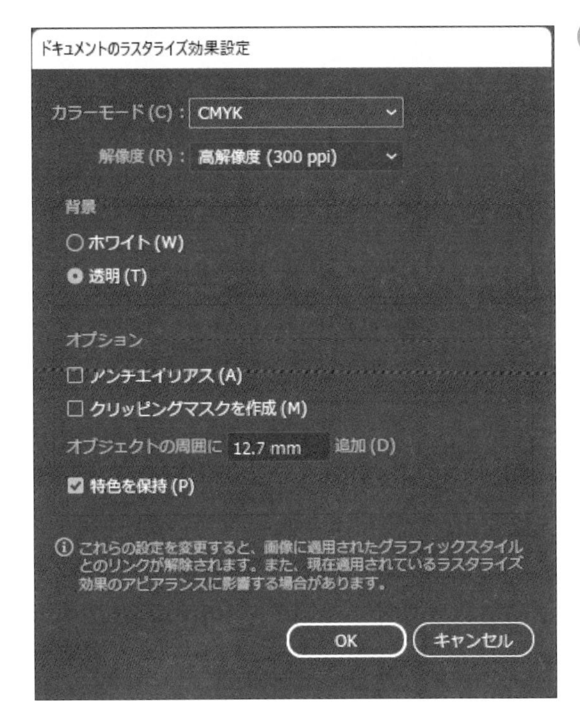


印刷用のデータを準備する際には、[効果] メニュー→ [ドキュメントのラスタライズ設定] で表示されるダイアログボックスで、現在のドキュメントで設定されているカラーモードや解像度などの設定を確認したり、変更したりできます。

# 8.2 オブジェクトの加工

複雑なグラデーションの設定、複数の効果を組み合わせたスタイルの適用と管理方法、ドラッグ操作によるオブジェクトの変形、写真をベクトル画像にする方法など、オブジェクトの加工方法について学びます。



## ブレンドツール

「ブレンドツール」は、一つのオブジェクトから別のオブジェクトに向けて、色や形が連続的に変化する「ブレンドオブジェクト」を自動的に作ります。

ツールパネルの［ブレンドツール］をクリックします。

使用ファイル ブレンドツール.ai

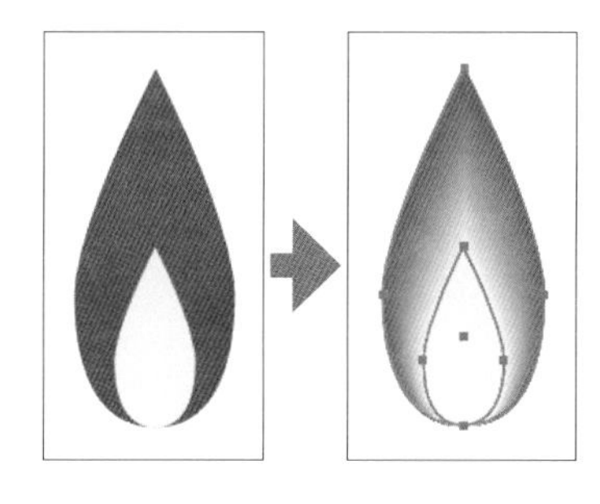

オブジェクト上でマウスポインターが の形に変わったら、最初に赤いオブジェクトをクリックします。次に黄色いオブジェクトにマウスポインターを合わせて の形に変わったらクリックします。色が徐々に変化するブレンドが作成されます。

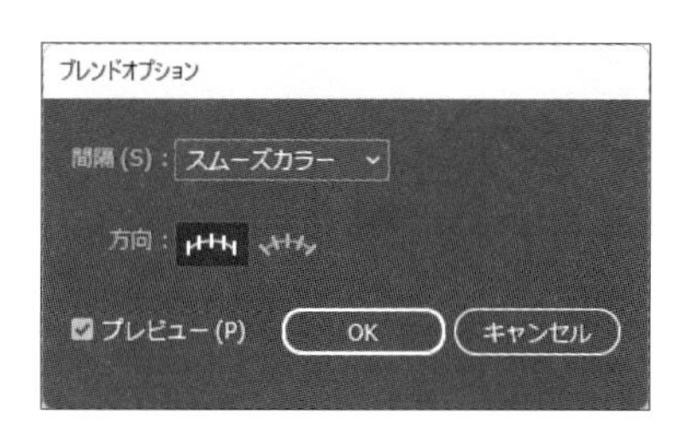


ツールパネルの［ブレンドツール］をダブルクリックすると［ブレンドオプション］ダイアログボックスが開きます。
［間隔］では、［スムーズカラー］、［ステップ数］、［距離］の3つの設定を選択できます。

［スムーズカラー］は選択したオブジェクトの色がスムーズに変化します。上の例は、2つのオブジェクトをスムーズカラーで垂直方向にブレンドしています。［ステップ数］は選択したオブジェクトの間に指定した数の図形を配置します。中間図形は1～1000の数値で指定します。［距離］は選択したオブジェクトの間に、指定した間隔で中間図形を配置します。［方向］は［垂直方向］、［パスに沿う］から選択します。

ブレンドを作成すると、2つのオブジェクトが直線のパスで結ばれ、それに沿って中間図形が配置されます。ブレンド作成後にオブジェクトを結ぶパスを曲線に変更すると、[方向] の設定によって、中間図形の向きが変わります。

スムーズカラー

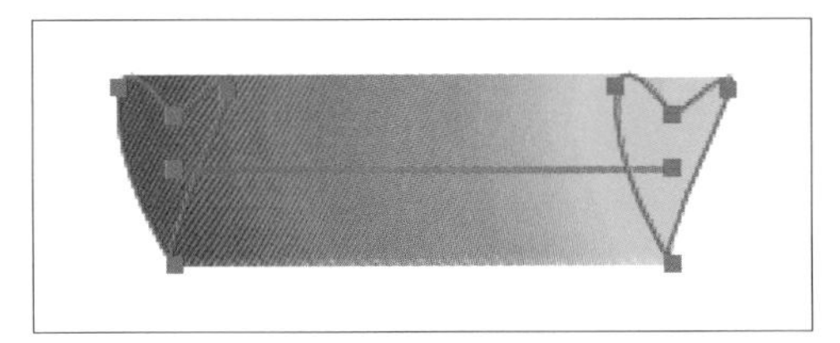

距離：20mm

ステップ数：3

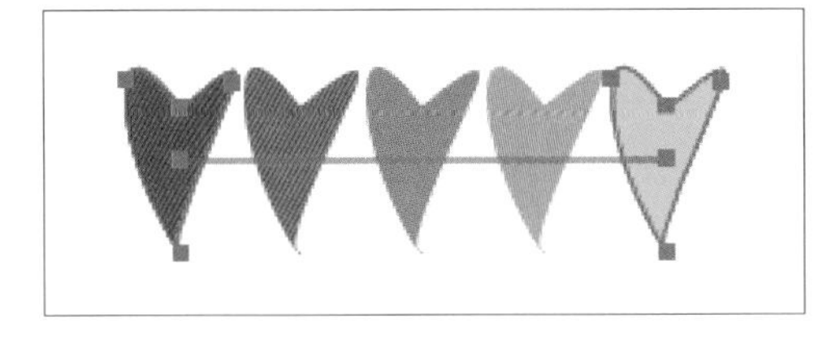

ステップ数：3
方向：垂直方向

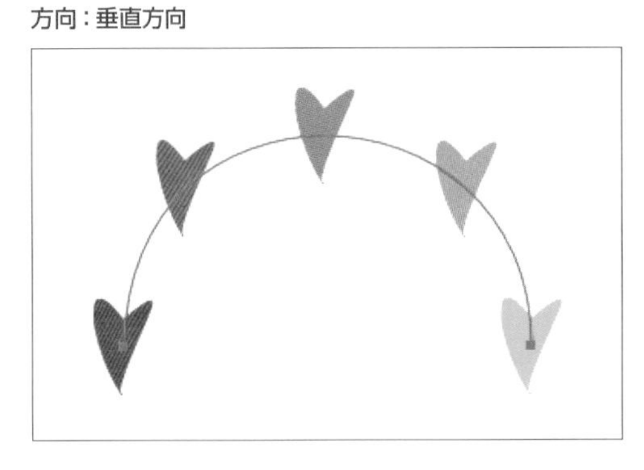

ステップ数：3
方向：パスに沿う

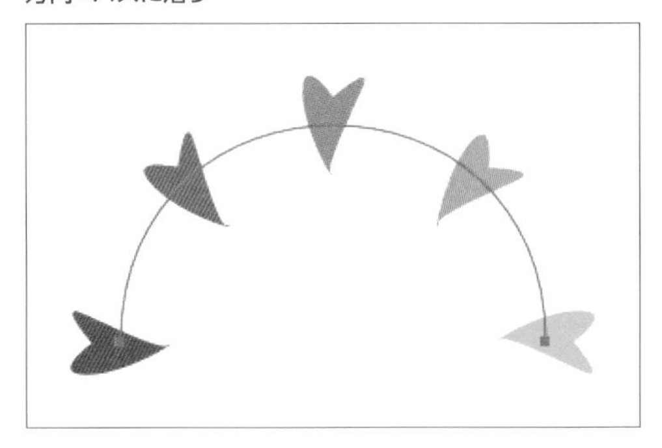

作成された「ブレンドオブジェクト」は全体で一つのオブジェクトです。[オブジェクト] メニュー→ [ブレンド] → [拡張] をクリックすると、中間図形が個々のオブジェクトに変換されます。変換後はすべてのオブジェクトがグループ化された状態になっています。

ブレンドを解除するには、ブレンドオブジェクトを選択した状態で [オブジェクト] メニュー→ [ブレンド] → [解除] をクリックします。

## グラデーションメッシュ

「グラデーションメッシュ」は複雑なグラデーションを作るためにオブジェクトの内部に作成するメッシュ状のパスです。

グラデーションメッシュを設定したオブジェクトを「メッシュオブジェクト」、メッシュのパスのことを「メッシュライン」、メッシュラインの交点を「メッシュポイント」、メッシュラインに囲まれたエリアを「メッシュパッチ」といいます。

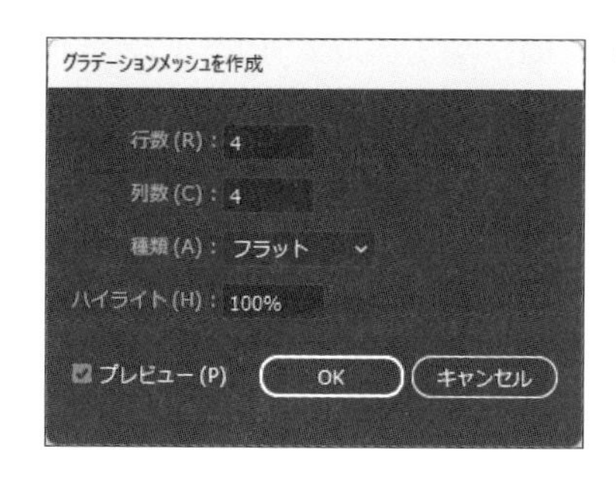


オブジェクトを選択して、[オブジェクト] メニュー→[グラデーションメッシュを作成] をクリックすると、[グラデーションメッシュを作成] ダイアログボックスが開きます。[行数] [列数] はメッシュラインの数を設定します。[種類] の [V] をクリックして [中心方向] か [エッジ方向] を選択すると、[ハイライト] で明るさの度合いを指定できます。



使用ファイル グラデーションメッシュ.ai

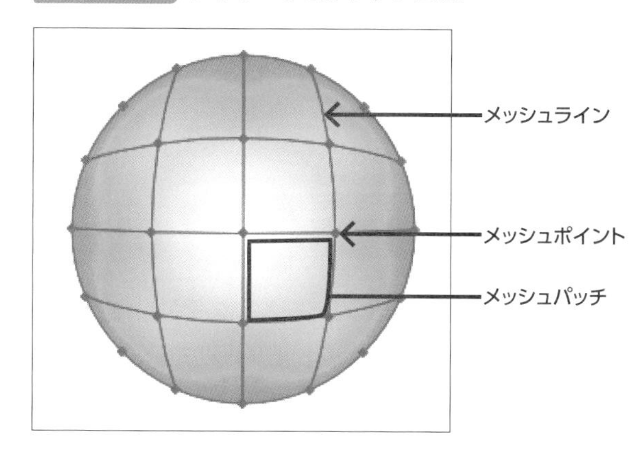


[グラデーションメッシュを作成] ダイアログボックスで、[行数] [列数] に4、[種類] に「中心方向」を指定して [OK] をクリックします。
ダイレクト選択ツールでメッシュポイントやメッシュパッチを選択して、[カラー] パネルやツールパネルで色を設定すると、その部分にグラデーションで色が付きます。

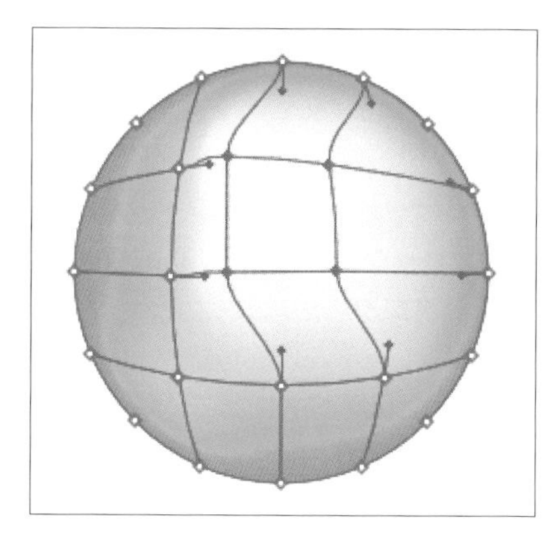

作成したメッシュは、ダイレクト選択ツールでメッシュポイントやメッシュパッチを選択して移動したり、表示された方向線をドラッグしたりして変形できます。それに伴い、グラデーションが変化します。

メッシュポイントを選択して**Delete**キーを押すとメッシュポイントが削除されます。

## メッシュツール

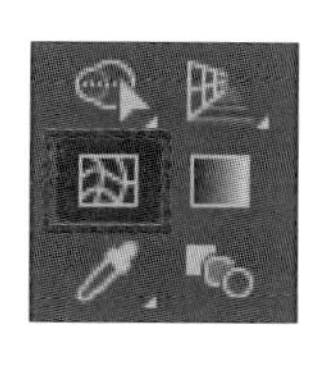

ツールパネルの [メッシュツール] を使用すると、マウス操作で直感的にメッシュを作成することができます。

ツールパネルの［メッシュツール］を選択して、オブジェクト上でクリックすると、メッシュポイントが作成されます。この状態で［カラー］パネルなどを使って色を指定すると、元のオブジェクトの色と指定した色のグラデーションが作成されます。続けてほかの箇所をクリックすると、メッシュポイントが追加されます。

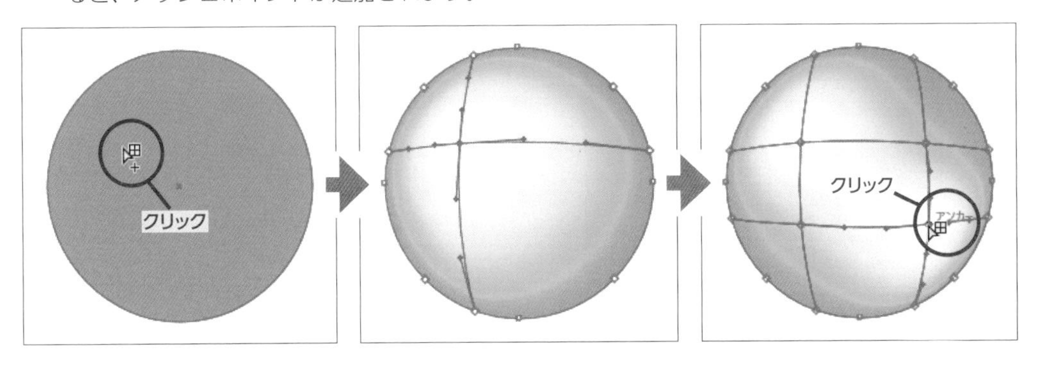


メッシュポイントや方向線はメッシュツールを選択したままでも移動やドラッグができます。

## グラフィックスタイル

塗り、線、効果など、複数の設定を組み合わせたアピアランスに名前を付けて保存したものが「グラフィックスタイル」です。グラフィックスタイルは、［グラフィックスタイル］パネルに表示されている一覧から選択できるほか、設定を変更したり、新たに作成したスタイルを登録したりできます。

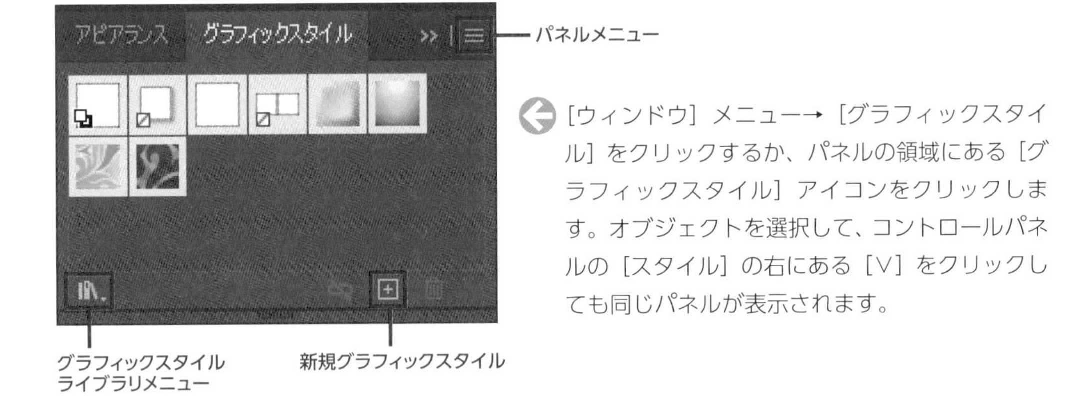


［ウィンドウ］メニュー→［グラフィックスタイル］をクリックするか、パネルの領域にある［グラフィックスタイル］アイコンをクリックします。オブジェクトを選択して、コントロールパネルの［スタイル］の右にある［V］をクリックしても同じパネルが表示されます。

オブジェクトを選択して、［グラフィックスタイル］パネルからいずれかのスタイルをクリックすると、スタイルが適用されます。**Alt**キーを押しながらスタイルをクリックすると、現在のアピアランスに追加されます。

### 新規グラフィックスタイル

アピアランスを設定したオブジェクトを選択して、［グラフィックスタイル］パネルの［新規グラフィックスタイル］をクリックすると、現在の設定が［グラフィックスタイル］パネルに登録されます。登録したスタイルは別のオブジェクトにも再利用できます。

使用ファイル グラフィックスタイル.ai

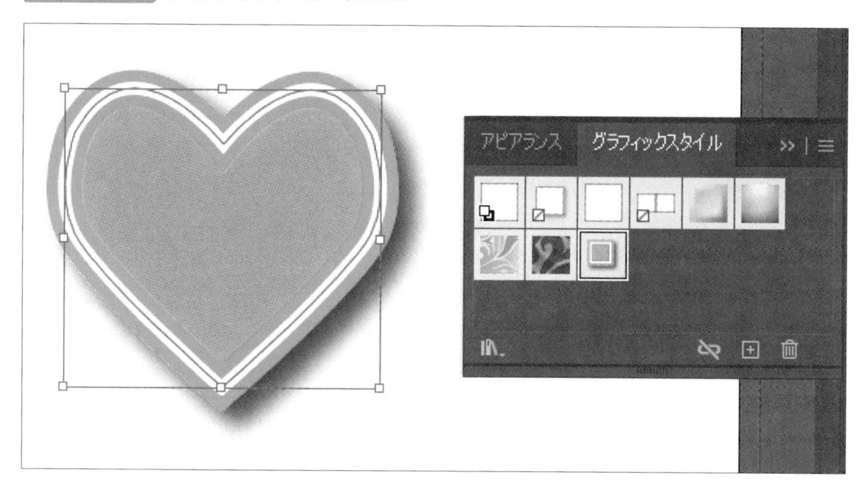


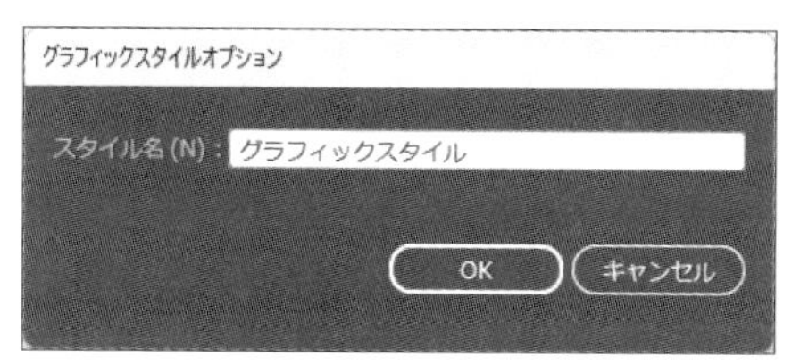


スタイルをダブルクリックすると［グラフィックスタイルオプション］ダイアログボックスが表示され、スタイル名を変更できます。

### グラフィックスタイルライブラリメニュー

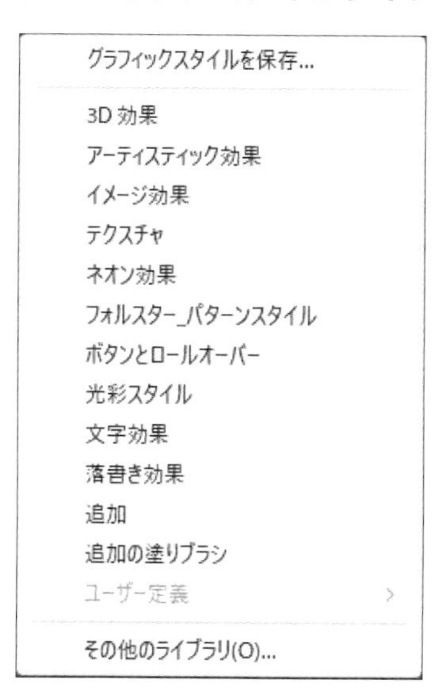


初期設定では、［グラフィックスタイル］パネルに数個のスタイルが表示されているだけですが、パネル左下の［グラフィックスタイルライブラリメニュー］をクリックすると、［3D効果］［アーティスティック効果］などの分類が表示されます。いずれかをクリックすると、プリセットのパネルが開き、選択したスタイルは［グラフィックスタイル］パネルに追加されます。

## リキッドツール

「リキッドツール」は、ドラッグなどの操作でオブジェクトを変形する7つのツールの総称です。

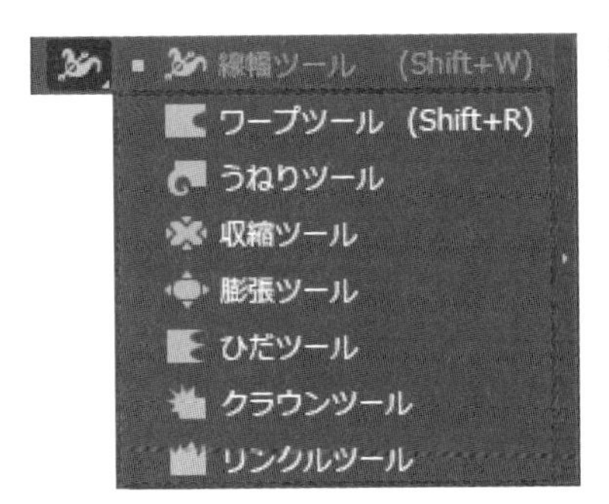


ツールパネルの線幅ツールの下にある［ワープツール］から［リンクルツール］までがリキッドツールです。

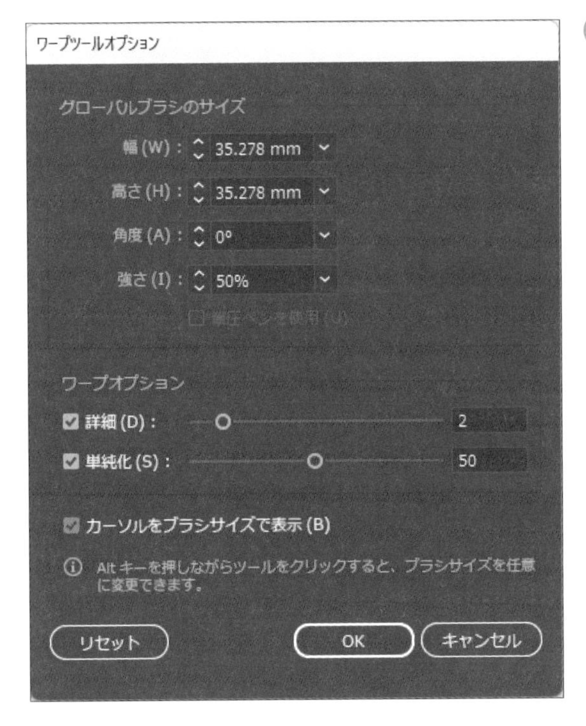


リキッドツールのいずれかが選択された状態で、ツールパネルのアイコンをダブルクリックすると、［○○ツールオプション］ダイアログボックスが開きます。グローバルブラシのサイズや変形の度合いを数値で指定します。

いずれのツールも選択したオブジェクトをドラッグしたり、クリックしたりして変形させます。

使用ファイル リキッドツール.ai

元のオブジェクト

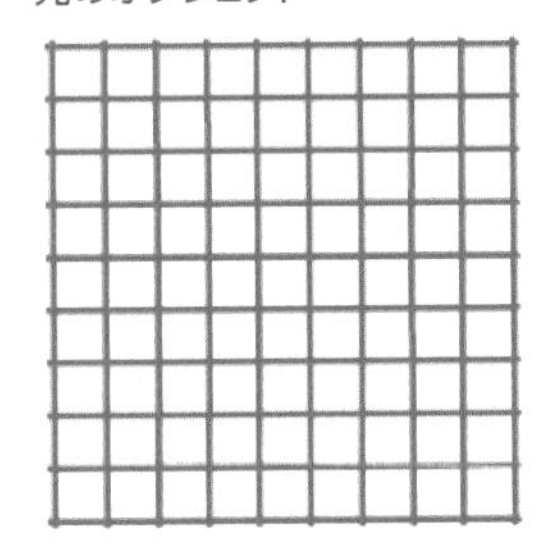

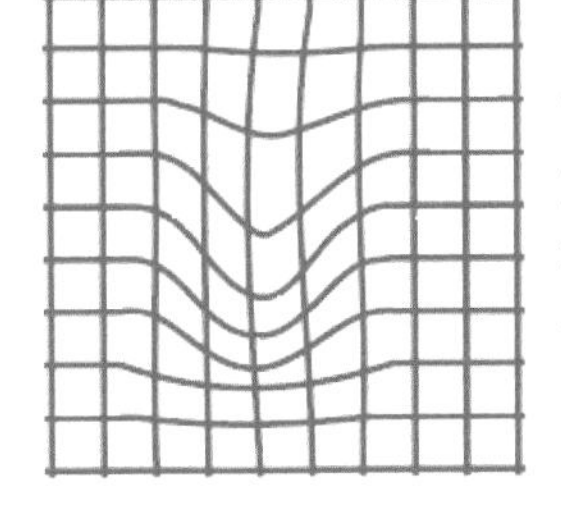

**ワープツール**

ブラシの範囲に含まれるパスがブラシを動かした方向に引っ張られるように変形します。

### うねりツール

ブラシの範囲に含まれるオブジェクトが渦巻き状に変形します。

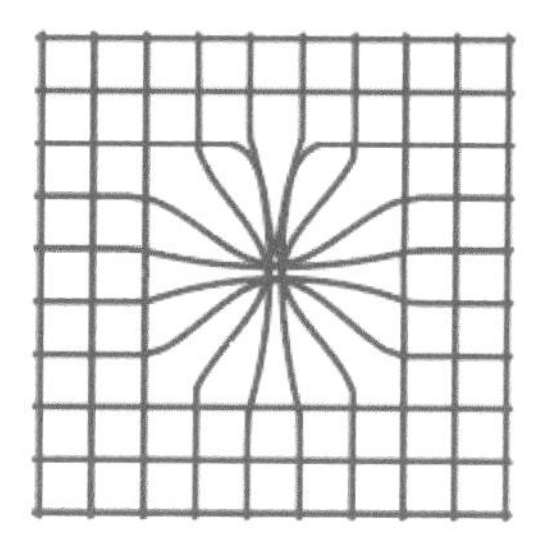

### 収縮ツール

ブラシの中心に向かってオブジェクトが収縮します。

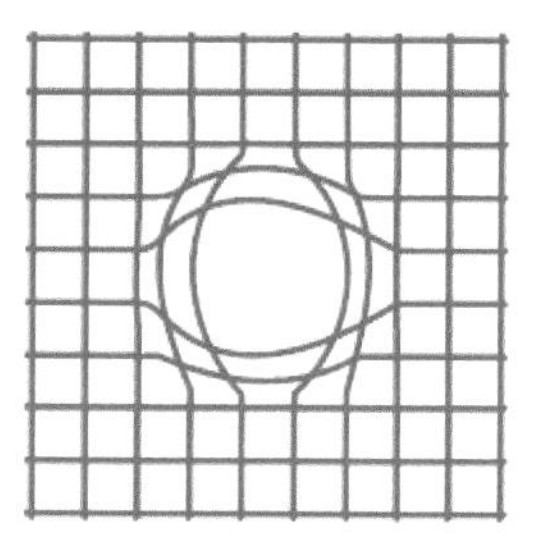

### 膨張ツール

ブラシの範囲に含まれるオブジェクトが中心から外側に向かうように膨張します。

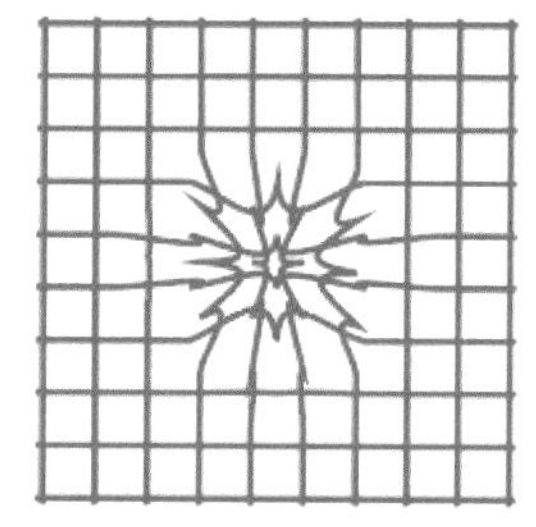

### ひだツール

ブラシの中心をつまんだようなひだが現れます。

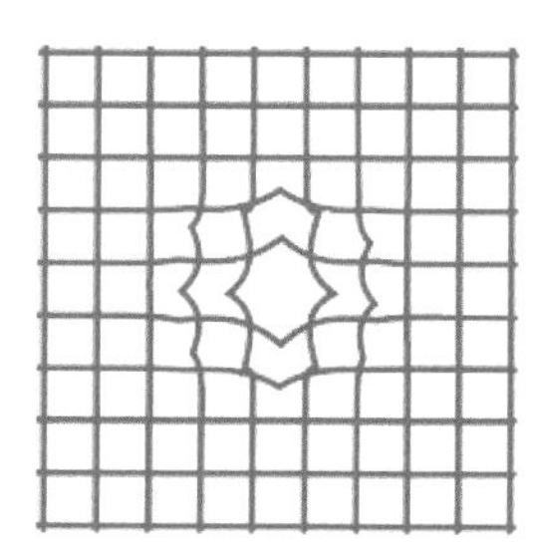

### クラウンツール

ブラシを中心にとげが出るように変形します。

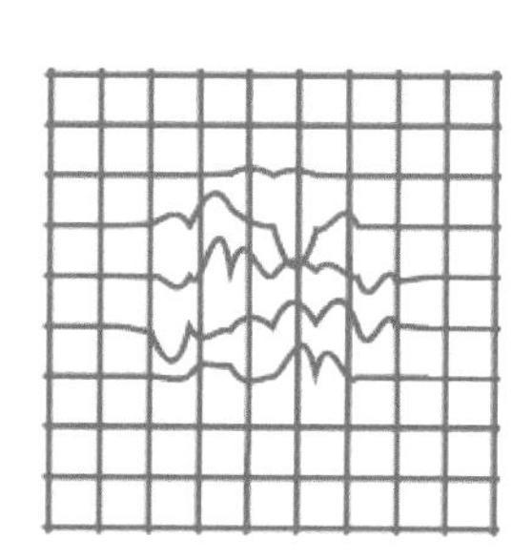

### リンクルツール

不規則なしわが寄るように変形します。



## ライブペイント

「ライブペイント」は、複数のオブジェクトが重なっている部分を境界と認識して、パスで囲まれた範囲に色を塗ることができる機能です。

ライブペイント機能は、「ライブペイントグループ」に対して使用します。ライブペイントグループは、[オブジェクト] メニューや [ライブペイントツール] で作成します。
[ライブペイントツール] を使用すると、パスの範囲内に色を塗ることができるようになります。

元のオブジェクト

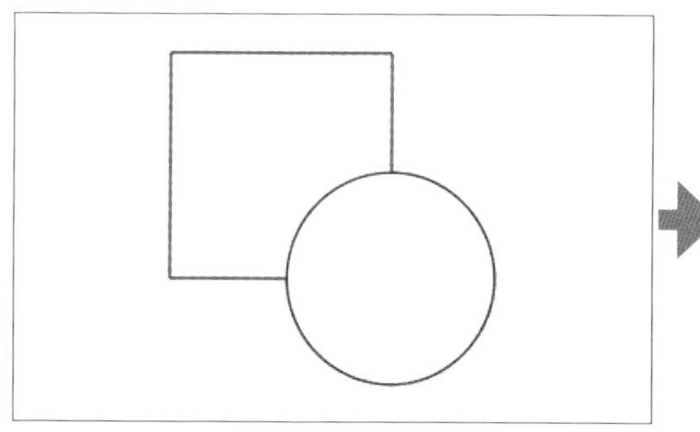

ライブペイントグループ

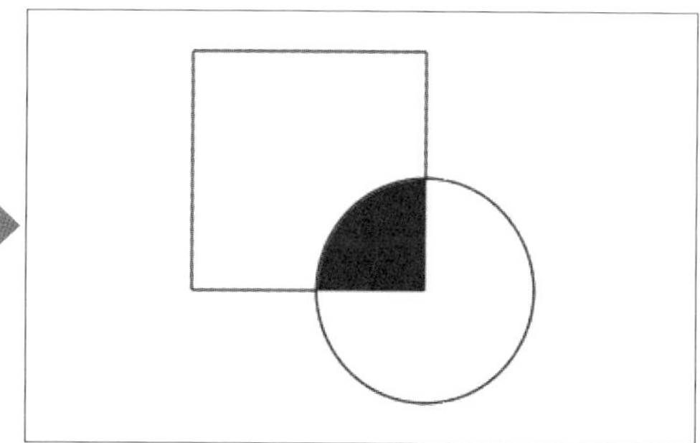

**使用ファイル** ライブペイント.ai

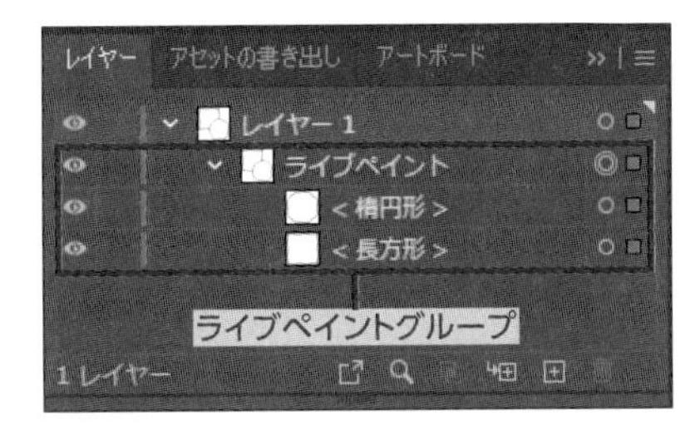


複数の重なり合ったオブジェクトを選択して、[オブジェクト] メニュー→ [ライブペイント] → [作成] をクリックすると、選択したオブジェクトが「ライブペイントグループ」になり、[レイヤー] パネルには [ライブペイント] と表示されます。

## ライブペイントツール

「ライブペイントツール」は、重なり合った複数のオブジェクトからライブペイントグループを作成し、パスの境界を自動的に認識して色を塗るツールです。

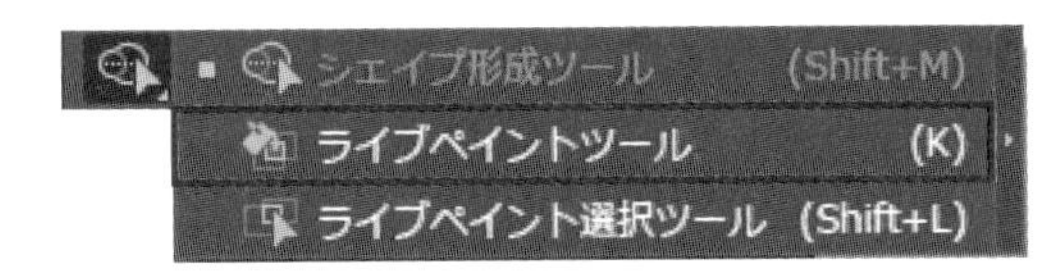


複数の重なり合ったオブジェクトを選択してから、ツールパネルの [ライブペイントツール] をクリックします。
コンロトールパネルや [スウォッチ] パネルなどで任意の色を選択します。

ライブペイントグループが作成されている場合は、マウスポインターをオブジェクトの上に移動すると、 の形に変わり、自動的に境界を認識して色を塗るエリアが赤い枠で表示されます。赤枠のエリアをクリックして色を塗ります。

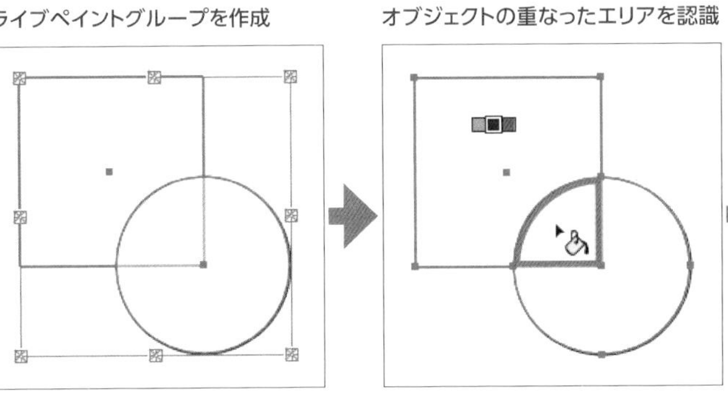

オブジェクトの重なったエリアを認識

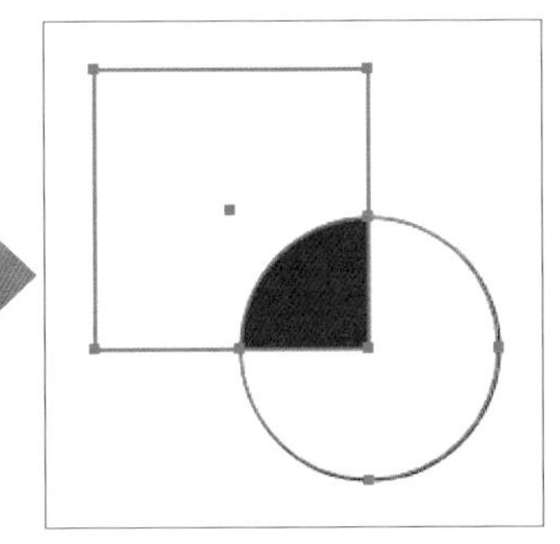

クリックすると色が塗られる

ライブペイントグループが作成されていない場合は、マウスポインターに [クリックしてライブペイントグループを作成] と表示されます。オブジェクトをクリックするとライブペイントグループが作成され、色を塗ることができます。

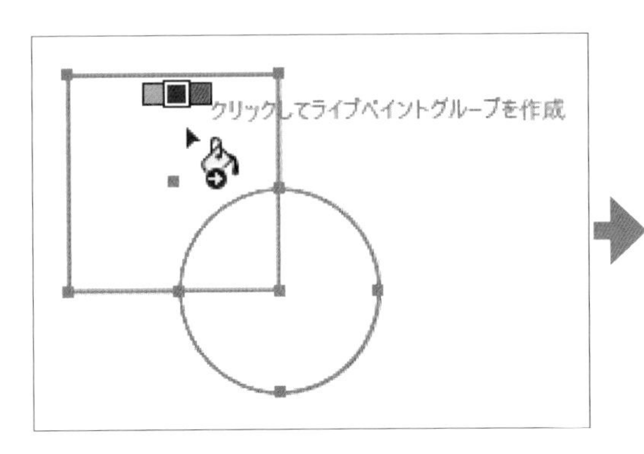


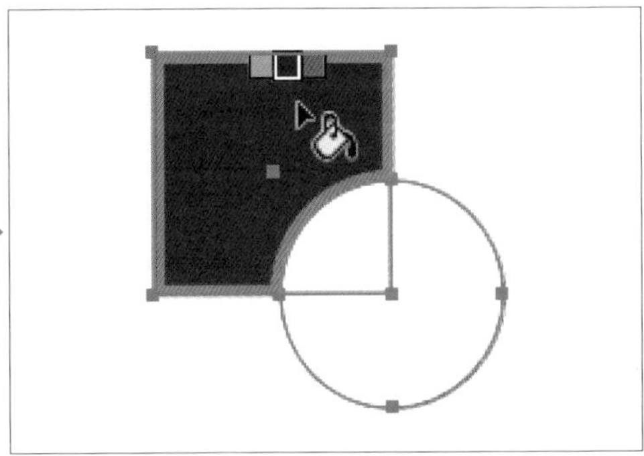

マウスポインターに表示される3つの四角形の色は、カーソルスウォッチプレビューといい、スウォッチの色と連動しています。中央が現在選択している色、左右はその両隣の色です。

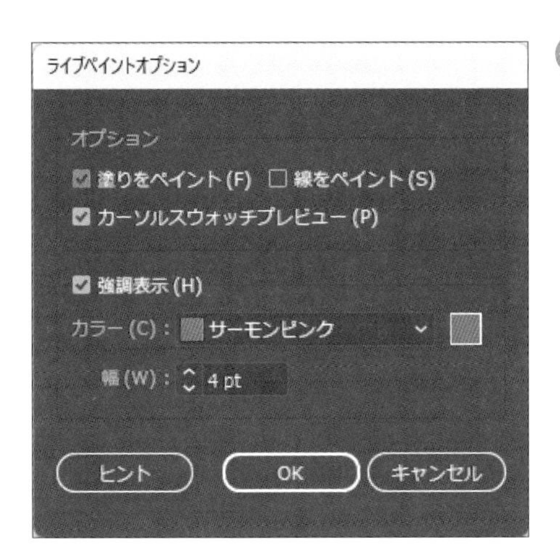


[ライブペイントツール] をダブルクリックすると、[ライブペイントオプション] ダイアログボックスが開きます。塗りまたは線のみに着色するのか、両方に着色するのかを設定できます。また、[強調表示] では色を塗るエリアを示す枠の色と幅を指定できます。

第8章

### ライブペイント選択ツール

「ライブペイント選択ツール」は、作成したライブペイントグループに対して色を塗るエリアを選択するツールです。**Shift**キーを押しながらクリックすると、複数エリアを選択できます。

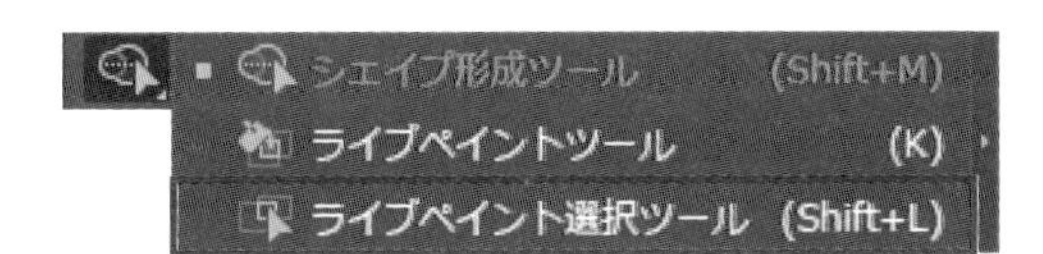


ツールパネルの [ライブペイント選択ツール] をクリックし、色を塗るエリアを選択します。**Shift**キーを押しながらクリックすると、複数エリアを選択できます。[カラー] パネルなどで色を選択すると、同じ色で塗られます。

使用ファイル ライブペイント選択ツール.ai

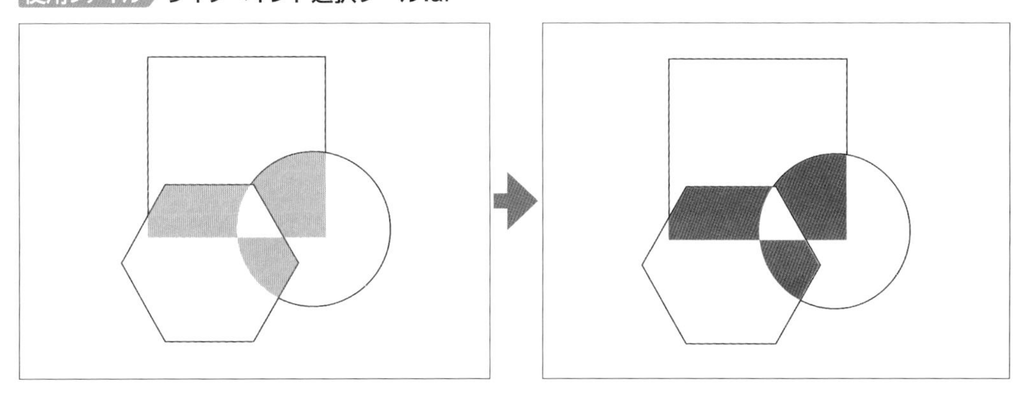

### ライブペイントの拡張と隙間オプション

ライブペイントグループを選択して、[オブジェクト] メニュー→ [ライブペイント] → [拡張] をクリックすると、色を塗ったエリアが個別のオブジェクトに変換されます。

3つのエリアに別の色を塗り、[拡張] をクリックしたあと、わかりやすいようにそれぞれのオブジェクトを移動しました。このとき元のオブジェクトはそのまま残ります。

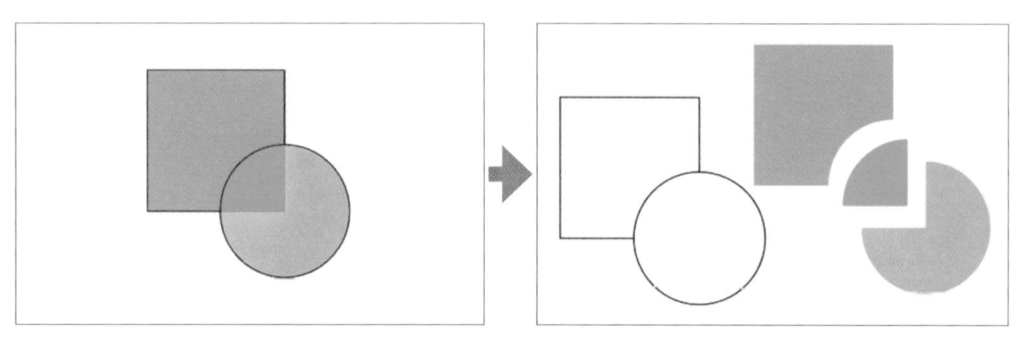

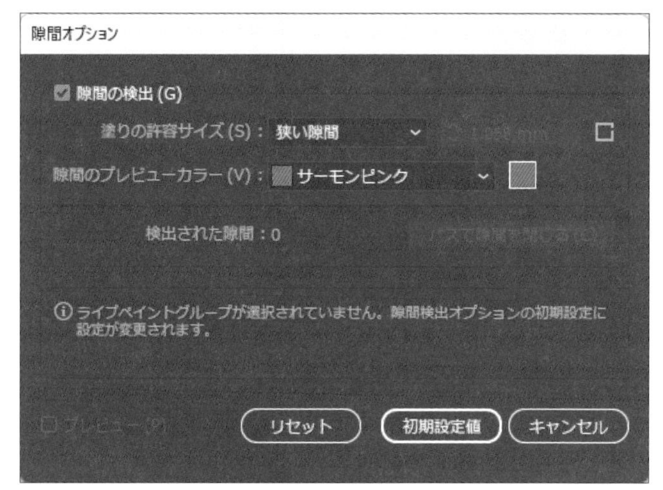


ライブペイントは、境界に多少の隙間があってもエリアとして認識します。[オブジェクト] メニュー→ [ライブペイント] → [隙間オプション] で [隙間オプション] ダイアログボックスを表示して、許容する隙間のサイズを設定できます。

[ライブペイント] の [拡張] と [隙間オプション] は、オブジェクトを選択した状態で、コントロールパネルで設定することもできます。

## 画像トレース

「画像トレース」は、写真や手書きのイラストなどのビットマップ画像から輪郭を抽出して、ベクトル画像を作成する機能です。パスで構成されるオブジェクトになるので、Illustratorを使ってさまざまな編集を行えるようになります。

オブジェクト（ビットマップ画像）を選択して、コントロールパネルの［画像トレース］をクリックするか、右にある［∨］をクリックして、トレースプリセットの一覧からいずれかをクリックすると、画像がトレースされます。

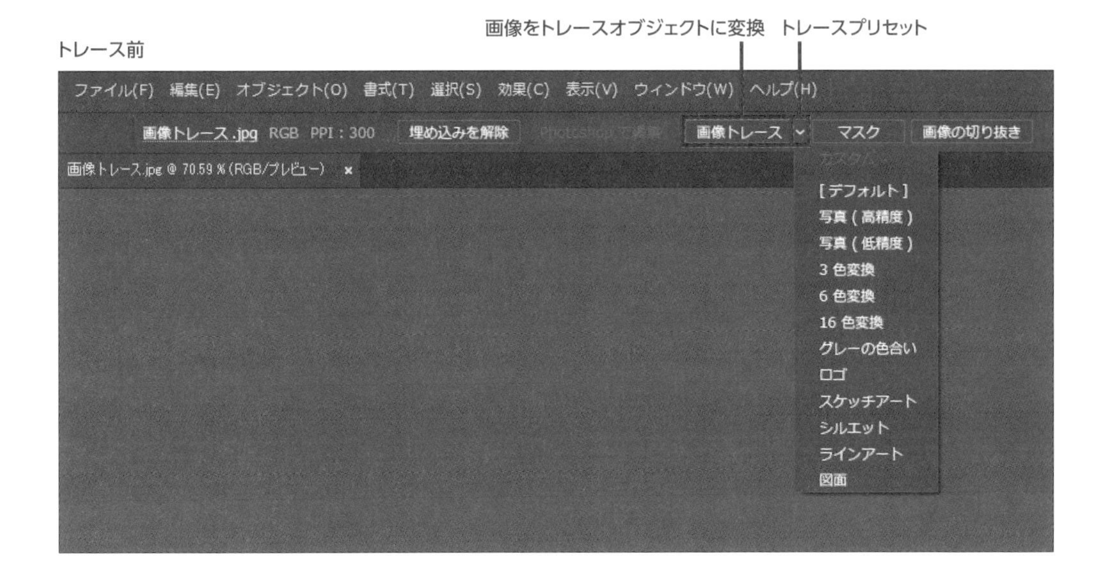


コントロールパネルの表示が変わったら、［拡張］をクリックすると、トレースされた画像がパスで構成されるオブジェクトに変換されます。同様に、［オブジェクト］メニュー→［画像トレース］→［拡張］からもトレース画像をパスに変換できます。

使用ファイル 画像トレース.jpg

ビットマップ画像

画像をトレース

パスに変換

オブジェクトを選択して、［オブジェクト］メニュー→［画像トレース］→［作成］をクリックしても画像をトレースできます。トレースを解除するには、［オブジェクト］メニュー→［画像トレース］→［解除］をクリックします。

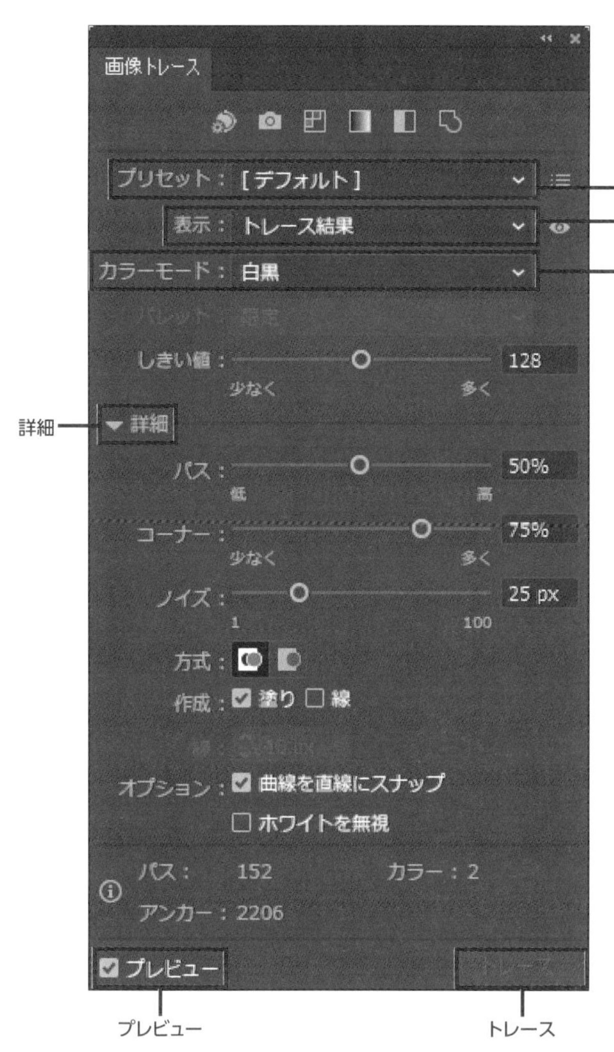


詳細な設定を行う場合は、[画像トレース] パネルを使います。画像をトレースしたあとにコントロールパネルの［画像トレースパネル］をクリックするか、[ウィンドウ] メニュー→［画像トレース］をクリックすると、[画像トレース] パネルが開きます。[詳細] の左にある［▶］をクリックすると、すべての設定項目が表示されます。

[プリセット] はコントロールパネルで表示されるプリセットと同じです。

[表示] はトレース結果の表示方法です。トレース結果の画像、変換されたパス、元画像のどれを表示するかを決めます。[カラーモード] は［カラー］［グレースケール］［白黒］から選択します。

[プレビュー] のチェックをオフにすると、パネルの右下の［トレース］がクリックできるようになります。[トレース] をクリックすると、設定した条件で画像がトレースされます。

# 練習問題

**問題1** 効果について間違った説明を選びなさい。

**A.** ドロップシャドウの効果を付けるには、オブジェクトを選択し、[効果] メニュー→ [スタイライズ] → [ドロップシャドウ] をクリックする。
**B.** [ワープ] で [円弧] の効果を付けるには、[オブジェクト] メニュー→ [エンベロープ] → [ワープで作成] をクリックし、[ワープオプション] ダイアログボックスで [円弧] を選択する。
**C.** 角を丸くする効果を付けるには、オブジェクトを選択し、[効果] メニュー→ [スタイライズ] → [角を丸くする] をクリックする。
**D.** 効果は [アピアランス] パネルで削除できる。



**問題2** ブレンドツールについて間違った説明を選びなさい。

**A.** ブレンドツールは色や形が連続的に変化する「ブレンドオブジェクト」を自動的に作る。
**B.** ブレンドするオブジェクトを選択し、[オブジェクト] メニュー→ [ブレンド] → [作成] をクリックするとブレンドオブジェクトが作成される。
**C.** ブレンドオブジェクトを選択して、[オブジェクト] メニュー→ [ブレンド] → [拡張] をクリックすると、中間にあった図形がパスを持つオブジェクトに変換される。
**D.** [ブレンドオプション] ダイアログボックスで [ステップ数] を「4」にするとブレンドする2つのオブジェクトの間に2つのオブジェクトが作成される。

**問題3** AとBの円形オブジェクトがあります。この状態からAとBの重なった部分だけを黄色で塗りつぶす操作として間違っているものを選びなさい。

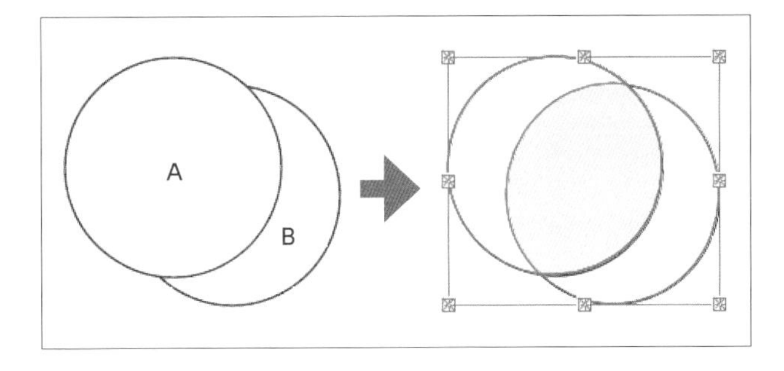


**A.** AとBの2つのオブジェクトを選択し、[オブジェクト] メニュー→ [ライブペイント] → [作成] をクリック。ライブペイントツールをクリックして [スウォッチ] パネルから黄色を選択し、AとBの重なった部分をクリックする。
**B.** ライブペイントツールを選択し、[スウォッチ] パネルで黄色を選択し、AとBの重なった部分をクリックする。
**C.** AとBの2つのオブジェクトを選択し、[オブジェクト] メニュー→ [ライブペイント] → [作成] をクリック。ライブペイント選択ツールでAとBの重なった部分を選択し、[スウォッチ] パネルで黄色を選択する。
**D.** AとBの2つのオブジェクトを選択し、[オブジェクト] メニュー→ [ライブペイント] → [作成] をクリック。ダイレクト選択ツールでAとBの重なった部分を選択し、[スウォッチ] パネルで黄色を選択する。

**問題4** ［練習問題］フォルダーの8.1.aiを開き、ブレンドツールを使用して白いオブジェクトと水色のオブジェクトを［ステップ数：20］でブレンドしなさい。

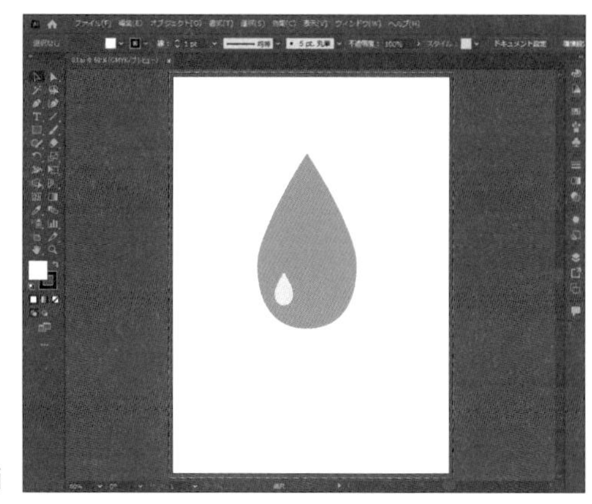

8.1.ai

**問題5** ［練習問題］フォルダーの8.2.aiを開き、オブジェクトにスタイライズの［ぼかし］の効果を加えなさい。ぼかしの度合いは問わない。

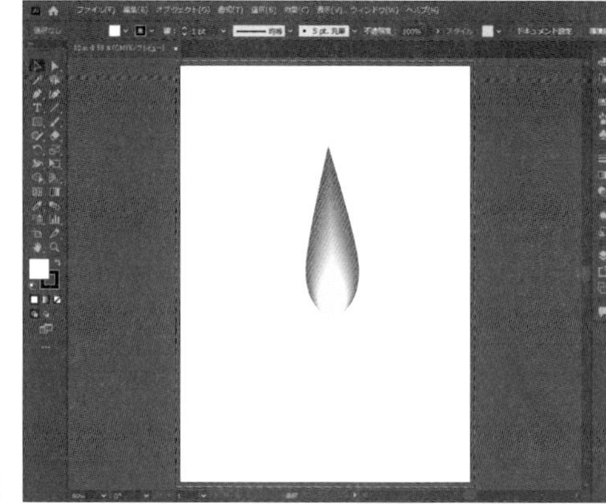

8.2.ai

**問題6** ［練習問題］フォルダーの8.3.aiを開き、パスを360°回転させ、ワイヤフレームで表示させた3D効果のオブジェクト（ワイングラス）を作成しなさい。

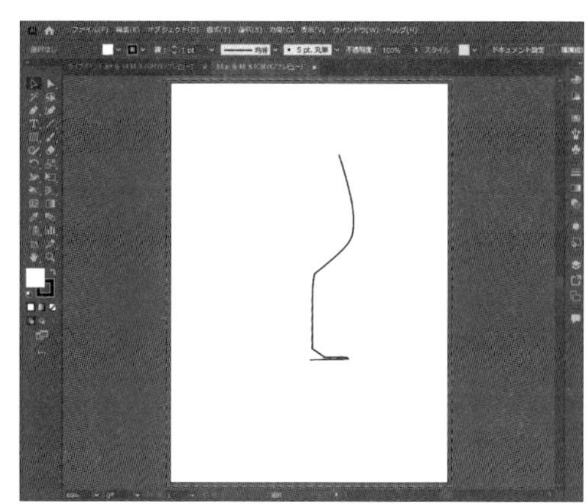

8.3.ai

# 9

# マスク、シンボル、パターン

# 9.1 マスク

**マスクは、オブジェクトを使って特定のエリアを表示し、それ以外のエリアを隠してアートワークの見え方を加工する機能です。前面のオブジェクトの形で背面のオブジェクトを切り抜いたように見せる「クリッピングマスク」と、前面のオブジェクトの明るさ（輝度）に応じて背面のオブジェクトの不透明度を設定する「不透明マスク」があります。**

## クリッピングマスク

「クリッピングマスク」は、前面のオブジェクトの形（パス）で背面のオブジェクトを切り取り抜いたように見せます。実際には前面のパスで背面のオブジェクトを隠しているだけなので、クリッピングマスクを解除すると元の状態に戻ります。

使用ファイル クリッピングマスク.ai

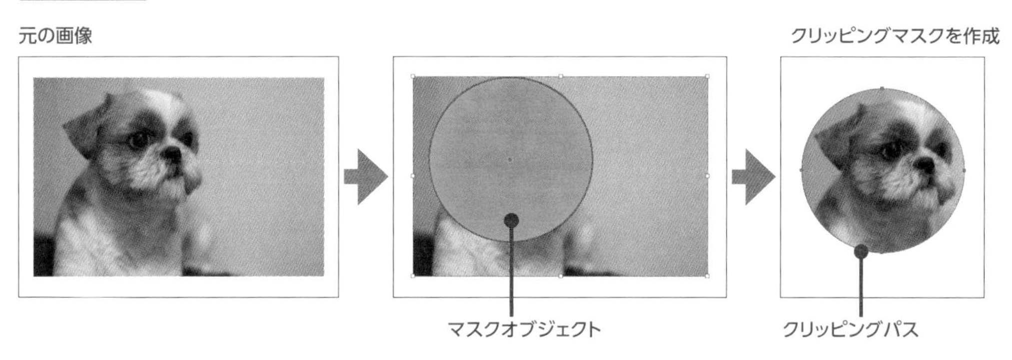


切り抜く形のオブジェクト（パス）を前面に、切り抜かれるオブジェクトを背面に配置します。両方のオブジェクトを選択して、［オブジェクト］メニュー→［クリッピングマスク］→［作成］をクリックするとクリッピングマスクが作成され、円の形で犬の画像がマスクされます。

前面のオブジェクトは「マスクオブジェクト」といいます。マスクオブジェクトに設定されていた塗りや線はなくなり、パスのみになります。これを「クリッピングパス」といいます。画像だけでなくパスやテキストなども背面の切り抜かれるオブジェクトとして使用できます。クリッピングマスクを作成すると、選択されていたオブジェクトはグループになります。グループをダブルクリックすると編集モードになり、背面のオブジェクトの位置やクリッピングパスなどをあとから編集できます。クリッピングマスクのグループを選択して、コントロールパネルの［マスクを編集］、［オブジェクトを編集］のボタンでも編集対象を切り替えられます。

マスクを編集

背面のオブジェクトを編集

［オブジェクト］メニュー→［クリッピングマスク］→［解除］をクリックすると、クリッピングマスクが解除されます。

クリッピングマスクは［レイヤー］パネルを使って作成することもできます。

**使用ファイル** クリッピングマスク2.ai

レイヤーの一番上（前面）にあるオブジェクトの形状で、下（背面）のオブジェクトを切り抜きます。マスクオブジェクトにはテキストオブジェクト（文字）も使用できます。マスクの対象となる背面のオブジェクトは1つだけではなく複数選択することもできます。これらのオブジェクトがあるレイヤーを選択して、［レイヤー］パネル下部の［クリッピングマスクを作成/解除］をクリックします。クリッピングパスには名前に下線がつきます。再度、［クリッピングマスクを作成/解除］をクリックすると、解除されます。

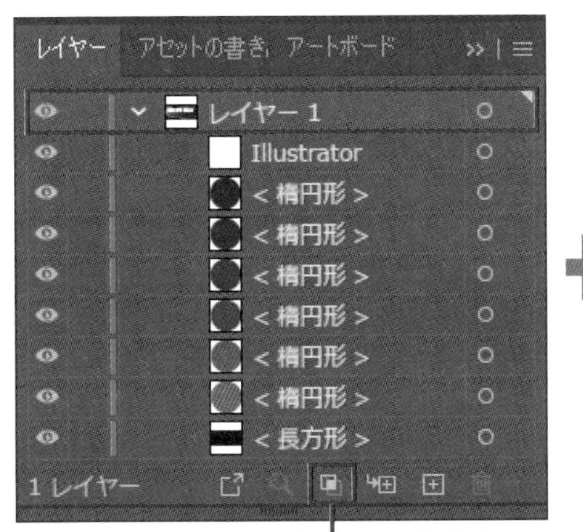


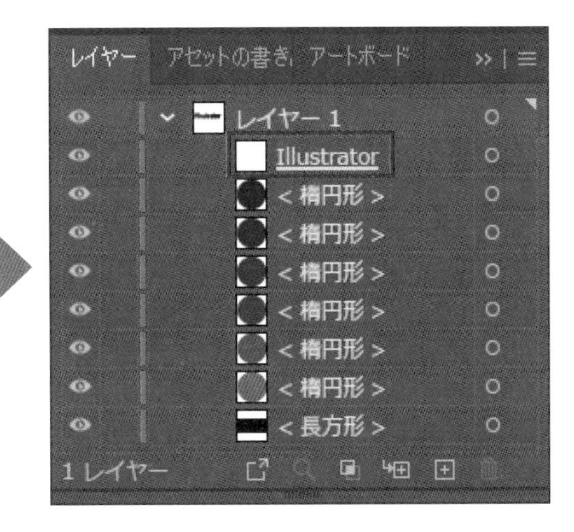

クリッピングマスクを作成/解除

Illustrator

複数のオブジェクトを、最前面のテキストオブジェクトでマスクしました。

**メモ**

［オブジェクト］メニューからクリッピングマスクを作成すると、選択されていたオブジェクトはグループ化されて［レイヤー］パネルには<クリップグループ>という名前のグループが表示されます。一方［レイヤー］パネルの［クリッピングマスクを作成/解除］で作成した場合は、レイヤー（またはグループ）に対してクリッピングマスクを設定するため、<クリップグループ>という表示にはなりません。

機能に大きな差はありませんが、特定のオブジェクトに対してクリッピングマスクを作成するのか、レイヤー（グループ）に対して行うのかで使い分けるといいでしょう。

## 内側描画

マスクオブジェクトの内側のみを描画するモードが「内側描画」です。

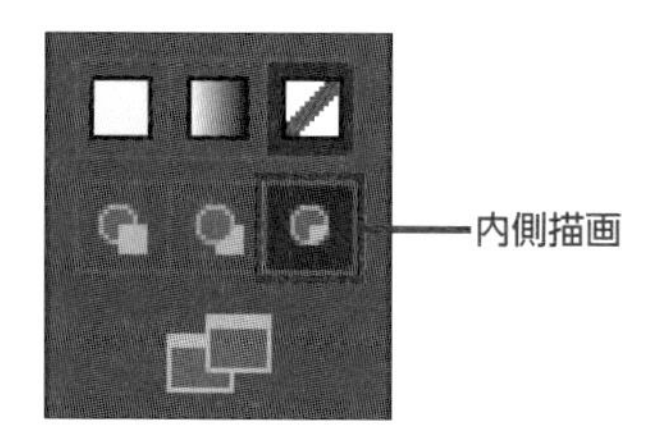


クリッピングパスに設定するオブジェクトを選択して、ツールパネルの［内側描画］をクリックします。オブジェクトの周りに破線の囲みが表示されます。描画ツール（ブラシ、ペン、鉛筆など）で描画すると、クリッピングパスの内側の領域のみに描画されます。このとき、クリッピングパスに設定したオブジェクトの塗りと線は維持されます。

使用ファイル 内側描画.ai

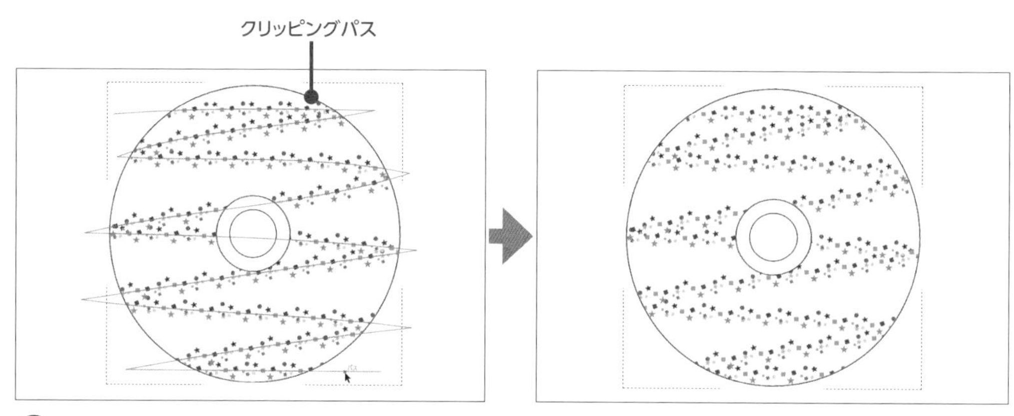


薄い黄色の塗りが設定されているCDレーベルを模したオブジェクトを［内側描画］モードに設定して、ブラシツールのライブラリメニューから［装飾_散布］→［紙吹雪］のブラシを選び描画しました。

## 不透明マスク

「不透明マスク」は前面のオブジェクトの塗りの明るさ（輝度）に応じて、背面のオブジェクトの不透明度を設定する機能です。オブジェクトの周囲をぼかしたり、徐々に透き通るように見せたりすることができます。

マスクオブジェクトの塗りが白（輝度最大）の領域は背面のオブジェクトの不透明度が100%、黒（輝度最小）の領域は不透明度が0%（透明）になります。つまり、マスクオブジェクトの塗りが白い部分は背面のオブジェクトは透けず、黒い部分は背面のオブジェクトが透明になるということです。不透明度は明るさ（輝度）のみをもとにするので、基本的にはマスクオブジェクトの色をグレースケールにする方が作業しやすいでしょう。

不透明マスク.ai

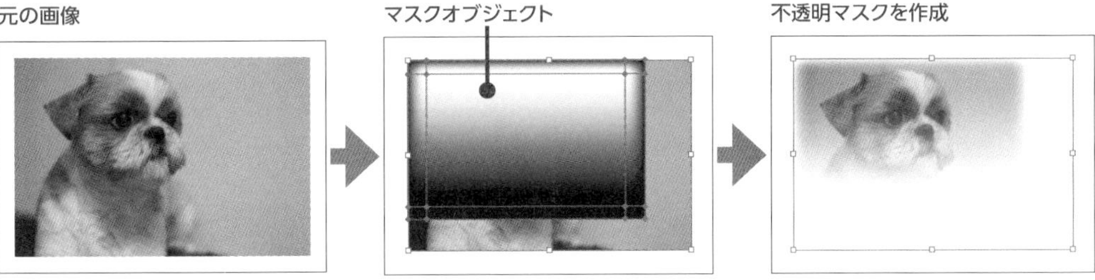


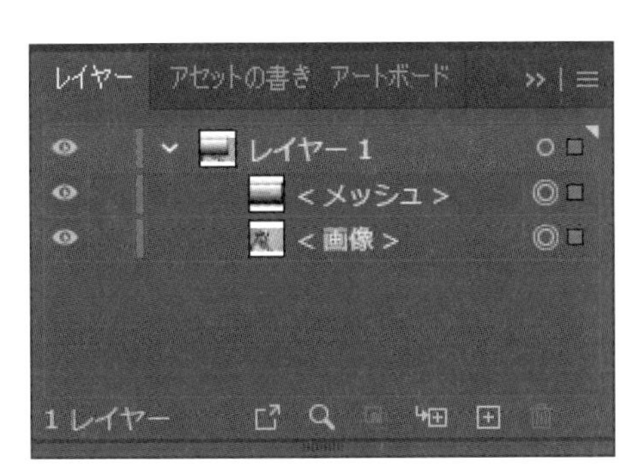


グラデーションを設定したマスクオブジェクトを前面に、不透明度を設定するオブジェクト（犬の画像）を背面に配置して両方を選択します。

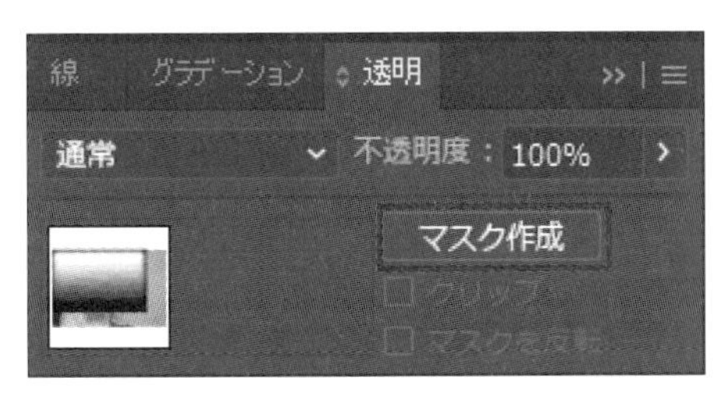


［ウィンドウ］メニュー→［透明］をクリックするか、パネルの領域にある［透明］アイコンをクリックして［透明］パネルを表示します。［透明］パネルの［マスク作成］をクリックすると不透明マスクが作成されて、犬の画像の周囲が透けてぼかされたようになります。

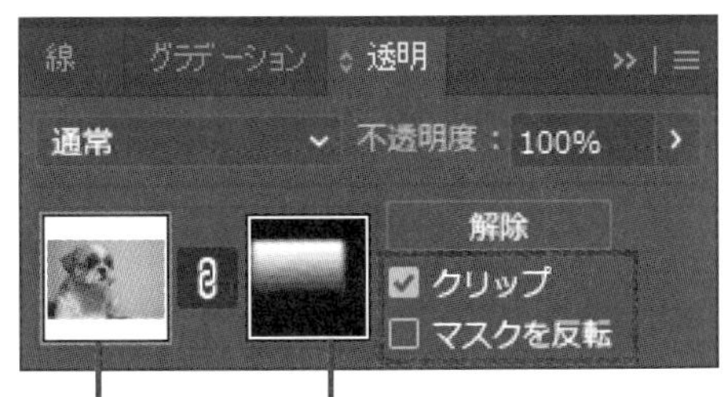


背面のオブジェクト　マスクオブジェクト

不透明マスクを作成すると、透明パネルに2つのサムネールが表示されます。左が背面のオブジェクト、右がマスクオブジェクトのサムネールです。透明マスクは、あとから画像の位置やマスクオブジェクトのサイズなどを変更できます。リンクのアイコンを解除して、いずれかのサムネールをクリックすると、個別に編集できます。
［マスクを反転］のチェックをオンにすると、不透明度の100%と0%が逆転して透けていた部分が表示され、見えていた部分が透明になります。

［透明］パネルの［クリップ］のチェックをオフにすると、マスクオブジェクトの外側が不透明（不透明度が100%）になり背景が表示されます。オンになっていると、マスクオブジェクトの外側は透明（不透明度が0%）で隠されたままになります。

別のオブジェクトを使って［クリップ］と［マスクを反転］の効果を確認しましょう。

**使用ファイル** 不透明マスク2.ai

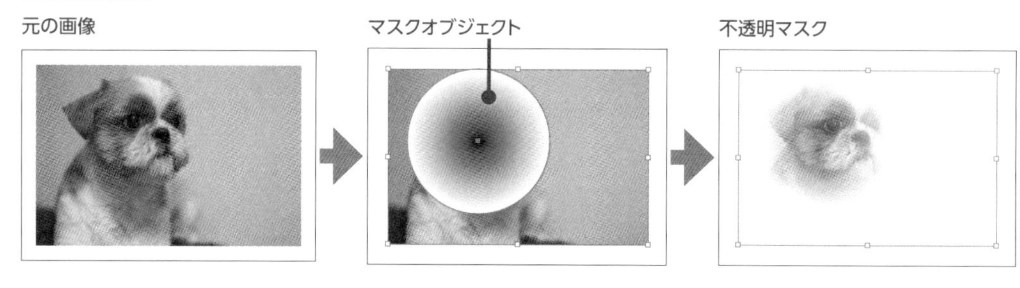


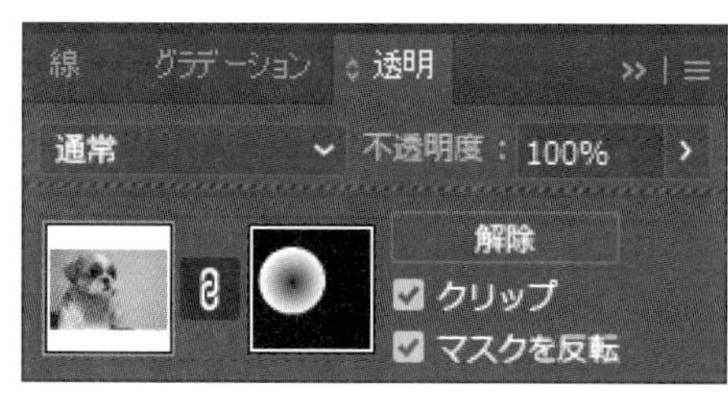


［マスク作成］をクリックしたあと、［クリップ］と［マスクを反転］のチェックをどちらもオンにします。背景の犬の画像が、マスクオブジェクトの円形に切り抜かれ、周囲が透けてぼかされたようになります。

マスクを作成すると、［マスクを作成］は［解除］に変わります。［解除］をクリックすると、不透明マスクが解除されます。

# 9.2 シンボル

シンボルとは、一つ登録しておくとクリック操作で繰り返し使うことのできるたいへん便利なオブジェクトです。作成したオブジェクトをシンボルとして登録すると、別のアートワークで簡単に利用できるようになります。Illustratorには、多様な図形がシンボルライブラリに登録されています。



## シンボルインスタンス

アートボードに配置した個々のシンボルを、実体という意味で「シンボルインスタンス」といいます。シンボルインスタンスは［シンボル］パネルに登録されている元のシンボルとリンクしており、図形のデータ（パスの形、色や線の情報など）は元のシンボルで管理されています。このため、元のシンボルのデータを変更すると、すべてのシンボルインスタンスに変更が反映されます。

## ［シンボル］パネル

［シンボル］パネルでは、シンボルの管理、シンボルインスタンスの作成、シンボルの新規登録などを行います。

［ウィンドウ］メニュー→［シンボル］をクリックするか、パネルの領域にある［シンボル］アイコンをクリックして、［シンボル］パネルを表示します。

［シンボル］パネルからシンボルをドラッグすると、アートボード上に配置できます。シンボルをクリックし、［シンボル］パネルの下にある［シンボルインスタンスを配置］をクリックしても配置できます。

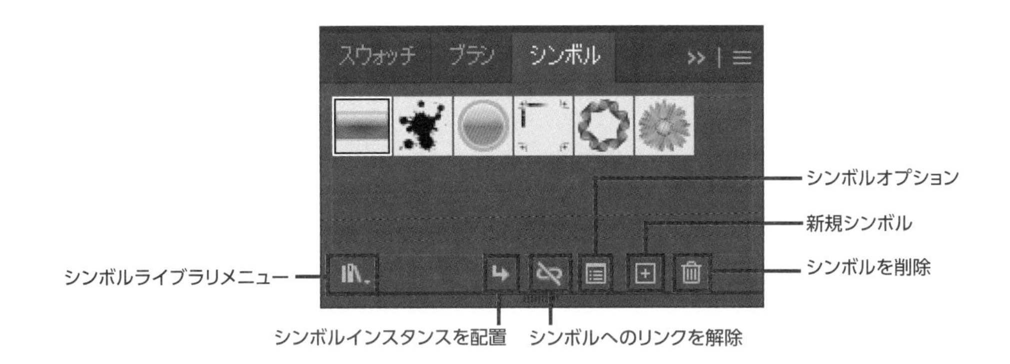

### シンボルライブラリメニュー

初期設定では、[シンボル] パネルに数個のシンボルが表示されているだけですが、パネル左下の [シンボルライブラリメニュー] をクリックすると、[3Dシンボル] [Webアイコン] などの分類が表示されます。いずれかをクリックすると、プリセットのパネルが開き、選択したシンボルは [シンボル] パネルに追加されます。

## シンボルの登録

[シンボル] パネルに新しいシンボルを登録するには、登録するオブジェクトを選択して、[新規シンボル] をクリックします。[シンボルオプション] ダイアログボックスが開くので、名前を付けて [OK] をクリックします。オブジェクトを [シンボル] パネルにドラッグしても登録できます。

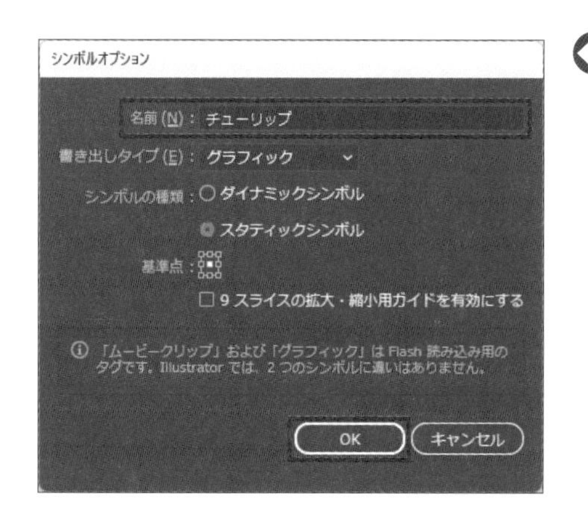


シンボルの [書き出しタイプ] は、使用用途によって [ムービークリップ] と [グラフィック] のいずれかを選択します。アニメーションやムービーなどで使用する場合は [ムービークリップ] を、そうでない場合は [グラフィック] を選択します。
[シンボルの種類] には [ダイナミックシンボル] と [スタティックシンボル] の2種類があります。ダイナミックシンボルは、個々のシンボルインスタンスに対して、別のアピアランスを設定できます。ここでは [スタティックシンボル] を選択して [OK] をクリックします。

**使用ファイル** 新規シンボル.ai

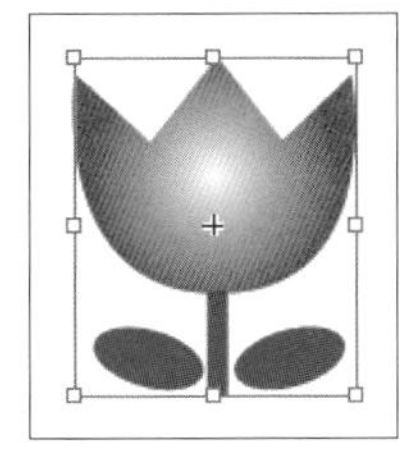

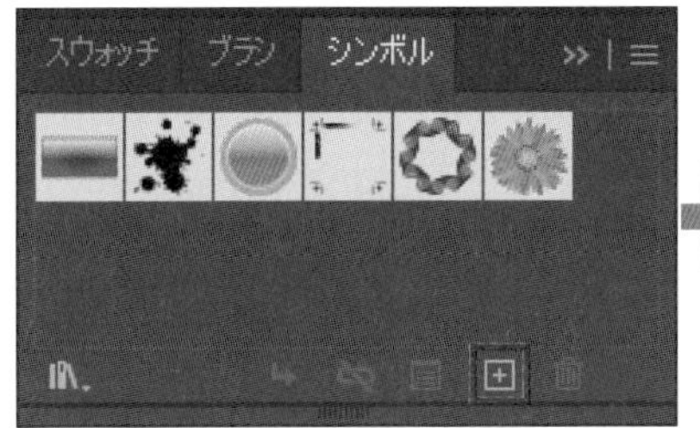

**メモ**

［シンボル］パネルの［シンボルオプション］をクリックしても、［シンボルオプション］ダイアログボックスが表示されます。既存のシンボルに対して名前や種類などの設定を変更するときに利用します。



新規シンボル(N)...
シンボルを再定義(F)
シンボルを複製(D)
シンボルを削除(E)
シンボルを編集(I)
シンボルインスタンスを配置(P)
シンボルを置換(R)
シンボルへのリンクを解除(K)
変形をリセット(T)

## シンボルの編集

シンボルを編集するには、［シンボル］パネルでシンボルを選択し、パネルメニューの［シンボルを編集］をクリックするか、シンボルをダブルクリックします。

ドキュメントタブの下にグレーのバーが表示され、シンボル編集モードに切り替わります。ワークスペースの中央に編集対象のシンボルが表示されるので、チューリップの茎と葉を編集します。

シンボル編集モードを解除するには、グレーのバーの何もない部分をクリックするか、オブジェクトを右クリックし［シンボル編集モードを解除］をクリックします。

編集モードを終了すると、編集内容がシンボルに反映され、そのシンボルにリンクしているシンボルインスタンスにも変更が反映されます。

## リンクの解除

シンボルインスタンスを選択して、[シンボル] パネルの [シンボルへのリンクを解除] をクリックすると、シンボルとのリンクが解除されます。シンボルインスタンスは一般的なオブジェクトになり、個別の編集が行えるようになります。

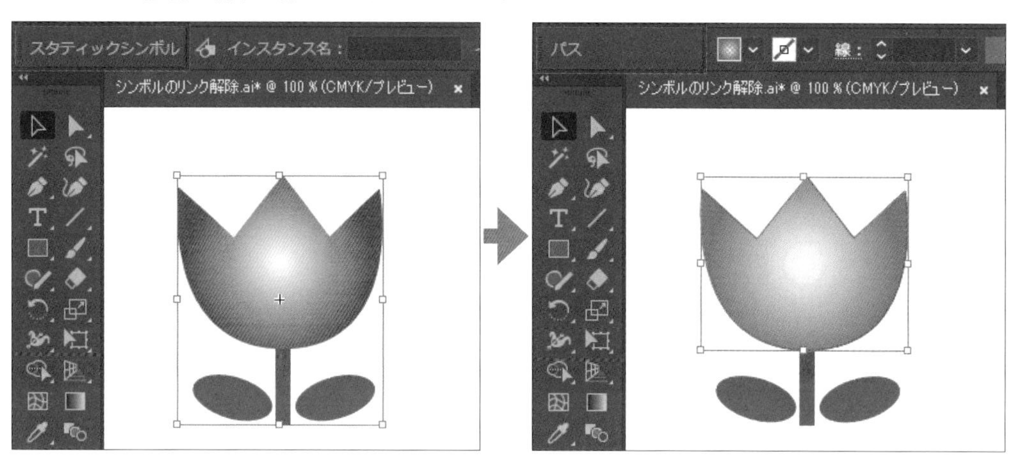


## シンボルの削除

シンボルを削除するには、[シンボル] パネルでシンボルを選択し、[シンボルを削除] をクリックします。シンボルインスタンスがアートワークで使用中の場合は、警告メッセージが表示され、インスタンスを拡張するか、インスタンスを削除するかを選択します。拡張を選択すると、シンボルへのリンクが解除され、シンボルインスタンスはオブジェクトとしてアートワークに残ります。削除を選択すると、シンボルインスタンスも一緒に削除されます。

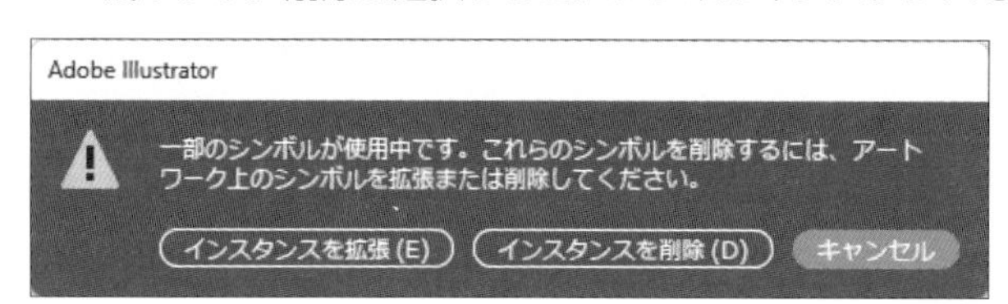


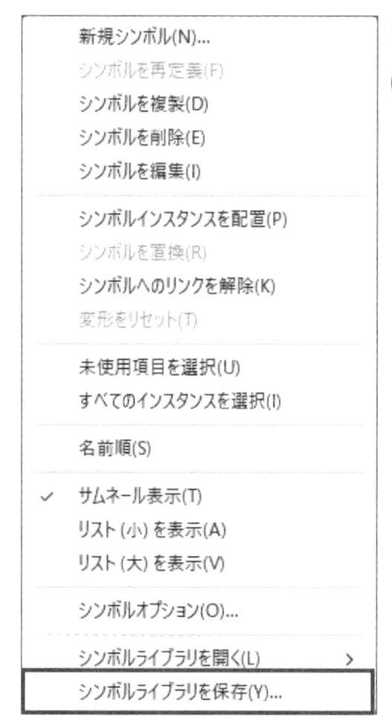


## シンボルライブラリの保存

登録したシンボルは [シンボルライブラリ] に保存できます。パネルメニューの [シンボルライブラリを保存] をクリックすると、[シンボルをライブラリとして保存] ダイアログボックスが表示されるので、名前を付けてAIファイルとして保存します。保存したシンボルライブラリをほかのIllustratorドキュメントで利用するには、[シンボルライブラリメニュー] → [ユーザー定義] から表示します。

**メモ**

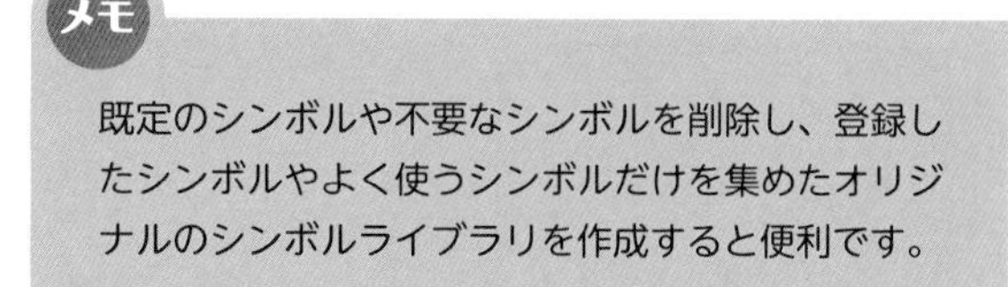

既定のシンボルや不要なシンボルを削除し、登録したシンボルやよく使うシンボルだけを集めたオリジナルのシンボルライブラリを作成すると便利です。

# シンボルツール

「シンボルツール」を使うと、複数のシンボルインスタンスを簡単に配置できます。シンボルインスタンスを配置する「シンボルスプレーツール」のほか、配置したシンボルのレイアウトの調節やスタイルの変更などを行うツールがあります。

## シンボルスプレーツール

「シンボルスプレーツール」は、ドラッグした軌跡に沿ってシンボルインスタンスを配置します。

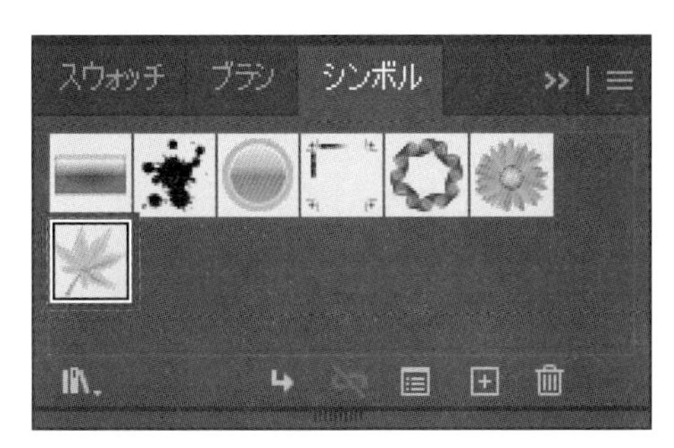


[シンボル] パネルに [シンボルライブラリメニュー] → [自然] の [カエデの葉] を追加して選択します。

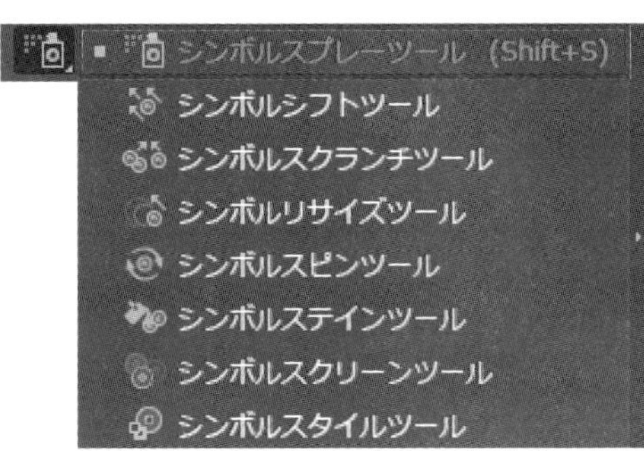


ツールパネルの [シンボルスプレーツール] をクリックします。

マウスポインターが の形になるので、アートボード上でドラッグすると、軌跡に沿って一定のタイミングでシンボルインスタンスが配置されます。

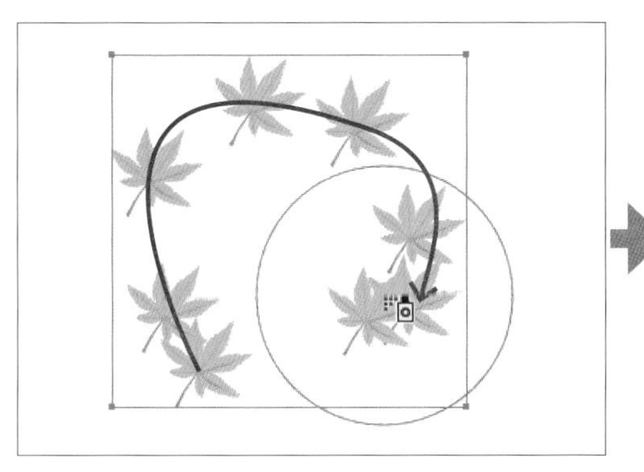

**Alt**キーを押しながらシンボルスプレーツールをドラッグすると、シンボルが削除されます。

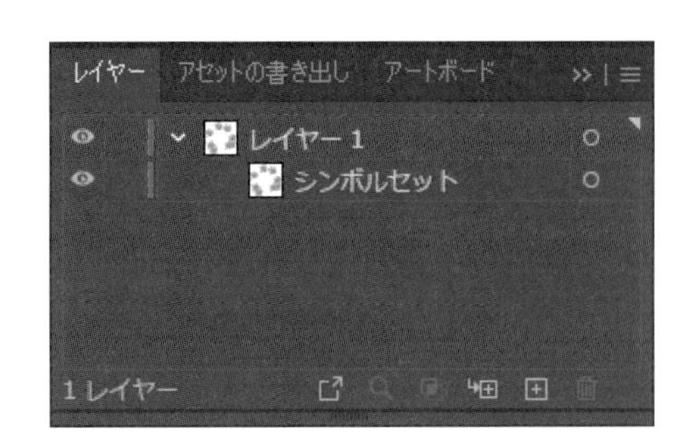


これらのシンボルインスタンスは「シンボルセット」という一つのオブジェクトとして扱われます。

シンボルセットを選択して［シンボルへのリンクを解除］をクリックすると、シンボルインスタンスがグループ化されたオブジェクトになり、シンボルインスタンスを個別に編集できるようになります。

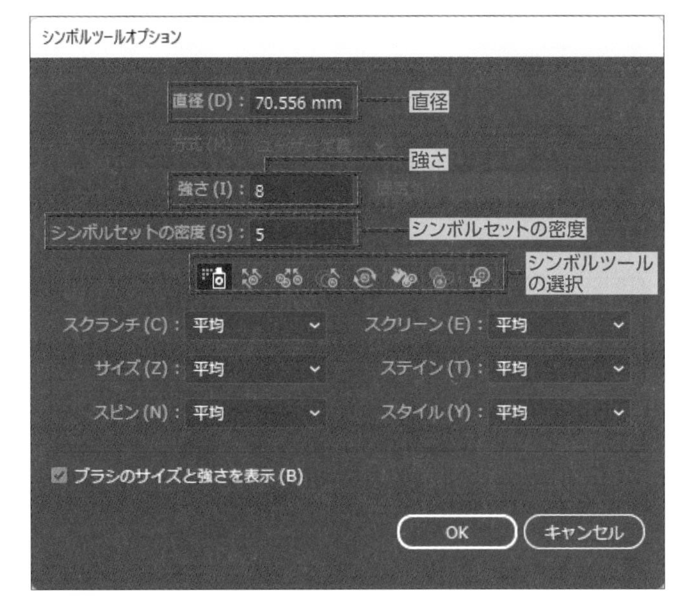


### シンボルツールオプションダイアログボックス

ツールパネルの［シンボルスプレーツール］をダブルクリックすると［シンボルツールオプション］ダイアログボックスが開きます。シンボルツールの設定を変更できます。

**・直径**

シンボルツールの適用範囲（マウスポインターの周囲に広がる円の大きさ）を指定します。

**・強さ**

シンボルインスタンスが配置されるタイミングや、それぞれのシンボルツールで操作した際の変化のスピードを1～10の段階で設定します。

**・シンボルセットの密度**

シンボルインスタンスが配置される密度を1〜10の段階で設定します。

**・シンボルツールの選択**

8種類のシンボルツールをアイコンから選択できます。シンボルツールの選択はツールパネルでも行えます。

## その他のシンボルツール

その他のシンボルツールは、シンボルセットを選択してから操作を行います。



### シンボルシフトツール

シンボルインスタンスの位置を調整したり、重ね順を変更したりします。

使用ファイル シンボルインスタンス.ai

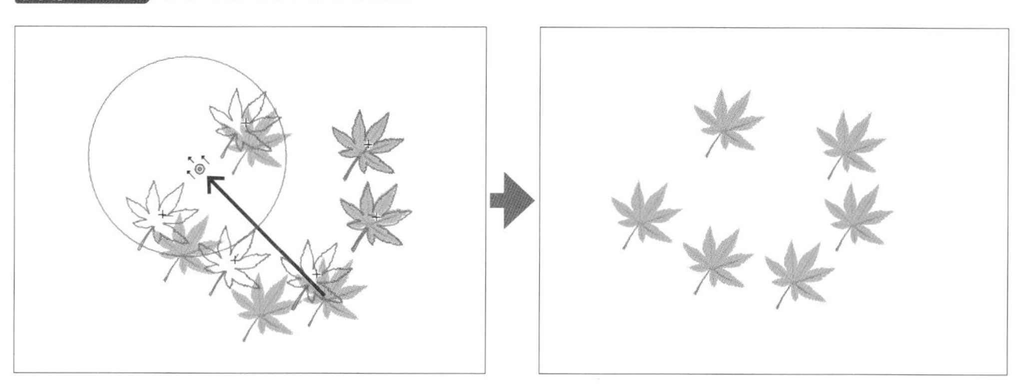

### シンボルスクランチツール

シンボルインスタンス同士の距離を縮めたり広げたりして、密度を変化させます。

クリック（密集）

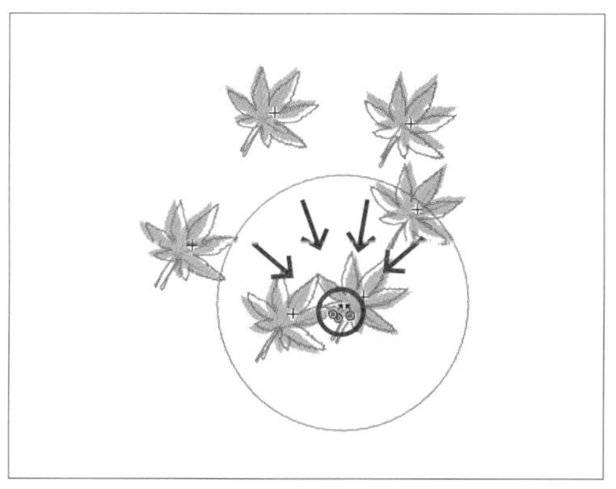

Altキーを押しながらクリック（拡散）

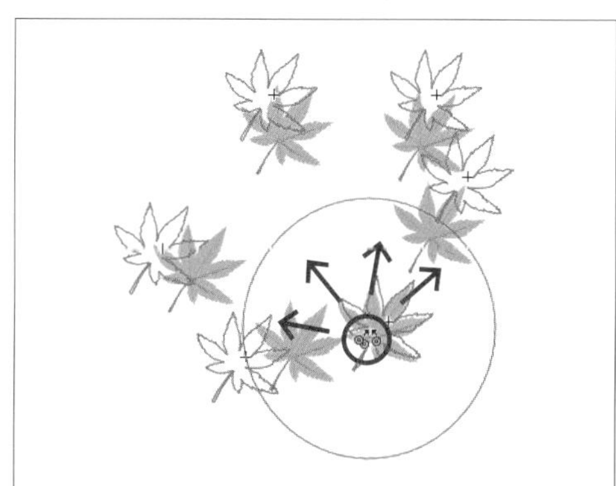

## シンボルリサイズツール

シンボルインスタンスを拡大・縮小します。

クリック（拡大）

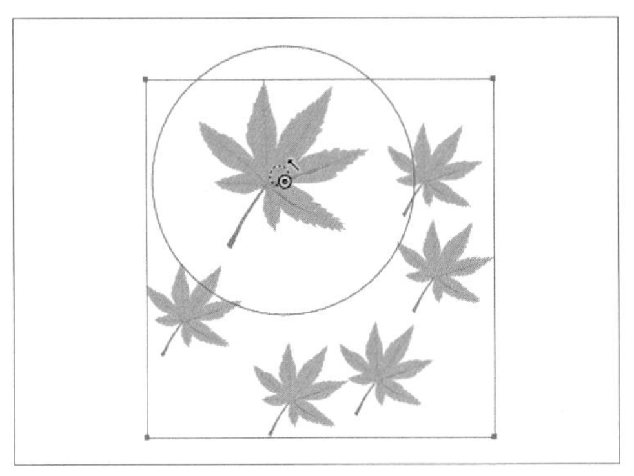

Altキーを押しながらクリック（縮小）

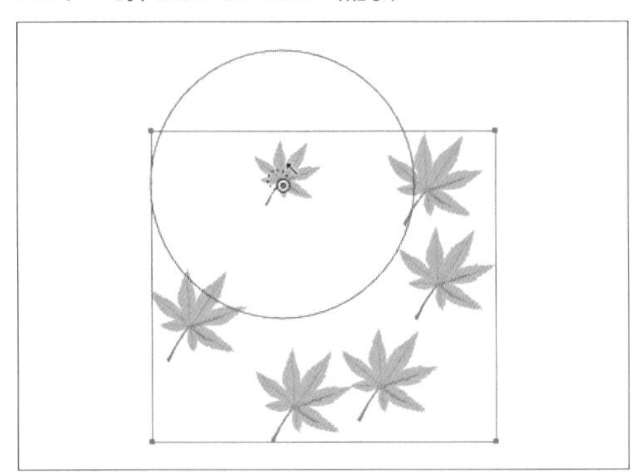

## シンボルスピンツール

シンボルインスタンスを回転します。

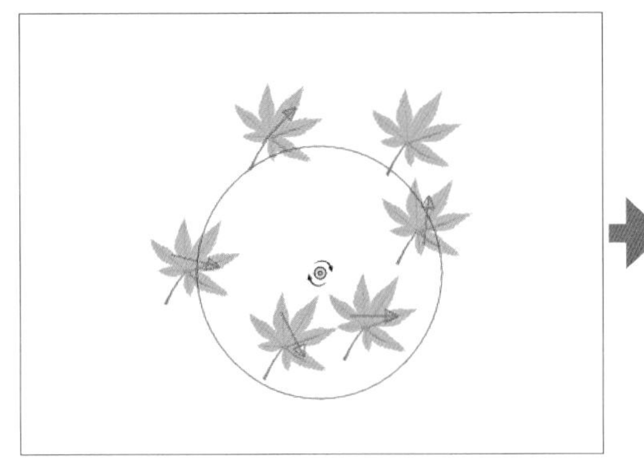

## シンボルステインツール

シンボルインスタンスの色を変更します。

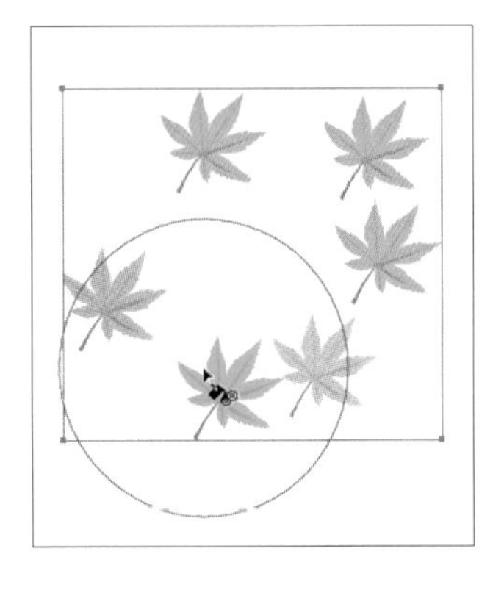

## シンボルスクリーンツール

シンボルインスタンスの不透明度を変更します。

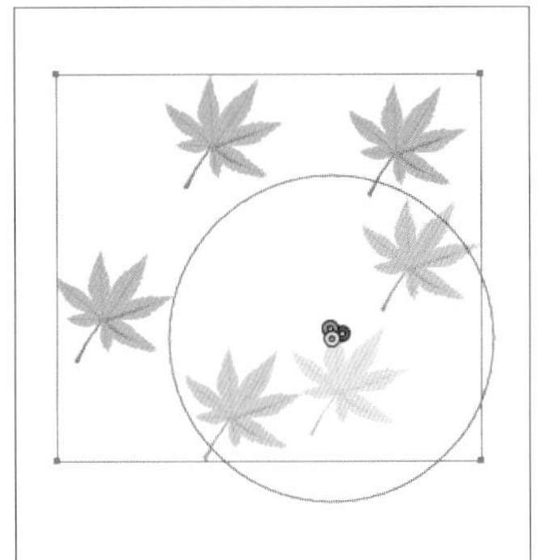

## シンボルスタイルツール

シンボルインスタンスに［グラフィックスタイル］パネルのスタイルを適用します。

# 9.3 パターン

パターンは同じオブジェクトをタイル状に並べたもので、オブジェクトの塗りや線に適用できます。作成したオブジェクトを［スウォッチ］パネルに登録して使用したり、スウォッチライブラリに登録されているパターンを使用したりします。

## パターンの作成



作成したオブジェクトからパターンを登録できます。

使用ファイル パターンを作成.ai

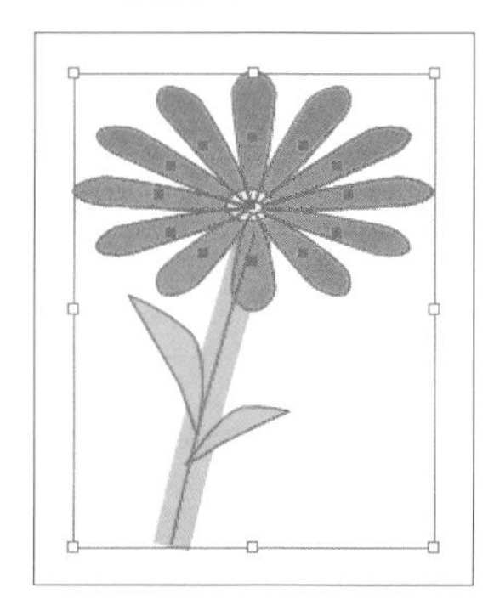

オブジェクトを選択して、［オブジェクト］メニュー→［パターン］→［作成］をクリックすると、［パターンオプション］パネルが表示されてパターン編集モードに切り替わります。右側にはパターンのプレビューが表示されます。

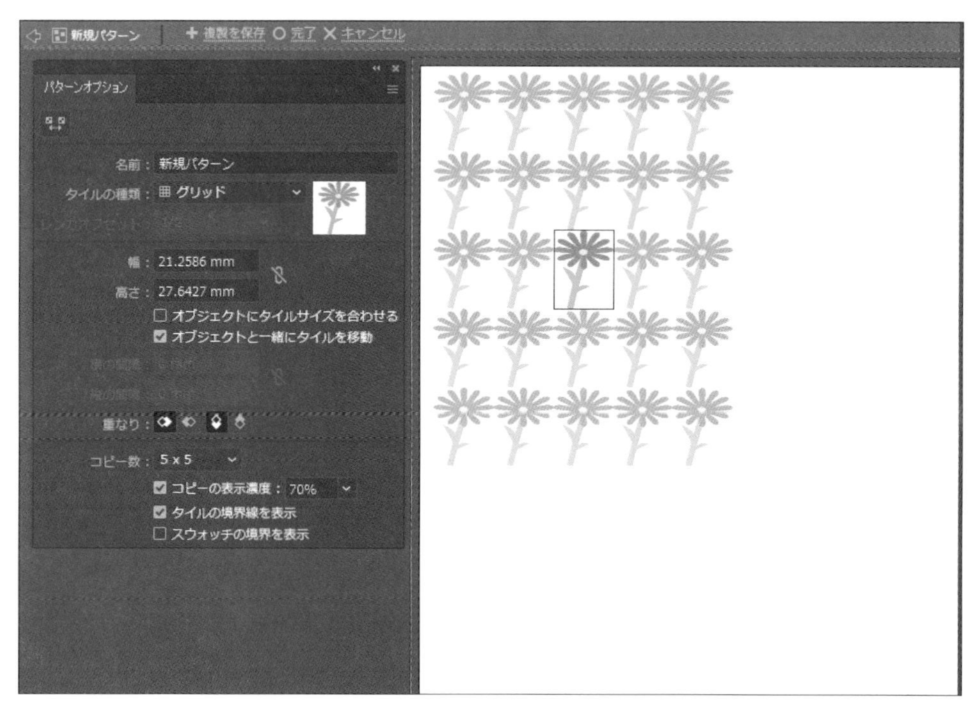

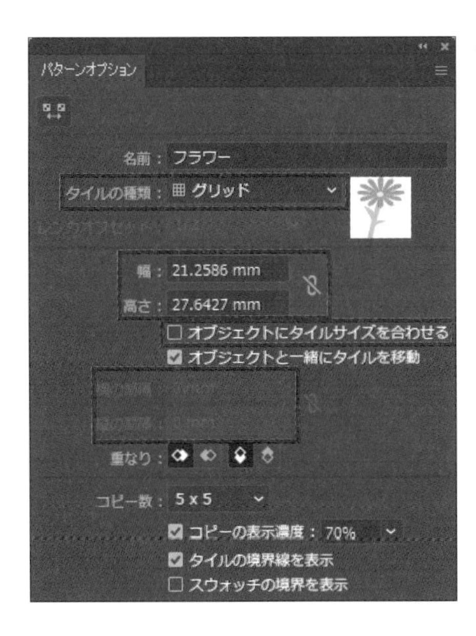


[パターンオプション] パネルでは [名前]、[タイルの種類] などを設定します。

**・タイルの種類**

オブジェクト（タイル）の並べ方を指定します。[グリッド]、[レンガ（横）]、[レンガ（縦）]、[六角形（縦）] [六角形（横）] から選択します。

**・幅と高さ**

タイルのサイズを設定します。

**・オブジェクトにタイルサイズを合わせる**

チェックをオンにすると、タイルのサイズがオブジェクトと同じ大きさになり、タイルの縦横の間隔を指定できるようになります。

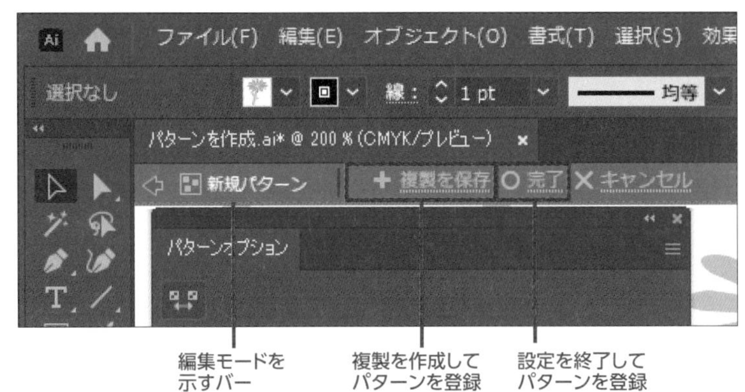


パターン編集モードでは、ドキュメントタブの下にグレーのバーが表示されます。必要な設定が終了したら [○完了] をクリックします。[＋複製を保存] は別のパターンとして保存する場合に使用します。

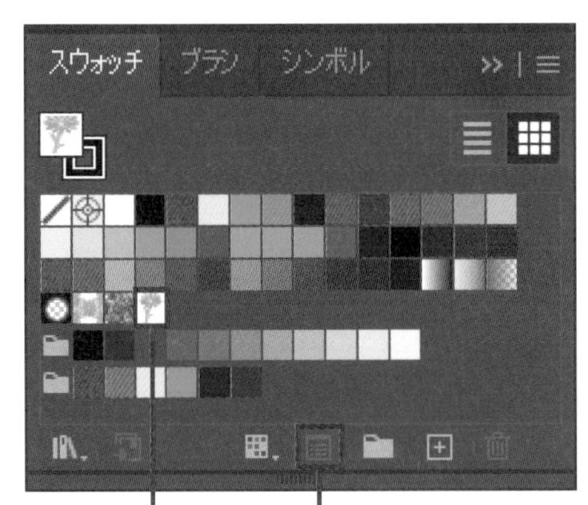


パターンが [スウォッチ] パネルに登録されます。

**メモ**

パターンを登録する別の方法として、パターンの元となるオブジェクトを選択して、[スウォッチ] パネルにドラッグする方法があります。この方法では、登録後に [スウォッチ] パネルの [パターンを編集] から [パターンオプション] パネルを表示して、各種設定を行います。

## パターンの適用

登録したパターンは、[スウォッチ] パネルにあるほかの色、グラデーション、パターンと同様の方法で、オブジェクトの塗りや線に適用できます。

塗りにパターンを適用

適用後にパターンの色を変更

線にパターンを適用

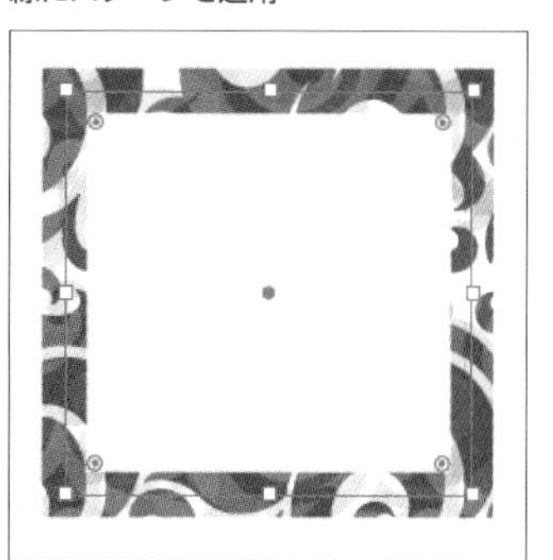



初期設定の [スウォッチ] パネルにはごく少数のパターンが登録されているだけです。ほかのパターンを利用するときは、[スウォッチ] パネル左下の [スウォッチライブラリメニュー] から、[パターン] をクリックします。

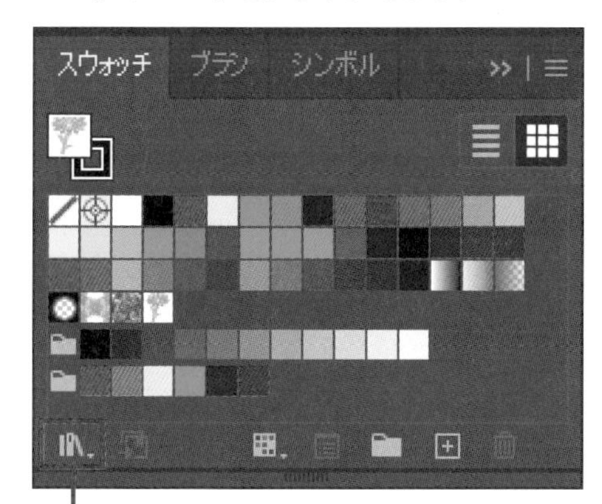


スウォッチライブラリメニュー

ベーシック_テクスチャ

[ベーシック] [自然] [装飾] などの分類が表示されます。いずれかの項目を選択すると、プリセットのパネルが開きます。選択したパターンは [スウォッチ] パネルに追加されます。

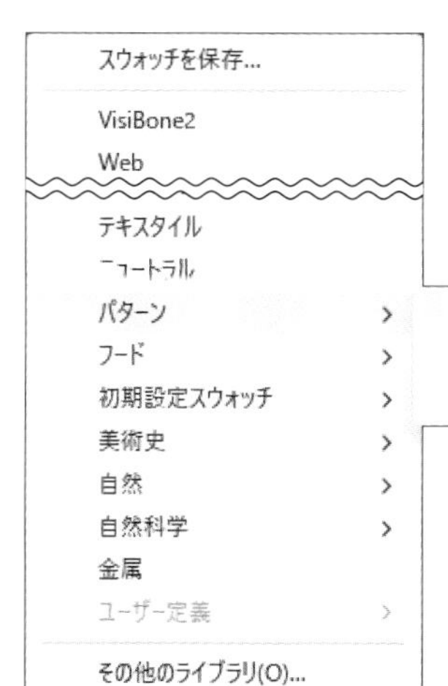

# 練習問題

**問題1** マスクについて間違った説明を選びなさい。

**A.** 不透明マスクは前面のオブジェクトの明るさを利用して不透明度を調節する。
**B.** クリッピングマスクは前面のオブジェクトの形（クリッピングパス）で背面のオブジェクトを切り抜く。
**C.** 不透明マスクは［クリップ］のチェックをオンにすると、オブジェクトが重なっていない領域を非表示にする。
**D.** クリッピングマスクはテキストオブジェクトでビットマップ画像を切り抜くことができない。

**問題2** 左側のシンボルツールと右側の説明を一致させなさい。

| シンボルツール | 説明 |
|---|---|
| **A.** シンボルスプレーツール | **1.** シンボルインスタンスを回転させる |
| **B.** シンボルスピンツール | **2.** シンボルインスタンスを移動させる |
| **C.** シンボルスタイルツール | **3.** シンボルインスタンスを配置する |
| **D.** シンボルシフトツール | **4.** シンボルインスタンスにスタイルを適用する |

**問題3** シンボルに関して正しい説明を選びなさい。

**A.** シンボルインスタンスは拡大・縮小できない。
**B.** シンボルライブラリに保存されているシンボルは編集できない。
**C.** ［シンボル］パネルにオブジェクトをドラッグしてもシンボルは追加されない。
**D.** シンボルを削除する際、［インスタンスを拡張］を選ぶと、使用中のシンボルインスタンスは削除されない。

**問題4** ［練習問題］フォルダーの9.1.aiを開き、「傘と長靴」レイヤーにある「傘」のアートワークを選択して、「黄色の傘」という名前のシンボルを作成しなさい。

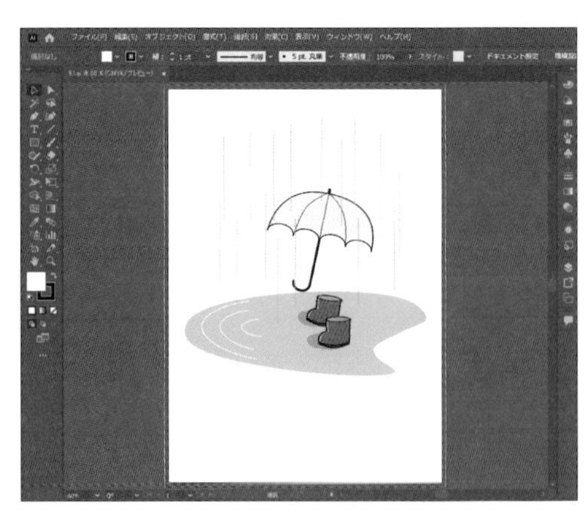

9.1.ai

**問題5** ［練習問題］フォルダーの9.2.aiを開き、重なり合った2つのオブジェクトからTシャツの形のクリッピングマスクを作成しなさい。

9.2.ai

**問題6** ［練習問題］フォルダーの9.3.aiを開き、クローバーのオブジェクトをパターンとして登録し、楕円形オブジェクトの塗りに適用しなさい。

9.3.ai

# 10

# 準備と保存

# 10.1 印刷と公開の準備

Illustratorで作成したアートワークは、最終的に印刷物、Web用画像、動画などで利用します。用途に応じた個別の設定や準備作業などを学習します。

## 印刷の準備

作成したアートワークをオフセット印刷などで利用する場合は、次のような準備や設定を行う必要があります。

- 印刷サイズ、解像度、カラーモードの確認
- トリムマークと塗り足しの設定
- 分版プレビューと特色の処理
- リッチブラック
- オーバープリント
- テキストのアウトライン化
- ラスタライズ
- パッケージの作成

[新規ドキュメント] ダイアログボックスで [印刷] のプリセットを選択すると、あらかじめ印刷サイズの単位がミリメートル、カラーモードがCMYK、ラスタライズ効果が高解像度（300ppi）に設定されています。ただ、データを高解像度で作成しても解像度が低いプリンターで出力すると、アートワークがきれいに印刷できないことがあります。
印刷用データの設定やファイル形式は一律に決まっているわけではありません。印刷所にデータを提供（入稿）する際に詳細を確認しましょう。

メモ

「オフセット印刷」は、商業印刷における一般的な印刷方式のひとつで、CMYKごとに1枚の版を用意して、1色ずつ印刷をして色を重ねていきます。「デジタル印刷」（オンデマンド印刷）は、版を必要とせず、インクジェットプリンターやレーザープリンターなどを使用して印刷を行います。

## トリムマークと塗り足し

「トリムマーク（トンボ）」は、印刷物の断裁位置や印刷時の位置合わせに使用する目印です。「塗り足し（裁ち落とし）」は、断裁位置の外側に設定する領域です。

### トリムマーク（トンボ）

トリムマークはトンボともいい、内トンボ、外トンボ、センタートンボの3種類があります。内トンボは断裁する位置（実際の仕上がりサイズ）、外トンボは塗り足しの領域を示します。センタートンボは上下と左右の中央を示します。多色刷りの場合、版の位置合わせや位置確認にも使います。Illustratorの機能で作成したトリムマークの色は［レジストレーション］（CMYKがすべて100%）に設定されています。

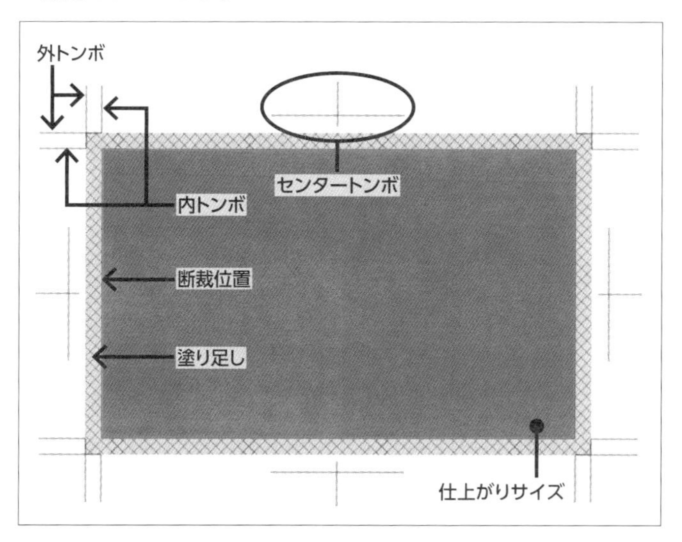


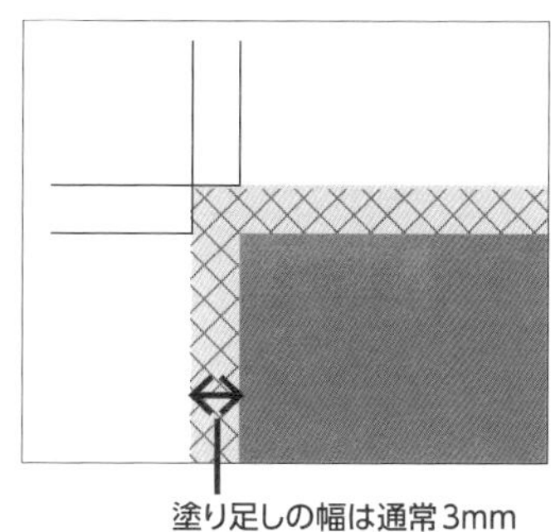


### 塗り足し（裁ち落とし）

オフセット印刷の場合、実際の仕上がりサイズより大きな用紙に印刷して、仕上がりサイズに断裁します。断裁はトリムマークに合わせて行いますが、仕上がりサイズの端までデザインされている印刷物では、断裁位置が多少ずれると白地が現れてしまうことがあります。これを避けるため、仕上がりサイズより外側にも色を付けます。この領域が「塗り足し」です。一般的に塗り足しの幅は3mmです。

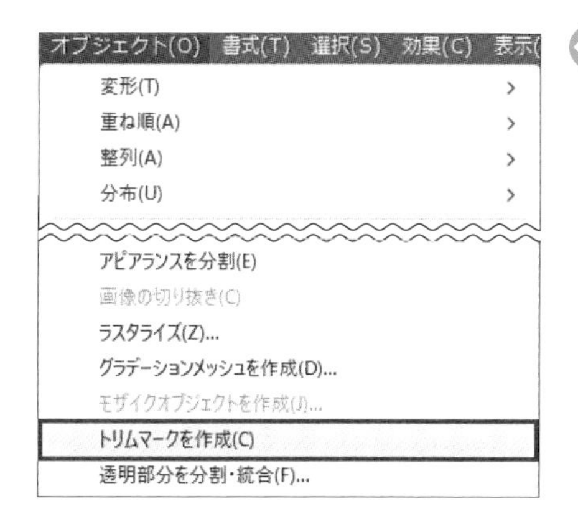


トリムマークを設定するには、オブジェクトを選択して、［オブジェクト］メニュー→［トリムマークを作成］をクリックします。

印刷物の塗り足し（裁ち落とし）は、［新規ドキュメント］ダイアログボックスの［裁ち落とし］で設定します。既定では3mmに設定されていますが、変更することもできます。ドキュメントを作成すると、アートボードの外側に塗り足しの赤い線が表示されます。

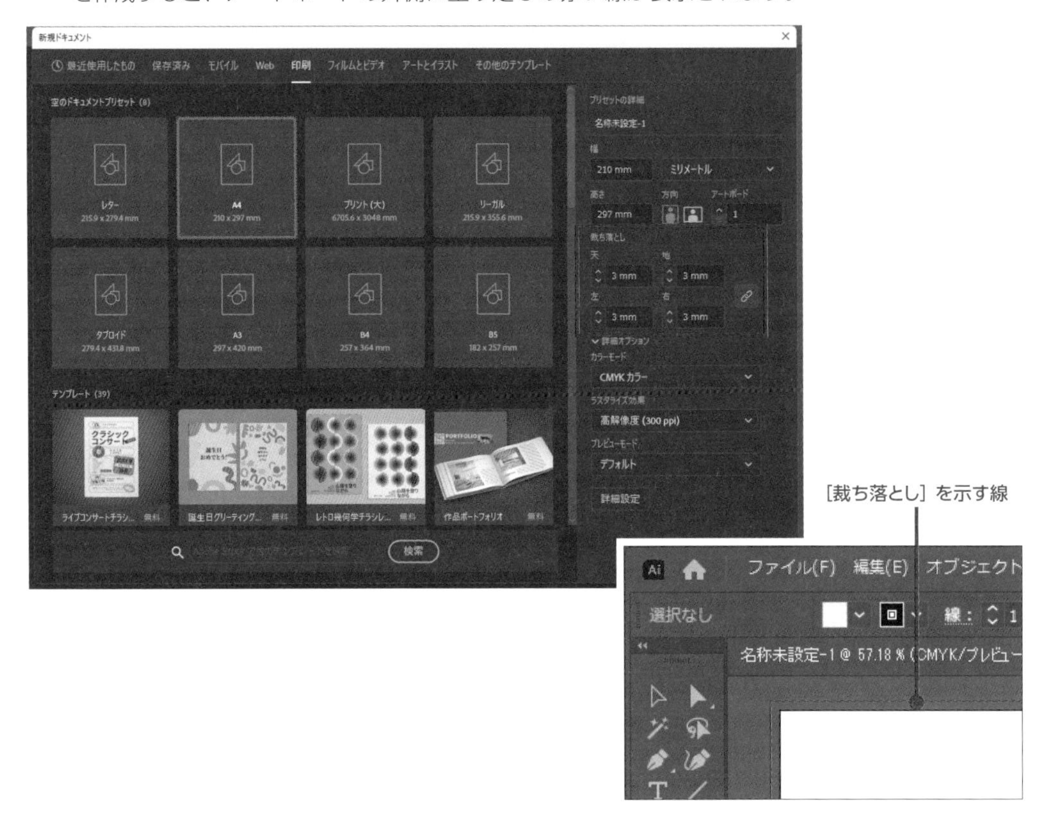

［裁ち落とし］を示す線

## 分版プレビュー

「分版プレビュー」は、色分解したあとのCMYKの各版を画面上で確認できる機能です。

オフセット印刷の場合、カラーで作成したアートワークは4つのプロセスカラー（CMYK）ごとに別々の版を作ります。4つの色に分けることを「色分解」、分けられた4つの版を「分版」といいます。分版プレビューは画面上に各版の状態を表示します。

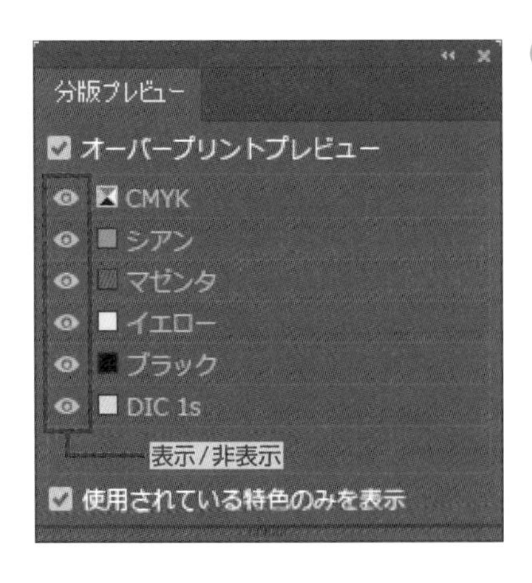


［ウィンドウ］メニュー→［分版プレビュー］をクリックして、［分版プレビュー］パネルを開きます。［オーバープリントプレビュー］のチェックをオンにして、左にある［表示/非表示］（目のマーク）をクリックすると、各版の表示と非表示を切り替えられます。

アートワークの中で特色（スポットカラー）を使っている場合は、CMYKの4つの版以外に「DIC 1s」のような特色の版が作られます。

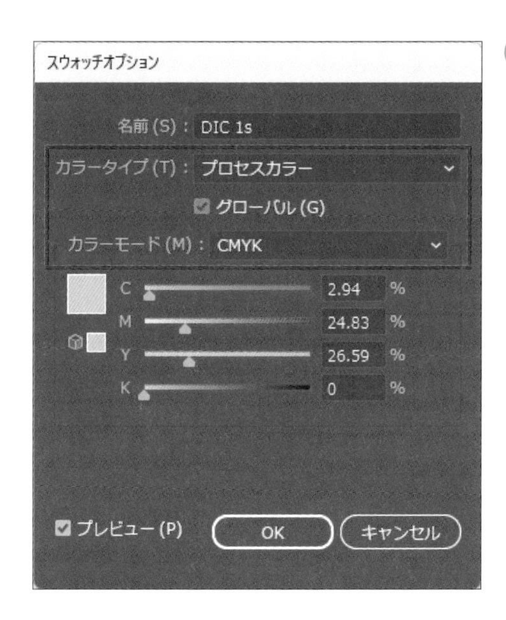


実際の印刷をCMYKの4つの版で行う際に、データに特色の版があると正しく印刷されません。その場合は、特色をプロセスカラーに変換します。[スウォッチ] パネルで特色を選択して、パネル下部の [スウォッチオプション] アイコンをクリックすると [スウォッチオプション] ダイアログボックスが表示されます。カラーモードを [CMYK] に変更して、カラータイプを [特色] から [プロセスカラー] に変更して [OK] をクリックすると、特色がCMYKの4色に分解されます。



## リッチブラックとオーバープリント

CMYKの4つの版で印刷する場合の特徴的な仕様として、リッチブラックとオーバープリントがあります。

C0%、M0%、Y0%、K100%で表現する黒を「スミベタ」といい、文字や罫線などには通常この黒を使用します。C40%、M40%、Y40%、K100%のようにCMYの各色も混ぜた黒を「リッチブラック」といい、より深みのある黒が表現できます。ただし、版ズレが起こると境界付近に黒ではない色が現れるリスクがあるため、文字や細い線などには使わないようにしましょう。さらに、CMYKの合計値が大きくなるとインクの量が多くなり、印刷トラブルになる可能性が高まるので、最大でも4色の合計が250%～300%ぐらいを目安にします。

オーバープリント設定なしで印刷して版ズレした場合の例

「オーバープリント（スミノセ）」は、重なり合ったオブジェクトで、上のオブジェクトの色だけでなく、下のオブジェクトの色も印刷することです。この例のように、K100%（スミベタ）の文字を色地に重ねた場合、文字の背面には色が付きません。そのため、印刷時に版ズレが起こると文字と背面の色地の間が白く見えてしまいます。オーバープリントを使用すると、文字の背面にも下地の色が印刷されるため、白の表示を防ぐことができます。

オーバープリントを設定するには、オブジェクトを選択して、[ウィンドウ] メニュー→ [属性] をクリックして [属性] パネルを開きます。塗りと線に対して個別にオーバープリントを設定します。

[表示] メニュー→ [オーバープリントプレビュー] をクリックするか、[分版プレビュー] パネルで [オーバープリントプレビュー] のチェックをオンすると、オーバープリントの状態を確認できます。

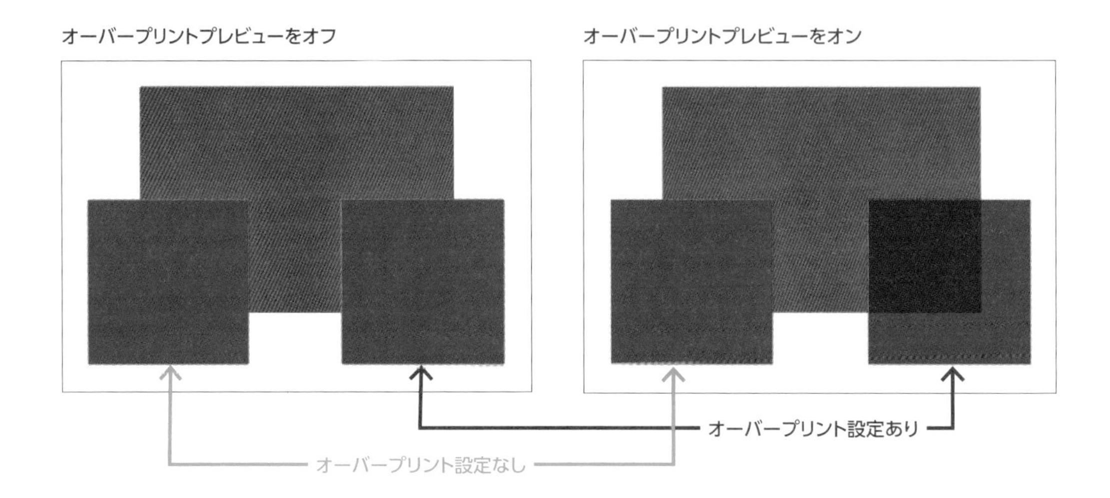


## ラスタライズ

「ラスタライズ」は、ベクトル画像をビットマップ画像に変換することです。

アンカーポイントが多い複雑な形のパスを含むオブジェクトや、3Dなどの効果を適用したオブジェクトがアートワークにある場合、印刷時に思い通りの結果が得られないことがあります。そのようなときはアートワークをラスタライズして、ビットマップ画像として入稿します。
ベクトル画像は解像度に依存しませんが、ラスタライズを行うときは、作成するビットマップ画像の解像度の設定が適切かどうかを確認する必要があります。

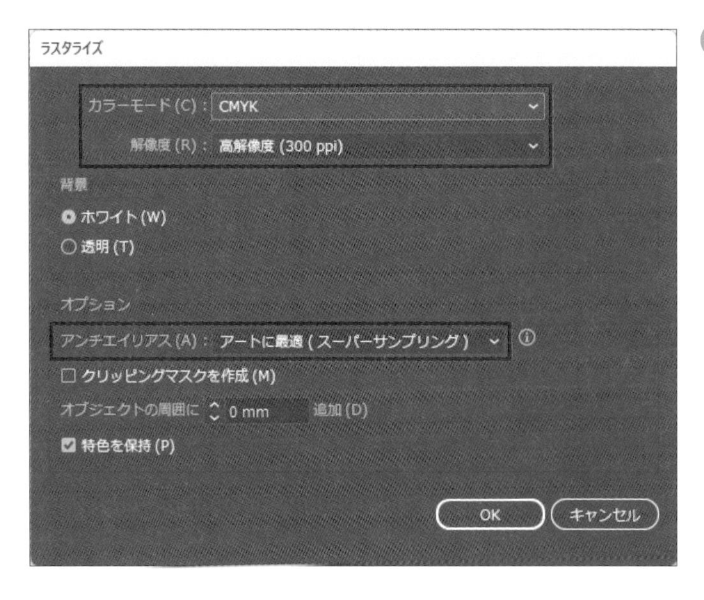


ラスタライズするオブジェクトを選択して、[オブジェクト] メニュー→ [ラスタライズ] をクリックして [ラスタライズ] ダイアログボックスを表示します。
カラーモードは現在のドキュメントの設定が表示されます。

カラーモード

カラーモードは［CMYK］［グレースケール］［モノクロ2階調］から選びます。

解像度

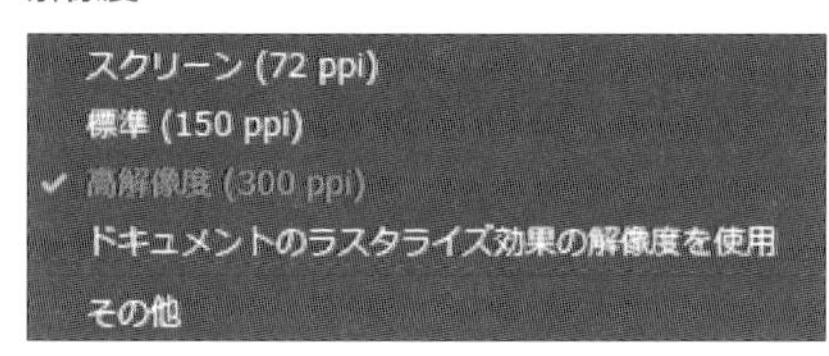


オフセット印刷の場合、解像度は［高解像度（300ppi）］にするか、［その他］で解像度を指定します。

アンチエイリアス

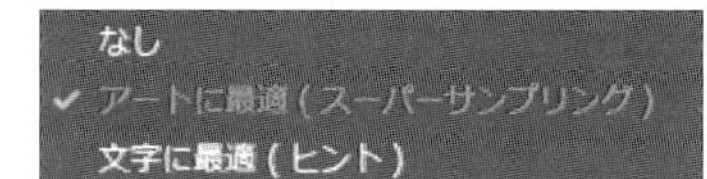


アンチエイリアスは境界線の周囲を滑らかにする機能です。

第10章

ラスタライズを行うと、元のベクトル画像には戻せません。ラスタライズする前のデータを保存しておくようにしましょう。

## パッケージの作成

アートワークにリンクで配置した画像やフォントが含まれる場合、印刷などでデータを提供するときはリンクファイルも必要になります。「パッケージ」は、それらのファイルをまとめた一つのフォルダーを作成する機能です。

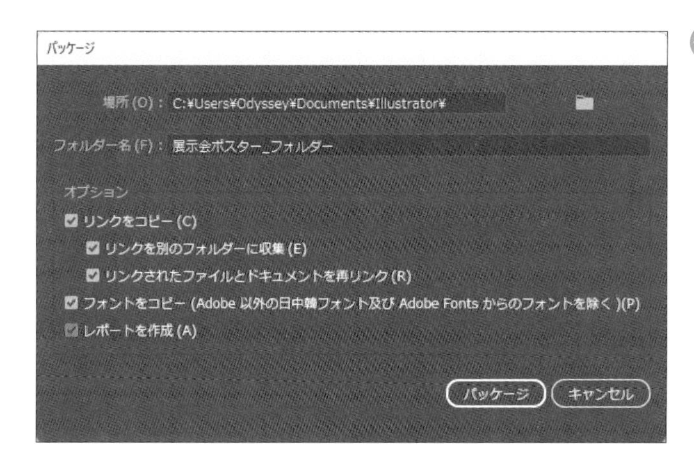


［ファイル］メニュー→［パッケージ］をクリックして［パッケージ］ダイアログボックスを表示します。保存場所とフォルダー名を確認して［パッケージ］をクリックします。フォントのコピー制限などのメッセージが表示された場合は［OK］をクリックすると、指定した名前のフォルダーが作成されます。

作成されたフォルダーには、AI形式のファイルのほか、リンク画像の入った「Links」フォルダー、フォントの入った「Fonts」フォルダー、ドキュメントやパッケージの情報を記述したレポートが含まれています。

# ピクセルグリッドに整合

アートワークをWeb用画像として作成し、公開する場合は、事前にオブジェクトをピクセルグリッドに整合させておきます。

Web用画像は一般的に72ppiという低い解像度で作成します。このため、パスの位置とピクセルがピッタリ合っていないことがあり、アンチエイリアスの効果によって境界がぼやけてしまいます。このオブジェクトに対して「ピクセルグリッドに整合」を行うと、オブジェクトがピクセルにフィットするように調整され、境界がくっきりとします。

オブジェクトをラスタライズする前に、どのようなピクセルが作成されるかを確認します。

使用ファイル ピクセルグリッドに整合.ai

通常の表示

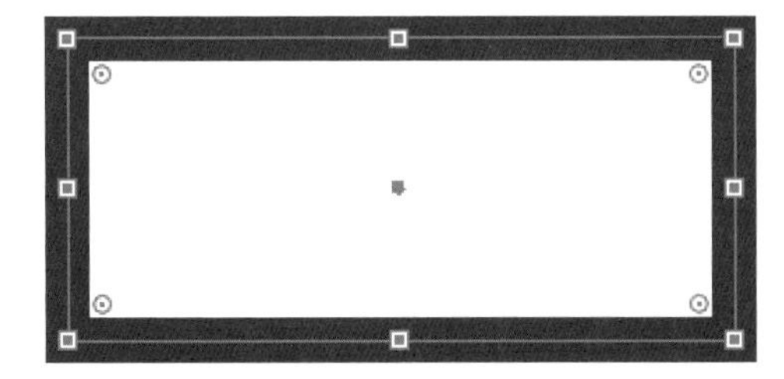

ピクセルプレビュー

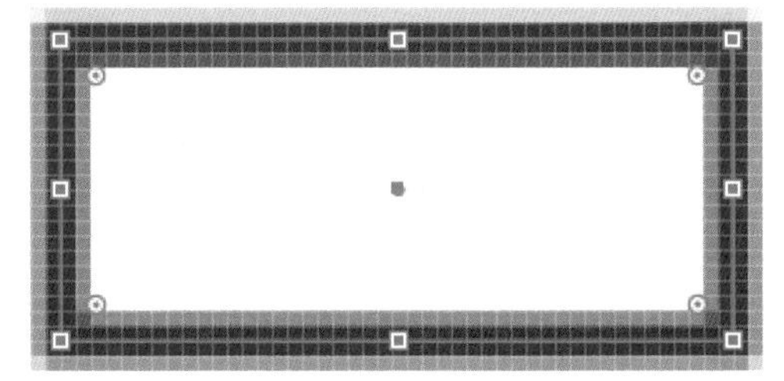

[表示] メニュー→ [ピクセルプレビュー] をクリックして、表示倍率を600%以上にするとアートボードにピクセルグリッドが表示されます。ピクセルプレビューで表示すると、直線の輪郭が少しぼやけて表示されることがあります。

直線部分がぼやけないようにするために、オブジェクトを選択して、コントロールパネルの右端にある [選択したアートをピクセルグリッドに整合] のアイコンをクリックします。オブジェクトの直線部分がピクセルグリッドに沿うように調整され、ビットマップ画像として出力したときの境界のぼやけが抑えられます。[作成および変形時にアートをピクセルグリッドに整合] のアイコンをオンにしておくと、新規に作成するオブジェクトをピクセルグリッドに整合させることができます。

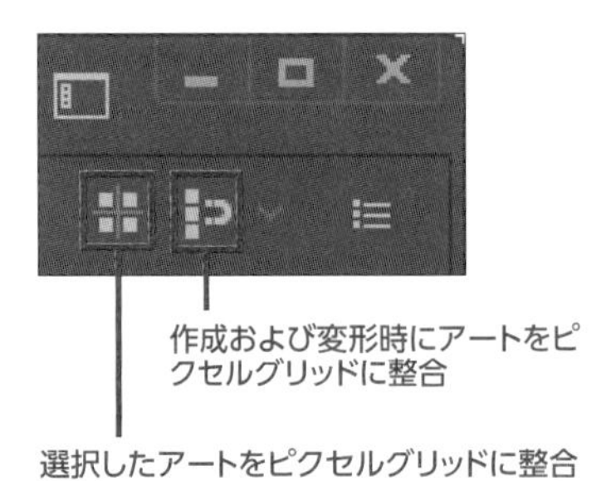


ピクセルグリッドに整合したあとのピクセルプレビュー

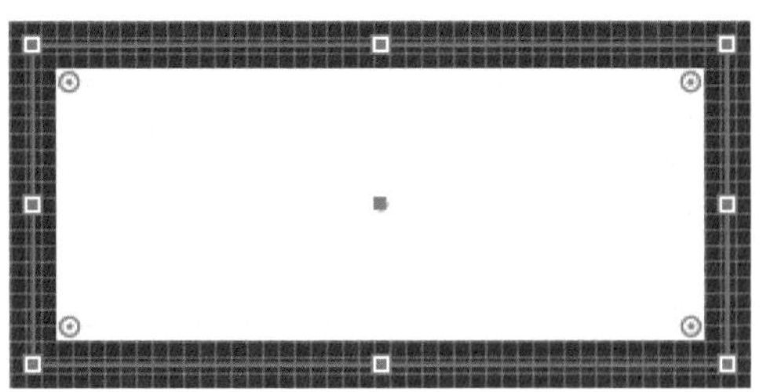

# スライス

スライスは、一つのアートワークを複数のオブジェクトやパーツに切り分けて、ビットマップ画像として保存する機能です。

## スライスの作成

使用ファイル スライス.ai

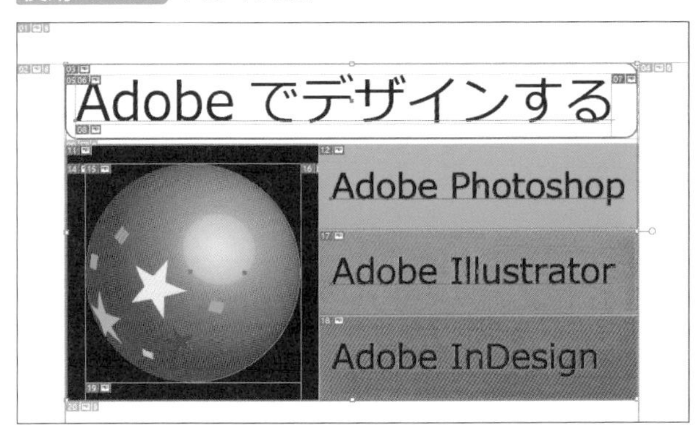


画像として書き出すオブジェクトを選択して、[オブジェクト] メニュー→ [スライス] → [作成] を選択します。オブジェクトに合わせてスライスが自動で作成され、スライス番号が表示されます。

第10章

## スライスツール

「スライスツール」は、スライスを直感的に作成します。

ツールパネルの [スライスツール] をクリックします。

ドキュメント上でスライスとして切り分けたい領域をドラッグして範囲選択すると、新しいスライスを作成できます。

## スライス選択ツール

「スライス選択ツール」は、スライスツールで作成したスライスを選択するときに使用します。

ツールパネルの [スライス選択ツール] をクリックします。スライスを選択して、移動やサイズの変更ができます。

## スライスの書き出し

スライスを画像として書き出すには、[ファイル] メニュー→ [書き出し] → [Web用に保存 (従来)] の [Web用に保存] ダイアログボックスや [ファイル] メニュー→ [選択したスライスを保存] を使用します。

## [アセットの書き出し] パネル

[アセットの書き出し]パネルを使用すると、アートワークをオブジェクトやパーツごとに、さまざまな形式で簡単に書き出すことができます。

[ウィンドウ] メニュー→ [アセットの書き出し] からパネルを表示します。
オブジェクトをアートボードから [アセットの書き出し] パネルにドラッグして追加します。アセット名はダブルクリックで変更できます。[書き出し設定] では、ファイル形式やサイズ（倍率）などを設定でき、サフィックスで指定した文字列は、ファイル名の最後に追加されます。
[+スケールを追加] をクリックすると、設定の行を追加でき、異なるサイズやファイル形式での書き出しをまとめて行えます。設定が終わったら [書き出し] をクリックし、保存場所を指定して書き出します。

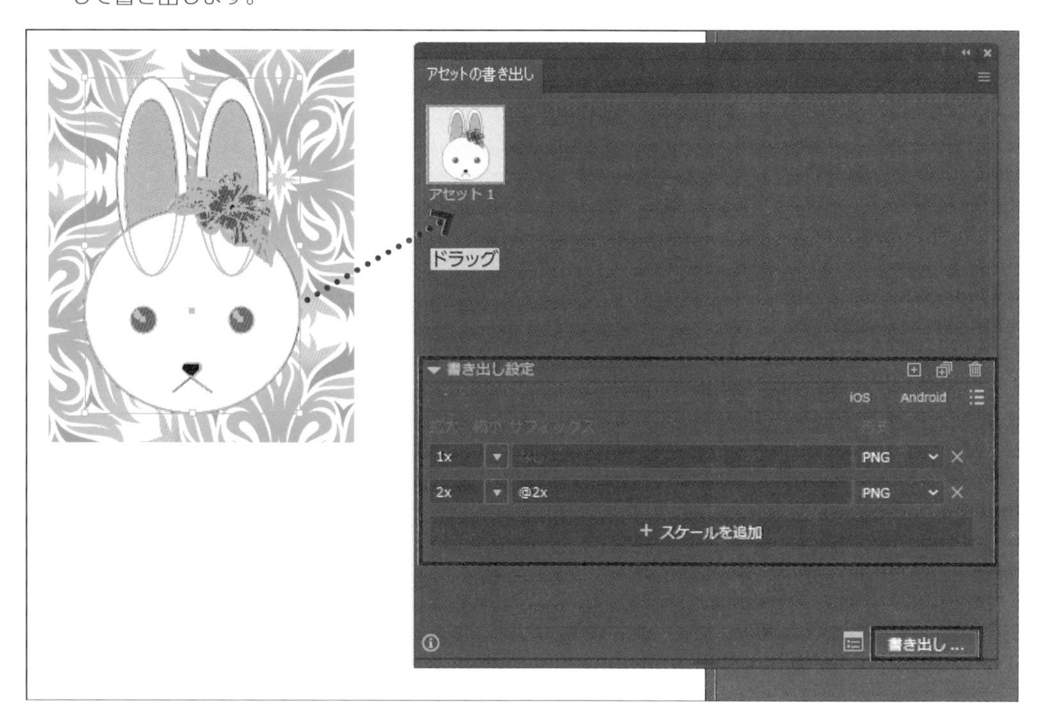


**メモ**

アートワークを1つのアセットとして登録する場合は、オブジェクトをあらかじめグループ化しておくか、Altキーを押しながらドラッグします。

## プリント

[プリント] ダイアログボックスでは、印刷時のオプションを設定できます。

[ファイル] メニュー→ [プリント] で [プリント] ダイアログボックスを表示します。左側の一覧からカテゴリを選択して、右側で詳細を設定します。

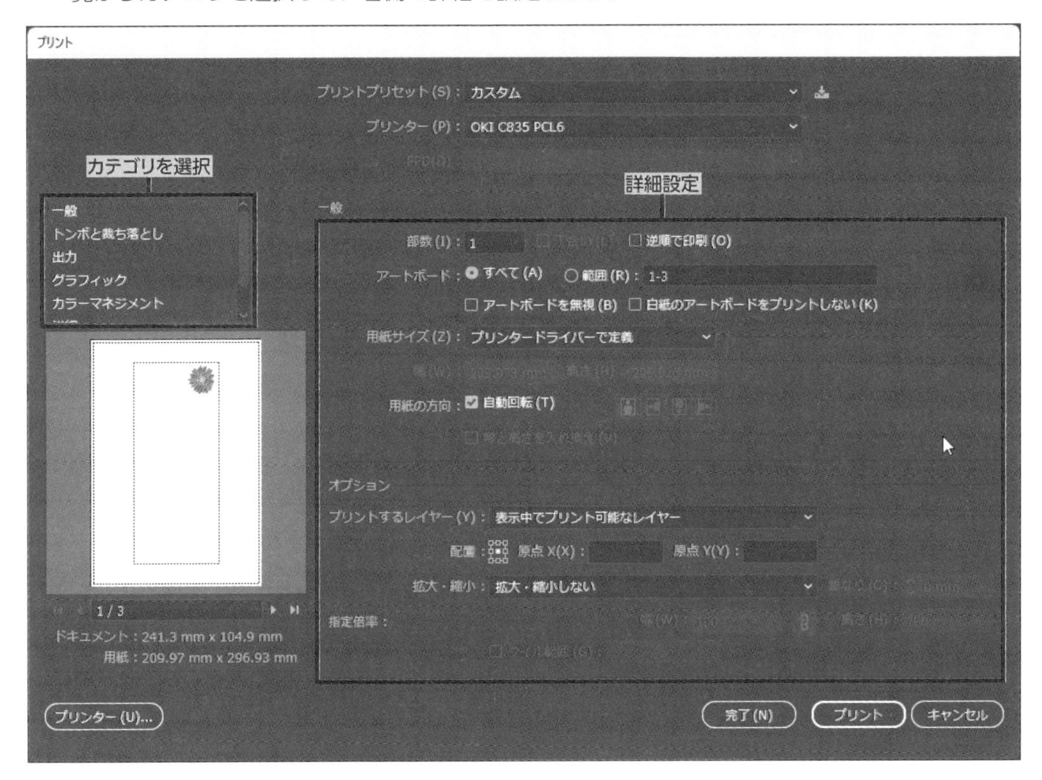


例えば、複数のアートボードを持つドキュメントを印刷する場合、[一般] のアートボードの項目で、対象となるアートボードを指定したり、[アートボードを無視] にチェックを入れてすべてのアートボードを1ページに印刷したりできます。

# 10.2 ファイル形式

Illustratorは多くのファイル形式に対応しており、読み込みや書き出しができます。それぞれのファイル形式の特性を理解し、用途に応じて適切なファイル形式を選択します。

## AI形式

「AI（エーアイ）」はIllustratorの基本的なファイル形式（ネイティブ形式）です。ドキュメントに含まれるすべてのアートボード、登録したスウォッチやシンボルなど、すべてのデータをベクトル画像のまま保存できます。

## PSD形式

「PSD（ピーエスディー）」はPhotoshopの基本的なファイル形式です。ベクトル画像をビットマップ画像に変換して、PSD形式で保存できます。

[ファイル] メニュー→ [書き出し] → [書き出し形式] をクリックして、[書き出し] ダイアログボックスの [ファイルの種類] で [Photoshop (*.PSD)] を選びます。複数のアートボードがある場合、[アートボードごとに作成] のチェックをオンにすると、すべてまたは特定のアートボードを別々のファイルとして保存できます。

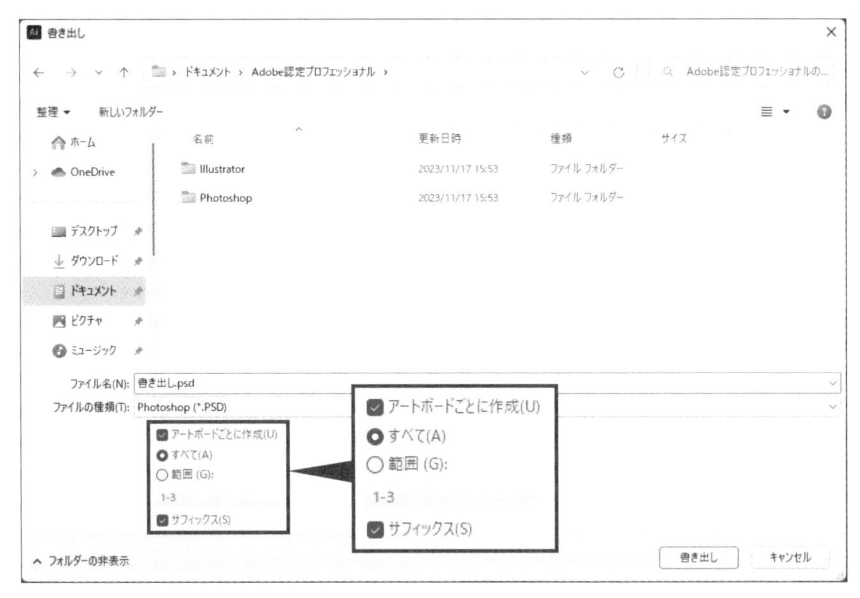

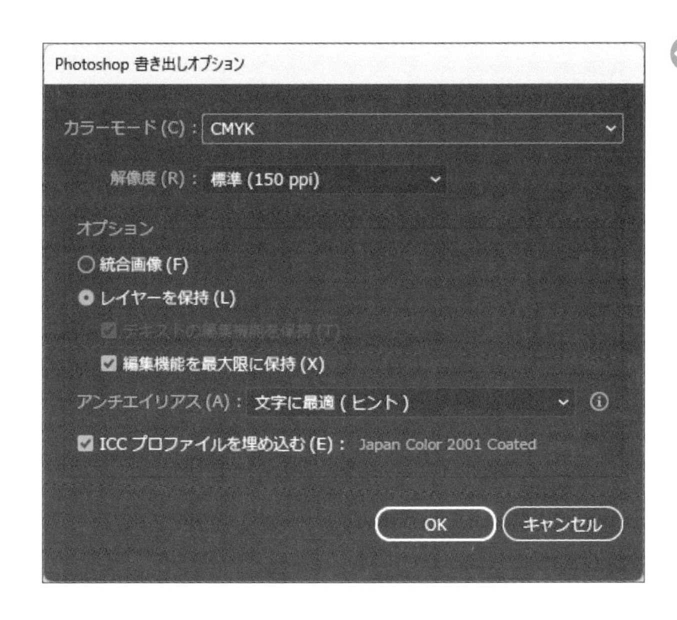


[書き出し] をクリックすると、[Photoshop書き出しオプション] ダイアログボックスが表示されます。

[ラスタライズ] ダイアログボックスと同じ [カラーモード] [解像度] [アンチエイリアス] の設定項目があります。[オプション] で [レイヤーを保持] を選択すると、Illustratorのレイヤーがそのまま Photoshopのレイヤーとして保存されます。[OK] をクリックすると、ファイルが保存されます。



## PNG形式

「PNG（ピング）」は、ビットマップ画像の代表的なファイル形式の一つで、元のデータに戻すことができる「可逆圧縮形式」です。

1ピクセルに24ビットの色情報と8ビットのアルファチャンネルを使うPNG-24、1ピクセルに8ビットを使うPNG-8の2種類の形式で保存できます。どちらも透明部分を保持できます。

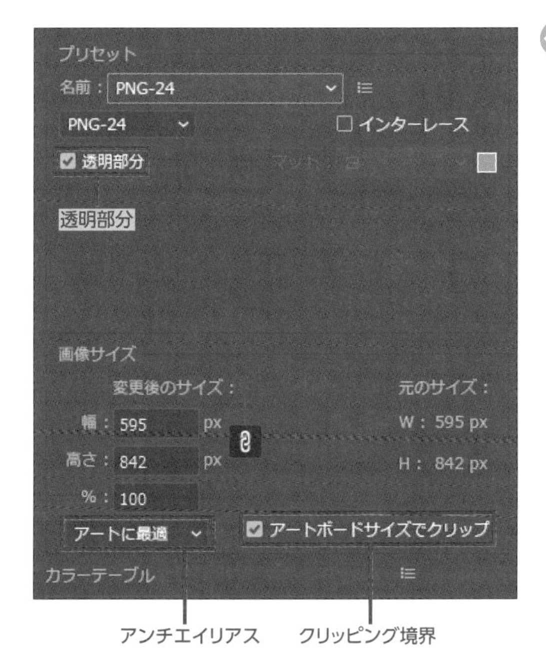


[ファイル] メニュー→ [書き出し] → [Web用に保存（従来）] をクリックして、[Web用に保存] ダイアログボックスを開きます。[名前] の [V] をクリックして一覧から [PNG-24] をクリックすると、PNG-24形式のオプションを指定する表示になります。

[透明部分] のチェックをオンにすると、画像の透明部分を保持します。[アートボードサイズでクリップ] のチェックをオンにすると、現在選択しているアートボードのサイズに合わせて保存されます。チェックをオフにすると、アートボードの外にある部分も含めて保存されます。
[保存] をクリックすると [最適化ファイルを別名で保存] ダイアログボックスが表示されるので、[ファイル名] ボックスに名前を設定して [保存] をクリックするとファイルが保存されます。

## そのほかのファイル形式

Illustratorでは、ほかにも次のような形式でファイルを保存できます。保存方法はファイル形式により異なり、[ファイル] メニュー→ [別名で保存]、[ファイル] メニュー→ [書き出し] の [スクリーン用に書き出し]、[書き出し形式]、[Web用に保存 (従来)] をクリックして表示されるダイアログボックスでファイル形式を指定します。

### EPS (イーピーエス)

印刷用のファイル形式です。Illustratorで保存する際は [Illustrator EPS (*.EPS)] を選択します。

### PDF (ピーディーエフ)

さまざまな環境で同一の見た目を維持できることを目指したファイル形式です。Illustratorで保存する際は [Adobe PDF (*.PDF)] を選択します。印刷用の入稿データとして利用されるケースも増えています。

### SVG (エスブイジー)

Webブラウザでも表示できるベクトル画像のファイル形式です。Illustratorで保存する際はSVGを圧縮してサイズを小さくした [SVG圧縮 (*.SVGZ)] も選ぶことができます。

### JPEG、JPG (ジェイペグ)

写真のような細かい色の違いや濃淡のあるビットマップ画像に向く形式で、デジタルカメラの記録方式として一般的に用いられています。画質をあまり落とすことなく、元の画像を圧縮することによってデータを小さくしています。一度圧縮すると元に戻せない「非可逆圧縮形式」です。

### GIF (ジフ)

色数の少ないイラストやボタンなどのビットマップ画像に向いた形式です。256色以下の色数しか使えないという制約がある一方、透明部分を保持できる、アニメーションを表現できるなどの機能があります。

[スクリーン用に書き出し] ダイアログボックスでは、アートボード単位、アセット単位での書き出しが可能です。異なるファイル形式やサイズを指定して一度の操作でまとめて書き出すことができるので便利です。

# 練習問題

**問題1** ファイル形式について間違った説明を選びなさい。

**A.** AIはIllustratorの基本的なファイル形式で、印刷物の入稿にも使用する。
**B.** SVGはWebブラウザで表示できるビットマップ画像のファイル形式である。
**C.** PNGはビットマップ画像のファイル形式で、元のデータに戻すことができる「可逆圧縮形式」である。
**D.** GIFは色数の少ないイラストやボタンなどのベクトル画像に向いたファイル形式である。

**問題2** オフセット印刷のデータを準備する際に、設定・確認すべき内容を選びなさい。

**A.** 分版プレビュー
**B.** オーバープリントプレビュー
**C.** 塗り足し
**D.** ピクセルプレビュー

**問題3** ラスタライズについて正しい説明を選びなさい。

**A.** ラスタライズしたファイルはAI形式で保存できない。
**B.** ラスタライズは［ファイル］メニュー→［ラスタライズ］をクリックして実行する。
**C.** ラスタライズする際に解像度を考慮する必要はない。
**D.** ラスタライズとはベクトルデータをビットマップデータに変換することである。

**問題4** 塗り足しを設定する理由として正しい説明を選びなさい。

**A.** ドキュメントやアートワークに余白を追加するため
**B.** 多色刷りの版の位置合わせや、位置確認に使用するため
**C.** アートワークのデザインがページの端まで印刷されるようにするため
**D.** 版ズレが起きたときに白地が見えないようにするため

**問題5** ［練習問題］フォルダーの10.1.aiを開き、次の設定でアートボードごとに［練習問題］フォルダーに保存しなさい。

| ファイル名：balloon.psd<br>ファイル形式：PSD |
|---|

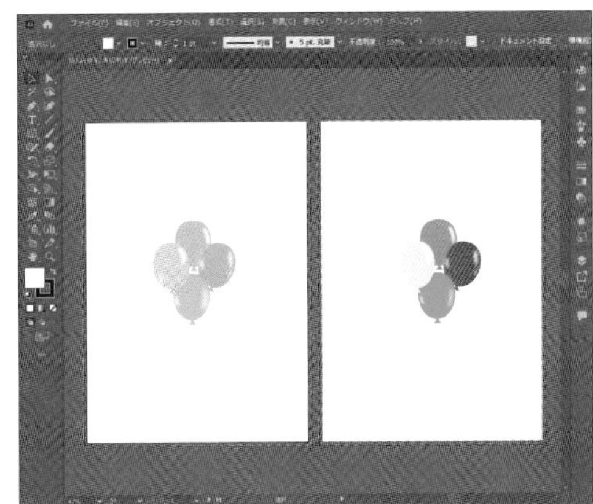

10.1.ai

第10章

**問題6** ［練習問題］フォルダーの10.2.aiを開き、球のオブジェクトを書き出し用のアセットとして「Ball」という名前で登録し、次の設定で書き出しなさい。

ファイル名：Ball@2x.png
拡大・縮小：2倍
ファイル形式：PNG

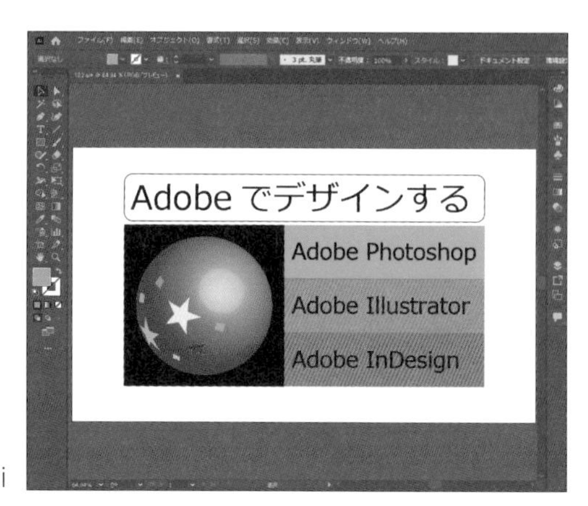


10.2.ai

# デザインプロジェクト

# 11.1 プロジェクトとデザインの基本

デザインを行うプロジェクトはIllustratorを操作するだけではなく、発注から納品までさまざまな業務があり、多くの人が関与します。デザイナーはそのプロジェクトの中で自分が果たすべき役割を知っておく必要があります。また、そのために必要なデザインの基礎知識も学んでおきましょう。

## プロジェクト全体の把握

デザインプロジェクトにおいて、デザイナーは自分がいいと思うものを作るのではなく、発注者（クライアント）が満足し、対象者に訴求するデザインを心がける必要があります。このためには、プロジェクトの目的や目標、発注者とその要望、予算と納期などプロジェクトの全体像も把握しておかなければなりません。

例えば、商品や店舗の広告やWebページのデザインの注文を受けたとき、デザインに取り掛かる前に発注者からデザインの要望や期待している点をヒアリングすることが大切です。デザイナーの判断でデザインを考えるケースもありますが、発注者の意向を満たしていないものを作成しても満足してもらえません。また、アピールするべき商品や店舗自体のコンセプト、対象として想定している顧客層のプロフィールなどもプロジェクトを進めるうえで重要な情報です。

### プロジェクトでの役割

一般的に、プロジェクトには図のような役割の人が関与します。プロジェクトチームは、実作業に入る前にプロジェクトの範囲を明確にしておく必要があります。場合によってはプロジェクト範囲を

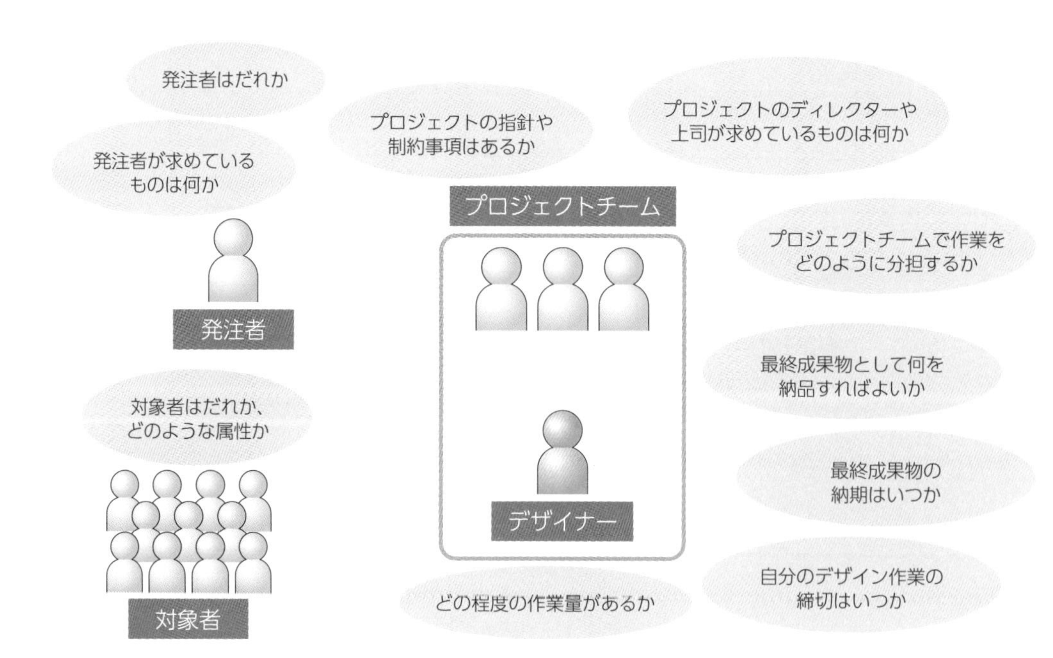

記述したドキュメントを作成することもあります。一度決めたプロジェクト範囲を途中で変更するときは発注者の承認を得ておきます。
また、デザイナーは図のようなことを考慮したうえでデザイン作業に着手します。

### プロジェクトにおける問題解決

もし問題点や不明点があれば、それを放置したり、自分の解釈で作業を進めたりしてはいけません。指示があいまいだった場合は、直接あるいは担当者を通じて確認する必要があります。
また、発注者の要望を実現することがデザイン的に難しい、追加の要望を受けた、受け取ったデータが想定された形式でなかった、など当初と状況が変わった場合も、自分だけで判断してはいけません。代案を示す、納期を変更するなどの適切な対応を探り、プロジェクト関係者の合意を得たうえで、作業を進めます。

### プロジェクトの進行

プロジェクト全体の日程計画、資源配分、進行管理に関しては、一般的にプロジェクト責任者（ディレクターなど）が責任を持ちますが、デザイナーは自身の分担範囲を把握して、期日を順守するように努力します。
発注者の要望に沿う成果物を作成するため、多くのプロジェクトではデザイナーが最初の段階でラフスケッチやプロトタイプ（試作）などを作成し、発注者と認識を共有し、承認を得ておきます。途中でデザインの方針を変更する場合も同様です。
プロジェクトの進行は内容によって大きく変わりますが、一例を示すと次の通りです。

1. 発注（受注）
2. 計画と設計
3. 作成
4. 確認、検収
5. 発行、公開

プロジェクトの進行に関するその他の例としては、試作から作成、確認までのプロセスを繰り返しながら、最終成果物を作る反復型のアプローチがあります。このアプローチでは、発注者の要望や意見をより反映しやすいという利点がありますが、納期やプロジェクト範囲に影響が出るというリスクもあります。

プロジェクトの進捗は発注者に定期的に報告して、期日遅れなどの対策が必要な場合には早めに手を打てるようにします。

## 著作権と肖像権

**ほかの人が撮影したり制作したりしたイラストや画像をデザインに利用する場合は、著作権や肖像権などの権利に関する配慮が必要です。**

### 著作権と公正使用

著作権は知的財産権の一つで、文章、絵画、音楽などのほか写真やコンピュータープログラムも含まれ、著作物を作成した段階で自動的に発生します。届け出や登録の必要はありません。現在の日本では著作者の死後70年、団体名義の場合は公表後70年、映画は公表後70年が著作権保護の期間です。保護期間が過ぎたものや著作者が著作権を放棄したものなど、著作権が消滅した著作物を「パブリックドメイン」といいます。
著作権は、文化や学術の発展という観点から、公正使用の理論に基づき保護の対象から除外されることがあります。例えば図書館に所蔵されている本を複製するなど、研究、教育、批判、報道などのために利用する場合です。
このような公正使用と認められる場合を除き、著作権保護された作品やライセンス規約のある作品を利用する場合は、著作物の使用許諾を得る必要があります。また承認を受けて別の形で二次利用されたものは二次的著作物と呼ばれ、著作権と同様の権利があります。このため、特にほかの人が作成した画像などを使用する際は注意が必要です。

### 肖像権

肖像権は本人の許可なく撮影、描写、公表されない権利です。つまり個人のプライバシーを侵されない権利ともいえます。民法上、知的財産権やプライバシーに関する権利の一部として保護されています。そのため個人が特定できる状態で人物が写った写真には注意が必要です。被写体に人物を使う場合、肖像権使用許諾書（モデルリリース）で許諾を得るようにしましょう。ただし、身体の一部や、個人が特定できない状態の写真であれば必要ありません。販売されているストック写真などを利用する場合も、モデルリリースを取得していることを確認する必要があります。
したがって写真は、パブリックドメインのものか、著作者（撮影者）から利用許諾を得たもので、肖像権がクリアされている被写体を写したものを使うか、購入したストック写真を規約の範囲内で使うようにします。

## クリエイティブ・コモンズ・ライセンス

本来、動画・写真・音楽などの作品には著作権があり、無断で二次利用をすることは著作権違反となります。しかしながら、インターネットの普及により、作品によっては別サイトやSNSでの二次利用からの利益増加を見込めるケースもあるため、「All rights reserved（著作権保持）」と「No rights reserved（著作権放棄）」の中間となるライセンスとして「クリエイティブ・コモンズ・ライセンス（CCライセンス）」が生まれました。

CCライセンスを使用すると、著作権を保持した状態で作品を広めることができます。「クリエイティブ・コモンズ・ライセンス」は4種類の条件を示したアイコンがあり、それらを組み合わせた6つのライセンスで構成されます。

### 4種類の条件（アイコン）

|  |  |  |
|---|---|---|
| | BY（表示） | 作品のクレジットを表示すること |
| | NC（非営利） | 営利目的での利用をしないこと |
| | ND（改変禁止） | 元の作品を改変しないこと |
| | SA（継承） | 元の作品と同じ組み合わせのCCライセンスで公開すること |

### 6つのライセンス

| | |
|---|---|
| BY<br>表示 | 原作者のクレジット（氏名、作品タイトルなど）を表示することを主な条件とし、改変はもちろん、営利目的での二次利用も許可される最も自由度の高いCCライセンス |
| BY SA<br>表示-継承 | 原作者のクレジット（氏名、作品タイトルなど）を表示し、改変した場合には元の作品と同じCCライセンス（このライセンス）で公開することを主な条件に、営利目的での二次利用も許可されるCCライセンス |
| BY ND<br>表示-改変禁止 | 原作者のクレジット（氏名、作品タイトルなど）を表示し、かつ元の作品を改変しないことを主な条件に、営利目的での利用（転載、コピー、共有）が行えるCCライセンス |
| BY NC<br>表示-非営利 | 原作者のクレジット（氏名、作品タイトルなど）を表示し、かつ非営利目的であることを主な条件に、改変したり再配布したりすることができるCCライセンス |
| BY NC SA<br>表示-非営利-継承 | 原作者のクレジット（氏名、作品タイトルなど）を表示し、かつ非営利目的に限り、また改変を行った際には元の作品と同じ組み合わせのCCライセンスで公開することを主な条件に、改変したり再配布したりすることができるCCライセンス |
| BY NC ND<br>表示-非営利-改変禁止 | 原作者のクレジット（氏名、作品タイトルなど）を表示し、かつ非営利目的であり、そして元の作品を改変しないことを主な条件に、作品を自由に再配布できるCCライセンス |

引用元：クリエイティブ・コモンズ・ジャパン（https://creativecommons.jp/licenses/）



## デザインの原則

デザインプランを考えるときには、流行や好みなどで決めるのではなく、一般的なデザインの原則を念頭に置く必要があります。具体的には次の項目をよく検討します。

- デザインに統一感や一貫性（反復）があるか
- コントラスト（強調）は適切か
- オブジェクトの配置場所が要素ごとに近接しており、一体化や組織化がなされているか
- 階層（強調の順番）がしっかり意識されているか
- 調和（単一性）は保たれているか
- 対称/非対称が意識され、バランスが取れているか
- 単調になりすぎていないか

### ゲシュタルトの法則

心理学において、対象を全体的に捉えることで、個々の要素や部分の総和以上のものを視覚的に受け取るという人間の傾向を、「ゲシュタルトの法則」といいます。例えば、距離が近い（近接）、色や形

が同じ（類同）、同じ方向に向かう（共通運命）、といったものは、グループとして認識されやすく、デザイン分野においてもこれらの法則が生かされています。

### 構図

作成するアートワークは構図を意識します。構図の決め方には次の方法がよく使われます。

**・三分割法**

水平線と垂直線を等間隔に2本ずつ引いて画面を9等分します。この交点上に焦点を当てたい要素を配置すると、安定した構図になります。

**・黄金比**

黄金比とは最もきれいに見えるとされる比率で、1：1.618です。

**・対角線**

図形の形や配置は水平か垂直にするのが一般的ですが、対角線に沿って斜めに配置することで奥行きや動きを持たせることができます。

**・三角**

三角形の一辺を下にした枠の中に図形をおさめることで、どっしりと構えた印象になり、安定感や安心感のある構図になります。

### フォントの選択と配置

アートワークに文字を配置する場合、最も重要なのがフォント（書体）の選択です。やさしい、楽しい、信頼性が高い、スピード感があるなど、プロジェクトが持つ方向性にあったフォントを選ぶ必要があります。そのほか、フォントサイズや色、文字間や行間、配置、インデント、余白などは全体のデザインとのバランスや整合性を意識します。また、想定している対象者が文字を読みやすいかどうかにも配慮します。

# 練習問題

**問題1** 著作権と肖像権について間違っている説明を選びなさい。

**A.** 著作権は知的財産権の一つで、文章、絵画、音楽などのほか写真やコンピュータープログラムも含まれる。
**B.** 保護期間が過ぎたものや著作者が著作権を放棄したものなど、著作権が消滅した著作物を「パブリックドメイン」という。
**C.** 被写体に人物を使う場合、肖像権使用許諾書（モデルリリース）で許諾を得る必要がある。
**D.** 販売されているストック写真は必ずモデルリリースが取得されているので、自由に使うことができる。

**問題2** 左側の構図と右側の説明を一致させなさい。

| 構図 | 説明 |
|---|---|
| **A.** 三分割法 | **1.** どっしりと構えた印象になり、安定感や安心感のある構図である |
| **B.** 黄金比 | **2.** 斜めに配置することで奥行きや動きを持たせる構図である |
| **C.** 対角線 | **3.** 水平線と垂直線を等間隔に2本ずつ引いて画面を9等分し、交点上に焦点を当てたい要素を配置する構図である |
| **D.** 三角 | **4.** 最もきれいに見えるとされる比率に配置された構図である |

**問題3** デザイナーが作業に着手する際に、最初に確認すべきことを選びなさい。

**A.** 現在の流行のデザインがどのようなものかを確認する。
**B.** 発注者の好きな色を確認する。
**C.** 最終成果物の納期と何を納品すればよいかを確認する。
**D.** その分野で著作権保護の対象外のものがどのくらいあるかを確認する。

**問題4** デザインをする際に考慮すべきこととして、間違っているものを選びなさい。

**A.** デザインに統一感や一貫性があるか
**B.** 目立つ色彩を使用しているかどうか
**C.** 階層（強調の順番）がしっかり意識されているか
**D.** コントラスト（強調）は適切か

**問題5** デザイナーが行うべき業務の内容として正しいものを選びなさい。

**A.** プロジェクト全体の日程計画や資源配分の検討
**B.** 納品後の入金確認
**C.** 途中でデザインの方針を変更する場合に、発注者の承認を得る
**D.** 見積もりから納品までの連絡業務

**問題6** 発注者の要望に応えるために、デザイナーが取るべき行動として正しいものを選びなさい。

**A.** 指示がない場合は、自らの考えで作業を進め、ある程度完成してから指示を確認する。

**B.** ラフスケッチやプロトタイプ（試作）などを作成し、発注者と認識を共有する。

**C.** 当初と状況が変わった場合は、とにかく進められる方向で作業を進める。

**D.** 作業の進捗状況を定期的に報告する。

# 索引

## 英数字



## あ行

## か行



## さ行

## た行

## な行



## は行

## ま行



## や行



## ら行



## わ行

**築城 厚三（ついき こうぞう）**

1977年生まれ。

桜美林大学・大東文化大学・日本大学・法政大学兼任講師。

DTP基礎科目および文章表現関連科目を担当。

著書に「アドビ認定プロフェッショナル対応 Photoshop 試験対策」がある。

アドビ認定プロフェッショナル対応

**Illustrator 試験対策**

---

2024年2月 9 日 初版第1刷発行
2024年6月12日 初版第2刷発行

| | |
|---|---|
| 著　　者 | 築城 厚三 |
| 発　　行 | 株式会社オデッセイ コミュニケーションズ |
| | 〒100-0005　東京都千代田区丸の内3-3-1　新東京ビル |
| | E-Mail：publish@odyssey-com.co.jp |
| 印刷・製本 | 中央精版印刷株式会社 |
| カバーデザイン | 折原カズヒロ |
| 本文デザイン・DTP | 株式会社シンクス |
| 監　　修 | 清原 一隆（KIYO DESIGN） |
| 編　　集 | 島田 薙彦 |

　ISBN978-4-908327-19-3　C3055